全国高等职业教育畜牧业类"十三五"规划教材

动物病原体检验

曹军平　张步彩　主编

中国林业出版社

内 容 简 介

《动物病原体检验》按照高等职业教育理论和实训一体化的教学模式,紧扣畜牧兽医类专业人才培养目标和职业岗位需要,采用项目化、模块化、任务化的编写格式,图文并茂,突出教学内容的实用性、适用性和生动性,而且在教材中增加了一些基层单位适用的新技术和最新发展的实用技术。特别是书中彩图来自于编者多年的教学科研实践成果,具有很强的操作性和实用性。

本教材共分 8 个项目 31 个模块,主要内容包括:细菌、病毒、真菌等八大类微生物和寄生虫的形态结构、生理生化特性及相应的检验技术;主要病原微生物的致病作用和防制;免疫基础知识及检测技术;微生物应用技术等。

本教材适用于高等职业教育畜牧兽医专业、兽医专业、畜牧专业和动物防疫检疫专业、动物营养与饲料专业、兽药生产与营销专业,也可作为基层畜牧兽医管理人员的培训教材,并可供畜牧兽医相关行业的工作人员参考,如作为兽医工作者和养殖户的参考用书等。

图书在版编目(CIP)数据

动物病原体检验/曹军平,张步彩主编 . —北京:中国林业出版社,2017.5
全国高等职业教育畜牧业类"十三五"规划教材
ISBN 978-7-5038-9001-7

Ⅰ. ①动… Ⅱ. ①曹… ②张… Ⅲ. ①动物疾病-病原微生物-微生物检定-高等职业教育-教材 Ⅳ. ①S852.6

中国版本图书馆 CIP 数据核字(2017)第 102108 号

国家林业局生态文明教材及林业高校教材建设项目

中国林业出版社 · 教育出版分社
策划、责任编辑: 高红岩
电话: (010)83143554   传真: (010)83143516

出版发行 中国林业出版社(100009 北京市西城区德内大街刘海胡同 7 号)
        E-mail:jiaocaipublic@163.com 电话:(010)83143500
        http://lycb.forestry.gov.cn
经   销 新华书店
印   刷 北京市昌平百善印刷厂
版   次 2017 年 5 月第 1 版
印   次 2017 年 5 月第 1 次印刷
开   本 787mm×1092mm 1/16
印   张 21.25
彩   插 0.5 印张
字   数 510 千字
定   价 43.00 元

《动物病原体检验》编写人员

主　编　曹军平　张步彩

副主编　郭广富　程　汉　朱爱萍

编　者　（按姓氏拼音排序）

曹军平（江苏农牧科技职业学院）

程　汉（江苏农牧科技职业学院）

郭广富（江苏农牧科技职业学院）

屈国敏（溧阳市动物疫病预防控制中心、江苏省溧阳市淹西良种场）

苏晓健（江苏农牧科技职业学院）

魏　宁（江苏农牧科技职业学院）

徐思炜（江苏农牧科技职业学院）

杨晓志（江苏农牧科技职业学院）

张步彩（江苏农牧科技职业学院）

张　尧（江苏农牧科技职业学院）

朱爱萍（湖北省农业科学院）

主　审　蒋春茂（江苏农牧科技职业学院）

序

Foreword

当前，我国高等职业教育作为高等教育的一个类型，已经进入到以加强内涵建设、全面提高人才培养质量为主旋律的发展新阶段。各高等职业院校针对区域经济社会的发展与行业进步，积极开展新一轮的教育教学改革。以服务为宗旨，以就业为导向，在人才培养质量工程建设的各个方面加大投入，不断改革、创新和实践。尤其是在课程体系与教学内容改革上，许多学校都非常关注利用校内、校外两种资源，积极推动校企合作与工学结合，如邀请行业企业参与制订培养方案，按职业要求设置课程体系；校企合作共同开发课程；根据工作过程设计课程内容和改革教学方式；教学过程突出实践性，加大生产性实训比例等。这些工作适应了新形势下高素质技能型人才培养的需要，是落实科学发展观、努力办人民满意的高等职业教育的主要举措。教材建设是课程建设的重要内容，也是教学改革的重要物化成果。教育部《关于全面提高高等职业教育教学质量的若干意见》(教高[2006]16号)指出："课程建设与改革是提高教学质量的核心，也是教学改革的重点和难点"，明确要求要"加强教材建设，重点建设好3000种左右国家规划教材，与行业企业共同开发紧密结合生产实际的实训教材，并确保优质教材进课堂"。目前，在农林牧渔类高职院校中，教材建设还存在一些问题，如行业变革较大与课程内容老化的矛盾，能力本位教育与学科型教材供应的矛盾，教学改革加快推进与教材建设严重滞后的矛盾，教材需求多样化与教材供应形式单一的矛盾等。随着经济发展、科技进步和行业对人才培养要求的不断提高，编写一批真正遵循职业教育规律和行业生产经营规律、适应职业岗位群的职业能力要求和高素质技能型人才培养要求、具有创新性和普适性的教材，将具有十分重要的意义。

自 2006 年国家示范性高职院校建设项目启动至今，全国范围内掀起了一浪高过一浪的高职教育改革热潮，有力地推进了高职教育的发展。高职教育作为一种教育类型已经占据了高等教育的半壁江山。在方兴未艾的高等职业教育改革中，高等职业教育人脑际中出现最多的词就是"校企合作，工学结合"。国发[2005]35 号、教高[2006]14 号、教高[2006]16 号、教高[2008]5 号等权威文件反复强调，高等职业教育要探索校企紧密合作的办学体制机制，推行多种形式的"工学结合"人才培养模式，督促全国示范性高等职业建设院校对"校企合作"的办学模式和"工学结合"人才培养模式开展了广泛深入地研究。原教育部长袁贵仁也指出，"校企合作，工学结合"是高等职业教育发展的唯一出路。我校是畜牧兽医类国家示范骨干高等职业院校建设单位。通过《纲要》的学习，我们进一步认识到现代的职业教育发展需要企业家的倾情联姻，更需要政府主导、行业指导、企业参与的集团式发展；对政府、职业学校、行业和企业来说，在未来的日子里，谁重视校企合作，谁就会受到校企合作的丰厚回报；相反，谁轻视校企合作，谁就会受到校企合作的严厉惩罚。

中国林业出版社为中央级科技出版社，是国家规划教材的重要出版基地，为我国高等教育的发展做出了巨大贡献。近年来，中国林业出版社密切关注我国农林牧渔类职业教育的改革和发展，积极开拓教材的出版工作。2011 年年初，在教育部高等学校高职高专农林收渔类专业教学指导委员会有关专家的指导下，中国林业出版社邀请了全国多所开设农林牧渔类专业的高职高专院校的骨干教师共同研讨高等职业教育新阶段教学改革中相关专业教材的建设工作，并邀请相关行业企业作为教材建设单位参与建设，共同开发教材。

本教材贯彻了职业岗位能力培养为中心，以素质教育、创新教育为基础的教育理念，理论知识"必需""够用"和"管用"，以常规技术为基础，关键技术、生产常用技术为重点，先进技术为导向。教材本着高等职业教育培养学生职业能力这一重要核心，围绕职业需要对教材内容进行系统化设计，提出课程的总体能力目标与知识目标。能力目标在强调专业能力目标的同时兼顾社会能力和方法的设计；知识目标注意过程性知识目标的设计；进而构建出适应于当前高等职业教育提倡的教、学、做一体化的教材模式。本教材辩证采集各家之长，又得到了相关行业企业专家的指导和积极参与，相信它的出版不仅能较好地满足高职高专农林牧渔类专业的教学需求，而且对促进专业建设、课程建设与改革、提高教学质量也将起到积极的推动作用。诚恳地希望相关教师和行业专家积极关注指导和参与本教材的建设，为高职高专农林牧渔类专业教育教学服务，为社会服务，为祖国的强盛共同努力，尽自己的绵薄之力。

陆桂平

2017 年 1 月

前言
Preface

　　本教材是依据教育部《关于全面提高高等职业教育教学质量的若干意见》《关于加强高职高专教育教材建设的若干意见》等文件精神和国家示范骨干高职院校畜牧兽医类专业建设规划编写的。

　　教材本着高等职业教育培养学生职业能力这一重要核心，围绕职业需要对教材内容进行系统化设计，提出课程的总体能力目标与知识目标。能力目标在强调专业能力目标的同时兼顾社会能力和方法的设计；知识目标注意过程性知识目标的设计；进而构建出适应于当前高等职业教育提倡的教、学、做一体化的教材模式。图文并茂，且突出做到了以下几点：

　　(1)每项目均提出具有可操作性和可检测性的能力目标和知识目标，不仅使学生明确需要掌握的相关知识，更重要的是使学生明确了需要掌握的技能。

　　(2)每项目内容均将技能与相关知识融为一体，理实一体化，便于项目引导、任务驱动教学方法的运用，使学生通过完成相关的技能学习与训练，掌握相关的专业基本知识，从而实现培养学生职业能力的目的。

　　(3)教材体系设计中充分考虑了学生的认知规律，技能的设计、知识的序化均注重循序渐进；每项目结束后都设有复习思考题，帮助学生掌握和巩固重点内容。

　　(4)适当将相关科学技术的新进展、新方法融汇于教材之中，为学生进一步了解相关专业知识与技术打下基础，增强学生的可持续发展能力。特别是书中很多彩图来自于编者多年的教学科研实践成果，具有很强的操作性和实用性。

　　本书共分8个项目31个模块，主要内容包括细菌、病毒、真菌等八大类微生物和寄生虫的形态结构、生理生化特性及相应的检验技术；主要病原微生物的致病作用和防制；免疫基础知识及检测技术；微生物应用技术等。项目一细菌的基本知识及检验，着重介绍了细菌的形态结构、主要的生理特性、检验技术及主要的动物病原细菌等；项目二病毒的基本知识及检验，着重介绍了病毒的形态结构、主要的生理特性、检验技术及主要的动物病毒等；项目三其他微生物基本知识及检验，着重介绍了真菌、放线菌、霉形体、螺旋体、立克次体、衣原体的形态结构、生理特性、检验技术及重要的相关动物病原体等；项目四微生物生态与环境对微生物的影响，着重介绍了微生物与环境的相互关系及其利用，微生物的遗传变异及其应用等；项目五微生物的致病作用及传染，着重介绍了微生物的致病性及传染的发生等；项目六免疫基础和检测技术，着重介绍了免疫应答的物质基础、免疫应答过程及作用、变态反应、免疫学诊断技术及其免疫在传染病防制方面的应用等；项目七微生物和免疫学应用，着重介绍了微生物和免疫技术在动物传染病防制、动物饲养、动物性产品加工和检验方面的应用等。项目八寄生虫的基本知识及检验，着重介绍了动物寄生虫的形态结构、主要的生理特性、检验技术及主要的动物寄生虫等。各学校在使用中可以根据本地区生产实际和本校授课情况选择教学内容。

本教材的编写分工是：绪论由曹军平编写；项目一由魏宁和曹军平编写；项目二由程汉和曹军平编写；项目三由张尧和曹军平编写；项目四由徐思炜和曹军平编写；项目五由郭广富和曹军平编写；项目六由苏晓健和曹军平编写；项目七由杨晓志和朱爱萍编写；项目八由张步彩和屈国敏编写；全书由曹军平统稿。书后彩图1～彩图21来自于曹军平多年的教学科研实践成果，彩图22来自于Wee Theng Ong等(2007)的论文，彩图23～彩图26由郭广富、曹军平和朱爱萍提供。

本教材是由具有多年本课程教学经验和生产实践经验的人员编写，除可作为全国高等职业院校畜牧兽医专业、兽医专业和动物防疫检疫专业的教材外，也可作为基层畜牧兽医管理人员的培训教材，以及畜牧兽医相关行业工作人员的自学参考书。

本教材由江苏农牧科技职业学院蒋春茂教授主审，在审稿过程中，提出了许多宝贵意见；教材编写过程中，收到了许多兄弟学校老师提出的有益的建议和意见；同时，教材编写参考了相关国家、行业和企业专家的意见和国家标准、行业标准或企业标准等成果文献，湖北省农业科学院朱爱萍老师和溧阳市动物疫病预防控制中心、江苏省溧阳市淦西良种场屈国敏高级兽医师也从行业企业方面提出了宝贵的意见，在此一并表示感谢！

限于编者的经验和水平，请使用本教材的师生及同行对本教材在内容和文字上的疏漏和不当之处给予批评指正。

编　者

2017年1月

目录
Contents

绪　论

能力目标

明确本课程的地位与任务。

知识目标

掌握病原体、微生物和病原微生物的概念；熟悉微生物的特点及分类；理解微生物与人类的关系；了解微生物学发展简史。

模块一　病原体的概念、分类及动物微生物学概况

一、病原体、微生物的概念及分类

1. 病原体的概念

病原体(pathogen)：能引起疾病的微生物和寄生虫的统称。微生物占绝大多数，包括病毒、衣原体、立克次体、支原体、细菌、螺旋体和真菌；寄生虫主要有原虫和蠕虫。病原体属于寄生性生物，所寄生的自然宿主为动植物和人。能感染人的微生物超过 400 种，它们广泛存在于人的口、鼻、咽、消化道、泌尿生殖道以及皮肤中。

每个人一生中可能受到 150 种以上的病原体感染。在动物免疫功能正常的条件下并不引起疾病，有些甚至对动物体有益，如肠道菌群(大肠杆菌等)可以合成多种维生素。这些菌群的存在还可抑制某些致病性较强的细菌的繁殖，因而这些微生物被称为正常微生物群（正常菌群）。但当机体免疫力降低，动物与微生物之间的平衡关系被破坏时，正常菌群也可引起疾病，故又称它们为条件致病微生物(条件致病病原体)。机体遭病原体侵袭后是否发病，一方面固然与其自身免疫力有关，另一方面也取决于病原体致病性的强弱和侵入数量的多寡。一般地，数量愈大，发病的可能性愈大。尤其是致病性较弱的病原体，需较大的数量才有可能致病。少数微生物致病性相当强，轻量感染即可致病，如鼠疫、天花、狂犬病等。

2. 微生物的概念

微生物是广泛存在于自然界中的一群肉眼不能直接看见，必须借助光学显微镜或电子显微镜才能观察到的微小生物的总称。它们包括细菌、真菌、放线菌、螺旋体、霉形体、衣原体、立克次体和病毒等 8 类，具有形体微小、结构简单、繁殖迅速、容易变异及适应环境能力强等共同特点。研究微生物及其生命活动规律的科学称为微生物学，即研究微生物在一定条件下的形态结构、代谢活动、致病机理、遗传变异及其与人类、动植物及自然界相互关系等问题的科学，是一门既有独特的理论体系，又有很强实践性的学科。

微生物在自然界中的分布极为广泛，土壤、空气、水、人和动植物的体表及其与外界相通的腔道都有数量不等、种类不一的微生物存在。绝大多数微生物对人类和动植物的生存是有益而必需的。如自然界中有机物质的合成主要是由绿色植物利用光能将无机态碳、无机态氮以及无机盐合成作为生命基础的蛋白质及进行生命活动的主要能量来源的碳水化合物；而有机物质的彻底分解则主要是依靠细菌和其他微生物来进行的，它们将有机态碳转化为二氧化碳，有机态氮转化为铵盐或硝酸盐，以供植物生长需要。这种由绿色植物完成的有机物的合成和由细菌及其他微生物完成的有机物的分解过程，构成了自然界元素的生物小循环。可见，没有微生物的代谢活动，人及动植物将无法生存。另外，人们还在工业、农业、食品、医药等行业利用微生物为人类服务。例如，在工业生产中利用微生物酿酒、制面包、做酸奶、熟皮革；在农业生产上利用微生物制造菌肥、杀虫剂、植物生长刺激素；在医药生产上利用微生物制造抗生素、疫苗、维生素；在畜牧业生产上利用微生物

生产饲料等。但也有一小部分微生物能引起人类或动植物疾病，这些具有致病作用的微生物称为病原微生物。有些微生物在正常情况下不致病，而在特定条件下可引起疾病，称为条件性病原微生物。

3. 微生物的分类

微生物种类繁多，以细胞形态为基准，根据其结构和化学组成的不同，将 8 类微生物分为原核细胞型微生物、真核细胞型微生物、非细胞型微生物 3 大类型。

（1）原核细胞型微生物　细胞核分化程度低，仅有原始核质，无核膜和核仁，缺乏完整的细胞器。属于此类型的微生物有：细菌、放线菌、螺旋体、霉形体、衣原体和立克次体。

（2）真核细胞型微生物　细胞核的分化程度较高，有核膜、核仁和染色体；胞质内有完整的细胞器。真菌属于此类型微生物。

（3）非细胞型微生物　体积微小，没有典型的细胞结构，也无代谢必需的酶系统，只能在活细胞内生长繁殖。病毒属于此类型微生物。20 世纪 70 年代以来，还陆续发现了比病毒更小、结构更简单的亚病毒因子，包括卫星病毒、类病毒和朊病毒 3 类。卫星病毒是需要依赖辅助病毒才能完成增殖的亚病毒，如丁型肝炎病毒；类病毒为植物病毒；朊病毒可导致人和动物的传染性海绵状脑病。

二、动物微生物学及免疫学的研究内容

随着现代理论和技术的发展，微生物学已形成了基础微生物学和应用微生物学两大体系。根据应用领域的不同，可分为工业微生物、农业微生物学、医学微生物学、动物微生物学、食品微生物学等。随着现代理论和技术的发展，新的微生物学分支学科正在不断形成和建立。

动物微生物学主要阐述与动物生产有关的微生物的生物学特性、与外界环境的相互关系、在畜禽及畜产品生产中的作用，还介绍常见病原微生物的致病作用及诊断要点和防制原则。

免疫学是研究抗原性物质、机体的免疫系统和免疫应答的规律与调节、免疫应答的各种产物和各种免疫现象的一门生物科学。动物免疫学则侧重于免疫血清学诊断与免疫学防治的研究，主要阐述的是免疫系统的结构与功能、免疫应答、免疫应答产物与抗原反应的理论和技术，以及如何应用其对机体产生有益的防卫功能，防止有害的病理作用，发挥有效的免疫学措施，达到诊病、防病、治病目的。因动物免疫学侧重研究的血清学诊断和免疫防治多与微生物有关，所以现在高职高专院校多将两者合并为一门课程来讲授。

掌握动物微生物学与免疫学的知识和技能，有助于进行动物传染病及人畜共患传染病的诊断、防治，保障人类的食品安全与卫生，保障畜牧业的生产，保障动物的健康及生态环境免于破坏。

三、微生物学与免疫学的发展简史

17 世纪以前，人们在认识微生物前表现为视而不见、嗅而不闻、触而不觉、食而不察、得其益而不感其好、受其害而不知其恶，这从历史上多次严重瘟疫流行的事实可得到

充分的证明。如鼠疫、天花、麻风、梅毒和肺结核的大流行等，其中的鼠疫更是猖獗。清朝乾隆年间，我国师道南在《天愚集·鼠死行》中写到："东死鼠，西死鼠，人见死鼠如见虎，鼠死不几日，人死如沂堵。"生动地描述了当时鼠疫流行的凄惨景象。微生物的发现是在 17 世纪后半叶，而微生物学和免疫学作为一门学科是在 19 世纪以后的事。了解微生物学与免疫学的发展历史，将有助于人们总结规律，寻找正确的研究方向和防治方法，进一步发展微生物学与免疫学。

1. 史前期

史前期又称朦胧时期，指人类还未见到微生物个体的一段漫长时期，大约距今 8 000 年前一直至 1676 年。在这个时期，实际上各国劳动人民在生产与日常生活中积累了不少关于微生物作用的经验规律，并且应用这些规律，创造财富，减少和消灭病害。我国 8 000 年前就开始出现了酿酒工艺，在出土的商代甲骨文中就已有酒的记载。在 2 500 年前的春秋战国时期，已知制酱和醋等。北魏时期（公元 386—534 年）的《齐民要术》一书中对酒曲、醋、豆豉等的做法也有详细的记载。宋真宗时代（公元 998—1022 年）峨眉山人用天花病人的痂皮接种到儿童鼻内或皮肤划痕以预防天花，创立了种痘技术，并将这一技术传到了国外。4 000 年前古埃及人也早已掌握制作面包和配制果酒的技术。长期以来民间常用的盐腌、糖渍、烟熏、风干等保存食物的方法，实际上正是通过抑制微生物的生长而防止食物的腐烂变质。尽管这些还没有上升为微生物学理论，但都是控制和应用微生物生命活动规律的实践活动。

2. 初创期

初创期又称形态学时期，指从微生物学的先驱荷兰人安东尼·凡·列文虎克（Antonie van Leeuwenhoek，1632—1723）1676 年首次观察到细菌个体起，直至 1861 年近 200 年的时间。这一时期的特点是发明了显微镜和发现了微生物，能进行微生物个体观察和形态描述，但对于微生物作用的规律仍一无所知，微生物学还未形成一门独立的学科。

这一时期的代表人物是荷兰人列文虎克。他没有上过大学，原来是一个只会荷兰语的小商人。但却在 1680 年被选为英国皇家学会的会员。他的主要贡献是利用单式显微镜，于 1676 年首次观察到细菌。解决了认识微生物世界的第一个障碍。他一生制作了 419 架显微镜或放大镜，放大倍率为 50～200 倍，最高者达 266 倍，发表过约 400 篇论文，其中绝大部分在英国皇家学会发表。

3. 奠基期

奠基期又称生理学时期，指从 1861 年巴斯德根据曲颈瓶试验彻底推翻生命的自然发生学说并建立胚种学说起，直至 1897 年的一段时间。此期特点是建立了一系列独特的微生物研究方法；开创了寻找病原微生物的"黄金时期"，微生物学研究上升到生理学研究的新水平；以"实践—理论—实践"的辩证唯物主义思想指导科学实验；微生物学以独立的学科形式开始形成。

本时期主要代表人物是法国的巴斯德（Louis Pasteur，1822—1895）和德国的柯赫（Robert Koch，1843—1910），他们被分别称为微生物学之父和细菌学奠基人。

巴斯德的一生给人类生活带来了史无前例的影响，其贡献几乎包括微生物学的各个主要方面。如发现并证实发酵是由微生物引起的，提出了初步的发酵理论；彻底否定了"自然发生"学说；创立了巴氏消毒法；发明并使用了狂犬病疫苗、禽霍乱菌苗、炭疽芽孢苗等。

柯赫的业绩主要是建立了研究微生物的一系列重要方法，尤其在分离微生物纯种方面，建立了细菌纯培养的方法，设计了各种培养基，实现在实验室内对各种微生物的培养，为微生物的分离、纯化、形态结构、生理和致病性研究开创了新纪元；发明了流动蒸汽灭菌法；创立了染色观察和显微摄影技术；寻找并分离到炭疽杆菌(1877 年)、结核杆菌(1882 年)、链球菌(1882 年)和霍乱弧菌(1883 年)等多种传染病的病原菌，并于 1905 年获诺贝尔奖。他提出了证明某种微生物是否为某种疾病病原体的基本原则——柯赫法则，即在同一疾病的病人中能分离到同一致病菌，但不能在其他疾病患者或健康人中找到；分离到的致病菌可在体外获得纯培养，并可传代；可感染动物引起典型的疾病，并可从动物体内分离到致病菌。

在巴斯德的影响下，1860 年，英国外科医生李斯特(Joseph Lister，1827—1912)创用石炭酸喷洒手术室和煮沸手术用具，为防腐、消毒以及无菌操作打下基础，并创立了无菌的外科手术操作方法。此外，其他学者如俄国科学家伊凡诺夫斯基(IBaHOBCKHN，1864—1920)于 1892 年首先发现了烟草花叶病毒，扩大了微生物的类群范围，从而创立了传染病的病毒学说。在免疫理论方面，德国化学家欧立希(Paul Ehrlich，1854—1915)提出了体液免疫学说，俄国动物学家梅契尼科夫(H. H. MCLcHHKOB，1845—1916)提出了细胞免疫学说，虽然两派学说长期争持不下，但却促进了免疫学的发展。现在看来，体液免疫和细胞免疫在机体免疫上均有重要意义，两种作用是相辅相成的。

4. 发展期

发展期又称生化时期。1897 年生物化学奠基人德国人布赫纳(E. Buchner)等发现了乙醇发酵，把酵母菌的生命活动和酶化学联系起来，推动了微生物生理学的发展，开创了微生物生化研究的新时代。

此期的主要特点是进入了微生物生化水平的研究；应用微生物的分支学科更为扩大，出现了抗生素等新学科；开始出现微生物学史上第二个"淘金热"——寻找各种有益微生物代谢产物的热潮，在各微生物应用学科较深入发展的基础上，一门研究微生物基本生物学规律的综合学科——普通微生物学开始形成；出现了摇瓶培养技术、深层发酵工艺、连续培养等微生物工业化培养技术，各相关学科和技术方法相互渗透，相互促进。

1910 年，欧立希首先合成化学治疗剂砷凡纳明，用于治疗梅毒；接着又合成新砷凡纳明，开创了微生物性疾病的化学治疗途径。之后又有一系列磺胺类药物相继合成，在治疗传染性疾病中广泛应用。1929 年，英国微生物学家弗来明发现了青霉素，开创了用抗生素治疗疾病的新纪元。青霉素的发现和应用极大地鼓舞了微生物学家。随后链霉素、氯霉素、金霉素、土霉素、四环素、红霉素等抗生素不断被发现并被广泛应用于临床。

5. 成熟期

成熟期又称分子生物学时期。从 1953 年沃森(Watson)和克里克(Crick)在英国的《自然》杂志上发表关于 DNA 结构的双螺旋模型起，整个生命科学就进入了分子生物学研究的新阶段，沃森和克里克当之无愧地获得了 1962 年诺贝尔医学奖，成为分子生物学奠基人，同样也是微生物学发展史上成熟期到来的标志。

此期的主要特点是微生物学从应用学科迅速成为热门的前沿基础学科，基础理论的研究方面逐步进入到分子水平的研究，微生物成为分子生物学研究的主要对象；应用研究方面，向着更自觉、更有效和可人为控制的方向发展，微生物成为新兴的生物工程中的主角。

从 20 世纪初开始，随着科学技术的发展，微生物学与免疫学也得以发展。特别是近几十年由于电子显微镜、色谱仪、同位素示踪原子、电子计算机、免疫标记、单克隆抗体技术、核磁共振仪、分子生物学技术等新技术的应用，以及生物化学、遗传学、细胞生物学、分子生物学等学科的发展，人们得以从分子水平上探讨病原微生物的基因组结构与功能、致病的物质基础及诊断方法，使人们对病原微生物的活动规律有了更深刻的认识。相继发现了一些新的病原微生物，如军团菌、弯曲菌、拉沙热病毒、马尔堡病毒、人类免疫缺陷病毒及朊病毒等，大大促进了微生物学及免疫学的发展，免疫学也已成为独立学科。

20 世纪初至中叶，是免疫学发展的腾飞期。这一时期对组织移植、免疫耐受的研究，使免疫从抗传染免疫的概念中彻底解脱出来，成为一门研究机体自我识别和对抗原性异物排斥反应的科学，即以识别"自己"与"异己"为中心，从而维持机体自身生理稳定的一门独特的生物学科。根据免疫学发展的需要，于 1969 年 7 月在美国华盛顿成立了国际免疫学协会联合会，并于 1971 年在华盛顿召开了第一次国际免疫学大会（以后每 3 年召开一次）。该联合会的成立，标志着现代免疫学的建立。此后，免疫学研究更加深入，如阐明了免疫活性细胞在免疫调节中的作用；发现了许多具有重要功能的细胞表面分子，并对多种细胞因子及其受体的基因和功能进行了广泛深入的研究；而免疫系统的起源与演化、免疫应答过程中信号传导的分子基础以及免疫分子在机体整体中的作用正是当代免疫学研究的主要前沿内容。这些成就也有赖于免疫标记、单克隆抗体、聚合酶链反应、生物芯片、基因敲除及小鼠转基因等高新免疫技术的应用。另外，由于免疫学的研究已渗透到化学、生物学、组织学、生理学、病理学、药理学、遗传学及临床医学等很多领域，使免疫学又出现了新的分支。如免疫化学、免疫生物学、免疫组织学、免疫生理学、免疫病理学、免疫药理学、免疫血液学、免疫遗传学、神经—内分泌免疫学和临床免疫学等。

我国在动物微生物学及免疫学方面也取得了一定的成绩，如在世界上首先发现小鹅瘟病毒、兔出血热病毒；研制成猪瘟兔化弱毒疫苗等十几种疫苗，其中猪瘟疫苗获国际殊荣；创造了饮水免疫、饲喂免疫和气雾免疫法；对马传染性贫血的研究走在了世界的前列等。

四、学习微生物学及免疫学的目的和任务

动物微生物及免疫学是畜牧兽医、动物医学、动物防疫与检疫专业的一门重要专业基础课，学习动物微生物及免疫的目的在于了解病原微生物的生物学特性与致病性；认识动物对病原微生物的免疫作用，感染与免疫的相互关系及其规律；了解动物传染病的实验室诊断方法及预防原则。掌握动物微生物及免疫的基础理论、基本知识和基本技能，为学习兽医基础、兽医临床、兽医卫生检验等课程奠定基础；有利于将有益的微生物和免疫学技术用于生产实践，并且有效地控制和消灭有害的微生物。

学习微生物学是为了了解病原微生物的生物学特性和致病机理，目的是为动物传染病

的预防诊断和治疗服务。学习微生物学应以病原微生物的致病性为核心，将各部分内容有机联系，有助于理解和记忆种类繁杂的各种病原微生物，切忌死记硬背。微生物学和免疫学都是实践性很强的学科，并和临床有密切联系。在学习过程中必须贯彻理论联系实际的原则，既重视理论，又重视基本技能的训练，使理论与实践密切地结合起来，学会用所学的微生物学和免疫学知识解决生产实践问题。

模块二　动物微生物实训规范

一、兽医微生物实验室的生物安全

所有样本、培养物均可能有传染性，操作时均应戴手套。在认为手套已被污染时应脱掉手套，马上洗净双手，再换一双新手套。不得用戴手套的手触摸自己的眼、鼻子或其他暴露的黏膜或皮肤。不得戴手套离开实验室或在实验室来回走动。严格禁止用嘴吸液。实验材料禁止放入嘴里。禁止舔标签。所有样本、培养物和废弃物应被假定有传染性，应以安全方式处理和处置。所有的实验步骤都应尽可能使气溶胶或气雾的形成控制在最低程度。任何使形成气溶胶的危险性上升的操作都必须在生物安全柜里进行。有害气溶胶不得直接排放。应尽可能减少使用利器和尽量使用替代品。包括针头、玻璃、一次性手术刀在内的利器应在使用后立即放在耐扎容器中。尖利物容器应在内容物达到 2/3 前置换。所有溅出事件、意外事故和明显或潜在的暴露于感染性材料，都必须向实验室负责人报告。此类事故的书面材料应存档。

实验室应保持整洁、干净，当潜在的危险物溅出或一天的工作结束后，工作台表面应消毒。所有弃置的实验室生物样本、培养物和被污染的废弃物在从实验室中取走之前，应使其达到生物学安全标准。

二、微生物实训室工作人员安全守则

实训室人员在工作的时候，要接触各种微生物、试样及检验过程中的物品，这些物质中有些对人体有毒害作用，有些还具有易燃易爆性质；同时，各种仪器、电器、机械等设备，在使用中也可能存在危险性。因此，作为实训室人员，必须遵守以下实验室安全守则：

① 安全并节约使用水、电、气。发生停水、停电时，应即时关闭使用的水龙头和将使用中的仪器调至"OFF"状态；使用电炉、煤气炉或喷灯时，操作人员绝对不得离开现场；不得把杂物扔进水池，及时清理下水漏斗；做完实验时，做好清洁管理工作，及时关掉水、电、气等；不得将本室物品挪作他用。

② 严禁在实验室吸烟、饮食、就寝或嬉戏，严禁将饮料和食品带进实验室存放。实验时必须穿工作服并换鞋；每个工作日中最后离开实验室者，有责任检查和关闭电源、水源、煤气及门窗。

③ 实验人员在使用仪器设备前，应看懂并理解使用说明书和有关技术资料；或经过必要的培训，在掌握仪器设备的使用原理和操作技术后，方可按要求开启使用。

④ 对主要的仪器设备必须制定操作规程，实验室管理人员应以身作则，严格遵守并结合实验课加强对学生的教育和指导。不遵守操作规程者，指导教师有权终止实习。

⑤ 初次使用时应在熟悉该仪器的专人指导下进行，非本室工作人员使用本室高值仪器需经实验室负责人批准，并需在本室专人指导下使用。每台高值仪器应备有使用登记本和塑封的操作步骤及注意事项牌。

⑥ 仪器使用过程中如出现异常或发生故障，应立即关机，报告该仪器的责任人，并及时报告实验室负责人，及时查清原因，并依据情况进行处理。

⑦ 遵守实验室规程，保持实验室整洁，实验前检查所用的仪器设备是否完善，并做好必要的准备工作。使用高值仪器必须登记，使用后做好清洁管理工作，有关部件恢复原位。

⑧ 加强试剂的保管，所有试剂应根据其物理化学生物特性和瓶签要求分别保存于不同条件下（特别注意不同的温度和干燥要求）。

⑨ 使用贵重药品或剧毒药品需办理申请批准手续，取用时必须详细登记。

⑩ 各类药瓶标签不清楚要及时更换，每次实验所需药品剂量要注意节约，保存量要及时核查，实验后的废水、废液应妥善处理；有毒、有害的实验废弃物应按指定位置存放，并作明确标记，及时进行无害化处理。

⑪ 所有生物材料都应在专用登记本上按规定项目详细登记，包括编号、名称、来源、性质、特点，保存起始日期、数量、滴度、取用人、取用日期等，用完应妥善处理，以免造成污染；对于价值很高的生物材料应采用重复保存方法。

⑫ 同步并详细客观地做好记录，及时分析总结，归档。

三、微生物实训室学生安全守则

① 实训前学生应认真预习有关内容，明确实验目的，了解实验原理、方法、步骤和主要仪器的性能。

② 实训课前任课教师要预先分好实验小组，每组推选组长一人，并为实验台（桌）编号。上课时组别与台（桌）号应相符，保持相对稳定。

③ 上实训课时学生不得迟到早退，也不得提前进入实验室自行摆弄实验器材。进入实验室后不得大声喧哗和随意走动。

④ 学生实训应在教师指导下按实验步骤进行，按操作规程和注意事项使用仪器，仔细观察、详细记录、积极思考、完成实验报告。

⑤ 学生应爱惜仪器设备和药品材料，做到轻拿轻放，不得乱拿别组器材，不得用仪器玩耍打闹。

⑥ 实训中要加强安全观念，确保人身和仪器设备不受损害。教师要经常向学生进行防电、防火、防爆、防腐蚀等教育，学生要严格按照操作规程和教师要求进行实验，不得随意改变实验程序，增减实验器材和药品量。实验中损坏仪器，应及时向教师报告，并按情节轻重作相应赔偿。

⑦ 在实验中发现仪器设备和实验装置出现异常现象，应立即停止实验，及时向教师报告，采取妥善措施处理。

⑧ 实验完毕，每组学生应清点、整理、洗涤仪器或玻璃器皿，处理好废液杂物，并按教师要求摆好仪器或送交器材室，不得私自带走。

⑨ 实训室应常备防火、防爆、防毒器材，以便应付实验中出现的不安全事故。有条件的学校应使用实验室能统一控制的专用电源，实验时严禁学生乱拉、乱接或用湿手触摸电源。节约水电和实验用品。

⑩ 非实训室工作人员和上课教师、学生，不得进入本实验室。

⑪ 进入实训室必须穿工作服，不得穿拖鞋进入实验室。

⑫ 与实验无关的物品不得带入实验室，实验室内的任何物品不得带出实验室。禁止在实验室工作区域进食、饮水、吸烟、化妆和处理隐形眼镜。

⑬ 学生在实验过程中应按照教师的要求，树立有菌观念，严格按照生物安全操作规范进行操作。严禁用口吸移液管，严禁将实验材料置于口内，严禁舔标签。

⑭ 实验过程中若打破实验用品，特别是菌种管，应立即报告任课教师，在教师指导下进行应急处理，不得擅自处理。

⑮ 实验课结束后集体下课。在实验课结束前应清点、整理好实验物品，清点菌种管。若有缺失，应立即报告任课教师，查清后方能离开实验室。

⑯ 实验课结束后，整理桌面、洗手，必要时用消毒液泡手后方能离开实验室。

四、微生物实训室生物安全意外事故应对方案和应急程序

1. 刺伤、切割伤或擦伤

受伤人员应当脱下防护服，清洗双手和受伤部位，使用适当的皮肤消毒剂，必要时进行医学处理。要记录受伤原因和相关的微生物，并应保留完整适当的医疗记录。

2. 潜在感染性物质的食入

脱下受害人的防护服并进行医学处理。要报告食入材料的鉴定和事故发生的细节，并保留完整适当的医疗记录。

3. 容器破碎及感染性物质的溢出

立即用布或纸巾覆盖受感染性物质污染或受感染性物质溢洒的破碎物品。然后在上面倒上消毒剂，并使其作用适当时间。然后将布、纸巾以及破碎物品清理掉；玻璃碎片应用镊子清理。然后再用消毒剂擦拭污染区域。如果用簸箕清理破碎物，应当对其进行高压灭菌或放在有效的消毒液内浸泡。用于清理的布、纸巾和抹布等应当放在盛放污染性废弃物的容器内。在所有这些操作过程中都应戴手套。如果实验表格或其他打印或手写材料被污染，应将这些信息复制，并将原件置于盛放污染性废弃物的容器内。

4. 未装可封闭离心桶的离心机内盛有潜在感染性物质的离心管发生破裂

如果机器正在运行时发生破裂或怀疑发生破裂，应关闭机器电源，让机器密闭（例如30 min）使气溶胶沉积。如果机器停止后发现破裂，应立即将盖子盖上，并密闭（例如30 min）。并通知实验室负责人。随后的所有操作都应戴结实的手套（如厚橡胶手套），清理玻璃碎片时应当用镊子夹着的棉花来进行。所有破碎的离心管、玻璃碎片等都应放在无腐蚀性的、已知对相关微生物具有杀灭活性的消毒剂内。离心机内腔用适当浓度的同种消毒剂擦拭，并再次擦拭，然后用水冲洗并干燥。清理时所使用的全部材料都应按感染性废

弃物处理。

5. 火灾和自然灾害

发生自然灾害时，应向当地或国家紧急救助人员提出警告。感染性物质应收集在防漏的盒子内或结实的一次性袋子中。由生物安全人员依据当地的规定决定继续利用或是最终丢弃。

 复习思考题

1. 名词解释：病原体　微生物　病原微生物　条件性病原微生物
2. 简述微生物的分类。
3. 简述动物微生物和免疫学研究的内容及学习目的。
4. 用具体事例说明微生物与人类的关系。
5. 微生物实训室学生安全注意事项有哪些？

项目一

细菌的基本知识及检验

能力目标

能正确使用和保养微生物实验室常用仪器设备，熟练使用实验室常用玻璃器皿；会制作细菌标本片，掌握常用染色方法，能辨认生物显微镜下细菌的形态结构；会制备常用细菌培养基，能进行细菌的分离培养和生化试验；具备良好的微生物实验室安全防护意识和环境保护意识。会进行不同病料的病原菌分离培养；能运用常规的微生物学及血清学检验方法，对病原性细菌进行鉴定。

知识目标

掌握细菌的基本构造、特殊构造及医学意义；掌握细菌的生长繁殖条件和呼吸的类型；掌握菌落和纯培养的概念。熟悉细菌的大小和形态；熟悉细菌的繁殖方式、速度与生长曲线；熟悉细菌学检查的程序。了解细菌代谢的医学意义；了解细菌的营养及摄取营养的方式。掌握常见病原性细菌的形态、染色和培养特性及常用微生物学和血清学检验方法；了解常见病原性细菌的生化特性、抗原结构、致病力、抵抗力和防制原则。

模块一　细菌的形态和结构

细菌是具有细胞壁的单细胞原核型微生物。在一定的环境条件下，细菌具有相对恒定的形态和结构。掌握细菌的形态结构特点及其检查技术，对于细菌的分类鉴别、疾病的诊断、细菌的致病性与免疫性研究，均有重要意义。

任务一　细菌的形态与结构

细菌在一定的环境下具有相对稳定的形态结构，了解这些特性对病原性细菌的分类鉴定、疾病的诊断、细菌的致病性的研究具有重要意义。

一、细菌的大小与形态

(一)细菌基本形态和排列

细菌的基本形态有球形、杆形和螺旋形 3 种，据此可将细菌分为球菌、杆菌和螺旋菌三大类。细菌以二分裂繁殖方式进行增殖。有些细菌分裂后彼此分离，单个存在；有些细菌分裂后彼此仍有原浆带相连，形成一定的排列方式。

1. 球菌

多数球菌呈球形或近似球形，按其分裂方向及分裂后的排列情况，又可分为以下几种球菌(图 1-1)。

| 葡萄球菌 | 链球菌 | 双球菌 | 四联球菌 | 八叠球菌 |

图 1-1　各种球菌的形态和排列

(1)双球菌　向一个平面分裂，分裂后 2 个球菌成对排列，如肺炎双球菌、脑膜炎双球菌、淋病双球菌等。

(2)链球菌　向一个平面连续进行多次分裂，分裂后 3 个以上的球菌排列成链状，如猪链球菌、化脓性链球菌、马腺疫链球菌等。

(3)葡萄球菌　向多个不规则的平面分裂，分裂后多个球菌不规则地堆在一起似葡萄串状，如金黄色葡萄球菌。

此外，还有单球菌、四联球菌和八叠球菌。

2. 杆菌

杆菌一般呈圆柱形，其长短、大小、粗细差别很大(图 1-2)。长的杆菌可呈长丝状(丝状杆菌)，短的杆菌接近椭圆形(球杆菌)。杆菌两端的形态在鉴定杆菌上具有一定的意义，如炭疽杆菌两端平截；大肠杆菌、沙门氏杆菌等两端钝圆；巴氏杆菌呈球杆菌；结核分枝杆菌有侧枝等。

杆菌只有一个分裂方向，其分裂面与菌体长轴垂直，多数杆菌分裂后彼此分离，单独存在，如大肠杆菌；有的杆菌分裂后成对存在，称双杆菌，如乳杆菌；有的杆菌分裂后成链状排列，称链杆菌，如炭疽杆菌。

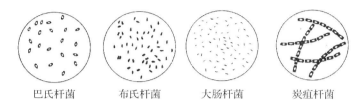

巴氏杆菌　　　　布氏杆菌　　　　大肠杆菌　　　　炭疽杆菌

图 1-2　各种杆菌的形态和排列

3. 螺旋菌

菌体呈弯曲或螺旋状，两端圆或尖突。根据弯曲的程度不同分为弧菌和螺菌（图 1-3）。

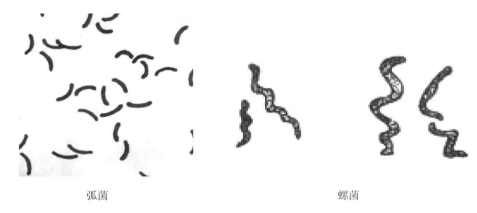

弧菌　　　　　　　　　　　　　　螺菌

图 1-3　螺旋菌的形态和排列

（1）弧菌　菌体只有 1 个弯曲，呈弧形或逗号状，如霍乱弧菌。

（2）螺菌　菌体有 2 个或 2 个以上的弯曲，呈螺旋状，如鼠咬热螺菌。

细菌在幼龄期和适宜的环境条件下表现出正常的形态，当环境条件不良或菌体变老时，常常会引起菌体形态改变，称为衰老型或退化型。一般再重新处于正常的培养环境时，可恢复正常的形态。但也有些细菌，即使在适宜的环境中生长，其形态也很不一致，这种现象称多形性，如嗜血杆菌等。

（二）细菌大小

细菌大小用 μm（10^{-3} mm）来表示。球菌用直径表示，常为 $0.5\sim2.0\ \mu m$。杆菌用"宽×长"表示，一般较大的杆菌为 $(1\sim1.25)\ \mu m\times(3\sim8)\ \mu m$；中等大小的杆菌为 $(0.5\sim1)\ \mu m\times(2\sim3)\ \mu m$；较小的杆菌为 $(0.2\sim0.4)\ \mu m\times(0.7\sim1.35)\ \mu m$。

螺旋菌以"宽×两端的直线距离"表示，常为 $(0.3\sim1)\ \mu m\times(1\sim50)\ \mu m$。

细菌的大小以生长在适宜条件下的幼龄培养物为标准，因菌种不同而异，即使是同一种细菌的大小也受菌龄、环境条件等因素影响，实际测量时还受制片和染色方法及使用的

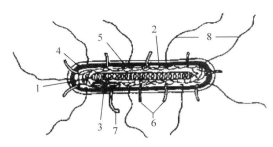

图 1-4　细菌细胞结构模式

1. 核质；2. 核糖体；3. 间体；

4. 细胞壁与细胞膜；5. 荚膜；6. 普通菌毛；

7. 性菌毛；8. 鞭毛

显微镜不同影响。但是在一定范围内，细菌的大小是相对稳定的，并具有明显的特征，可作为鉴定细菌种类的一个重要依据。

二、细菌的结构

细菌结构包括基本结构和特殊结构（图 1-4）。细菌基本结构是任何一种细菌都具有的细胞结构，包括细胞壁、细胞膜、细胞质和核质。细菌特殊结构是某些细菌在生长的特定阶段形成的荚膜、鞭毛、芽孢和菌毛等结构，是细菌分类鉴定的重要依据。

（一）细胞壁

细胞壁是位于细菌细胞外围的一层无色透明、坚韧而具有一定弹性的膜结构。

1. 化学组成与结构

用革兰染色法染色，可以把细菌分为革兰阳性菌和革兰阴性菌两大类，它们的细胞壁化学成分和结构有所不同。革兰阳性菌（用 G^+ 表示）的细胞壁较厚，为 15～80 nm，其化学成分主要为肽聚糖，还有磷壁酸、多糖和蛋白质等（图 1-5A）。有的细菌还含有大量的脂类，如分枝杆菌。革兰阴性菌（用 G^- 表示）的细胞壁较薄，为 10～15 nm，由周质间隙和外膜组成。外膜由脂多糖、磷脂、蛋白质和脂蛋白等复合构成，周质间隙是一层薄的肽聚糖（图 1-5B）。

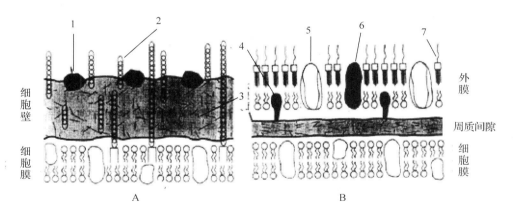

图 1-5　细菌细胞壁构造模式（据 Salyers 等）

A　革兰阳性菌　B　革兰阴性菌

1. 表层蛋白；2. 脂磷壁酸；3. 肽聚糖；4. 脂蛋白；5. 微孔蛋白；6. 外膜蛋白；7. 脂多糖

（1）肽聚糖　又称黏肽或糖肽，是构成细菌细胞壁的主要物质。革兰阳性菌细胞壁的肽聚糖是聚糖骨架、四肽侧链、五肽交联桥构成的三维空间网格结构。革兰阴性菌的肽聚糖层很薄，其单体结构与革兰阳性菌有差异，结构不如革兰阳性细菌的坚固。

（2）磷壁酸　又称垣酸，是革兰阳性细菌所特有的成分，是特异的表面抗原。磷壁酸带有负电荷，能与镁离子结合，以维持细胞膜上一些酶的活性。此外，某些磷壁酸如A群链球菌对宿主细胞具有黏附作用，可能与致病性有关；或者是噬菌体的特异性吸附受体。

（3）脂多糖　是革兰阴性菌细胞壁所特有的成分，由类脂A、核心多糖和侧链多糖3部分组成。类脂A是细菌内毒素的主要成分，可使动物体发热，白细胞增多，直至休克死亡。核心多糖位于类脂A的外层，由葡萄糖、半乳糖等组成。侧链多糖位于脂多糖的最外侧，构成菌体(O)抗原。

（4）外膜蛋白　是革兰阴性菌外膜层中的多种蛋白质的统称。外膜蛋白主要包括微孔蛋白和脂蛋白等。微孔蛋白允许双糖、氨基酸、二肽、三肽、无机盐等小分子物质通过，起到分子筛的作用。脂蛋白的作用是使外膜层与肽聚糖牢固地连接，可作为噬菌体的受体，或参与铁及其他营养物质的转运。

2．功能

① 保护菌体免受外界渗透压和有害物质的损害及维持菌体形态。

② 细胞壁是多孔性的，可允许水及一些化学物质通过，并对大分子物质有阻拦作用。

③ 细胞壁的化学组成还与细菌的抗原性、致病性、对噬菌体与药物的敏感性及革兰染色特性有关。

④ 细胞壁也是鞭毛运动所必需的，为鞭毛运动提供可靠的支点。

（二）细胞膜

细胞膜是位于细胞壁内侧，包围在细胞质外的一层柔软而具有一定弹性的半透性膜，又称细胞质膜。

1．化学组成与结构

细胞膜的主要成分是磷脂和蛋白质，也有少量的碳水化合物和其他物质。细胞膜的结构是由磷脂双分子层构成骨架，每个磷脂分子的亲水基团（头部）向外，疏水基团（尾部）向膜中央，蛋白质结合于磷脂双分子层表面或镶嵌贯穿于双分子层(图1-6)。

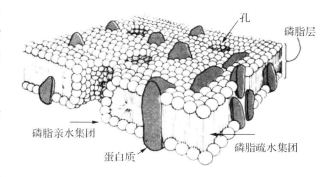

图1-6　细胞细胞膜结构模式

2．功能

（1）细胞膜选择性地吸收和运输物质　它作为细胞内外物质交换的主要屏障和介质，允许水、水溶性气体及某些小分子可溶性物质顺膜内外的浓度梯度差进出细胞，而糖、氨基酸及离子型电解质则需经膜上的特殊运输机制进入细胞。

（2）细胞膜是细菌细胞能量转换的重要场所　细胞膜上有细胞色素和其他呼吸酶，包括某些脱氢酶，可以转运电子，完成氧化磷酸化过程，参与细胞呼吸，能量的产生、贮存和利用。

（3）细胞膜有传递信息的功能　膜上的某些特殊蛋白质能接受光、电及化学物质等产生的刺激信号并发生构象变化，从而引起细胞内的一系列代谢变化和产生相应的反应。

（4）细胞膜还参与细胞壁的生物合成。

(三)细胞质

细胞质位于细胞膜内，是除核质以外的无色透明的黏稠的胶体状物质。

1. 化学组成

细胞质基本成分是水、蛋白质、核酸、脂类及少量的糖和无机盐等。此外，细胞质中还含有多种重要的结构。

（1）核糖体　是细菌合成蛋白质的主要场所。有些药物，如红霉素和链霉素能与细菌的核糖体相结合，干扰蛋白质的合成，从而将细菌杀死，但对人和动物细胞的核糖体不起作用。

（2）质粒　是存在于核质DNA以外的、能进行自我复制的、游离的小型双股DNA分子。质粒是细菌生命非必需的，但能控制细菌产生菌毛、毒素、耐药性和细菌素等遗传性状。

质粒不但能独立进行自我复制，有些还能与核质DNA整合或脱离，整合到核质DNA上的质粒叫附加体。由于质粒有能与外来DNA重组的功能，在基因工程中常被用作载体。

（3）包含物　细菌细胞内一些贮藏营养物质或其他物质的颗粒样结构，叫包含物或内含物，主要有脂肪粒、肝糖粒、淀粉粒、异染颗粒、气泡和液泡等。

2. 功能

细胞质中含有多种酶系统，是细菌合成蛋白质与核酸的场所，也是细菌细胞进行物质代谢的场所。

(四)核质

细菌的核质无核膜、核仁，没有固定形态，并且结构也很简单，因此，它是原始形态的核，也称拟核或核体。

1. 化学组成与结构

核质是一个共价闭合、环状的双链超螺旋DNA分子，不与蛋白质相结合。

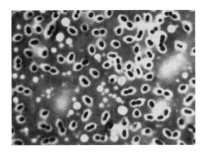

图1-7　细菌的荚膜

2. 功能

核质含细菌的遗传基因，控制细菌的遗传和变异。

(五)荚膜

某些细菌（如巴氏杆菌、炭疽杆菌）可在细胞壁外周产生一层松散透明的黏液样物质，包围整个菌体，叫荚膜。荚膜必须用荚膜染色法染色。一般用负染色法，使背景和菌体着色，而荚膜不着色，从而衬托出荚膜，在光学显微镜下可观察到（图1-7）。很多有荚膜的菌株可产生无荚膜的变异。

1. 化学组成和结构

荚膜大多数由多聚糖组成，如肺炎球菌；少数细菌的荚膜由多肽组成，如炭疽杆菌；也有少数菌两者兼具，如巨大芽孢杆菌。荚膜的厚度在 0.2 μm 以下时，用光学显微镜不能看见，但可在电子显微镜下看到，称为微荚膜。有些细菌菌体外周分泌一层很疏松、与周围边界不明显，而且易于菌体脱离的黏液样物质，称为黏液层。

细菌产生荚膜或黏液层可使液体培养基具有黏性，在固体培养基上则形成表面湿润、有光泽的光滑(S)型或黏液(M)型的菌落；失去荚膜后的菌落则变为粗糙(R)型。

2. 功能

荚膜具有保护菌体的功能，可保护细菌免受干燥和其他不良环境因素的影响。当营养缺乏时可作为碳源及能源而被利用。可抵抗机体吞噬细胞的吞噬和抗体的作用，对宿主有侵袭力。荚膜具有抗原性，并有种和型特异性，可用于细菌的鉴定。

(六)鞭毛

某些细菌的菌体表面着生有细长而弯曲的丝状物，称为鞭毛。鞭毛呈波状弯曲，直径 10～20 nm，长 10～70 μm。排列有一端单生鞭毛菌，如霍乱弧菌；两端单生鞭毛菌，如鼠咬热螺菌；偏端丛生鞭毛菌，如铜绿假单胞菌；两端丛生鞭毛菌，如红色螺菌和产碱杆菌；周身鞭毛菌，如大肠杆菌(图 1-8)。

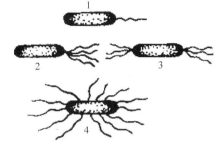

图 1-8 细菌鞭毛数目及排列示意

1. 单生鞭毛菌；2 和 3. 丛生鞭毛菌；4. 周身鞭毛菌

1. 化学组成与结构

提纯的细菌鞭毛(亦称鞭毛素)，其化学成分主要为蛋白质，有的还含有少量多糖以及类脂等。鞭毛蛋白是一种很好的抗原物质，称为鞭毛抗原，又叫 H 抗原。各种细菌的鞭毛蛋白由于氨基酸组成不同导致 H 抗原性质上的差别，故可通过血清学反应，进行细菌分类鉴定。

2. 功能

鞭毛是细菌的运动器官，鞭毛有规律地收缩，引起细菌运动。细菌的运动有趋向性。运动的方式与鞭毛的排列有关，单生鞭毛菌和偏端丛生鞭毛菌一般呈直线快速运动，周身鞭毛菌则呈无规律的缓慢运动或滚动。鞭毛与细菌的致病性有关。

(七)菌毛

大多革兰阴性菌和少数革兰阳性菌的菌体上生长的一种较短的毛状细丝，叫菌毛，也称纤毛或伞毛。它的数量比鞭毛多，直径 5～10 nm，长 0.2～1.5 μm，少数可达 4 μm，只有在电镜下才能观察到(图 1-9)。

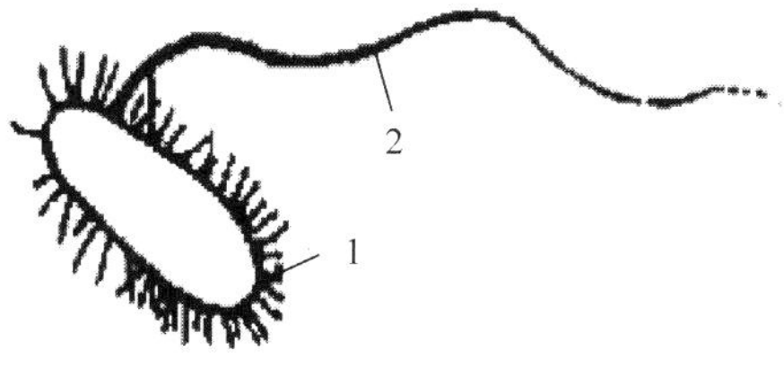

图 1-9 细菌的菌毛

1. 菌毛；2. 鞭毛

1. 化学组成与结构

菌毛分为普通菌毛和性菌毛。普通菌毛是由菌毛蛋白质组成的中空管状结构，较细、较短、数量较多，每个细菌有 150～500 条，周身排列。性菌毛是由性菌毛蛋白质组成的中空管状结构，比普通菌毛粗、长，每个细菌有 1～4 条。

2. 功能

普通菌毛主要起吸附作用，可牢固吸附在动物细胞上，与细菌的致病性有关。性菌毛可传递质粒或转移基因，带有性菌毛的细菌称 F⁺菌或雄性菌，不带性菌毛的称 F⁻菌或雌性菌。在雌、雄菌株发生结合时，F⁺菌能通过性菌毛，将质粒传递给 F⁻菌，从而引起 F⁻菌某些性状的改变。

（八）芽孢

某些革兰阳性菌在一定的环境条件下，可在菌体内形成一个圆形或卵圆形的休眠体，称芽孢，又叫内芽孢。未形成芽孢的菌体称为繁殖体或营养体；带芽孢的菌体叫芽孢体。芽孢成熟后，菌体崩解，芽孢离开菌体单独存在，则称游离芽孢。

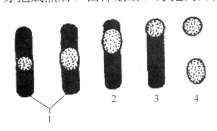

图 1-10　细菌芽孢的类型
1. 中央芽孢；2. 近端芽孢；
3. 顶端芽孢；4. 游离芽孢

各种细菌的芽孢形状、大小以及在菌体中的位置不同，具有种的特征。如炭疽杆菌的芽孢位于菌体中央，呈卵圆形，比菌体小，称中央芽孢；破伤风梭菌的芽孢，位于顶端，正圆形，比菌体大，形似鼓槌，称顶端芽孢；肉毒梭菌芽孢的位置偏于菌端，菌体呈网球拍状，称近端芽孢（图 1-10）。

一个细菌只能形成一个芽孢，一个芽孢经过发芽也只能形成一个菌体，芽孢不是细菌的繁殖器官，而是生长发育过程保存生命的一种休眠状态的结构，此时菌体代谢相对静止。芽孢对外界不良环境的抵抗力比繁殖体强，特别能耐高温、干燥、渗透压、化学药品和辐射。如炭疽杆菌芽孢在干燥条件下能存活数十年，破伤风杆菌的芽孢煮沸 1～3 h 仍然不死。

芽孢的形成需要一定的条件，菌种不同条件也不尽相同。如炭疽杆菌需要在有氧的条件下形成芽孢。而破伤风梭菌要在厌氧条件下才能形成芽孢。芽孢的萌发也需要有许多激活因素，如适当的温度、适宜的 pH 值，在培养基中加入 L-丙氨酸、二价锰离子、葡萄糖等有促进芽孢活化的作用。

任务二　显微镜的使用及细菌形态结构的检测

一、显微镜观察法

人的眼睛只能分辨 0.2 mm 以上的物体，细菌仅有 0.2～20 μm 大小，所以眼睛无法直接观察，必须借助显微镜放大 1 000 倍以上才能分辨细菌的形态和结构。

（1）普通光学显微镜　普通光学显微镜以可见光为光源，波长 0.4～0.7 μm，平均约 0.5 μm。其分辨率为光波波长的一半，即 0.25 μm。0.25 μm 的微粒经油镜放大 1 000 倍后成 0.25 mm，人的眼睛便能看清。一般细菌都大于 0.25 μm，故可以用普通光学显微镜观察。普通显微镜适用于观察细菌的动力、大小、活菌形态轮廓和繁殖方式等。观察动力时，应选用新鲜的幼稚培养物，并注意区别细菌的真正位移运动与布朗运动。常用的方法有压滴法、悬滴法。

（2）电子显微镜　电子显微镜是利用电子流为光源，以电磁圈代替放大透镜。电子波长极短，约为 0.005 nm，其放大倍数可达数十万倍，能分辨 1 nm 的微粒。不仅能看清细菌的外形，内部超微结构也可清晰观察。电子显微镜标本须在真空干燥的状态下检查，故不能观察活的微生物。

此外，在不同情况下尚可用暗视野显微镜、相差显微镜、荧光显微镜和同焦点显微镜观察细菌的形态和(或)结构。

二、染色法

由于微生物细胞含有大量水分(一般在80％以上)，对光线的吸收和反射与水溶液的差别不大，与周围背景没有明显的明暗差。所以，除了观察活体微生物细胞的运动性和直接计算菌数外，绝大多数情况下都必须经过染色后，才能在显微镜下进行观察。但是，染色后的微生物标本是死的，在染色过程中微生物的形态与结构均会发生一些变化，不能完全代表其生活细胞的真实情况，染色观察时必须注意。常用的细菌染色方法可分为单染色法和复染色法两大类。

(1)单染色法　仅用一种染色剂进行染色，如美蓝染色法、瑞氏染色法等。用于观察细菌的形态、大小与排列，但不能显示细菌的结构与染色特性。

(2)复染色法　用两种或两种以上染色剂进行染色，既能观察细菌的大小、形态与排列，还能鉴别细菌不同的染色性，如革兰染色法、抗酸染色法等。

革兰染色法(Gram stain)　是1884年由丹麦病理学家Christain Gram创立的，而后一些学者在此基础上作了某些改进，此法可将细菌分成两大类，是最常用最重要的分类鉴别染色方法。革兰染色结果的差异主要基于细菌细胞壁的构造和化学组分不同。标本固定后，先用结晶紫初染，再加碘液媒染，在细菌细胞膜或原生质体上染上了不溶于水的结晶紫与碘的大分子复合物，细菌均被染成深紫色。然后用95％乙醇处理，有些细菌被脱色，一类细菌由于细胞壁较厚、肽聚糖含量较高和交联紧密，故用乙醇洗脱时，肽聚糖层网孔会因脱水而明显收缩，再加上细胞壁基本上不含类脂，故乙醇处理不能在壁上溶出缝隙，因此，结晶紫与碘复合物仍牢牢阻留在其细胞壁内，使其呈现蓝紫色；另一类细菌因其细胞壁薄、肽聚糖含量低和交联松散，故遇乙醇后，肽聚糖层网孔不易收缩，加上它的类脂含量高，所以当乙醇将类脂溶解后，在细胞壁上就会出现较大的缝，这样结晶紫与碘的复合物就极易被溶出细胞壁，因此细胞又呈现无色。最后用复红复染，不被乙醇脱色仍保留紫色的一类称为革兰阳性菌，被乙醇脱色后复染成红色的一类称为革兰阴性菌。

(3)特殊染色法　细菌的特殊结构如鞭毛、荚膜、芽孢以及细胞壁、异染颗粒等，用上述染色不易着色，必须用特殊染色法才能着色。这些染色可使细菌的特殊结构着色并与菌体染成不同颜色，有利于细菌的观察和鉴别。

三、显微镜油镜的使用及细菌形态结构的观察

(一)仪器与材料

普通光学显微镜、擦镜纸、香柏油、二甲苯；球菌、杆菌、螺旋菌染色标本片。

(二)原理

观察细菌的形态与结构时，最常用的是油镜。油镜工作时，需在油镜与标本片之间滴加香柏油，香柏油对光线的折射率为1.515，与玻璃对光线的折射率1.52极为相近，镜检

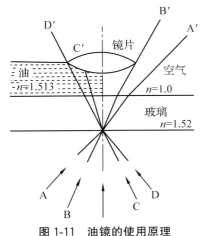

图 1-11　油镜的使用原理

1. 光线 C、D、C′、D′通过载玻片经香柏油折射，使进入物镜中的光线量较多；

2. 光线 A、B、A′、B′通过载玻片经空气折射，使进入物镜中的光线量减少

时滴加香柏油的作用是使光源尽可能多地进入物镜中，避免光线通过折光率低的空气(折射率 1.0)而散失，因而能提高物镜的分辨力，使物像明亮清晰(图 1-11)。

(三)油镜的使用

1. 油镜的识别

油镜是显微镜物镜的一种，通过下列特点识别：①油镜一般是所有物镜中最长的，镜片是所有物镜中最小的；②油镜头上标有其放大倍数"100×"或"90×"字样；③国产显微镜多用"油"字表示，国外产品则常用"Oil"或"HI"作记号；④各物镜头上标有不同颜色的线圈以示区别，油镜一般标为白色圈，使用时应先根据放大倍数熟悉线圈的颜色，以防用错物镜。

2. 使用方法

(1)对光　将光圈完全打开，升高集光器与载物台同高。对于电光源显微镜接通电源后可通过亮度调钮调节光源的强弱；对于普通显微镜则通过调节反光镜来完成，使用天然光源或较强的光线宜用平面反光镜，使用普通灯光或较弱的光线宜用凹面反光镜。凡检查染色标本时，光线应强；检查未染色标本时，光线不要太强。

(2)滴加香柏油　在细菌标本片的欲观察部位滴加一滴香柏油，将标本片放在载物台上，使待检部位位于集光器亮圈上，用片夹固定好玻片，将油镜头调到正中。

(3)调焦点　先从侧面注视镜头，轻轻上升载物台或转动粗调节螺旋使油镜头下降，最终使油镜头浸入油滴中，直到与标本片几乎接触为止。然后，用左眼看目镜，用右手微微转动粗调节螺旋，使载物台轻轻下沉或使油镜头慢慢上升，待看到模糊物像时，再轻轻转动细调节螺旋调节焦点，直到出现完全清晰的物像为止。

(4)观察物像　观察时，调换视野可调节推进器，使标本片前后、左右移动。如没有看清视野，按上述方法重做。

(5)保养　镜检完毕，转动粗调节螺旋将载物台下降或使油镜头上升，然后取出细菌标本片，用擦镜纸擦净镜头上的香柏油。如油已干在镜头上，可在擦镜纸上滴 1～2 滴二甲苯擦拭，并立即用干擦镜纸拭净二甲苯。最后将物镜转成"八"字形或将低倍镜转至中央，下降集光器，右手握镜臂，左手掌托底送入箱内。

(四)细菌形态的观察与描绘

细菌的基本形态有球形、杆形、螺旋形，排列方式常见有单个散在、成双、成链、不规则排列等。细菌经革兰染色后可染成蓝紫色(G⁺细菌)或红色(G⁻细菌)，经美蓝染色后染成蓝色。

【注意事项】

① 香柏油的用量以 1～2 滴为宜。用量过多会浸染镜头，用量过少会使视野变暗，影响观察效果。

② 在使油镜头浸入香柏油以及观察物像的过程中，不可使油镜头下降过度，以免压碎玻片和损坏油镜头。

③ 油镜头用毕必须用擦镜纸拭净香柏油，不可用手、棉花或其他纸张擦拭，否则将损坏油镜头。

④ 二甲苯的用量以 1～2 滴为宜，用量过多会腐蚀镜头，用量过少会擦拭不净。

任务三 细菌大小的测定

一、仪器与材料

显微镜、目镜测微器、镜台测微器、盖玻片(22 mm×22 mm)、载玻片、擦镜纸、计数器、香柏油、二甲苯、枯草芽孢杆菌染色标本片等。

二、原理

细菌大小测定需借助于测微器(目镜测微器和镜台测微器)，在显微镜下测量。

目镜测微器是一块圆形玻片(图 1-12)，在玻片中央把 5 mm 长度刻成 50 等份，或把 10 mm 长度刻成 100 等份。测量时，将其放在目镜中的隔板上，此处正好与物镜放大的中间物像重叠，用于测量经显微镜放大后的细菌物像。由于不同目镜、物镜组合的放大倍数不同，目镜测微器每格实际表示的长度也不一样，因此，目镜测微器测量细菌大小时须先用置于镜台上的镜台测微器校正，以求出在一定放大倍数下，目镜测微器每小格所代表的相对长度。

镜台测微器(图 1-13)是中央部分刻有精确等分线的专用载玻片，一般将 1 mm 等分为 100 格，每格长 10 μm 即 0.01 mm，是专门用来校正目镜测微器的。校正时，将镜台测微器放在载物台上，由于镜台测微器与细菌标本处于同一位置，都要经过物镜和目镜的两次放大成像进入视野，即镜台测微器随着显微镜总放大倍数的放大而放大，因此从镜台测微器上得到的读数就是细菌的真实大小，所以用镜台测微器的已知长度在一定放大倍数下校正目镜测微器，即可求出目镜测微器每格所代表的实际长度，然后移去镜台测微器，换上待测标本片，用校正好的目镜测微器在同样放大倍数下测量细菌大小。

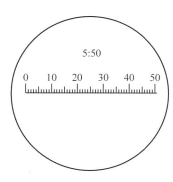

图 1-12 目镜测微器

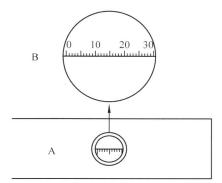

图 1-13 镜台测微器
A 镜台测微尺 B 放大的台尺

三、目镜测微器的校正

把目镜的上透镜旋下，将目镜测微器的刻度朝下轻轻地装入目镜的隔板上，把镜台测微器置于载物台上，刻度朝上。先用低倍镜观察，对准焦距，视野中看清镜台测微器的刻度后，转动目镜，使目镜测微器与镜台测微器的刻度平行，移动推动器，使两器重叠，再使两器的"0"刻度完全重合，定位后，仔细寻找两器第二个完全重合的刻度，计数两重合刻度之间目镜测微器的格数和镜台测微器的格数。因为镜台测微器的刻度每格长 10 μm，所以由下列公式可以算出目镜测微器每格所代表的实际长度：

目镜测微器每格长度(μm)＝镜台测微器格数×10/目镜测微器格数

如：目镜测微器 5 小格正好与镜台测微器 5 小格重叠，已知镜台测微器每小格为 10 μm，目镜测微器上每小格长度＝5×10/5＝10(μm)。

用同样方法分别校正在高倍镜下和油镜下目镜测微器每小格所代表的长度。

由于不同显微镜及附件的放大倍数不同，校正目镜测微器必须针对特定的显微镜和附件(特定的物镜、目镜、镜筒长度)进行，而且只能在该显微镜上重复使用，当更换不同显微镜目镜或物镜时，必须重新校正目镜测微器每一格所代表的长度。

四、细菌大小的测定

移去镜台测微器，换上枯草芽孢杆菌染色标本片，先在低倍镜下找到目的物，然后在油镜下用目镜测微器来测量菌体的长、宽各占几格，不足 1 格的部分估计到小数点后 1 位数。测出的格数乘上目镜测微器每格的校正值，即等于该菌的长和宽。一般测量菌体的大小要在同一个标本片上测定 10～20 个菌体，求出平均值，才能代表该菌的大小。

五、思考题

1. 将实验结果填入表 1-1。

表 1-1　枯草芽孢杆菌大小测定记录(格)

	1	2	3	4	5	6	7	8	9	10	11	12	13	14	15	平均值
长																
宽																

结果计算：宽(μm)＝平均格数×校正值；长(μm)＝平均格数×校正值

枯草芽孢杆菌大小表示：宽(μm)×长(μm)。

2. 如何校正目镜测微器？

任务四　细菌标本片的制备及染色

一、仪器与材料

大肠杆菌、炭疽杆菌、变形杆菌、枯草芽孢杆菌、葡萄球菌的斜面培养物和肉汤培养物各一管；载玻片、接种环、眼科镊子、显微镜、酒精灯、火柴、香柏油、二甲苯、吸水纸、凹玻片、盖玻片（22 mm×22 mm）、生理盐水、95％乙醇、冰乙酸、各种染色液等。

二、细菌不染色标本（悬滴法）的制备

① 取凹玻片1张，在凹窝四角用接种环滴少量生理盐水（固定盖玻片用）。

② 取1接种环变形杆菌（单号）和葡萄球菌（双号）肉汤培养物，分别放于各自的盖玻片中央。

③ 将凹玻片反转，使凹窝对准盖玻片中心覆于其上，借助盐水黏住盖玻片后再反转，使盖玻片位于上方。

④ 先以低倍镜找到悬滴的边缘后，再换用高倍镜观察。镜检时要适当降低集光器或缩小光圈，直到清晰为止。

⑤ 通过显微镜观察，有鞭毛的细菌能运动，在液体中能定向地从一处泳动到另一处，为真正运动；无鞭毛的细菌无动力，但受所处环境中液体分子的冲击可呈原位置的振动，称分子运动或布朗运动。

细菌不染色标本主要用于检查细菌的运动力。

三、细菌染色标本片（抹片）的制备

（一）细菌抹片的制备

1.玻片准备

载玻片应清晰透明，洁净而无油渍，滴上水后，能均匀展开，附着性好。如有残余油渍，可按下列方法处理：滴95％乙醇2～3滴，用洁净纱布揩擦，然后在酒精灯外焰上轻轻拖过几次。若仍不能去除油渍，可再滴1～2滴冰乙酸，用纱布擦净，再在酒精灯外焰上轻轻拖过。

2.抹片制备

抹片所用材料不同，抹片方法也有差异。

液体材料（如液体培养物、血液、渗出液、乳汁等）可直接用灭菌接种环取一环材料，于玻片的中央均匀地涂布成适当大小的薄层。

非液体材料（如菌落、脓、粪便等）则应先用灭菌接种环取少量生理盐水或蒸馏水，置于玻片中央，然后用灭菌接种环取少量材料，在液滴中混合，均匀涂布成适当大小的薄层。

组织脏器材料可先用镊子夹持中部，然后以灭菌或洁净剪刀取一小块，夹出后将其新鲜切面在玻片上压印（触片）或涂抹成一薄层。

如有多个样品同时需要制成抹片，只要染色方法相同，亦可在同一张玻片上有秩序地排好，做多点涂抹，或者先用蜡笔在玻片上划分成若干小方格，每方格涂抹一种样品。

3.干燥

上述涂片应让其自然干燥。

4.固定

固定目的有3个：①杀死细菌；②使菌体蛋白凝固附着在玻片上，以防被水冲洗掉；

③改变细菌对染料的通透性，因活细菌一般不允许染料进入细菌体内。

固定有两类固定方法。

(1)火焰固定　将干燥好的抹片，使涂抹面向上，以其背面在酒精灯外焰上如钟摆样来回拖过数次，略作加热(但不能太热，以不烫手为度)进行固定。

(2)化学固定　血液、组织脏器等抹片要做姬姆萨染色，不用火焰固定，而用甲醇固定，可将已干燥的抹片浸入甲醇中2～3 min，取出晾干；或者在抹片上滴加数滴甲醇使其作用2～3 min，自然挥发干燥，抹片如做瑞氏染色，则不必先做特别固定，瑞氏染料中含有甲醇，可以达到固定的目的。

(二)细菌抹片的染色

只应用一种染料进行染色的方法称为简单染色法，如美蓝染色法。应用两种或两种以上的染料或再加媒染剂进行染色的方法称为复杂染色法。复杂染色法染色后，不同的细菌或物体，或者细菌构造的不同部分可以呈现不同颜色，有鉴别细菌的作用，又可称为鉴别染色，如革兰染色法、瑞氏染色法和姬姆萨染色法等。

1. 美蓝染色法

在已干燥固定好的抹片上，滴加适量的(足够覆盖涂抹点即可)美蓝染色液，经1～2 min，水洗，干燥(可用吸水纸吸干，或自然干燥，但不能烤干)，镜检。菌体染成蓝色。

2. 革兰染色法

① 在已干燥、固定好的抹片上，滴加草酸铵结晶紫溶液，经1～2 min，水洗。

② 加革兰碘溶液于抹片上媒染，作用1～3 min，水洗。

③ 加95%乙醇于抹片上脱色，经0.5～1 min，水洗。

④ 加稀释的石炭酸复红(或沙黄水溶液)复染10～30 s，水洗。

⑤ 吸干或自然干燥，镜检。革兰阳性菌呈蓝紫色，革兰阴性菌呈红色。

3. 瑞氏染色法

抹片自然干燥后，滴加瑞氏染色液于其上，为了避免很快变干，染色液可稍多加些，或视情况补充滴加；经1～3 min，再加约与染液等量的中性蒸馏水或缓冲液，轻轻晃动玻片，使之与染液混合，经5 min左右，直接用水冲洗(不可先将染液倾去)，吸干或烘干，镜检。细菌染成蓝色，组织细胞细胞浆呈红色，细胞核呈蓝色。

4. 姬姆萨染色法

抹片甲醇固定并干燥后，在其上滴加足量染色液或将抹片浸入盛有染色液(于5 mL新煮过的中性蒸馏水中滴加5～10滴姬姆萨染色液原液，即稀释为常用的姬姆萨染色液)的染缸中，染色30 min，或者染色数小时至24 h，取出水洗，吸干或烘干，镜检。细菌呈蓝青色，组织细胞细胞浆呈红色，细胞核呈蓝色。

(三)细菌抹片的观察

方法同任务二。

【注意事项】

① 制作的细菌涂片应薄而匀，否则不利于染色和观察。

② 干燥及火焰固定时切勿紧靠火焰，以免温度过高造成菌体结构破坏。

③ 标本片固定必须紧实，以免水洗过程中菌膜被冲掉。

④ 瑞氏染色水洗时，应直接用水冲洗，以避免沉渣黏附，影响染色效果。

⑤ 长期保留标本时，可在涂抹面上滴加一滴加拿大树胶，以清洁盖玻片覆盖其上，并应贴上标签，注明菌名、材料、染色方法和制片日期等。

四、思考题

1. 细菌悬滴标本片的主要用途是什么？

2. 细菌抹片染色前为什么要固定？简述细菌抹片的制备过程。

3. 简述美兰染色法、革兰染色法、瑞氏染色法和姬姆萨染色法的主要步骤。

模块二　细菌的营养代谢与生长繁殖

任务一　细菌的营养代谢与生长繁殖

细菌具有独立的生命活动能力，能从外界环境中直接摄取营养，合成菌体的成分或获得生命活动所需的能量，并排出废物，从而完成细菌新陈代谢的过程，使细菌得以生长繁殖。

一、细菌的营养

生物吸收和利用营养物质的过程称为营养。营养物质是生物进行一切生命活动的物质基础，失去这个基础，一切生物都无法生存，细菌也不例外。

(一)细菌的化学组成

细菌的化学成分主要包括水分和固形物两大类，其中水分的含量为70％～90％，固形物的含量为10％～30％。水分主要以结合水和游离水两种形式存在。固形物主要分为有机物和无机物两种，其中有机物主要包括蛋白质、核酸、糖类、脂类、生长因子、色素等；无机物占固形物的2％～3％，主要包括磷、硫、钾、钙、镁、铁、钠、氯、钴、锰等，其中磷和钾的含量最多。

(二)细菌的营养需要

根据细菌的化学组成，细菌所需的营养物质，主要包括碳源、氮源、水分、无机盐和生长因子等。

1. 碳源

凡是构成细菌细胞和代谢产物中碳素来源的营养物称为碳源，从简单的无机碳到结构复杂的有机碳都可以被细菌利用。自养型细菌不需要从外界摄取有机营养物，它们可以以二氧化碳为唯一碳源合成有机物，能源来自日光或无机物氧化所释放的化学能。异养型细菌以有机碳化合物为碳源和能源，如单糖、双糖、多糖、有机酸、醇类、芳香族化合物等。

2. 氮源

凡是构成细菌细胞或代谢产物中氮素来源的营养物质称为氮源，包括氮气和含氮化合物。不同种类的细菌对氮源的需要也不尽相同，有些固氮能力强的细菌，可以利用分子态氮作为氮源合成自己细胞的蛋白质。有些细菌缺乏某些必要的合成酶，在只含有铵盐或硝酸盐的培养基上并不生长，只有在培养基中添加有机氮化物（如蛋白胨、氨基酸等）才能生长。

3. 水

水是细菌体内不可缺少的主要成分，其存在形式有结合水和游离水两种。结合水是构成细菌的成分，游离水是菌体内重要的溶剂，参与一系列的生化反应。水是细菌体内外的溶媒，只有通过水，细菌所需要的营养物质才能进入细胞，代谢产物才能排出体外。另外，水也可以直接参加代谢作用，如蛋白质、碳水化合物和脂肪的水解作用都是在水参加下进行的。

4. 无机盐

无机盐是细菌生长所必不可缺的营养物质，又可分为主要元素和微量元素两大类。主要元素细菌需要量大，有磷、硫、镁、钾、钠、钙等，它们参与细胞结构物质的组成，有调节细胞质 pH 值和氧化还原电位的作用，有能量转移、控制原生质胶体和细胞透性的作用。微量元素有铁、铜、锌、锰、钴、铜等，它们的需要量虽然极微，但往往能强烈地刺激细菌的生命活动。某些无机盐也是酶活性基的组成成分或是酶的激活剂，如钙、镁。

5. 生长因子

生长因子是指细菌生长时不可缺少的微量有机质，主要包括维生素、氨基酸、嘌呤、嘧啶及其他衍生物等。不同细菌对生长因子的需求差别很大，自养型细菌和一些腐生型细菌，它们自己可以合成这类物质，以满足自身生长繁殖的需要；而大多数异养菌特别是病原菌，则需要一种甚至数种生长因子，才能正常发育。

(三)细菌的营养类型

根据细菌对营养物质的需要和能量来源的不同，可将细菌分成四大营养类型。

1. 光能自养型

这类细菌细胞中都有与高等植物叶绿素相似的光合色素，能利用日光作为其生活所需要的能源，利用 CO_2 作为碳源，以无机物为供氢体来还原 CO_2 合成细胞的有机质。少数细菌体内含有非叶绿素的光合色素，如红硫细菌、绿硫细菌，它们可以利用光能并以硫化氢或其他无机硫化物作为供氢体，使 CO_2 还原为有机物质并放出硫。

2. 光能异养型

有少数细菌具有光合色素，能利用光能把 CO_2 还原为碳水化合物，但必须以某种有机物作为 CO_2 同化作用中的供氢体，如红螺菌属利用异丙醇作为供氢体进行光合作用，并积累丙酮。

3. 化能自养型

这类细菌有氧化一些无机物的能力，利用氧化无机物时产生的能量，把 CO_2 还原成有机碳化物，如硝化细菌、铁细菌等都是属于此型。这类细菌在氧化无机物时需要有氧的参加，所以环境中必须有充足的氧。

4. 化能异养型

这类细菌的能源来自有机物的氧化或发酵产生的化学能，以有机物为碳源，以有机或无机物为氮源。这类细菌种类、数量都很多，绝大多数的致病细菌都是化能异养型。

化能异养型的碳源和能源来自有机物，所以对化能异养的细菌来说有机物既是它们的碳源也是它们的能源。化能异养型的细菌中又可分为腐生和寄生两大类，前者利用无生命的有机物，如动植物残体；后者生活在其寄主生物体内，从活的寄主中吸收营养物质，离开寄主便不能生长繁殖。在腐生与寄生之间尚有中间型，称为兼性腐生或兼性寄生，如大肠杆菌。

上述四大营养类型的划分并不是绝对的，在自养型与异养型之间，在光能与化能之间都有中间过渡类型存在。

(四)细菌摄取营养的方式

细菌营养物质的吸收和代谢产物的排出是靠细菌整个细胞表面的扩散、渗透、吸收等作用来完成的。

1. 被动扩散

少数低相对分子质量的物质是靠被动扩散而渗入(或渗出)细菌细胞的，扩散的速度由细胞内外的浓度梯度来决定。由高浓度向低浓度扩散，当细胞内外此物质浓度达到平衡时便不再进行扩散。水、某些气体和一些无机盐等是通过此方式进出细胞的。

2. 促进扩散

这种运输方式虽与简单的被动扩散相似，也是靠物质的浓度梯度进行，而不消耗能量，但与被动扩散不同的是促进扩散需要专一性的载体蛋白。这种载体蛋白存在于细菌细胞膜上，可与相应的物质结合形成复合物，然后扩散到细胞内或释放到细胞外。

3. 主动运输

主动运输类似于促进扩散过程，不同的是被运输的物质可以逆浓度梯度移动，并且需要能量。细菌在生长及繁殖过程中所需氨基酸和各种营养物质，主要是通过主动运输方式摄取的。

4. 基团转位

基团转位主要存在于厌氧菌和兼性厌氧菌中。此运输方式是被运输的物质结构发生改变(如磷酸化)，其运输的总效果与主动运输相似，可以逆浓度梯度将营养物质移向细胞内，结果使细胞内结构发生变化的物质浓度大大超过细胞外结构未改变的同类物质的浓度。此过程需要能量和特异性的载体蛋白参与。在细菌中广泛存在的基团转位系统的一个例子是磷酸转移酶系统，它是很多糖和糖的衍生物的运输媒介，如大肠杆菌和金黄色葡萄球菌在吸收葡萄糖、乳糖等时，进入细胞后都以磷酸糖的形式存在于细胞质中，而且细胞内糖的磷酸盐类不能跨膜溢出。

二、细菌的生长繁殖

(一)细菌生长繁殖的条件

1. 营养物质

细菌生长繁殖需要丰富的营养物质，包括水、碳水化合物、氮化物、无机盐、生长因子等。不同细菌对营养的需求不尽相同，有的细菌只需基本的营养物质，而有的细菌则需加入特殊的营养物质才能生长繁殖，因此，制备培养基时应根据细菌的类型进行营养物质的合理搭配。

2. 温度

依据细菌对温度的需求不同，可将其分为嗜冷菌、嗜温菌、嗜热菌三大类。由于病原菌在长期进化过程中已适应于动物体，属于嗜温菌，在 $15\sim40\ ℃$ 都能生长，而大多数病原菌的最适温度为 $37\ ℃$。有些病原菌如金黄色葡萄球菌在 $4\sim5\ ℃$ 冰箱内仍能缓慢生长，释放肠毒素，可引起食物中毒。

3. pH 值

培养基 pH 值对细菌生长影响很大，大多数细菌的最适 pH 值为 $7.2\sim7.6$。个别细菌如霍乱弧菌在 pH $8.5\sim9.0$ 培养基中生长良好，鼻疽杆菌可在 pH $6.4\sim6.6$ 环境中生长。许多细菌在代谢过程中分解糖产酸，使 pH 值下降，不利于细菌生长，所以往往需要在培养基内加入一定的缓冲剂。

4. 渗透压

细菌细胞需要在适宜的渗透压下才能生长繁殖，盐腌和糖渍之所以具有防腐作用，皆因一般细菌和霉菌在高渗条件下不能生长繁殖之故。

5. 气体

与细菌生长繁殖有关的气体主要是 O_2 和 CO_2。细菌对 O_2 的要求与其呼吸类型有关。一般细菌在自身代谢中产生的 CO_2 就可满足需要，但有些细菌在没有 CO_2 的环境下则不能生长或生长不良，如牛布氏杆菌初次分离时，环境中需含有 $5\%\sim10\%$ 的 CO_2 才能生长。

（二）细菌生长繁殖的方式与速度

细菌主要以二分裂方式进行繁殖。一个菌体分裂为两个菌体所需的时间称为世代时间，简称代时。在适宜的人工条件下，多数细菌的代时为 $20\sim30$ min。如按大肠杆菌 20 min 繁殖一代计算，10 h 后，一个细菌可以繁殖成 10 亿个以上的细菌。但由于营养物质的消耗及代谢产物的积累等原因，细菌不可能始终保持这种高速度的繁殖，经过一段时间后，繁殖速度逐渐减慢，死亡菌数逐渐增多，活菌增长率随之趋于停滞以至衰退。

（三）细菌的生长曲线

将一定数量的细菌接种到适宜的液体培养基中，定时取样计算细菌数，以培养时间为横坐标，细菌数的对数为纵坐标，可形成一条曲线，这条曲线称为细菌的生长曲线。依据细菌各个时期生长繁殖速率不同，将细菌生长曲线分为迟缓期、对数期、稳定期与衰退期4 个期(图 1-14)。

1. 迟缓期

迟缓期又称适应期。少量的细菌接种到新鲜培养基后，一般不立即进行繁殖。因此，它们的数量几乎不增加，甚至稍有减少。处于迟缓期的细菌体积增长较快，特别是在此期的末期。如巨大芽孢杆菌在迟缓期的末期，其细胞平均长度是刚接种时的 6 倍。处于迟缓期的细菌代谢活力强，细胞中 RNA 含量高，嗜碱性强，对不良环境条件比较敏感，细胞代谢活跃，为细菌的分裂增殖做准备。

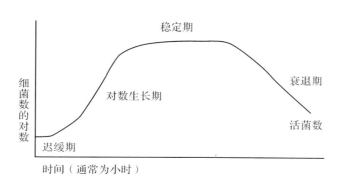

图 1-14 细菌的生长曲线

2. 对数期

对数期又称指数期。细菌开始大量地分裂,细菌数按几何级数增加,即按 2^n(n 代表繁殖的代数)增加,如用菌数的对数与培养时间作图时,则呈一条直线。对数期的细菌生长活跃,消耗营养多,个体数目显著增多。另外,群体中的细菌化学组成及形态、生理特性等比较典型,这一时期的菌种很健壮,因此,在生产上常用它们作为接种的种子。实验室也多用对数期的细菌作为实验材料。通常对数期维持的时间较长,但它也受营养及环境条件所左右。

3. 稳定期

在一定的培养液中,随着细菌的活跃生长,营养物质不断消耗,使细菌生长速率逐渐下降,死亡率增加,以致新增殖的细菌数与死亡的细菌数趋于平衡,活菌数保持相对的稳定,称为稳定期。

处于这个时期的细菌生活力逐渐减弱,开始大量贮存代谢产物,如肝糖、异染颗粒、脂肪粒等;同时,也积累许多不利于微生物活动的代谢产物。细菌形态、染色、生物活性也可出现改变。由于微生物的生长繁殖改变了它自己的生活条件,出现了不利于细菌生长的因素,如 pH 值、氧化还原电位改变等,致使大多数芽孢杆菌在这个生长阶段形成芽孢。

4. 衰退期

稳定期后如再继续培养,细菌死亡率逐渐增加,致使死亡数大大超过新生数,总的活菌数明显下降,即衰退期。其中,有一阶段活菌数以几何级数下降。因此,也称为对数衰退期。

这个时期,细菌菌体常出现多种形态,包括畸形或衰退型,细菌死亡并伴随有自溶现象,菌体生活力下降。因此,此期的菌种不宜作种子。

细菌的生长曲线,反映了一种细菌在某种生活环境中的生长、繁殖和死亡的规律。掌握细菌生长规律,不仅可以有目的地研究和控制病原菌的生长,而且可以发现和培养对人类有用的细菌。

三、细菌的新陈代谢

细菌的新陈代谢是指菌细胞内分解代谢与合成代谢的总和,底物分解和转化为能量的过程称为分解代谢;所产生的能量用于细胞组分的合成称为合成代谢。其显著特点是代谢旺盛和代谢类型的多样化。伴随代谢过程细菌还将产生许多有重要意义的代谢产物。

(一)细菌的酶

细菌的新陈代谢是在酶的催化下进行的。根据酶作用的部位分为胞内酶和胞外酶。胞内酶是参与生物氧化的一系列呼吸酶以及与蛋白质、多糖等代谢有关的酶。胞外酶是一些水解酶,可将大分子的营养物质如蛋白质、多糖和脂类水解成小分子可溶性物质,为菌体所吸收。有些细菌产生的胞外酶是重要的致病物质,如血浆凝固酶、透明质酸酶等。

根据酶的生成条件又可分为固有酶和诱导酶。固有酶是细菌代谢中必需的;诱导酶只有在当环境中有诱导物存在时才产生。细菌代谢类型多样化取决于细菌酶的多样化,因而也决定了细菌对营养物质的摄取、分解能力及代谢产物的差异。

(二)细菌的呼吸类型

细菌借助于菌体的酶类从物质的氧化过程中获得能量的过程,称为细菌的呼吸。氧化过程中接受氢或电子的物质为受氢体或受电子体,以游离的分子氧作为受氢体或受电子体的呼吸称为需氧呼吸,这种氧化过程中放能最多;以无机化合物作为受氢体的则称为厌氧呼吸;以各种有机化合物作为受氢体的称为发酵,如乳糖发酵等。由于细菌生物氧化的方式不同,细菌对于氧气的需要也各不一样,据此可将细菌分为以下3种类型。

1. 专性需氧菌

专性需氧菌只有在氧气充分存在的条件下才能生长繁殖。此类细菌具有较完善的呼吸酶系统,在无游离氧的环境下不能生长,如结核杆菌、霍乱弧菌等。

2. 专性厌氧菌

专性厌氧菌只能在无氧的条件下生长繁殖。此类细菌缺乏完善的呼吸酶系统,不能呼吸,只能发酵。不但不能利用分子氧,而且游离氧对细菌有毒性作用,故此类细菌只能在无游离氧的条件下生长,如坏死杆菌、破伤风梭菌等。

3. 兼性厌氧菌

兼性厌氧菌在有氧或无氧的环境中都可生长,但以有氧的环境中生长为佳,兼有上述两类细菌的功能。大多数病原菌属于此类,如大肠杆菌、葡萄球菌等。

(三)细菌的新陈代谢产物

细菌在代谢过程中,除摄取营养、进行生物氧化、获得能量和合成菌体成分外,还产生一些分解和合成代谢产物,有些产物能被人类利用,有些则与细菌的致病性有关,有些可作为鉴定细菌的依据。

1. 分解代谢产物

(1)糖的分解产物 不同种类的细菌以不同的途径分解糖类,在其代谢过程中均可产生丙酮酸,需氧菌进一步将丙酮酸彻底分解为 CO_2 和水;厌氧菌则发酵丙酮酸,产生多种酸类、醛类、醇类和酮类。各种细菌的酶不同,对糖的分解能力也不一样,有些细菌能分解某些糖类产酸产气,有的只产酸不产气,有的则不能利用某种糖。据此通过糖发酵试验、V.P试验与M.R试验对细菌进行鉴别。

(2)蛋白质的分解产物 细菌的种类不同,分解蛋白质、氨基酸的能力不同,因而产生不同的中间产物,如吲哚(靛基质)是某些细菌分解色氨酸而形成的,硫化氢是细菌分解含硫氨基酸的产物,而有的细菌在分解蛋白质的过程中能形成尿素酶,分解尿素形成氨。

因此，利用蛋白质的分解产物设计的靛基质试验、硫化氢试验、尿素分解试验等，可用于细菌的鉴定。

（3）细菌对其他物质的分解　细菌除能分解糖和蛋白质外，对一些有机物和无机物也可分解利用。各种细菌产生的酶不同，其代谢的基质不同，代谢的产物也不一样，故可用于鉴别细菌。

（4）细菌的生化试验　细菌的生化试验是将已分离纯化的待检细菌，接种到一系列含有特殊物质和指示剂的鉴别培养基中，用生物化学方法测定代谢产物，鉴定细菌。常见的生化试验有以下几种：

① 糖（醇、苷）类发酵试验：各种细菌分解糖（醇、苷）的能力不同，分解后代谢产物不同，可根据其分解产物鉴别细菌。实际应用中，可选择合适的含有单糖、双糖、三糖或多糖的培养基，接种待检菌，经培养后观察结果。若能分解糖类产酸，培养基中的指示剂呈酸性反应；产气的细菌则出现气泡或裂隙。大肠杆菌能分解乳糖，伤寒杆菌与痢疾杆菌则不能；大肠埃希菌发酵葡萄糖产酸并产气，伤寒沙门菌发酵葡萄糖仅产酸不产气。糖发酵试验是鉴定细菌最常用的生化反应，特别用于肠杆菌科细菌的鉴定。

② 甲基红试验：细菌分解葡萄糖形成丙酮酸，丙酮酸进一步分解成甲酸、乙酸、乳酸等混合酸，使培养基 pH 值下降至 4.4 以下，加入甲基红指示剂变为红色。若产酸量少或将酸进一步分解为醇、酮、醛等，使培养基 pH 值在 5.4 以上，甲基红试验则呈橘黄色。该试验简称为 M.R 试验。将待检菌接种于葡萄糖蛋白胨水培养基内，培养后滴加甲基红试剂，呈红色为 M.R 试验阳性，橘红色为弱阳性，橘黄色为阴性。该试验主要用于大肠埃希菌和产气肠杆菌的鉴别，前者阳性，后者阴性。

③ V.P 试验：有些细菌能使丙酮酸脱羧生成乙酰甲基甲醇，进而在碱性溶液中被空气中的氧氧化成双乙酰，双乙酰在 α-萘酚和肌酸的催化下，生成红色化合物，为 V.P 试验阳性。将待检菌接种于葡萄糖蛋白胨水培养基，培养后按每毫升培养基加入含 0.3% 肌酸或肌酐的 0.1 mL 40%KOH 溶液，48～50 ℃水浴 2 h 或 37 ℃ 4 h，充分摇动后观察结果，红色为 V.P 试验阳性。

④ 枸橼酸盐利用试验：当某些细菌（如产气杆菌）利用铵盐作为唯一氮源，并利用枸橼酸盐作为唯一碳源时，可在枸橼酸盐培养基上生长，分解枸橼酸盐生成碳酸盐，并分解铵盐生成氨，使培养基变为碱性，是为该试验阳性。大肠埃希菌不能利用枸橼酸盐为唯一碳源，故在该培养基上不能生长，是为枸橼酸盐试验阴性。

⑤ 吲哚试验：有些细菌含有色氨酸酶，分解培养基中的色氨酸产生吲哚，吲哚与对二甲基氨基苯甲醛作用，形成玫瑰吲哚而呈红色。该试验也称靛基质试验。将待检菌接种于蛋白胨水培养基中，培养后沿管壁加入对二甲基氨基苯甲醛试剂 0.5 mL，使其形成两层液面，两液面接触处呈红色为阳性，无色为阴性。该试验主要用于肠道杆菌的鉴定。

⑥ 硫化氢试验：有些细菌分解含硫氨基酸生成硫化氢，遇培养基中的醋酸铅或硫酸亚铁可形成黑色的硫化铅或硫化亚铁沉淀。将待检菌接种于醋酸铅培养基中培养，有黑色沉淀者为阳性，无变化者为阴性。硫化氢试验常用于肠杆菌科菌属间的鉴定。

⑦ 尿素分解试验：变形杆菌具有尿素酶，可分解尿素产生氨，培养基呈碱性，以酚红为指示剂检测呈红色，由此区别于沙门氏菌。

细菌的生化反应用于鉴别细菌，尤其对形态、革兰染色反应和培养特性相同或相似的细菌更为重要。吲哚（I）、甲基红（M）、V.P（V）、枸橼酸盐利用（C）4种试验常用于鉴定肠道杆菌，合称为 IMViC 试验，如大肠埃希菌对这4种试验的结果是"＋＋－－"，产气杆菌则为"－－＋＋"。现代细菌学已普遍采用微量、快速、自动化等鉴定系统，已有很多相应的配套试剂供种属鉴定使用。此外，应用气相、液相色谱法鉴定细菌分解代谢产物中挥发性或非挥发性有机酸和醇类，能够快速确定细菌的种类。

2. 合成代谢产物

（1）热原质　许多革兰阴性菌与少数革兰阳性菌在代谢过程中能合成一种多糖物质，注入人体或动物体能引起发热反应，称为热原质。热原质能通过细菌滤器，耐高温，湿热 121 ℃、20 min 或干热 180 ℃、2 h 不能使其破坏。制备注射制剂和生物制品时用吸附剂或特制的石棉滤板，可除去液体中的大部分热原质。玻璃器皿经干烤 250 ℃、2 h 才能破坏热原质。

（2）毒素　某些细菌在代谢过程中合成的对人和动物有毒害作用的物质，称为毒素。毒素的产生与细菌的致病性有关，细菌产生的毒素有内毒素和外毒素两种。内毒素是革兰阴性菌的细胞壁成分，即脂多糖，当菌体死亡崩解后才游离出来。外毒素是一种蛋白质，在细菌生活过程中即可释放到菌体外，产生外毒素的细菌大多数是革兰阳性菌。

（3）细菌素　某些细菌菌株产生的一类具有抗菌作用的蛋白质，其作用与抗生素类似，但作用范围较窄，仅对与该种细菌有近缘关系的细菌才有作用，如大肠杆菌某一菌株所产生的大肠菌素，一般只能作用于大肠杆菌的其他相近的菌株。

（4）维生素　一些细菌能自行合成维生素，除满足自身所需外，也能分泌到菌体外，如动物机体的正常菌群能合成维生素 B 和维生素 K，可被机体利用。

（5）色素　某些细菌在氧气充足、温度适宜和营养丰富时能产生各种颜色的色素。有的色素是水溶性的，能弥散在培养基中，使整个培养基呈现颜色，如绿脓杆菌的黄绿色素；有的色素则是脂溶性色素，不溶于水，仅保持在细菌细胞内，人工培养时可使菌落显色，而培养基颜色不变，如金黄色葡萄球菌色素。

（6）抗生素　是一种重要的合成产物，它能抑制和杀死某些微生物。生产中应用的抗生素主要是由放线菌和真菌产生的，一些细菌也可产生抗生素，如多黏菌素、杆菌肽等。

（7）侵袭性酶类　某些细菌可产生具有侵袭性的胞外酶，能损伤机体组织，促进细菌的侵袭、扩散，是细菌重要的致病物质，如链球菌的透明质酸酶，产气荚膜梭菌的卵磷脂酶等。

此外，某些细菌还能产生无机酸、有机酸、氨基酸、醇类和其他芳香物质。

任务二　常用玻璃器皿的准备

一、目的要求

熟悉常用玻璃器皿的名称及规格，掌握各种玻璃器皿的清洗和灭菌方法。

二、仪器与材料

试管、吸管、培养皿、三角烧瓶、烧杯、量筒、量杯、漏斗、乳钵、普通棉花、脱脂棉、纱布、牛皮纸、旧报纸、新洁灭尔、来苏儿、石炭酸、肥皂粉、重铬酸钾、粗硫酸、盐酸、橡胶手套、橡胶围裙等。

三、方法与步骤

1. 玻璃器皿的洗涤

① 新购入的玻璃器皿，因附着游离碱质，须用1%～2%盐酸溶液浸泡数小时或过夜，以中和其碱质，然后用清水反复冲刷，去除遗留之酸，最后用蒸馏水冲洗2～3次，倒立使之干燥或烘干。

② 一般使用过的器皿(如配制溶液、试剂及制造培养基等)可于用后立即用清水冲净。凡沾有油污者，可用肥皂水煮0.5 h后趁热刷洗，再用清水冲洗干净，最后用蒸馏水冲洗2～3次，晾干。

③ 载玻片和盖玻片，用毕立即浸泡于消毒液(2%～3%来苏儿或0.1%新洁尔灭)中，经1～2 d取出，用洗衣粉液煮沸5 min，再用毛刷刷去油脂及污垢，然后用清水冲洗，晾干或将洗净的玻片用蒸馏水煮沸，趁热把玻片摊放在干毛巾或干纱布上，稍等片刻，玻片即干，保存备用或浸泡于95%乙醇中备用。

④ 细菌培养用过的试管、平皿等，须高压蒸汽灭菌后趁热倒去内容物，立即用热肥皂水刷去污物，然后用清水冲洗，最后用蒸馏水冲洗2～3次，晾干或烘干。

⑤ 对污染有病原微生物的吸管，用后投入盛有消毒液(2%～3%来苏儿或5%石炭酸)的玻璃筒内(筒内必须垫有棉花，消毒液要淹没吸管)，经2 d后取出，浸入2%肥皂粉液中1～2 h(或煮沸)取出，再用一根橡皮管，使一端接于自来水龙头，另一端与吸管口相接，用自来水反复冲洗，最后用蒸馏水冲洗。

⑥ 如遇到器皿用上述方法不能洗净者，可用下列清洗液浸泡后洗刷：重铬酸钾(工业用)80 g，粗硫酸100 mL，水1 000 mL。

将玻璃器皿浸泡24 h后取出用水冲刷干净。清洁液经反复使用变黑，重换新液。此液腐蚀性强，用时切勿触及皮肤或衣服等，可戴上橡胶手套和穿上橡胶围裙操作。

2. 玻璃器皿的包装

(1)培养皿　将合适的底盖配对，装入金属盒内或用报纸5～6个一摞包成一包。

(2)试管、三角烧瓶等　于开口处塞上大小适合的棉塞或纱布塞(也可用各种型号的软木塞、胶塞等)，并在棉塞、瓶口之外，包以牛皮纸，用细绳扎紧即可。

(3)吸管　在洗耳球接触端，加塞棉花少许，松紧要适宜，然后用3～5 cm宽的长纸条(旧报纸)，由尖端缠卷包裹，直至包没吸管将纸条合拢。

(4)乳钵、漏斗、烧杯等　可用纸张直接包扎或用厚纸包严开口处，再以牛皮纸包扎。

3. 玻璃器皿的灭菌

常用干热灭菌法。将包装的玻璃器皿放入干燥箱内，为使空气流通，堆放不宜太挤，也不能紧贴箱壁，以免烧焦。一般采用160 ℃、1～2 h灭菌即可。灭菌完毕，关闭电源待箱中温度下降至60 ℃以下，开箱取出玻璃器皿。此外，也可用高压蒸汽灭菌，灭菌后烘干。

任务三 常用培养基的制备

一、目的要求

熟知培养基的概念、成分、类型和作用；掌握培养基制备的基本原则，会制备常用培养基。

二、仪器与材料

高压蒸汽灭菌器、微波炉或电炉、天平、量筒、漏斗、试管、培养皿、烧杯、三角烧瓶、精密 pH 试纸、滤纸、纱布、牛肉膏、蛋白胨、氯化钠、琼脂粉、无菌鲜血、无菌血清、新鲜动物肝脏、0.1 mol/L 和 1 mol/L 氢氧化钠溶液等。

三、培养基的概念与要求

(一)培养基的概念和作用

根据细菌对营养物质的需要，经过人工配制适合不同细菌生长、繁殖或积累代谢产物的营养基质称为培养基。培养基的主要用途是能促使细菌生长与繁殖，可用于细菌纯种的分离、鉴定和制造细菌制品等。制备培养基的营养物质主要有蛋白胨、肉浸液、牛肉膏、糖和醇、血液或血清、生长因子和无机盐类等。根据不同培养基的要求，配制培养基时还需加入凝固物质(如琼脂、明胶)、抑制剂(如胆盐、煌绿)、指示剂(如酚红、溴甲酚紫)和水等。

(二)常用培养基的类型

1. 根据培养基物理状态分类

(1)固体培养基 在液体培养基中加入 2%～3% 琼脂，使培养基凝固呈固体状态。固体培养基可用于菌种保藏、纯种分离、菌落特征的观察以及活菌计数等。

(2)液体培养基 在配制好的培养基中不加琼脂，培养基即为液体。由于营养物质以溶质状态溶解于其中，细菌能更充分接触和利用，从而使细菌在其中生长更快，积累代谢产物量也多，因此，多用于生产。

(3)半固体培养基 在液体培养基中加入少量(0.35%～0.4%)的琼脂，使培养基呈半固体状，多用于细菌有无运动性的检查，如用半固体培养基穿刺培养有助于肠道菌的鉴定。

2. 根据培养基的用途分类

(1)基础培养基 含有细菌生长繁殖所需要的最基本的营养物质，可供培养一般细菌，如牛肉膏蛋白胨琼脂是培养细菌的基础培养基。

(2)营养培养基 在基础培养基中加入一些营养物质，如血液、血清、葡萄糖、酵母浸膏等，可用于营养要求较高的细菌培养。

（3）选择培养基　在培养基中加入某些化学物质，有利于需要分离的细菌生长，抑制不需要的细菌生长，如培养沙门氏菌的培养基中加入四硫黄酸钠、煌绿，可以抑制大肠杆菌的生长。

（4）鉴别培养基　根据细菌能否利用培养基中的某种成分，依靠指示剂的颜色反应，借以鉴别不同种类的细菌，如糖发酵培养基，可观察不同细菌分解糖产酸产气情况；用醋酸铅培养基可以鉴定细菌是否产生硫化氢；伊红美蓝培养基可用作区别大肠杆菌和产气肠杆菌等。

（5）厌氧培养基　专性厌氧菌不能在有氧环境中生长，将培养基与空气隔绝并加入还原物降低培养基中的氧化还原电位，可供厌氧菌生长，如疱肉培养基。

（三）制备培养基的基本要求

由于细菌种类繁多，营养需要各异，培养基类型也很多，但制备的基本要求是一致的，具体如下：①培养基应含有细菌生长繁殖所需的各种营养物质；②培养基的 pH 值应在适宜的范围内；③培养基应均质透明，便于观察其生长性状及生命活动所产生的变化；④制备培养基所用容器不应含有任何抑菌物质，最好不用铁锅或铜锅；⑤培养基及盛培养基的玻璃器皿必须彻底灭菌。

四、培养基的制备

制备培养基的基本程序：配料—溶化—测定及矫正 pH 值—过滤—分装—灭菌—无菌检验—备用。

1. 普通肉汤培养基（液体培养基）

（1）成分　牛肉膏 0.3％、蛋白胨 1％、氯化钠 0.5％、蒸馏水适量。

（2）制法

① 将牛肉膏、蛋白胨、氯化钠加入蒸馏水中，在沸水浴中加热使其充分溶解。

② 冷却至 40～50 ℃，测定并矫正 pH 值至 7.2～7.6。

③ 煮沸 10 min，过滤，分装于试管、三角烧瓶或生理盐水瓶中。

④ 置高压蒸汽灭菌器内，121.3 ℃灭菌 20 min。

（3）用途

① 作为一般细菌的液体培养。

② 作为制作某些培养基的基础原料。

2. 普通琼脂培养基（固体培养基）

（1）成分　普通肉汤 100 mL、琼脂 2～3 g。

（2）制法

① 将琼脂加入普通肉汤内，煮沸使其完全溶解。

② 测定并矫正 pH 值至 7.2～7.6，分装于试管或三角烧瓶中，以 121.3 ℃灭菌 20 min。可制成试管斜面、高层培养基或琼脂平板。

（3）用途

① 一般细菌的分离培养、纯培养，观察菌落特征及保存菌种等。

② 作为制作特殊培养基的基础。

3. 半固体培养基

（1）成分 普通肉汤 100 mL、琼脂 0.3～0.5 g。

（2）制法 将琼脂加入定量的肉汤中，煮沸 30 min，使琼脂充分溶解，分装于试管或 U 形管中，121.3 ℃灭菌 20 min 即可。

（3）用途 用于菌种的保存或测定细菌的运动性。

4. 血液琼脂培养基

（1）成分 无菌鲜血 5～10 mL、普通琼脂培养基 100 mL。

（2）制法 取灭菌的普通琼脂培养基，溶解后冷却至 40～50 ℃，加入无菌鲜血，混合后制成斜面或平板。使用前须做无菌检查。

注：当琼脂培养基温度过高时加入血液，血液由鲜红色变为暗褐色，称为巧克力琼脂培养基，可用于培养嗜血杆菌。

（3）用途

① 营养要求较高的细菌（如巴氏杆菌、链球菌等）的分离培养。

② 细菌溶血性的观察和保存菌种。

5. 血清琼脂培养基

（1）成分 无菌血清 5～10 mL、普通琼脂培养基 100 mL。

（2）制法 同血液琼脂培养基。使用前须做无菌检查。

（3）用途

① 某些病原菌（如巴氏杆菌、链球菌等）的分离培养和菌落性状的观察。

② 斜面用于菌种保存。

6. 疱肉培养基（肉渣培养基）

（1）成分 普通肉汤 3～4 mL、牛肉渣 2 g。

（2）制法

① 每支试管中加入牛肉渣 2 g，再加入普通肉汤 3～4 mL。

② 液面盖以液体石蜡一薄层，经 121.3 ℃、20～30 min 灭菌后保存冰箱备用。

（3）用途 培养厌氧菌。

7. 肝片肉汤培养基

（1）成分 普通肉汤 3～4 mL、肝片 3～6 块。

（2）制法

① 将新鲜肝脏放于流通蒸汽锅内加热 1～2 h，待蛋白凝固后，肝脏深部呈褐色，将其切成 3～4 mm³ 大小的方块，用水洗净后，取 3～6 块放入普通肉汤管中。

② 向每支肝片肉汤管中加入液体石蜡 0.5～1.0 mL，经 121.3 ℃、20～30min 灭菌后保存冰箱备用。

（3）用途 培养厌氧菌。

五、培养基的 pH 值测定

1. 精密 pH 试纸法

取精密 pH 试纸一条，浸入待测的培养基中，0.5 s 后取出与标准比色板比较，确定其 pH 值。若偏酸时，向培养基内滴加 1 mol/L 氢氧化钠溶液，边加边搅拌边比色，直至 pH 值在所需范围之间。

2. 标准比色管法

取 3 支与标准比色管(pH 7.6)相同的空比色管，其中一管加蒸馏水 5 mL，另外两管各加待测的培养基 5 mL，其中一管内加 0.02％酚红(PR)指示剂 0.25 mL(滴定管)，混匀。按图 1-15所示排列，比色箱对光观察。若滴定管色淡或呈黄色，即表示培养基偏酸性，需滴加 0.1 mol/L 氢氧化钠校正，若呈深红色，即表示偏碱性，应滴加 0.1 mol/L 盐酸校正，使之与标准比色管色泽相同为止。通常未校正前的肉汤均呈酸性。记下用去的氢氧化钠(或盐酸)溶液量，由此计算出校正全量培养基所需 1 mol/L 氢氧化钠(或盐酸)溶液量。全量培养基加入 1 mol/L 氢氧化钠(或盐酸)溶液的总毫升数＝(5 mL 培养基用去的 0.1 mol/L 氢氧化钠(或盐酸)的毫升数×培养基总毫升数/5)×0.1。

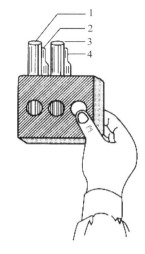

图 1-15 pH 比色箱

【注意事项】

① 矫正全量培养基 pH 值时，不可应用 0.1 mol/L 氢氧化钠(或盐酸)溶液，否则由于加入的量较大，培养基的营养含量会明显降低，影响细菌的生长。

② 灭菌后的培养基进行分装时，必须应用近期内严格灭菌的容器，并在无菌室或超净工作台内完成。

③ 制备好的培养基，应用前在 37 ℃恒温箱中放 1～2 d，无杂菌污染时，方可使用。

任务四 细菌的分离、移植及培养性状的观察

一、目的要求

掌握无菌操作的基本要求和细菌的纯培养技术；学会细菌分离、移植和培养的常用方法，能够正确观察细菌的培养性状。

二、仪器与材料

恒温箱、接种环(针)、酒精灯、灭菌吸管、灭菌平皿、玻璃涂棒等；焦性没食子酸、连二亚硫酸钠、碳酸氢钠、10％氢氧化钠或氢氧化钾溶液、凡士林、生理盐水、普通肉汤、普通(或鲜血)琼脂平板、普通(或鲜血)琼脂斜面、半固体培养基、肝片肉汤培养基、病料及细菌培养物等。

三、无菌技术

无菌技术是防止细菌扩散进入机体或物体造成污染或感染而采取的一系列操作措施。无论是标本的采集或细菌分离培养等，工作人员都必须严格执行无菌操作技术。常规的无

菌操作技术包括如下要点：①细菌的分离等操作过程均需在无菌室、超净工作台内进行；②无菌室、超净工作台在使用前后需要用消毒液擦拭，再用紫外灯照射消毒；③物品、器具等使用前应进行严格的灭菌，使用过程中不得与未经消毒的物品接触，也不宜长时间暴露在空气中；④操作中切勿用手直接接触标本及已灭菌的器材，在使用无菌吸管时，也不能用口吹出管内余液，而应预先在吸管上端塞有棉花，并用橡皮管轻轻吹吸；⑤接种环（针）在每次使用前后，均应在火焰上彻底烧灼灭菌；⑥无菌试管及烧瓶，于开塞后及塞回之前，口部均应在火焰上通过 1～2 次，开塞后的管口、瓶口应尽量靠近火焰，瓶塞或试管塞应夹持在手指间适当位置，不得将其任意摆放。

四、细菌性病料的处理

大多数病料一般不需要处理即可直接用于细菌分离培养。有些病料(如肠内容物、鼻液、脓汁等)污染较严重，可根据污染程度及可能存在的病原菌性质采用一定的方法加以处理，以获得较纯的细菌培养物。常用的病料处理方法有以下几种。

1. 加热处理

疑有芽孢的病原细菌，可将病料制成 1∶(5～10) 的组织混悬液，于 50～75 ℃水浴中加热 20～30 min，然后再接种到适宜的培养基培养。

2. 通过易感实验动物处理

混有杂菌的病料接种到对可疑病原菌最易感的动物体内，待动物发病或死亡后，无菌取其血液或组织器官再接种到适宜的培养基培养。

3. 化学药品处理

在培养基中加入一定量的一种或几种化学药品，以抑制杂菌，分离到所需的目的细菌，如用 50%乙醇及 0.1%升汞水溶液分别处理杂菌病料几分钟，再用灭菌水洗涤，即可抑制病料中一部分污染杂菌的生长。

五、细菌分离接种前的准备

1. 无菌室的准备

在微生物实验中，一般小规模的分离接种操作，使用无菌接种箱或超净工作台；工作量大时使用无菌室接种，要求严格的在无菌室内再结合使用超净工作台。

2. 接种工具的准备

常用的接种或移植工具有接种环(针)、接种铲、移液管、玻璃涂棒、滴管或移液枪等(图 1-16)。

(1)接种环(针)　最常用的接种工具，供挑取菌落(苔)或液体培养物接种用。环前端要求圆而闭合，否则液体不会在环内形成菌膜。根据不同用途，接种环的顶端可以改换为其他形式(如接种针、接种钩等)。

(2)玻璃刮铲　用于稀释平板涂抹法进行菌种分离或细菌计数时的常用工具。将定量(一般为 0.1 mL)菌悬液置于平板表面涂布均匀的操作过程时需要用玻璃刮铲完成。用一段长约 30 cm、直径 5～6 mm 的玻璃棒，在喷灯火焰上把一端弯成"了"形或侧"△"形，并

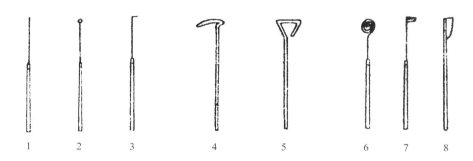

图 1-16 接种工具

1. 接种针；2. 接种环；3. 接种钩；4 和 5. 玻璃涂棒；6. 接种圈；7. 接种锄；8. 小解剖刀

使柄与"△"端的平面成 30°左右的角度。

（3）移液管及吸管 无菌操作接种用的移液管常为 1 mL 或 10 mL 刻度吸管。吸管在使用前应进行包裹灭菌。

六、细菌的接种方法

细菌接种是细菌分离培养的关键步骤，可根据待检标本来源、培养目的及培养基的性状，采用不同的接种方法。其基本程序包括：灭菌接种环—冷却后蘸取细菌标本—进行接种(启盖或塞，接种划线，加盖或塞)—灭菌接种环。

1. 平板划线接种法

本法是常用的分离培养细菌的方法。其目的是将混有多种细菌的病料或培养物，经划线分离使其分散生长形成单个菌落。实验室常用的平板划线接种法有分区划线法和连续划线法两种。

（1）分区划线法 将平板培养基分四区或五区划线。用接种环蘸取少量标本先涂布于平板培养基表面一角，并以此为起点进行不重叠连续划线作为第一区，其范围不得超过平板的 1/4，然后将接种环置火焰上灭菌，待冷却(可接触平板内面试之，如不熔化琼脂，即已冷却)，于第二区处再作划线，且在开始划线时与第一区的划线相交数次，以后划线不必相交接，划完后如上法灭菌，同样方法直至最后一区，使每一区内细菌数逐渐减少，最后可分离培养出单个菌落(图 1-17)。此法适用于脓汁、粪便等含菌量较多的病料。

（2）连续划线法 先用接种环将病料涂布于平板培养基表面一角，然后用接种环自标本涂擦处开始，向左右两侧划开并逐渐向下移动，连续划成若干条分散的平行线(图 1-18)。此法适用于咽试、棉试等含菌量相对较少的标本或培养物。

2. 液体培养基接种法

接种环挑取菌落(或菌液)，倾斜液体培养基管，先在液面与管壁交界处摩擦接种物(以试管直立后液体能淹没接种物为准)，然后在液体中摆动 2～3 次接种环，塞好棉塞后轻轻混合即可(图 1-19)。本法多用于普通肉汤、蛋白胨水、糖发酵管等液体培养基的接种。

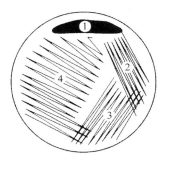  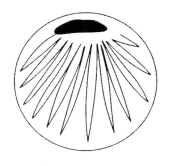

图 1-17 平板分区划线示意   图 1-18 平板连续划线示意

3. 穿刺接种法

用接种针挑取菌落或培养物后，由培养基中央垂直刺入至距管底 0.3～0.5 cm 处，然后沿穿刺线退出接种针（图 1-20）。本法多用于半固体、双糖、明胶等具有高层的培养基的接种。

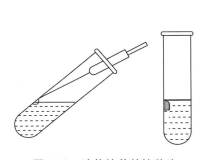 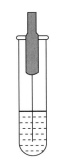

图 1-19 液体培养基接种法   图 1-20 穿刺接种法

4. 琼脂斜面接种法

① 左手持菌种管及琼脂斜面管，一般菌种管放在外侧，斜面管放在内侧，两管口并齐，管身略倾斜，斜面向上，管口靠近火焰（图 1-21）。

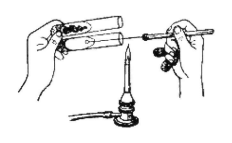

图 1-21 琼脂斜面接种法示意

② 接种环在酒精上烧灼灭菌。

③ 将斜面管的棉塞夹在右手掌心与小指之间，菌种管棉塞夹在小指与无名指之间，将两棉塞一起拔出。

④ 把灭菌接种环伸入菌种管内，钩取少量菌苔后立即伸入斜面培养基底部，由下而上在斜面上做蛇行状划线，然后将管口和棉塞通过火焰后塞好，接种环烧灼灭菌。

⑤ 在斜面管口写明菌种名称、日期，置 37 ℃恒温箱培养 18～24 h，进行观察。

5. 倾注分离法

此法可用于饮水、牛乳及尿液等液体标本中细菌的分离培养和活菌计数。方法是将标本用无菌生理盐水稀释成几个适量浓度（$10^{-5}\sim10^{-1}$）的标本，选取 3 种浓度标本液各 1 mL 分别移入无菌培养皿内，再注入冷却至50 ℃左右的琼脂培养基 10～15 mL 混匀（图 1-22），凝固后倒置于 37 ℃培养箱中培养 18～24 h后做菌落计数，再求出每毫升标本中的细菌数。

每毫升标本中的细菌数＝全平板菌落数×稀释倍数

图 1-22　倾注分离法

七、细菌的培养方法

1. 一般培养法（需氧培养法）

将已接种过的培养基，放置于 37 ℃培养箱中培养 18～24 h，即能观察到大部分细菌的生长现象。此法可用于各种需氧及兼性厌氧菌的培养。绝大多数致病菌均属于需氧和兼性厌氧菌，故一般培养法是细菌检验中最常用的培养方法。

2. 二氧化碳培养法

有些细菌（如鸡嗜血杆菌、弯曲杆菌等）需在含 5%～10% CO_2 的条件下才能生长。常用的二氧化碳培养方法有以下几种。

（1）烛缸法　将已经接种的培养基放置于容量为 2 000 mL 的磨口标本缸或干燥器内，并点燃一支蜡烛直立于缸中，烛火需距缸口 10 cm 左右，缸盖和缸口涂以凡士林，密封缸盖。随后连同容器一并置37 ℃的恒温箱中培养（图 1-23）。

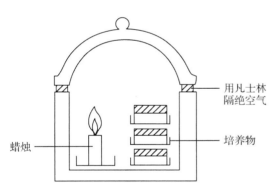

用凡士林隔绝空气

蜡烛

培养物

图 1-23　二氧化碳培养法（烛缸法）

（2）化学法　根据培养细菌用容器的大小，按每 0.84 g 碳酸氢钠与 10 mL 3.3%硫酸混合后，可产生 224 mL CO_2 的比例将化学药品置入容器内反应，使培养缸内 CO_2 的浓度达 10%。

（3）CO_2 培养箱培养　将已经接种的培养基直接放入 CO_2 培养箱内培养，按需要调节箱内的 CO_2 浓度。

3. 厌氧培养法

专性厌氧菌培养时必须在无氧环境下才能生长繁殖，常用的厌氧培养法有以下几种。

（1）肝片肉汤培养基培养法　先将肝片肉汤培养基煮沸 10 min，迅速放入冷水中冷却以排除其中的空气。倾斜肝片肉汤培养基试管，使表面的石蜡与管壁分离，用接种环钩菌种从石蜡缝隙插入培养基中，接种完毕后直立试管，在其表面徐徐加入一层灭菌的液体石蜡，以杜绝空气进入，置恒温箱中培养。

（2）焦性没食子酸培养法　取大试管或磨口瓶一个，在底部先垫上玻璃珠或铁丝弹簧圈，然后按每升容积加入焦性没食子酸 1 g 和 10％氢氧化钠或氢氧化钾溶液 10 mL，再盖上有孔隔板，将已接种的培养基放入其内，用凡士林或石蜡封口，置于恒温箱中培养48 h 后观察结果。

（3）厌氧罐培养法　取磨口玻璃缸一个，计算体积，在磨口边缘涂上凡士林，按每升容积加入连二亚硫酸钠和无水碳酸钠各 4 g 计算，向缸底加入两种研细并混匀的药品，其上用棉花覆盖，然后将已接种的培养基置于棉垫上，密封缸口后置于恒温箱中培养。

八、细菌培养特性的观察

1. 细菌在固体培养基上的生长现象

细菌接种在适宜的固体培养基上，经过一定时间培养后，在培养基表面出现肉眼可见的细菌集团，称为菌落。细菌在固体培养基表面密集生长时，多个菌落融合在一起形成的细菌堆集物，称为菌苔。

不同细菌的菌落都有一定的形态特征，据此可在一定程度上鉴别细菌。先用肉眼观察单个菌落形状、大小、颜色、湿润度、隆起度、透明度、质度及乳化性，再用放大镜或低倍镜观察菌落的表面、构造及边缘情况（图 1-24）。

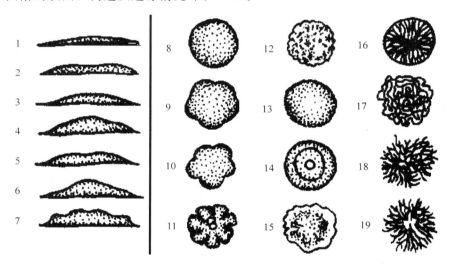

图 1-24　细菌菌落各种形状

侧面观察：1. 扁平；2. 隆起；3. 低凸起；4. 高凸起；5. 脐状；6. 草帽状；7. 乳头状

正面观察：8. 圆形、边缘完整；9. 不规则、边缘波浪状；10. 不规则、颗粒状、边缘叶状；11. 规则、放射状、边缘叶状；12. 规则、边缘扇边形；13. 规则、边缘齿状；14. 规则、有同心环、边缘完整；15. 不规则、毛毯状；16. 规则、菌丝状；17. 不规则、卷发状、边缘波状；18. 不规则、呈丝状；19. 不规则、根状

通常根据菌落的性状可分为三大类型。

（1）光滑型菌落　菌落表面光滑、湿润、边缘整齐。

（2）粗糙型菌落　菌落表面粗糙、干燥，呈颗粒或皱纹状，边缘多不整齐。

（3）黏液型菌落　菌落表面光滑、湿润、黏稠。

2. 细菌在鲜血琼脂平板培养基上溶血现象观察

观察有无溶血现象及注明何种动物的血液。如果在菌落周围有 1～2 mm 宽的绿色不完全溶血环，镜下可见溶血环内有未溶解的红细胞，称为 α 型溶血或甲型溶血、绿色溶血；如果在菌落周围有 2～4 mm 宽的完全透明溶血环，则称为 β 型溶血或乙型溶血、完全溶血；不溶血者称为 γ 型溶血或丙型溶血。

3. 细菌在斜面培养基上的生长现象

将分离菌接种于普通或营养琼脂斜面培养基，培养后用肉眼或放大镜观察其生长情况。观察内容如下：

(1)生长量　包括不生长、贫瘠、中等、丰盛。

(2)形状　丝状、刺状、念珠状、薄膜状、树枝状、根状。

(3)表面　光滑、粗糙、波纹状、颗粒状。

(4)培养基　颜色有无改变、消化或结晶形成。

(5)气味　有或无。

(6)边缘、颜色、质度、透明度和乳化性　同固体培养基。

4. 细菌在半固体培养基上的生长现象

将纯培养菌穿刺接种于半固体培养基内，培养后用肉眼观察细菌的生长量。无鞭毛细菌只沿穿刺线生长，穿刺线清晰，周围培养基清澈透明；有鞭毛细菌沿穿刺线并向外扩散生长，穿刺线模糊或消失，周围培养基浑浊。

5. 细菌在液体培养基上的生长现象

将纯培养菌接种于液体培养基内，培养后用肉眼观察细菌的生长量、培养物的浑浊度、表面生长情况、有无沉淀物等，然后用手指轻轻弹动试管底部，使沉淀浮起，以检查沉淀物的性状。观察内容主要有如下几方面。

(1)浑浊度　细菌生长时不断向四周扩散，出现肉眼可见的、程度不同的浑浊现象，一般有不浑浊、轻度浑浊、中等浑浊和高度浑浊等，浑浊情况有全管均匀浑浊、颗粒状浑浊和絮状浑浊等。

(2)沉淀　呈链状排列的细菌在生长过程中相互缠绕而易出现明显絮状或丝状的沉淀物，沉淀物上面的液体仍清澈透明。应注意观察沉淀的有无、多少，沉淀物的性状(粉末状、颗粒状、絮状、膜样或黏液状)，振摇后是否散开。

(3)表面情况　有无产生菌膜、菌膜的厚度(薄膜、厚膜)、菌膜的表面情况(光滑、粗糙或颗粒状)。菌膜多见于需氧菌，因细菌生长时需要氧气，而集中生长在液体培养基的表面，形成肉眼可见的膜状物。

(4)颜色和气味　有或无。

任务五　细菌的生化试验

一、目的要求

掌握细菌鉴定中常用生化试验的原理、方法和结果判定；了解细菌生化试验在细菌鉴定及疾病诊断中的重要意义。

二、仪器与材料

恒温箱、微波炉或电炉、三角烧瓶、烧杯、平皿、试管、酒精灯、接种环、精密pH试纸、各种细菌培养物等；蛋白胨、氯化钠、糖类、磷酸氢二钾、95%乙醇、硫酸铜、浓氨水、10%氢氧化钾、3%淀粉溶液、对二甲氨基苯甲醛、浓盐酸、硫代硫酸钠、10%醋酸铅水溶液、磷酸二氢铵、硫酸镁、枸橼酸钠、甲基红、0.5%溴麝香草酚蓝乙醇溶液、1.6%溴甲酚紫乙醇溶液、0.2%酚红溶液、蒸馏水、琼脂、1 mol/L氢氧化钠溶液等。

注：目前几乎所有的生化试验培养基及试剂均有现成的商品出售，可购买使用。

细菌在新陈代谢过程中进行着各种生理生化反应，利用生物化学的方法来检测细菌的代谢产物以鉴别细菌，称为细菌的生物化学试验。

三、糖类分解试验

1. 原理

大多数细菌都能分解糖类（糖、醇和糖苷），因不同细菌含有不同的酶类，对糖类的分解能力各不相同，其代谢产物也不一样。有的细菌能分解某些糖类而产酸产气，记为"⊕"；有的只能产酸而不产气，记为"＋"；有的则不能分解糖类，记为"－"。通过检查细菌对糖类发酵后的差异可鉴别细菌。

常用于细菌糖类分解试验的单糖主要有葡萄糖、甘露糖、果糖、半乳糖等；双糖主要有乳糖、麦芽糖、蔗糖等；多糖主要有菊糖、糊精、淀粉等；醇类主要有甘露醇、山梨醇等；糖苷主要有水杨苷等。

2. 培养基（糖发酵培养基）

(1)成分　蛋白胨1.0 g、氯化钠0.5 g、蒸馏水100 mL、1.6%BCP（溴甲酚紫）乙醇溶液0.1 mL、糖1 g（水杨苷为0.5 g）。

(2)制法　将上述蛋白胨和氯化钠加热溶解于蒸馏水中，测定并矫正pH值为7.6，过滤后加入1.6%溴甲酚紫乙醇溶液和糖，然后分装于小试管（13 mm×100 mm）中，113 ℃高压蒸汽灭菌20 min即可。

3. 方法

将待鉴别细菌的纯培养物，接种到糖发酵培养基内，倒置于37 ℃恒温箱中培养。培养的时间随实验的要求及细菌的分解能力而定。可按各类细菌鉴定方法所规定的时间进行。

4. 结果

产酸产气时，可使培养基内的指示剂变为黄色，并在倒置的小试管内出现气泡；只产酸不产气时仅使培养基变为黄色；不分解者无反应。

5. 应用

糖类分解试验是细菌鉴定最常用的方法，尤其是肠杆菌科细菌的鉴定。

四、甲基红(M.R)试验

1. 原理

M.R 指示剂的变色范畴为 pH 值低于 4.4 呈红色，pH 值高于 6.2 呈黄色。有些细菌分解葡萄糖产生大量的酸，使 pH 值维持在 4.4 以下，从而使培养基中的甲基红指示剂呈现红色反应，为甲基红(M.R)试验阳性。若细菌产酸较少或因产酸后很快转化为其他物质（如醇、醛、酮、气体和水），使 pH 值在 6.2 以上，则甲基红指示剂呈黄色，为 M.R 试验阴性。

2. 培养基（葡萄糖蛋白胨水培养基）

(1)成分　蛋白胨 1 g、葡萄糖 1 g、磷酸氢二钾 1 g、蒸馏水 2.0 mL。

(2)制法　将上述成分依次加入蒸馏水中，加热溶解后测定并矫正 pH 值为 7.4，过滤后分装于试管中，113 ℃高压蒸汽灭菌 20 min 即可。

3. M.R 试剂

甲基红 0.06 g，溶于 180 mL 95%乙醇中，加入蒸馏水 120 mL。

4. 方法

将待检菌接种于葡萄糖蛋白胨水，以 37 ℃培养 2～4 d，取部分培养液（或整个培养物），滴加甲基红试剂，通常每 1 mL 培养液滴加试剂 1 滴。充分振摇试管，观察结果，观察阴性结果时不少于 5 d 培养。

5. 结果

红色为阳性，橘黄色为阴性，橘红色为弱阳性。

6. 应用

甲基红试验主要用于大肠埃希菌与产气肠杆菌的鉴别，前者属阳性，后者属阴性。

五、维-培(V.P)二氏试验（丁二醇发酵试验）

1. 原理

有些细菌在发酵葡萄糖产生丙酮酸后，使丙酮酸脱羧，形成中性的乙酰甲基甲醇，后者在碱性环境中被空气氧化为二乙酸。二乙酸能与蛋白胨中精氨酸所含的胍基反应，生成红色化合物。若在培养基中加入少量含胍基的化合物，如肌酸或肌酐，可加速反应。一般方法是加碱前先加入肌酸和 α-萘酚，以增加试验的敏感性。

2. 培养基（葡萄糖蛋白胨水培养基）

制法同甲基红试验。

3. 试剂

甲液：50 g/L α-萘酚无水乙醇溶液。

乙液：400 g/L 氢氧化钾溶液（含 3 g/L 肌酸或肌酐）。

4. 方法

将待检菌接种于葡萄糖蛋白胨水，以 37 ℃培养 48 h，取部分培养液（或整个培养物），每 1 mL 培养液加入甲液 0.6 mL、乙液 0.2 mL。充分振摇试管，观察结果。

5. 结果

呈红色或橙红色反应为阳性。

6. 应用

维-培(V.P)二氏试验主要用于肠杆菌科中产气肠杆菌与大肠埃希菌的鉴别，前者属阳性，后者属阴性。

六、靛基质试验

1. 原理

有些细菌能产生色氨酸酶，能分解蛋白胨中的色氨酸而产生靛基质(吲哚)，后者与对二甲氨基苯甲醛作用，形成红色的玫瑰靛基质。

2. 培养基(童汉氏蛋白胨水)

(1)成分　蛋白胨 1.0 g、氯化钠 0.5 g、蒸馏水 100 mL。

(2)制法　将蛋白胨及氯化钠加入蒸馏水中，充分溶解后，测定并矫正 pH 值为 7.6，滤纸过滤后分装于试管中，以 121.3 ℃高压蒸汽灭菌 20 min 即可。

3. 试剂

对二甲氨基苯甲醛 1 g、95％乙醇 95 mL、浓盐酸 50 mL。将对二甲氨基苯甲醛溶于乙醇中，再加入浓盐酸，避光保存。

4. 方法

将待检菌接种于蛋白胨水培养基，以 37 ℃培养 24～48 h，取出后沿试管壁加入靛基质试剂约 1 mL 于培养物液面上，观察两层液面的颜色。

5. 结果

阳性者在培养物与试剂的接触面处产生一红色的环状物，阴性者培养物仍为淡黄色。

6. 应用

本试验主要用于肠杆菌科细菌鉴别，如大肠埃希菌为阳性，产气肠杆菌为阴性。

七、硫化氢生成试验

1. 原理

有些细菌能分解蛋白质中的含硫氨基酸(胱氨酸、半胱氨酸等)，产生硫化氢(H_2S)。当培养基含有铅盐或铁盐时，硫化氢可与其反应生成黑色的硫化铅或硫化亚铁。

2. 培养基(醋酸铅琼脂培养基)

(1)成分　pH 7.4 普通琼脂 100 mL、硫代硫酸钠 0.25 g、10％醋酸铅水溶液 1.0 mL。

(2)制法　普通琼脂加热熔化后，加入硫代硫酸钠，混合，以 113 ℃高压蒸汽灭菌 20 min，保存备用。应用前加热熔化，加入灭菌的醋酸铅水溶液，混合均匀，无菌操作分装试管，做成醋酸铅琼脂高层，凝固后即可使用。

3. 方法

将待检菌穿刺接种于醋酸铅培养基，以 37 ℃培养 24～48 h，观察结果。

4. 结果

培养基变黑色者为阳性，不变者为阴性。

5. 应用

本试验主要用于肠杆菌科细菌的属间鉴别，沙门氏菌属、爱德华菌属、枸橼酸杆菌属和变形杆菌属多为阳性，其他菌属多为阴性。

本试验亦可用浸渍醋酸铅的滤纸条进行。将滤纸条浸渍于10％醋酸铅水溶液中，取出夹在已接种细菌的琼脂斜面培养基试管壁与棉塞间，如细菌产生硫化氢，则滤纸条呈棕黑色，为阳性反应。

八、枸橼酸盐利用试验

1. 原理

本试验是测定细菌能否单纯利用枸橼酸钠为碳源和利用无机铵盐为氮源而生长的一种试验。如利用枸橼酸钠则生成碳酸盐使培养基变碱，指示剂溴麝香草酚蓝由淡绿色转变成深蓝色；若不能利用，则细菌不生长，培养基仍呈原来的淡绿色。

2. 培养基（枸橼酸钠培养基）

（1）成分　磷酸二氢铵0.1 g、硫酸镁0.01 g、磷酸氢二钾0.1 g、枸橼酸钠0.2 g、氯化钠0.5 g、琼脂2.0 g、蒸馏水100 mL、0.5％BTB(溴麝香草酚蓝)乙醇溶液0.5 mL。

（2）制法　将各成分溶解于蒸馏水中，测定并矫正pH值为6.8，加入BTB溶液后呈淡绿色，分装于试管中，灭菌后摆放斜面即可。

3. 方法

将待鉴别细菌的纯培养物接种于枸橼酸钠培养基上，置37 ℃恒温箱培养18～24 h，观察结果。

4. 结果

细菌在培养基上生长并使培养基转变为深蓝色者为阳性；没有细菌生长，培养基仍为原来颜色者为阴性。

5. 应用

本试验主要用于肠杆菌科细菌属间鉴别，如沙门氏菌、产气肠杆菌、克雷伯菌属、枸橼酸杆菌、沙雷菌属通常为阳性，埃希菌属、志贺菌属等多为阴性。

九、尿素分解试验

1. 原理

有些细菌能产生尿素酶，能分解尿素形成两分子氨及CO_2，在溶液中，氨及CO_2和水结合形成碳酸铵，培养基呈现碱性，使指示剂变色。

2. 培养基（尿素培养基）

（1）成分　蛋白胨1 g、氯化钠5 g、磷酸二氢钾2 g、琼脂20 g、蒸馏水1 000 mL、0.2％PR(酚红)溶液6 mL、葡萄糖1 g、20％尿素溶液100 mL。

（2）制法　将蛋白胨、氯化钠、磷酸二氢钾和琼脂加入蒸馏水中加热溶化，测定并矫正 pH 值至 7.0，加入酚红、葡萄糖和尿素水溶液，混匀，分装于试管中，55.16 kPa 20 min 高压蒸汽灭菌后摆成短斜面即可。

3. 方法

将待检菌 18~24 h 纯培养物大量接种于上述琼脂斜面，不穿刺底部以便做颜色对照，以 35 ℃ 培养 1~6 d，然后每天观察结果，直到第 6 天。

4. 结果判定

(1)阳性试验　斜面上呈现紫红色，颜色渗透到琼脂内。颜色扩散程度表示尿素分解的速度。整个试管呈粉红色判定为"++++"；斜面粉红色，底部无变化，判定为"++"；斜面顶部粉红色，其他无变化，判定为"+"。

(2)阴性试验　颜色无变化，仍呈浅黄色。

5. 应用

本试验主要用于肠杆菌科属间鉴别，如克雷伯菌属(+)与埃希菌属(-)，也用于侵肺巴氏杆菌(+)和脲巴氏杆菌(+)与多杀性巴氏杆菌(-)和溶血性巴氏杆菌(-)。

十、淀粉水解试验

1. 原理

淀粉与碘试剂反应时，可形成蓝色可溶性化合物。淀粉在细菌分泌的 α-淀粉酶作用下易被水解成葡萄糖，葡萄糖与碘试剂呈无色反应。

2. 培养基(淀粉琼脂)

(1)成分　pH 7.6 普通琼脂 90 mL、无菌血清 5 mL、无菌 3‰淀粉溶液 10 mL。

(2)制法　将灭菌后的琼脂熔化，待冷至 50℃，加入淀粉溶液及血清，混匀后倾入培养皿内做成平板。

3. 方法

将待鉴别细菌的纯培养物接种于淀粉琼脂平板上，置 37 ℃恒温箱中培养 24 h 后，滴加碘液于细菌生长处，观察颜色变化。

4. 结果

呈蓝色者为阴性，说明淀粉未被水解；若培养物周围不发生碘反应呈白色透明区为阳性，说明该菌产生淀粉酶，淀粉已被水解。

5. 应用

测定细菌水解淀粉的能力并通过碘试剂进行检测，有助于需氧菌属的鉴别，如芽孢杆菌属成员和链球菌属成员；也有助于厌氧菌属中菌种的鉴别，如梭菌属成员。

十一、明胶液化试验

1. 原理

有些细菌在代谢过程中能产生类蛋白水解酶(明胶酶)，消化或液化明胶。天然存在的蛋白质分子太大不能进入菌体细胞，细菌为利用这些蛋白质必须先将其分解为较小的组分。有些细菌可通过分泌到细胞外的明胶酶将蛋白分解，分两步进行，即蛋白质—明胶酶、蛋白酶—多肽—明胶酶、肽酶—氨基酸明胶酶、肽酶明胶酶、蛋白酶氨基酸，最终产生氨基酸的混合物。

2. 培养基

常用科赫（Kohn）明胶-炭粉培养基和营养明胶穿刺培养基。

（1）科赫明胶-炭粉培养基　将 15 g 明胶放入 100 mL 冷蒸馏水或自来水中浸泡 5～10 min，加热煮沸，加入炭粉 3～5 g，振荡，于 48 ℃ 水浴中冷却。然后把混合物倒入底部预先涂有一层 3 mm 厚的石蜡或凡士林的大玻璃平皿中，勿让炭粉形成沉淀。待混合物凝固坚硬后，完整取出置 10% 甲醛溶液中 24 h 后，将明胶-炭粉切成直径 1 cm 的圆片，用纱布包好，经流动自来水充分冲洗 24 h，然后将圆片放于带有螺帽的试管内，每支试管放一圆片，加少量水覆盖，松开螺帽，流动蒸汽灭菌 30 min 或 90～100 ℃ 水浴反复加热 3 次，每次 20 min，无菌操作去除试管中的水分，每支试管加入 3～4 mL 胰酶消化的无菌大豆肉汤（TSB）或其他合适的无菌液体培养基，用前 37 ℃ 培养 24 h 做无菌检查。

（2）营养明胶穿刺培养基（pH 6.8）　120 g 明胶加入到 1 000 mL 蒸馏水中，加热（50 ℃）使明胶熔化，加入 3 g 牛肉浸膏和 5 g 蛋白胨，再加热（50 ℃）熔化，调 pH 值至 6.8～7.0，每支试管分装 4～5 mL，121 ℃、103 kPa 高压灭菌 15 min，凝固成高层，4～10 ℃ 冰箱保存备用。

3. 方法

（1）科赫明胶-炭粉培养基法　将浓的待检菌悬液培养物接种于科赫明胶-炭粉培养基，同时设立对照管（不接种细菌），以 35～37 ℃ 培养 18～24 h 或更长，取出后观察结果。

（2）营养明胶穿刺培养基（pH 6.8）法　用接种针挑取待检菌 18～24 h 培养物，穿刺接种于营养明胶穿刺培养基，穿刺深度达 1.25～2.5 cm，同时设立对照（不接种细菌），置 22～25 ℃ 或 35 ℃ 下培养 24 h 至 14 d，观察生长（浑浊）和液化情况。在培养期间，每 24 h 取出试管放入冰箱内约 2 h，检查明胶是否液化，每天一次，直到满 2 周，除非发生液化。

4. 结果判定

（1）科赫明胶-炭粉培养基法

① 阳性管：炭的游离颗粒沉到管底，轻摇颗粒浮起；而对照管混合物完整，无游离炭粒。

② 阴性管：明胶-炭粉混合物完整，培养基中无游离的颗粒；对照管同上。

（2）营养明胶穿刺培养基（图 1-25）　如 35 ℃ 培养，需在室温下冷却培养后再作判定。

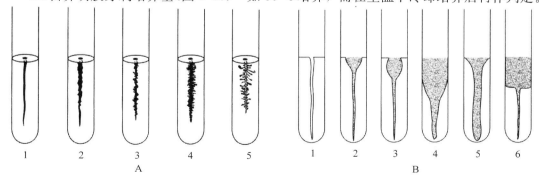

图 1-25　明胶液化结果

A　明胶穿刺生长形状　1. 线状；2. 棘状；3. 珠状；4. 绒毛状；5. 根状

B　明胶液化形状　1. 不液化；2. 杯状（火山口状）；3. 萝卜状；4. 漏斗状；5. 囊状；6. 层状

① 阳性管：培养基液化，对照管培养基仍呈固态。

② 阴性管：培养基呈固态，对照管同上。

5. 应用

通常用于检查细菌液化明胶的能力，有助于种间鉴别如金黄色葡萄球菌（＋）和表皮葡萄球菌（－）及属间鉴别如李氏杆菌（－）和化脓棒状杆菌（＋）。

十二、牛乳凝固与胨化试验

1. 原理

牛乳中含有乳糖和酪蛋白、乳蛋白及乳球蛋白，石蕊既是 pH 指示剂，又是氧化还原指示剂。细菌在石蕊牛乳中可表现一种或几种代谢特性，每种代谢特性对特定细菌而言是特异性的。

（1）乳糖发酵　如细菌发酵乳糖产生乳酸，可使石蕊指示剂变成粉红色；有些产碱的细菌尽管不发酵乳糖，可使石蕊指示剂变成蓝紫色。

（2）石蕊还原　石蕊作为氧化还原指示剂，有些细菌能使石蕊还原成无色。

（3）凝固蛋白　分解蛋白质的酶类能使牛乳蛋白质水解，导致牛乳凝固。引起凝固的酶主要为凝乳酶。

（4）蛋白胨化（消化）　有些细菌具有酪蛋白分解酶，催化酪蛋白水解，牛乳培养基变为清澈的液体，此过程称为蛋白胨化（消化），表现为培养基像水一样透明。

（5）气体产生　乳糖发酵的最终产物是 CO_2 和 H_2，当气体大量产生时可使酸性凝块破裂，产生急骤的发酵。此现象在某些厌氧芽孢梭菌属（如魏氏梭菌）中发生，可用于菌种的鉴别。

2. 培养基（石蕊牛乳培养基，pH 6.8）

100 g 脱脂奶粉、0.75 g 石蕊粉、1 000 mL 蒸馏水。通过加入少量石蕊调整 pH 值至 6.8（紫蓝色）。制备时每支试管分装 5 mL，121 ℃、103 kPa（15 磅）高压灭菌 15 min 即成。高压灭菌时，石蕊牛乳可被还原成白色，冷却后，吸收氧气，恢复原来的紫蓝色。塞紧盖于 4～10 ℃冰箱保存备用。

3. 方法

将待检菌 18～24 h 纯培养物接种于上述石蕊牛乳培养基，如疑为厌氧芽孢梭菌，则需在试管中加入灭菌的铁，如铁粉、铁钉、大头针或铁屑等。以 35 ℃培养 18～24 h，观察结果。必要时可延长培养至 14 d。

4. 结果判定

记录石蕊牛乳培养基中发生的所有代谢反应时，通常用标准符号来代替，其符号及判定标准如下：

（1）产酸（A）　粉红色，乳糖发酵。

（2）碱性反应（AIK）　蓝色，乳糖不发酵，细菌作用于培养基中的含氮物质。

（3）凝块或凝乳形成（C）　牛乳蛋白凝固。

（4）消化或蛋白胨化（D） 牛乳蛋白消化，培养基澄清。

（5）产气（G） 培养基有气泡（CO_2 和 H_2），凝块可能断裂。

（6）急骤发酵（S） 酸凝块被产生的大量气体所冲破。

（7）还原（R） 白色，石蕊被还原成白色。

（8）无变化或阴性（NC） 紫蓝色，与未接种试管相同。

5. 应用

此试验主要用于牛链球菌（生长）与马链球菌（不生长）以及梭菌属中艰难梭菌（不生长）与其他梭菌（生长）的鉴别。

任务六 细菌计数技术

一、目的要求

学习细菌计数的方法，明确细菌计数的意义。

二、仪器与材料

恒温培养箱、超净工作台、待测菌液、营养琼脂、营养肉汤、生理盐水、平皿、吸管、试管、酒精灯、吸球、试管架、纯硫酸、氯化钡。

细菌计数方法很多，大致可归纳为两大类：一类是活菌数的计数法，如平板培养计数法；另一类是对细菌总数（包括活菌和死菌）的计数法，如直接计数法（染色涂片计数法、计算室计数法）和比浊法。现将几种常用的方法介绍如下。

三、平板培养计数法

一个活的细菌，在平板培养基上大量繁殖可形成一个肉眼可见的菌落。故计算细菌的菌落数即可测得活菌的数量。

1. 平板表面涂布法

（1）营养琼脂平板 按常规制作营养琼脂平板，用前取营养琼脂平板 8 个，倒置在 37 ℃温箱中烘干 1 h，使其表面的水分蒸发。取出后将其分为 4 组，每组 2 个平板，第 4 组为对照组。

（2）稀释菌液 根据被测样品中菌数含量的多少，在做培养之前，用普通肉汤或生理盐水将被测样品做 10 倍递进稀释即 10^{-1}，10^{-2}，10^{-3}…。稀释方法为：①取灭菌试管6～10 支，分别标明稀释倍数；②每支试管中加入灭菌生理盐水或肉汤 9 mL；③另取灭菌吸管吸取待测样品（或待测菌液）1 mL，加入第 1 支试管中，充分混匀，稀释倍数为 10^{-1}；④从第 1 支试管中吸取稀释样品 1 mL 加入到第 2 支试管中，充分混匀，稀释倍数为 10^{-2}，如此一直稀释到最后一支试管，稀释倍数分别是 10^{-3}，10^{-4}…。

（3）涂样 另取 3 支灭菌吸管，分别吸取后 3 个稀释度试管中的菌悬液 0.1 mL，对应加在 3 组营养琼脂平板上，每一个稀释度菌液接种 2 个平板，用灭菌 L 形玻璃棒将菌液涂匀。在平皿底做好与试管稀释度相同的标记。第4组作对照，加稀释液0.1 mL。

（4）培养　将上述各组平板置37 ℃温箱中培养1～2 h，使菌液渗透于培养基内，然后倒置培养24 h。

（5）计数　取出培养皿，用肉眼观察计算每个平板上的菌落数，必要时可用5～10倍放大镜观察，以免遗漏。一般选择菌落数在30～300之间的平皿用以计数，每个稀释度应取其菌落平均数。按下式计算活菌数：

$$活菌个数/mL=2个平板平均菌落数×10×稀释倍数$$

例如：在10^{-8}稀释的平板中所得平均菌落数为78个，计算结果：$78×10×10^8=7.8×10^{10}$（个/mL）。

【注意事项】

①对照组应无菌落生长，否则试验结果不准确，应重做。

②前一稀释度的平均菌落数应大致为后一稀释度平均菌落数的10倍左右，如差别太大，则说明试验不准确，应重做。

③菌落稠密成片生长的平板，不能用来计数。

④并非每个活菌都能形成菌落，而一个菌落也并不都是单个细菌所形成，因此，活菌计数的结果一般低于实际数量。

2. 倾注平板培养法

（1）稀释菌液　按上述方法对被检样品做10倍递进稀释，至所需稀释倍数。

（2）加样　取灭菌平皿8个，分为4组，每组2个平皿，第1～3组加样，第4组为对照组。用灭菌吸管分别吸取在试管中稀释好的后3管菌液，对号加到相应的平皿中，每个平皿加入1 mL菌液，每个稀释度2个平皿。第4组每个平皿加入稀释液1 mL。注意吸样时先从稀释倍数高的吸取，皿底注明稀释倍数、组号。

（3）加琼脂　预先将营养琼脂培养基灭菌加热熔化，待冷50 ℃（可放在50 ℃水温中保温备用）左右，倾注入上述平皿中，每个平皿约15 mL。立即轻轻转动平板使其混合均匀，平放待其凝固后，倒置于37 ℃温箱中培养24 h。

（4）计数　用蜡笔将皿底8等分，一区一区地用计数器计数，深部和表面的都计算在内。每个稀释度取其菌落平均数，乘以稀释倍数，即为每毫升菌液中的活菌总数。

$$活菌个数/mL=平均菌落数×稀释倍数$$

四、比浊法

比浊法是对比细菌悬液与标准管的浊度，求出大致的菌数。其优点是快速简便，常用于菌苗及其他生物制品的生产、细菌毒力的测定和攻毒量的确定等。

1. 标准比浊法

（1）比浊管　由国家生物制品检定部门提供，每套包括一支细菌比浊标准管、数支对照空管和一张比浊用的图片，说明书上注明标准管相当于不同细菌种类的菌数（表1-2）。我国目前使用的比浊标准管由玻璃粉悬液制成，颗粒平均值为$(1.52±0.17)$ μm，试管口径$(10±0.25)$ mm，浊度单位为亿个/mL，标准管使用期为1年。

表 1-2　标准管浊度相当的菌数　　　　　　　　　　　　　　亿个/mL

细菌名称	相当菌数	细菌名称	相当菌数
大肠杆菌	8	肺炎球菌	3
沙门氏菌	10	甲型溶血性链球菌	2
志贺氏杆菌	8	绿脓杆菌	10
牛型布鲁氏杆菌	25	鼻疽杆菌	8
猪型布鲁氏杆菌	20	嗜血杆菌	23
羊型布鲁氏杆菌	30	破伤风杆菌	1

（2）比浊方法　将空管拭刷干净，加入待测菌液 1 mL。比浊时标准管及待测菌液应经常摇匀，若待测菌液较浓时，须先稀释，再进行比浊。比浊应在光线明亮处进行，将标准管与待测管并列紧贴在图片前，使两管受光均匀，然后透过两管管壁对比观察，目测图片的清晰度，并将两管左右换位，反复对比。若待测菌液管较标准管过浓时，应在待测管中滴加适量生理盐水调整。经反复比浊，直至两管背后的图片清晰度相同为止。待测菌液的菌数按下述方法计算。

例如：测定大肠杆菌的菌数，若 1 mL 菌液加入 4 mL 的生理盐水后，与标准管的浊度相同，即表示该菌液经 5 倍稀释后相当于标准管。大肠杆菌标准管的菌数相当于 8 亿个/mL，故被测菌数为 $8 \times 5 = 40$（亿个/mL）。

2. 麦氏比浊管法

（1）比浊管的制备　选取口径和管壁厚薄一致的洁净试管 10 支，分别加入 1％氯化钡溶液，然后加入 1％浓硫酸溶液，使各管总液量为 10 mL，加塞并用石蜡封固（也可将管口熔封），保存备用。各管加液量及浊度单位见表 1-3。

表 1-3　麦氏比浊管的浊度及其浊度单位

项目	管号									
	1	2	3	4	5	6	7	8	9	10
1％氯化钡溶液/mL	0.1	0.2	0.3	0.4	0.5	0.6	0.7	0.8	0.9	1.0
1％浓硫酸/mL	9.9	9.8	9.7	9.6	9.5	9.4	9.3	9.2	9.1	9.0
相当菌数/（亿个/mL）	3	6	9	12	15	18	21	24	27	30

（2）比浊方法　比浊方法和计算方法同标准比浊法。

模块三　细菌感染的实验室检测

一、目的要求

学会细菌性病料的采集、保存及运送方法；掌握细菌感染的实验室诊断方法。

二、仪器与材料

鸡源巴氏杆菌菌种、马丁血液琼脂平板、马丁血清琼脂平板、马丁肉汤、麦康凯平板、显微镜、革兰染色液、美蓝染色液、鸡2只、小白鼠2只等。

细菌是自然界广泛存在的一种微生物，绝大多数细菌为非病原菌，少数为病原菌或致病菌。细菌性传染病占动物传染病的50％左右，除少数传染病（如破伤风等）可根据临床特点作出诊断外，多数还需要借助病理变化进行初步诊断，而确诊则需要进行实验室诊断，确定细菌的存在或检出特异性抗原或抗体。

细菌病的实验室诊断需要在正确采集病料的基础上进行，常用的诊断方法包括细菌的形态检查、细菌的分离培养、细菌的生化试验、细菌的血清学试验、动物接种试验和分子生物学方法等。

任务一 病料的采集、保存及运送

微生物学诊断是对畜禽细菌性传染病诊断的重要环节。细菌性传染病除少数凭临床、流行病学和尸体剖检病理学检验可以确诊外，多数还不能确诊，常需要采集病料通过实验室诊断进行确诊。

病原微生物检验能否得出明确的结果，与病料采取是否得当、保存是否得法和送检是否及时等有密切关系。必须以高度负责的精神，做好病料的采取和送检工作。

一、病料采集的基本要求

1. 安全采样

采样过程中，由于许多动物疫病（如链球菌病、炭疽病、布鲁氏菌病、狂犬病等）都是人畜共患病，感染后会引起严重后果，所以采样人员要做好安全防护工作，防止病原污染，尤其要防止外来疫病的扩散，避免事故发生。剖检取材之前，应先对病情、病史加以了解，并详细进行剖检前检查。如可疑为炭疽时（如突然死亡、皮下水肿、天然孔出血、尸僵不全，尸体迅速膨胀等）禁止解剖，可在颈静脉处切开皮肤，以消毒注射器抽取血液做血片数张，立即送检，排除炭疽后，才可剖检取材。采完病料后对解剖场地及尸体要彻底消毒处理。

2. 无菌采集

病料采集时，对采集病料的器械及容器必须提前消毒，减少因器械或盛放病料的容器对病料的污染。取样必须按规定进行，采样用具、容器固定专用；必须遵循无菌操作程序，避免病料间的交叉污染。一件器械只能采取一种病料，否则，必须经过（火焰，酒精）消毒，才能采取另一种病料。采取的脏器分别装入不同的容器内，一般先采微生物学检验材料，然后再采病理组织学检验材料。

3. 适时采样

选择适当的采样时机十分重要，必须采取新鲜的病料，污染、腐败的都不适于检验用。病料最好在病初的发热或症状典型时采样；而病死的动物，应立即采样，夏季不超过

4 h，冬季不超过 24 h，拖延过久，则组织变性、腐败，影响检验结果。

4．合理取材

不同疫病的需检病料各异，应按可能的疫病侧重采样，对未能确定为何种疫病的，应全面采样或根据临床和病理变化有所侧重。有败血症病理变化时，则应采心血和淋巴结、脾、肝等；有明显神经症状者，应采取脑、脊髓；有黄疸、贫血症状者，可采肝、脾等，此外还可选取有病变的器官送检。如有多数动物发病，取材时应选择症状和病变典型，有代表性的病例，最好能选送未经抗菌药物治疗的病例，小家畜、幼畜、家禽等可选择典型病例生前活体送检，或整个尸体送检。

5．适量采样

按照检疫规定要求，采集病料的数量要满足检疫检验的需要，并留下复检使用的备用病料。病料采集量一般为检测需要量的 4 倍。

有条件做细菌培养的场合，在尸体剖开后可先进行细菌培养，然后采样。细菌培养通常取心血和肝、脾等，先取一小棉球蘸取 95％乙醇，点燃后在脏器的表面烧灼消毒，然后用灭菌小刀，切一小口，以铂耳自小口深处取材料接种。

二、病料的采集

采集病料要求严格无菌操作，适时采集病料和所采病料含病原多。若是死亡的动物，则应在动物死亡后立即采集；夏天宜小于 6～8 h，冬天不迟于 24 h。

1．活体动物病料的采取

（1）血液　一般应在疫病发作期或发热期采取。先用灭苗注射器吸取 5％灭菌枸橼酸钠溶液或 0.1％肝素 1 mL，再从被检动物静脉吸取血液至 5～ 10 mL，混合后注入灭菌试管或灭苗小瓶中，封口贴上标签，迅速送检。若不能立即送检，可暂时置入普通冰箱中于 4 ℃下保存，但放置时间不能过久，以免引起溶血。

（2）口鼻分泌物　一般用灭菌棉签从口腔、鼻腔深部或咽喉部采取所需分泌物，也可用消毒的探子采取咽或食道分泌物。

（3）乳汁　先用消毒剂清洗并消毒乳房、乳头，然后将最初挤出的乳汁弃去，再以灭菌容器采取 10～20 mL，加塞密封，冷藏保存。

（4）尿液　用灭菌容器采取中段尿，可在自然排尿时采取，也可用导尿管采取。采取的尿液应立即送检。若不能及时检查，应置于 4 ℃冰箱中保存。

（5）生殖道分泌物　可用灭菌棉签采取阴道深部或宫颈分泌物，采取后立即置入含有无菌肉汤或 pH 值为 7.1 的磷酸盐缓冲液的试管中，冷藏送检。

（6）粪便　先用消毒液擦净肛门周围的污物，然后用灭菌棉签蘸取粪便，置入装有少量 pH 值为 7.4 的磷酸盐缓冲液的试管中，立即冷藏送检。

（7）脓汁或局部渗出液　对未破口的肿胀病灶，用无菌注射器或吸管抽取脓汁或渗出液。对已破口的肿胀病灶，用无菌棉球或纱布，蘸取深部脓汁或渗出液。

（8）体腔液　胸水、腹水、脑脊液、关节囊液等体腔内的液体，可用穿刺的方法采取。

2．新鲜死亡动物（动物尸体）病料的采取

（1）内脏实质器官　心、肝、脾、肺、肾等实质性器官组织，无菌采取有病变的部位

1～2 cm² 小方块即可，无病变时也要采集。若动物幼小时也可采取完整的内脏器官，分别置于灭菌容器或青霉素瓶中。

(2)淋巴结　采取病变组织器官相邻近的淋巴结。采集淋巴结时应与周围组织一起采集，并尽可能多采几个。

(3)血液　通常在右心房采取心血，先用烧红的剪刀或刀片烙烫心肌表面，然后用灭菌的外科手术刀自烙烫处刺一小孔，再用灭菌吸管或注射器吸取血液，盛于灭菌的试管或青霉素小瓶中。

(4)胆汁　个体小的动物，可采集整个胆囊，大动物可用灭菌注射器吸取胆汁数毫升，吸取方法同心血烧烙采取方法。

(5)肠管或肠内容物　选择病变明显的一段肠管(5～10 cm)，用外科线扎紧两端，自扎线外侧剪断，把该段肠管置于灭菌器皿中。

(6)皮肤及羽毛　皮肤病料要选择病变明显区的边缘部分，用剪刀和镊子采取约10 cm×10 cm 的皮肤一块，保存于30％甘油磷酸盐缓冲液中。羽毛也应在病变明显的部位采集，用刀刮取少许羽毛及根部皮屑，放入灭菌容器中送检。

(7)脑脊髓及管骨　脑可纵切取其一半，必要时可采集部分骨髓或脊髓液，某些情况下，可采取整个头部。若动物尸体腐败，可采取长骨或肋骨，从骨髓中检查细菌。脑及脊髓病料浸入50％甘油生理盐水中，整个头部和骨骼可用浸泡过0.1％升汞溶液的纱布或油布包裹。

(8)生殖器官　母畜应分别采取子宫、胎盘等病变部位的组织及其分泌物。公畜采取睾丸及附睾。

(9)胎儿、小动物及家禽　可采取整个动物尸体，用不透水的塑料薄膜包裹送检。

三、病料的保存与运送

供细菌检验的病料，若能在1～2 d 内送到实验室，则可放在有冰的保温瓶或4～10 ℃冰箱内，也可放入灭菌液体石蜡或30％甘油盐水缓冲保存液中。

供细菌学检验的病料，最好及时由专人送检，并带好说明，内容包括送检单位、地址、动物品种、性别、日龄、送检的病料种类和数量、检验目的、保存方法、死亡日期、送检日期、送检者姓名，并附临床病例摘要，包括发病时间、死亡情况、临床表现、免疫和用药情况等。

任务二　检测细菌或其抗原、抗体

一、检测细菌

1. 直接涂片显微镜检查

在细菌病的实验室诊断中，形态检查的应用有两个时机，一个是将病料涂片染色镜检；另一个时机是在细菌的分离培养之后，将细菌培养物涂片染色，观察细菌的形态、排列及染色特性，这是鉴定分离菌的基本方法之一，也是进行生化鉴定、血清学鉴定的前提。

2. 分离培养

细菌的分离培养及移植是细菌学检验中最重要的环节,细菌病的诊断与防治以及对未知菌的研究,常需要进行细菌的分离培养。分离纯化的病原菌,除可为生化试验和血清学试验提供纯的细菌外,也可用于细菌的计数、扩增和动力观察等。

3. 实验动物接种试验

实验动物接种的主要用途是进行病原体的分离与鉴定,确定病原体的致病力,恢复或增强细菌的毒力,测定某些细菌的外毒素,制备疫苗或诊断用抗原,制备诊断或治疗用的免疫血清,以及用于检验药物的治疗效果及毒性等。最常用的是本动物接种和实验动物接种。实验动物有"活试剂"或"活天平"之誉,是生物学研究的重要基础和条件之一。

4. 生化试验

细菌生化试验的主要用途是鉴别细菌,对革兰染色反应、菌体形态以及菌落特征相同或相似细菌的鉴别具有重要意义。

二、检测细菌的抗原或抗体

1. 检测抗原

利用已知的特异抗体测定有无相应的细菌抗原可以确定菌种或菌型。实验室常用的方法为凝集性试验,近年来还采用了对流免疫电泳、放射免疫、酶联免疫、气相色谱等快速检测细菌抗原的方法。

2. 检测抗体

现在抗体检测的方法众多,除传统的沉淀反应、凝集试验、补体结合试验外,标记免疫测定等已成为主要的免疫测定技术,免疫印迹法也发挥了明显的作用,一些快速测定法如快速斑点免疫结合试验也被广泛使用。

任务三 检测细菌遗传物质

虽然目前传统的表型和化学鉴定方法是不可缺少的,但是随着越来越多的细菌的发现,很多种属之间生理生化特征很相似,单凭传统的鉴定方法已无法将其区分。随着分子生物学研究的不断深入,细菌的分类鉴定也从最初的表型和化学鉴定演变到了分子水平,通过对细菌 DNA 的鉴定来达到区分种属的目的,使鉴定结果更加准确和可靠。通过检测病原体遗传物质来确认病原体也许是检查病原体最为直接的方法了。目前,应用较多的包括基因探针技术、PCR 技术、基因芯片技术等。

1. 基因探针技术

基因探针方法是用带有同位素标记或非同位素标记的 DNA 或 RNA 片段来检测样本中某一特定微生物核苷酸的方法。核酸杂交有原位杂交、打点杂交、斑点杂交、Southern 杂交、Northern 杂交等,它们共同的特点是:①都是应用复性动力学原理;②都必须有探针的存在。核酸分子探针又可根据它们的来源和性质分为 DNA 探针、cDNA 探针、RNA 探针及人工合成的寡聚核苷酸探针等。该法诊断的原理是通过标记根据病原体核酸片段特异性制备的探针与病原体核酸片段杂交，观察是否产生特异的杂交信号。基因探针技术具有特异性好、敏感性高、诊断速度快、操作较为简便等特点。目前，已建立了多种病原体的核酸杂交检测方法，尤其是近年来发展起来的荧光原位杂交技术（FISH）更为常用。

2. PCR 技术

PCR 技术又称体外扩增技术，自 1985 年发明以来，因其高度灵敏性和良好的特异性受到了人们的高度重视，几十年的时间，各种各样以 PCR 为基础的 DNA 序列的扩增和检测方法得到了迅猛发展，几乎已应用于基础研究的各个领域，并且成为病原微生物检验强有力的分析工具。设计病原体基因的特异引物，细菌标本（不经培养）经过简单裂解、变性后，就可在 PCR 仪上进行扩增反应，经过 25～30 个循环，通过琼脂糖电泳后紫外光照射即可观察扩增结果，见到预期大小的 DNA 条带出现，即可作出确诊。这种技术的特点是简便、快速。它尤其适于那些培养时间较长的病原菌的检查，如结核杆菌、支原体等。PCR 高度的敏感性使该技术在病原体诊断过程中极易出现假阳性，避免污染是提高 PCR 诊断准确性的关键环节。而 DNA 测序分析可用于病原菌的鉴定和亚型的区分，以及同种病原菌不同菌株的区分。此外，还有反转录 PCR（RT - PCR）、免疫-PCR 等技术也常用于检测病原菌。

3. 基因芯片技术

基因芯片技术是将寡核苷酸、cDNA、基因组 DNA 等固定在诸如硅片、玻璃片、塑料片、凝胶和尼龙膜等固相介质上形成生物分子点阵，当待测样品中的核酸序列与生物芯片的探针分子发生杂交或相互作用后，利用激光共聚焦显微扫描仪对杂交信号进行检测和分析。微生物检测基因芯片是指用来检测样品中是否含有微生物目的核酸片段的芯片。目前，许多细菌、病毒等病原体的基因组测序已经完成，将许多代表各种微生物的特殊基因制成 1 张芯片，经反转录就可检测样本中有无病原体基因的表达及表达水平，由此判断病原、感染进程以及宿主反应等。这样就大大提高了检测效率。基因芯片诊断病原菌的原理基于细菌的 16S rRNA 基因的高度保守性，由于 RNA 易于降解，因此多采用检测 16SrRNA 所对应染色体上的 16S rDNA 序列。对 16S rDNA 而言，如果出现 3 个碱基以上的差异就可以断定细菌不属于同一种属，因此可用于细菌的分类和鉴别。基因芯片技术在疾病的检测与预防方面开辟了一条新途径。基于高通量、微型化和平行分析的特点，微生物检测基因芯片在微生物病原体检测、种类鉴定、功能基因检测、基因分型、突变检测、基因组监测等研究领域中发挥着越来越重要的作用。

在细菌病的实验室诊断或细菌的鉴定方面，除了上述介绍的方法外，近年来随着科学的发展有许多新的方法也在广泛应用。如采用了各种检测抗原的敏感方法，直接从患者标本中检测细菌抗原作快速诊断。如果在细菌性脑膜炎中，利用对流免疫电泳在脑脊液中可分别检测肺炎球菌、脑膜炎球菌及流感杆菌，特异性高，敏感性亦高。气相色谱方法系列利用细菌代谢产生的挥发性短链有机酸，进行气相色谱分析可鉴别细菌，这在厌氧菌中应用很广。采用生物传感器、微量快速培养基和微量生化反应系统相结合建立细菌自动检测鉴定系统，具有先进的微机系统，广泛的鉴定功能，特别适用于临床病原微生物检验、卫生防疫和商检系统。

模块四 主要动物病原细菌

一、大肠杆菌

大肠杆菌是动物肠道内正常寄生菌，能产生大肠杆菌素，抑制致病性大肠杆菌生长，对机体有利。但在一定条件下致病性大肠杆菌可引起肠道外感染和肠道感染。

1. 生物学特性

（1）形态及染色　大肠杆菌为革兰阴性杆菌，大小为 $(0.4\sim0.7)\ \mu m\times(2\sim3)\ \mu m$，两端钝圆，散在或成对。大多数菌株为周身鞭毛和普通菌毛，除少数菌株外，通常无可见荚膜，但常有微荚膜。本菌对碱性染料有良好的着色性，菌体两端偶尔略深染。

（2）培养特性　本菌为需氧或兼性厌氧菌，在普通培养基上生长良好，最适温度为 37 ℃，最适 pH 值为 7.2～7.4。在普通营养琼脂上培养 18～24 h 时，形成圆形凸起、光滑、湿润、半透明、灰白色、边缘整齐或不太整齐（运动活泼的菌株）、中等偏大的菌落，直径 1～3 mm。在 SS 琼脂上一般不生长或生长较差，生长者呈红色。一些致病性菌株（如致仔猪黄痢和水肿病者）在 5%绵羊血平板上可产生 β 溶血。在麦康凯琼脂上形成红色菌落。普通肉汤培养 18～24 h 时，呈均匀浑浊，管底有黏性沉淀，液面管壁有菌环，培养物常有特殊的粪臭味。

（3）生化特性　本菌能发酵多种糖类产酸产气，如葡萄糖、麦芽糖、甘露醇等产酸产气；大多数菌株可迅速发酵乳糖；约半数菌株不分解蔗糖；吲哚和甲基红试验均为阳性；V.P 试验和枸橼酸盐利用试验均为阴性；几乎均不产生硫化氢，不分解尿素。

（4）抵抗力　大肠杆菌耐热，60 ℃加热 15 min 仍有部分细菌存活。在自然界生存力较强，土壤、水中可存活数周至数月。5%石炭酸、3%来苏儿等 5 min 内可将其杀死。大肠杆菌耐药菌株多，临床中应先进行抗生素敏感试验选择适当的药物以提高疗效。

（5）抗原与变异　大肠杆菌抗原主要有 O、K 和 H 抗原 3 种，目前已确定的 O 抗原有 173 种，K 抗原有 80 种，H 抗原有 56 种。因此，有人认为自然界中可能存在的大肠杆菌血清型可高达数万种，但致病性大肠杆菌血清型数量是有限的。大肠杆菌的血清型按 O：K：H 排列形式表示。如 O_{111}：$K_{58(B)}$：H_{12}，表示该菌具有 O 抗原 111，B 型 K 抗原 58，H 抗原 12。

2. 致病性

根据毒力因子与发病机制的不同，将病原性大肠杆菌分为 5 类：产肠毒素大肠杆菌（ETEC），产类志贺毒素大肠杆菌（SLTEC），肠致病性大肠杆菌（EPEC），败血性大肠杆菌（SEPEC）及尿道致病性大肠杆菌（UPEC），其中研究最清楚的是前两类。

（1）产肠毒素大肠杆菌（ETEC）　是一类致人和幼畜腹泻最常见的病原性大肠杆菌，其毒力因子为黏附素性菌毛和肠毒素。黏附素性菌毛是 ETEC 的一类特有菌毛，它能黏附于宿主的小肠上皮细胞，故又称其为黏附素或定居因子。目前，在动物 ETEC 中已发现的黏附素有 F4（K_{88}）、F5（K_{99}）、F6（987P）、F41、F42 和 F17。黏附素虽然不是导致宿主腹泻的直接致病因子，但它是构成 ETEC 感染的首要毒力因子。肠毒素是 ETEC 产生并分泌到细胞外的一种蛋白质性毒素，按其对热的耐受性不同分为不耐热肠毒素(LT)和耐热肠毒素(ST)两种。LT 对热敏感，65 ℃加热 30 min 即被灭活；作用于宿主小肠和兔回肠可引起肠液积蓄，对此菌可应用家兔肠袢试验做测定。ST 通常无免疫原性，100 ℃加热 30 min 不失活，可透析，能抵抗脂酶、糖化酶和多种蛋白酶作用。对人和猪、牛、羊均有肠毒性，可引起肠腔积液而导致腹泻。

(2)产类志贺毒素大肠杆菌(SLTEC)　是一类产生类志贺毒素(SLT)的病原性大肠杆菌。在动物，SLTEC 可致猪的水肿病。引起猪水肿病的 SLTEC 有两类毒力因子。黏附性菌毛 F18 是猪水肿病 SLTEC 菌株的一个重要的毒力因子，它有助于细菌在猪肠黏膜上皮细胞定居和繁殖。致水肿病 2 型类志贺毒素是引起猪水肿病的 SLTEC 菌株所产生的一种蛋白质性细胞毒素，导致病猪出现水肿和典型的神经症状。

3. 微生物学检验

(1)分离培养　病料直接在血液琼脂平板或麦康凯琼脂平板上划线分离，37 ℃恒温箱培养 18～24 h，观察其在各种培养基上的菌落特征和溶血情况。挑取麦康凯平板上的红色菌落或血平板上呈 β 溶血(仔猪黄痢与水肿病菌株)的典型菌落几个，分别转到三糖铁培养基和普通琼脂斜面作初步生化鉴定和纯培养。大肠杆菌在三糖铁琼脂斜面上生长，产酸，使斜面部分变黄；穿刺培养，于管底产酸产气，使底层变黄且浑浊；不产生硫化氢。

(2)生化试验　分别进行糖发酵试验、吲哚试验、M.R 试验、V.P 试验、枸橼酸盐试验、硫化氢试验，观察结果。

(3)动物试验　取分离菌的纯培养物接种实验动物，观察实验动物的发病情况，并作进一步细菌学检查。

(4)血清学试验　在分离鉴定的基础上，通过对毒力因子的检测便可确定其属于何类致病性大肠杆菌，也可以作血清型鉴定。

二、沙门氏菌

沙门氏菌是一群寄生于人和动物肠道内的革兰阴性无芽孢杆菌，均有致病性，并有极其广泛的动物宿主，是一种重要的人、畜共患病的病原。

1. 生物学特性

(1)形态及染色　沙门氏菌的形态和染色特性与大肠杆菌相似，呈直杆状，大小(0.7～1.5) μm×(2.0～5.0) μm，革兰阴性。除鸡白痢沙门氏菌和鸡伤寒沙门氏菌无鞭毛不运动外，其余各菌均为周身鞭毛，能运动，个别菌株可偶尔出现无鞭毛的变种。大多数有普通菌毛，一般无荚膜。

(2)培养特性　本属大多数细菌的培养特性与大肠杆菌相似。在肠道杆菌鉴别或选择性培养基上，大多数菌株因不发酵乳糖而形成无色菌落，如远藤琼脂和麦康凯琼脂培养时形成无色透明或半透明的菌落；SS 琼脂上产生硫化氢的致病性沙门氏菌菌株，菌落中心呈黑色。与大肠杆菌相似，在培养时易发生 S—R 型变异(表 1-4)。培养基中加入硫代硫酸钠、胱氨酸、血清、葡萄糖、脑心浸液和甘油等均有助于本菌生长。

表 1-4 大肠杆菌与沙门氏菌在培养基上的菌落特征

细菌	鉴别培养基				
	麦康凯琼脂	远藤氏琼脂	伊红美蓝琼脂	SS 琼脂	三糖铁琼脂
大肠杆菌	红色	紫红色,有光泽	紫黑色带金属光泽	红色	斜面黄色,底层变黄有气泡,不产生 H_2S
沙门氏菌	淡橘红色	淡红色,或无色	较小,无色透明	淡红色半透明,产 H_2S 菌株菌落,中心有黑点	斜面红色,底层变黄有气泡,部分菌株产生 H_2S

(3)生化特性 绝大多数沙门氏菌发酵糖类时均产气,但伤寒沙门氏菌和鸡伤寒沙门氏菌从不产气。正常产气的血清型也可能有不产气的变型,常见沙门氏菌的生化特性见表 1-5。大肠杆菌与沙门氏菌生化试验鉴别见表 1-6。

表 1-5 常见沙门氏菌的生化特性

菌名	葡萄糖	乳糖	麦芽糖	甘露醇	蔗糖	硫化氢	尿素分解	靛基质	甲基红	V.P	枸橼酸盐利用
鼠伤寒沙门氏菌	⊕	−	⊕	⊕	−	+	−	−	+	−	−
猪霍乱沙门氏菌	⊕	−	⊕	⊕	−	−	−	−	+	−	+
豬伤寒沙门氏菌	⊕	−	⊕	⊕	−	−	−	−	+	−	−
都柏林沙门氏菌	⊕	−	⊕	⊕	−	+	−	−	+	−	+
肠炎沙门氏菌	⊕	−	⊕	⊕	−	+	−	−	+	−	+
马流产沙门氏菌	⊕	−	⊕	⊕	−	+	−	−	+	−	−
鸡白痢沙门氏菌	⊕	−	⊕	⊕	−	−	−	−	+	−	−
鸡伤寒沙门氏菌	+	−	+	+	−	−	−	−	+	−	−

注:⊕ 产酸产气,+ 阳性,− 阴性。

表 1-6 大肠杆菌与沙门氏菌生化试验鉴别表

细菌	葡萄糖	乳糖	麦芽糖	甘露醇	蔗糖	吲哚试验	M.R 试验	V.P 试验	枸橼酸盐	硫化氢试验	动力
大肠杆菌	⊕	⊕/−	⊕	⊕	v	+	+	−	−	−	+
沙门氏菌	⊕	−	⊕	⊕	−	−	+	−	+	+/−	+/−

注:⊕ 产酸产气,+ 阳性,− 阴性,+/− 大多数菌株阳性/少数阴性,v 种间有不同反应。

(4)抵抗力 本菌的抵抗力中等,与大肠杆菌相似,不同的是亚硒酸盐、煌绿等染料对本菌的抑制作用小于大肠杆菌,故常用其制备选择培养基,有利于分离粪便中的沙门氏菌。

(5)抗原与变异 沙门氏菌具有 O,H,K 和菌毛 4 种抗原。O 和 H 抗原是其主要抗原,且 O 抗原又是每个菌株必有的成分。

① O 抗原:沙门氏菌细胞壁表面的耐热多糖抗原。一个菌体可有几种 O 抗原成分,以小写阿拉伯数字表示。

② H 抗原：蛋白质性鞭毛抗原，共有 63 种，与 H 血清相遇，则在 2 h 之内出现疏松、易于摇散的絮状凝集。

③ K 抗原：与菌株的毒力有关，故称为 Vi 抗原。有 Vi 抗原的菌株不被相应的抗 O 血清凝集，称为 O 不凝集性。Vi 抗原的抗原性弱，刺激机体产生较低效价的抗体。

2. 致病性

根据沙门氏菌致病类型的不同，可将其分为 3 群。第 1 群是具有高度适应性或专嗜性的沙门氏菌，如鸡白痢和鸡伤寒沙门氏菌仅使鸡和火鸡发病；马流产、牛流产和羊流产等沙门氏菌分别致马、牛、羊的流产等；猪伤寒沙门氏菌仅侵害猪。第 2 群是在一定程度上适应于特定动物的偏嗜性沙门氏菌，仅为个别血清型，如猪霍乱和都柏林沙门氏菌，分别是猪和牛、羊的强适应性菌型，多在各自宿主中致病，但也能感染其他动物。第 3 群是非适应性或泛嗜性沙门氏菌，这群血清型占本属的大多数，鼠伤寒和肠炎沙门氏菌是其中的突出代表。经常危害人和动物的泛嗜性沙门氏菌 20 余种，加上专嗜性和偏嗜性菌在内不过 30 余种。除鸡和雏鸡沙门氏菌外，绝大部分沙门氏菌培养物经口、腹腔或静脉接种小鼠，能使其发病死亡，但致死剂量随接种途径和菌种毒力不同而异。豚鼠和家兔对本菌易感性不及小鼠。

3. 微生物学检验

(1)分离培养　对未污染的被检组织可直接在普通琼脂、血琼脂或鉴别培养基平板上划线分离，37 ℃培养 12～24 h 后，可获得第一次纯培养。已污染的被检材料先进行增菌培养后再行分离。鉴别培养基常用麦康凯、伊红美蓝、SS、去氧胆盐钠-枸橼酸盐等琼脂。

(2)生化试验　挑取几个鉴别培养基上的可疑菌落分别纯培养，进行生化特性鉴定。

(3)血清学分型鉴定　将纯培养物用生理盐水洗下来与 A－E 组多价 O 血清做玻片凝集试验，再用各种单因子血清进行分群。在确定 O 群以后，则应测定其 H 抗原，写出抗原式。

此外，还可用乳胶颗粒凝集试验、ELISA、对流免疫电泳、核酸探针和 PCR 等方法进行快速诊断。

三、多杀性巴氏杆菌

多杀性巴氏杆菌是多种动物的重要病原菌，对鸡、鸭、鹅、野禽发生禽霍乱，猪发生猪肺疫，牛、羊、马、兔等发生出血性败血症。

1. 生物学特性

(1)形态及染色　本菌在病变组织中通常为球杆状或短杆状。球杆状或杆状形菌体两端钝圆，大小为(0.2～0.4) μm×(0.5～2.5) μm。单个存在，有时成双排列。病料涂片用瑞氏染色或美蓝染色时，可见典型的两极着色(菌体两端染色深、中间浅)，无鞭毛，不形成芽孢。新分离的强毒菌株有荚膜。革兰染色阴性。

(2)培养特性　本菌为需氧或兼性厌氧菌。最适培养温度为 37 ℃，最适 pH 7.2～7.4。对营养要求较严格，用血液琼脂平皿和麦康凯平皿同时分离。在血液琼脂平皿上培养 24 h 后，形成灰白色、圆形、湿润、露珠状菌落，不溶血。在血清肉汤中培养，开始轻度浑浊，4～6 d 后液体变清亮，管底出现黏稠沉淀，振摇后不分散，表面形成菌环。

（3）生化特性 本菌可分解葡萄糖、果糖、蔗糖、甘露糖和半乳糖，产酸不产气。大多数菌株可发酵甘露醇、山梨醇和木糖。一般对乳糖、鼠李糖、水杨苷、肌醇、菊糖、侧金盏花醇不发酵。可形成靛基质，触酶和氧化酶均为阳性，M.R 试验和 V.P 试验均为阴性，石蕊牛乳无变化，不液化明胶，产生硫化氢和氨。

（4）抵抗力 本菌抵抗力不强。在阳光中曝晒 1 min、在 56 ℃、15 min 或 60 ℃、10 min，可被杀死。埋入地下的病死鸡尸，经 4 个月仍残留活菌。在干燥空气中 2～3 d 可死亡。3％石炭酸、3％甲醛、10％石灰乳、2％来苏儿、0.5％～1％氢氧化钠等 5 min 可杀死本菌。对链霉素、磺胺类及许多新的抗菌药物敏感。

（5）抗原与血清型 本菌主要以其荚膜抗原（K 抗原）和菌体抗原（O 抗原）区分血清型，前者有 6 个型，后者有 16 个型。以阿拉伯数字表示菌体抗原型，大写英文字母表示荚膜抗原型，我国分离的禽多杀性巴氏杆菌以 5∶A 为多，其次为 8∶A；猪的以 5∶A 和 6∶B 为主，8∶A 与 2∶D 其次；羊的以 6∶B 为多；家兔的以 7∶A 为主，其次是 5∶A。

2. 致病性

本菌对鸡、鸭、鹅、野禽、猪、牛、羊、马、兔等都有致病性，急性型表现为出血性败血症并迅速死亡；亚急性型于黏膜关节等部位出现出血性炎症等；慢性型则呈现萎缩性鼻炎（猪、羊）、关节炎及局部化脓性炎症等。

3. 微生物学检验

（1）涂片镜检 采取渗出液、心血、肝、脾、淋巴结等病料涂片或触片，以碱性美蓝液或瑞氏染色液染色，如发现典型的两极着色的短杆菌，结合流行病学及剖检变化，即可作初步诊断。

（2）分离培养 用血琼脂平板和麦康凯琼脂同时进行分离培养，麦康凯培养基上不生长，血琼脂平板上生长良好，菌落不溶血，革兰染色为阴性球杆菌。将此菌接种在三糖铁培养基上可生长，并使底部变黄。

（3）动物接种 取 1∶10 病料乳剂或 24 h 肉汤培养物 0.2～0.5 mL，皮下或肌肉注射于小白鼠或家兔，经 24～48 h 死亡，死亡剖检观察病变并镜检进行确诊。

若要鉴定荚膜抗原和菌体抗原型，则要用抗血清或单克隆抗体进行血清学试验。检测动物血清中的抗体，可用试管凝集、间接凝集、琼脂扩散试验或 ELISA。

四、布氏杆菌

布氏杆菌是多种动物和人的布氏杆菌病的病原。本属包括 6 个种，即：马尔他布氏杆菌，也称羊布氏杆菌；流产布氏杆菌，也称牛布氏杆菌；猪布氏杆菌；犬布氏杆菌；沙林布氏杆菌；绵羊布氏杆菌。

1. 生物学特性

（1）形态及染色 本菌呈球形、杆状或短杆形，（0.5～0.7）μm×（0.6～1.5）μm，多单在，很少成双、短链或小堆状。不形成芽孢和夹膜，无鞭毛不运动。革兰染色阴性，姬姆萨染色呈紫色。柯氏法染色本菌呈红色，其他杂菌呈绿色。

（2）培养特性 本属细菌专性需氧，但许多菌株，尤其是在初代分离培养时尚需 5％～10％CO_2。最适生长温度 37℃，最适 pH 值 6.6～7.4。在液体培养基中呈轻微浑浊生长，无菌膜。在普通培养基中生长缓慢，加入甘油、葡萄糖、血液、血清等能刺激其生长。自固体培养基上培养 2 d 后，可见到湿润、闪光、圆形、隆起、边缘整齐的针尖大小的菌落，培养 5～7 d，菌落增大到 2～3 mm，呈灰黄色。

（3）生化特性　本菌触酶阳性，氧化酶常为阳性，不水解明胶或浓缩血清，不溶解红细胞，吲哚、甲基红和 V.P 试验阴性，石蕊牛乳无变化，不利用柠檬酸盐。绵羊布氏杆菌不水解或迟缓水解尿素，其余各种均可水解尿素。

（4）抵抗力　本菌对外界的抵抗力较强，在阳光直射下可存活 4 h，但对湿热的抵抗力不强，煮沸立即死亡。对消毒剂的抵抗力也不强，常用消毒剂能杀死本菌。

（5）抗原　各种布氏杆菌的菌体表面含有两种抗原物质，即 Mkangyuan（羊布氏杆菌抗原）和 A 抗原（牛布氏杆菌抗原）。这两种抗原在各个菌株中含量各不相同。如羊布氏杆菌以 M 抗原为主，A∶M 约为 1∶20；牛布氏杆菌以 A 抗原为主，A∶M 约为 20∶1；猪布氏杆菌介于两者之间，A∶M 约为 2∶1。

2. 致病性

本菌被吞噬细胞吞噬成为胞内寄生菌，并在淋巴结生长繁殖形成感染灶。一旦侵入血流，则出现菌血症。不同种别的布氏杆菌各有一定的宿主动物，如我国流行的 3 种布氏杆菌中，马尔他布氏杆菌的自然宿主是绵羊和山羊，也能感染牛、猪、人及其他动物；流产布氏杆菌的自然宿主是牛，也能感染骆驼、绵羊、鹿等动物和人，马和犬是此菌的主要贮存宿主；猪布氏杆菌生物型 1、2 和 3 的自然宿主是猪，生物型 4 的自然宿主是驯鹿，生物型 2 可自然感染野兔，除生物型 2 外，其余生物型亦可感染人和犬、马、啮齿类等动物。

3. 微生物学检验

（1）细菌学检查

① 涂片镜检：病料直接涂片，做革兰染色和柯兹洛夫斯基染色镜检。

② 分离培养：无污染病料可直接划线接种于适宜的培养基；而污染病料用特定的选择性琼脂平板。初次培养应置于 5%～10% CO_2 环境中，37 ℃培养。每 3 d 观察 1 次，如有细菌生长，可挑选可疑菌落作细菌鉴定；如无细菌生长，可继续培养至 30 d 后，仍无生长者方可视为阴性。

③ 动物试验：病料乳剂腹腔或皮下注射感染豚鼠，每只 1～2 mL，每隔 7～10 d 采血检查血清抗体，如凝集价达到 1∶50 以上，即认为有感染的可能。

（2）血清学检查　包括血清中的抗体检查和病料中布氏杆菌的检查两大类方法。常用的方法是玻板凝集试验、虎红平板凝集试验、乳汁环状试验、试管凝集试验、补体结合试验等。

（3）变态反应检查　皮肤变态反应一般在感染后的 20～25 d 出现，因此不宜作早期诊断。此法对慢性病例的检出率较高。

五、葡萄球菌

葡萄球菌广泛分布于空气、饲料、饮水、地面及动物的皮肤、黏膜、肠道、呼吸道及乳腺中。绝大多数不致病，致病性葡萄球菌常引起各种化脓性疾患、败血症或脓毒血症，也可污染食品、饲料，引起中毒。

1. 生物学特性

（1）形态及染色　典型的金黄色葡萄球菌为圆形或卵圆形，直径 0.5～1.5 μm，排成葡萄串状，无芽孢，无鞭毛，有的形成荚膜或黏液层。革兰阳性，但衰老、死亡的菌株呈阴性。

（2）培养特性　本菌需氧或兼性厌氧，在普通培养基、血琼脂上生长，麦康凯培养基上不生长。最适 pH 7.0～7.5，最适温度 35～40 ℃。在普通琼脂培养基平板形成湿润、光滑、隆起的圆形菌落，直径 1～2 mm。在血液琼脂培养基平板上形成的菌落较大，产溶血素的菌株多为病原菌，在菌落周围呈现明显的 β 溶血。

（3）生化特性　触酶阳性，氧化酶阴性，多数能分解乳糖、葡萄糖、麦芽糖、蔗糖，产酸而不产气。致病菌株多能分解甘露醇。还能还原硝酸盐，不产生靛基质。

（4）抵抗力　在无芽孢菌中，葡萄球菌的抵抗力较强，常用消毒方法能杀死。浓度为 1∶（1 000 000～3 000 000）龙胆紫可抑制其生长繁殖，临床上用 1‰～3‰龙胆紫溶液治疗葡萄球菌引起的化脓症，效果良好。1∶2 000 000 洗必泰、消毒净、新洁尔灭和 1∶10 000 杜米芬可在 5 min 内杀死本菌。

（5）抗原　葡萄球菌的抗原结构比较复杂，含有多糖及蛋白质两类抗原。

① 多糖抗原：具有型特异性。金黄色葡萄球菌的多糖抗原为 A 型，表皮葡萄球菌的为 B 型。

② 蛋白抗原：所有人源菌株都含有葡萄球菌蛋白 A（SPA），来自动物源菌株则少见。SPA 能与人、猴、猪、犬及几乎所有哺乳动物的免疫球蛋白的 Fc 段非特异结合，结合后的 IgG 仍能与相应的抗原进行特异性反应，这一现象已广泛应用于免疫学及诊断技术。

2. 致病性

葡萄球菌能产生多种酶和毒素，如溶血毒素、血浆凝固酶、耐热核酸酶、肠毒素等，引起畜禽各种化脓性疾病和人的食物中毒。实验动物以家兔最敏感。细菌致病力的大小常与这些毒素和酶有一定的关系。

3. 微生物学检验

（1）涂片镜检　取病料直接涂片、革兰染色镜检。根据细菌形态、排列和染色特性作初步诊断。

（2）分离培养　将病料接种于血液琼脂平板，培养后观察其菌落特征、色素形成、有无溶血，菌落涂片染色镜检，菌落呈金黄色，周围呈溶血现象者多为致病菌株。

（3）生化试验　纯分离培养菌做生化试验，根据结果判定。

（4）动物试验　实验动物中家兔最为易感，皮下接种 24 h 培养物 1.0 mL，可引起局部皮肤溃疡坏死。静脉接种 0.1～0.5 mL，于 24～28 h 死亡；剖检可见浆膜出血，肾、心肌及其他脏器出现大小不等的脓肿。

发生食物中毒时，可将从剩余食物或呕吐物中分离到的葡萄球菌接种到普通肉汤中，于 30% CO_2 条件下培养 40 h，离心沉淀后取上清液，100 ℃、30 min 加热后，幼猫静脉或腹腔内注射，15 min 到 2 h 内出现寒战、呕吐、腹泻等急性症状，表明有肠毒素存在。用 ELISA 或 DNA 探针可快速检出肠毒素。

六、链球菌

链球菌种类很多，有些是非致病菌，有些构成人和动物的正常菌群，有些可致人或动物的各种化脓性疾病、肺炎、乳腺炎、败血症等。根据溶血特征可将链球菌分为α型溶血链球菌、β型溶血链球菌、γ型溶血链球菌3类。α型溶血链球菌在菌落周围形成不透明的草绿色溶血环，多为条件性致病菌；β型溶血链球菌菌落周围形成完全透明的溶血环，常引起人及动物的各种疾病；γ型溶血链球菌菌落周围无溶血现象，一般为非致病菌。

链球菌的抗原结构比较复杂，包括属特异抗原(P抗原)、群特异抗原(C)及型特异抗原(表面抗原)。依C抗原将乙型溶血性链球菌分为A、B、C、D、E、F、G、H、K、L、M、N、O、P、Q、R、S、T、U共19个血清群。

1．生物学特性

(1)形态及染色　菌体呈卵圆形，单个或双个存在，在液体培养基中呈链状，不运动，革兰染色阳性。菌落小，呈灰白透明状，稍黏。

(2)培养特性　本菌为兼性厌氧菌，营发酵型代谢。培养基中必须加入血清或血液才能生长。在绵羊血琼脂培养基上培养，菌落周围有α溶血环，许多菌株在马血琼脂培养基上产生β溶血。

(3)生化特性　本菌能发酵葡萄糖、蔗糖、麦芽糖、海藻糖产酸，不能发酵阿拉伯糖、甘露醇、山梨醇、甘油和核糖。

(4)抵抗力　在水中该菌 60 ℃可存活 10 min，50 ℃为 2 h。在 4 ℃的动物尸体中可存活 6 周。0 ℃时，灰尘中可存活 1 个月，粪中则为 3 个月。

2．致病性

链球菌可产生链球菌溶血素、致热外毒素、链激酶、链道酶以及透明质酸酶等各种毒素或酶，可使人及马、牛、猪、羊、犬、猫、鸡等发生多种疾病。C群和D群的某些链球菌，常引起猪的急性败血症、脑膜炎、关节炎及肺炎等；E群主要引起猪淋巴结脓肿；L群可致猪的败血症、脓毒败血症。我国流行的猪链球菌病是一种急性败血型传染病，病原体属C群。人也可以感染猪链球菌病。

3．微生物学检验

(1)涂片镜检　取适宜病料涂片，革兰染色镜检，若发现有革兰阳性呈链状排列的球菌，可初步诊断。

(2)分离培养　将病料接种于血液琼脂平板，37 ℃恒温箱培养 18～24 h，观察其菌落特征。链球菌形成圆形、隆起、表面光滑、边缘整齐的灰白色小菌落，多数致病菌株形成溶血。

(3)生化试验　取纯培养物分别接种于乳糖、菊糖、甘露醇、山梨醇、水杨苷生化培养基做糖发酵试验，37 ℃恒温箱培养 24 h，观察结果。

(4)血清学试验　可使用特异性血清，对所分离的链球菌进行血清学分群和分型。

七、炭疽杆菌

炭疽杆菌是引起人类、各种家畜和野生动物炭疽病的病原。

1. 生物学特性

(1)形态及染色 本菌为革兰阳性大杆菌，$(1.0\sim1.2)\ \mu m\times(3\sim5)\ \mu m$。无鞭毛，呈两端平齐、菌体相连的竹节状。可形成荚膜，在普通培养基上不形成荚膜，但在 $10\%\sim20\%$ CO_2 环境中，于血液、血清琼脂或碳酸氢钠琼脂上，则能形成较明显的荚膜。在培养基上，此菌常形成长链，并于 18 h 后开始形成芽孢，芽孢椭圆形，位于菌体中央。动物体内炭疽杆菌只有在接触空气之后才能形成芽孢。

(2)培养特性 本菌为需氧菌，但在厌氧的条件下也可生长。可生长温度范围为 $15\sim40\ ℃$，最适生长温度为 $30\sim37\ ℃$。最适 pH 值为 $7.2\sim7.6$。在普通琼脂上培养 24 h 后，强毒菌株形成灰白色不透明、大而扁平、表面干燥、边缘呈卷发状的粗糙(R)菌落，无毒或弱毒菌株形成稍小而隆起、表面为光滑湿润、边缘比较整齐的光滑(S)型菌落。普通肉汤培养基中培养 24 h 后，上部液体仍清朗透明，液面无菌膜或菌环形成，管底有白色絮状沉淀，若轻摇试管，则絮状沉淀徐徐上升，卷绕成团而不消散。

(3)生化特性 本菌发酵葡萄糖产酸而不产气，不发酵阿拉伯糖、木糖和甘露醇。能水解淀粉、明胶和酪蛋白。V.P 试验阳性，不产生吲哚和硫化氢，能还原硝酸盐。牛乳经 $2\sim4$ d 凝固，然后缓慢陈化。

(4)抵抗力 本菌繁殖体的抵抗力不强，$60\ ℃$、$30\sim60$ min 或 $75\ ℃$、$5\sim15$ min 即可杀死它。常用消毒剂如 1∶5000 洗必泰、1∶10000 新洁尔灭、1∶50000 度米酚等均能在短时间内将其杀灭。在未解剖的尸体中，细菌可随腐败而迅速崩解死亡。芽孢抵抗力特别大，在干燥状态下可长期存活，煮沸 $15\sim25$ min、$121\ ℃$灭菌 $5\sim10$ min 或 $60\ ℃$干热灭菌 1 h 方可杀死。

2. 致病性

本病原菌能致各种家畜、野兽和人类的炭疽，其中牛、绵羊、鹿等易感性最强，马、骆驼、猪、山羊等次之，犬、猫、食肉兽等则有相当大的抵抗力，禽类一般不感染。

此菌主要通过消化道传染，也可以经呼吸道、皮肤创伤或吸血昆虫传播。食草动物炭疽常表现为急性败血症，菌体通常要在死前数小时才出现于血流。猪炭疽多表现为慢性的咽部感染，犬、猫和食肉兽则多表现为肠炭疽。

3. 微生物学检验

死于炭疽的病畜尸体严禁剖检，只能自耳根部采取血液，必要时可切开肋间采取脾脏。皮肤炭疽可采取病灶水肿液或渗出物，肠炭疽可采取粪便。已经误解剖的畜尸，则可采取脾、肝、心血、肺、脑等组织进行检验。

(1)涂片镜检 病料涂片以碱性美蓝、瑞氏染色或姬母萨染色法染色镜检，如发现有荚膜的竹节状大杆菌，即可初步诊断；陈旧病料，可以看到"菌影"，确诊还需分离培养。

(2)分离培养 取病料接种于普通琼脂或血液琼脂，$37\ ℃$培养 $18\sim24$ h，观察有无典型的炭疽杆菌菌落。为了抑制杂菌生长，还可接种于戊烷脒琼脂、溶菌酶-正铁血红素琼脂等炭疽选择性培养基。经 $37\ ℃$培养 $16\sim20$ h 后，挑取纯培养物与芽孢杆菌(如枯草芽孢杆菌、蜡状芽孢杆菌等)鉴别。

(3)生化试验 本菌能分解葡萄糖、麦芽糖、蔗糖、果糖和甘油，不发酵阿拉伯糖、木糖和甘露醇，能水解淀粉、明胶和酪蛋白。V.P 试验阳性，不产生靛基质和硫化氢，能还原硝酸盐。牛乳经 2~4 d 凝固，然后缓慢胨化，不能或微弱还原美蓝。

（4）动物试验　将被检病料或培养物用生理盐水制成 1：5 乳悬液，皮下注射小白鼠 0.1~0.2 mL 或豚鼠、家兔 0.2~0.3 mL，如为炭疽，多在 18~72 h 败血症死亡。剖检时可见注射部位呈胶样水肿，脾脏肿大。取血液、脏器涂片镜检，当发现有荚膜的竹节状大杆菌时，即可确诊。

（5）血清学试验

① Ascoli 氏沉淀反应：系 Ascoli 于 1902 年创立，是用加热抽提待检炭疽菌体多糖抗原与已知抗体进行的沉淀试验。这个诊断方法快速简便，不仅适用于死亡动物的新鲜病料，而且对干的皮毛、陈旧或严重污染杂菌的动物尸体的检查也适用。但此反应的特异性不高，敏感性也较差，因而使用价值受到一定影响。

② 间接血凝试验：此法是将炭疽抗血清吸附于炭粉或乳胶上，制成炭粉或乳胶诊断血清。然后采用玻片凝集试验的方法，检查被检样品中是否含有炭疽芽孢。若被检样品每毫升含炭疽芽孢 7.8 万个以上，可表现阳性反应。

③ 协同凝集试验：此法可快速检测炭疽杆菌或病料中的可溶性抗原。将炭疽标本的高压灭菌滤液滴于玻片上，加 1 滴含阳性血清的协同试验试剂，混匀后，于 2 min 内呈现肉眼可见凝集者，即为阳性反应。

④ 串珠荧光抗体检查：将串珠试验与荧光抗体法结合起来。即将被检材料接种于含青霉素 0.05 IU/mL 的肉汤中培养后，涂片用荧光抗体染色检查。此法与常规检验的符合率达到 80%~90%，因而具有一定的实用价值。

⑤ 琼脂扩散试验：用来检查是否有本菌特异的保护性抗原产生。具体方法是将琼脂培养基上生长的单个菌落，连同周围琼脂一起切取，填入琼脂反应板上事先打好的孔中，与中央孔内于 16~18 h 前滴加的抗炭疽免疫血清进行 24~48 h 的扩散试验，阳性者有沉淀线。

还可应用酶标葡萄球菌 A 蛋白间接染色法和荧光抗体间接染色法等，检测动物体内的炭疽荚膜抗体进行诊断。

八、猪丹毒杆菌

猪丹毒杆菌是猪丹毒病的病原体，又称为红斑丹毒丝菌。它也可感染马、山羊、绵羊，引起多发性关节炎；鸡、火鸡感染后出现衰弱和下痢等症状；鸭感染后常呈败血经过，并侵害输卵管，广泛分布于自然界，可寄生于哺乳动物、禽类、昆虫和鱼类等多种动物。

1. 生物学特性

（1）形态及染色　本菌为直或稍弯曲的小杆菌，两端钝圆，大小为 (0.2~0.4) $\mu m \times$ (0.8~2.5) μm。病料中细菌常呈单在、堆状或短链排列，易形成长丝状。革兰阳性，在老龄培养物中菌体着色能力差，常呈阴性。无鞭毛，不运动，无荚膜，不产生芽孢。

（2）培养特性　本菌为微需氧菌或兼性厌氧。最适温度为 30~37 ℃，最适 pH 7.2~7.6。在普通琼脂培养基和普通肉汤中生长不良，如加入 0.5% 吐温 80、1% 葡萄糖或 5%~10% 血液、血清则生长良好。在血琼脂平皿上经 37 ℃、24 h 培养可形成湿润、光滑、透明、灰白色、露珠样的小菌落，并形成狭窄的绿色溶血环（α溶血环）。在麦康凯培养基上不生长。在肉汤中轻度浑浊，不形成菌膜和菌环，有少量颗粒样沉淀，振荡后呈云雾状上升。明胶穿刺生长特殊，沿穿刺线横向四周生长，呈试管刷状，但不液化明胶。

（3）生化特性　氧化酶试验、M.R试验、V.P试验、尿素酶和吲哚试验阴性，能产生硫化氢。在含5%马血清或1%蛋白胨水的糖培养基中可发酵葡萄糖、果糖和乳糖，产酸不产气，不发酵阿拉伯糖、肌醇、麦芽糖、鼠李糖和木糖等。

（4）抵抗力　本菌对腐败和干燥的环境有较强的抵抗力，尸体内可存活几个月，干燥状态下可存活3周，在经盐腌制的肉内可活3~4个月。实验室内猪丹毒杆菌培养物，在密封试管中细菌活力能保持2年，冷冻真空干燥条件下的菌种，30年后仍然存活。对湿热的抵抗力较弱，70℃经5~15 min可完全杀死。对消毒剂抵抗力不强，1%漂白粉、0.1%升汞、5%石炭酸、5%氢氧化钠、5%甲醛等均可在短时间内杀死本菌。此外，0.1%的过氧乙酸和10%生石灰乳也是目前喷洒或刷墙的较好的消毒剂。本菌可耐0.2%的苯酚，对青霉素很敏感。

（5）抗原与变异　本菌抗原结构复杂，具有耐热抗原和不耐热抗原。根据其对热、酸的稳定性，又可分为型特异性抗原和种特异性抗原。用阿拉伯数字标示型号，用英文小写字母标示亚型，目前已将其分为25个血清型和1a、1b及2a、2b亚型。大多数菌株为1型和2型，从急性败血症分离的菌株多为1a亚型，从亚急性及慢性病病例分离的则多为2型。

2. 致病性

在自然条件下，可通过呼吸道或损伤皮肤、黏膜感染，引发3~12月龄猪发生猪丹毒；3~4周龄的羔羊发生慢性多发性关节炎；禽类也可感染，鸡呈衰弱和下痢症状，鸭呈败血症经过。实验动物以小鼠和鸽子最易感。人可经外伤感染，发生皮肤病变，称"类丹毒"，因为病状与人的丹毒病相似，但后者由化脓链球菌所致。

3. 微生物学检验

（1）病料采集　败血型猪丹毒，生前耳静脉采血，死后可采取肾、脾、肝、心血、淋巴结，尸体腐败可采取长骨骨髓；疹块型猪丹毒可采取疹块皮肤；慢性病例，可采心脏瓣膜疣状增生物和肿胀部关节液。

（2）涂片镜检　取上述病料涂片染色镜检，如发现革兰阳性、单在、成对或成丛的纤细的小杆菌，可初步诊断。如慢性病例，可见长丝状菌体。

（3）分离培养　取病料接种于血液琼脂平板，经24~48 h培养，观察有无针尖状菌落，并在周围呈α溶血，取此菌落涂片染色镜检，观察形态，进一步明胶穿刺等生化反应鉴定。

（4）动物试验　取病料制成乳剂，对小白鼠皮下注射0.2 mL或鸽子胸肌注射1 mL，若病料有猪丹毒杆菌，则接种动物于2~5 d死亡，死后取病料涂片镜检或接种培养基进行确诊。

（5）血清学诊断　可用凝集试验、协同凝集试验、免疫荧光法进行诊断。

九、梭菌

本属细菌为革兰阳性大杆菌，多严格厌氧，少数微需氧；形成芽孢，芽孢直径多大于菌体直径，使菌体呈梭状，故名"梭状芽孢杆菌"，简称梭菌；但不是所有梭菌都呈梭状，如破伤风梭菌。梭菌在自然界广泛分布，常存在于土壤、水、人和动物肠道以及腐败物中；共包括 80 余种细菌，多数为腐生菌，少数为病原菌（约 11 种）。病原菌通常以产生外毒素和侵袭性酶使动物发病。这里只介绍几种重要的动物病原性梭菌。

(一)破伤风梭菌

本菌又名破伤风杆菌，是人、兽共患破伤风（强直症）的病原菌。污染受伤的皮肤或黏膜，产生强烈的毒素，引起人和动物发病。

1. 生物学特性

(1)形态及染色　本菌为两端钝圆、细长、正直或略弯曲的杆菌，大小为(0.5～1.7) $\mu m \times (2.1～18.1)$ μm，长度变化大。多单在，有时成双，偶有短链，在湿润琼脂表面上，可形成较长的丝状。大多数菌株具周身鞭毛而能运动，无荚膜。芽孢呈圆形，位于菌体一端，横径大于菌体，呈鼓槌状。幼龄培养物为革兰阳性，但培养 24 h 以后往往出现阴性染色者。

(2)培养特性　本菌为严格厌氧菌，接触氧后很快死亡。最适生长温度为 37℃。最适 pH 7.0～7.5。营养要求不高，在普通培养基中即能生长，菌落透明，有泳动性生长。在血琼脂平板上生长，可形成直径 4～6 mm 的菌落，菌落扁平、半透明、灰色、表面粗糙无光泽，边缘不规则，常伴有狭窄的 β 溶血环。在一般琼脂表面不易获得单个菌落，扩展成薄膜状覆盖在整个琼脂表面上，边缘呈卷曲细丝状。在厌氧肉肝汤中生长稍微浑浊，有细颗粒状沉淀，有咸臭味，培养 48 h 后，在 30～38 ℃适宜温度下形成芽孢，温度超过 42 ℃时芽孢形成减少或停止。20%胆汁或 6.5% NaCl 可抑制其生长。

(3)生化特性　生化反应不活泼，一般不发酵糖类，只轻微分解葡萄糖，不分解尿素，能液化明胶，产生硫化氢，形成靛青质，不能还原硝酸盐。V.P 和 M.R 试验均为阴性，神经氨酸酶阴性，脱氧核糖核酸酶阳性。

(4)抵抗力　本菌繁殖体抵抗力不强，但其芽孢的抵抗力极强。芽孢在土壤中可存活数十年，湿热 80 ℃ 6 h、90 ℃ 2～3 h、105 ℃ 25 min 及 120 ℃ 20 min 可杀死，煮沸 10～90 min 致死。干热 150 ℃ 1 h 以上致死芽孢。5%石炭酸、0.1%升汞作用 15 h 杀死芽孢。

(5)抗原与变异　本菌具有不耐热的鞭毛抗原，用凝集试验可分为 10 个血清型，其中第 VI 型为无鞭毛不运动的菌株，我国常见的是第 V 型。各型细菌都有一个共同的耐热菌体抗原，均能产生抗原性相同的外毒素，此外，毒素能被任何一个型的抗毒素中和。

2. 致病性

此菌芽孢随土壤、污物通过适宜的皮肤黏膜伤口侵入机体时，即可在其中发育繁殖，产生强烈毒素，引发破伤风。此病在健康组织中，于有氧环境下，生长受抑制，而且易被吞噬细胞消灭。如在深而窄的创口，同时创伤内发生组织坏死时，坏死组织能吸收游离氧而形成良好的厌氧环境，或伴有其他需氧菌的混合感染，有利于形成良好的厌氧环境，芽孢转变成细菌，在局部大量繁殖而致病。

此菌产生两种毒素，一种为破伤风痉挛毒素，毒力非常强，可引起神经兴奋性的异常增高和骨骼肌痉挛；另一种为破伤风溶血素，不耐热，对氧敏感，可溶解马及家兔的红细胞，其作用可被相应抗血清中和，与破伤风梭菌的致病性无关。破伤风梭菌毒素具有良好的免疫原性，用它制成类毒素，可产生坚强的免疫，能非常有效地预防本病的发生。

在自然情况下，本菌可感染很多动物。除人易感外，马属动物的易感性最高，牛、羊、猪、犬、猫偶有发病，禽类和冷血动物不敏感，幼龄动物比成年动物更敏感。实验动物中，家兔、小鼠、大鼠、豚鼠和猴对破伤风痉挛毒素易感。

3. 微生物学检验

破伤风具有典型的临床症状，一般不需微生物学诊断。如有特殊需要，可采取创伤部的分泌物或坏死组织进行细菌学检查。另外，还可用患病动物血清或细菌培养滤液进行毒素检查，其方法为小鼠尾根皮下注射 0.5～1.0 mL，观察 24 h，看是否出现尾部和后腿强直或全身肌肉痉挛等症状，且不久死亡。进一步还可用破伤风抗毒素血清，进行毒素保护试验。

(二)产气荚膜梭菌

产气荚膜梭菌又名魏氏梭菌、镶边梭菌，是气性坏疽的主要病原菌。气性坏疽是一种严重的创伤感染，以局部水肿、产气、肌肉坏死及全身中毒为特征。病原菌有 6～9 种之多，常为混合感染，以产气荚膜梭菌为最多见(占 60%～90%)，其次是水肿梭菌和败毒梭菌，其他还有产芽孢梭菌、溶组织梭菌和双酶酸菌等。

1. 生物学特性

为革兰阳性粗大梭菌，(3～4)μm×(1～1.5)μm。单独或成双排列，有时也可成短链排列。芽孢呈卵圆形，芽孢宽度不比菌体大，位于中央或末次端。培养时芽孢少见，须在无糖培养基中才能生成芽孢。在脓汁、坏死组织或感染动物脏器的涂片上，可见有明显的荚膜，无鞭毛，不能运动。

厌氧程度不如破伤风梭菌要求高。在血液琼脂平板上菌落较大、灰白色、不透明，边缘呈锯齿状，多数菌株有双层溶血环，内环是 θ 毒素的作用，而外环不完全溶血是 a 毒素所致。在疱肉培养基中肉渣不被消化，有时呈肉红色。在牛乳培养基中能分解乳糖产酸，使酪蛋白凝固，同时生成大量气体，将凝固的酪蛋白冲成海绵状碎块。管内气体常将覆盖在液体上的凡士林层向上推挤，这种现象称为"暴烈发酵"或"汹涌发酵"，是本菌的特点之一。能分解多种糖类，如葡萄糖、麦芽糖、蔗糖和乳糖，产酸产气，不发酵甘露糖或水杨苷，能液化明胶，产生硫化氢，不能消化已凝固的蛋白质和血清。

2. 致病性

产气荚膜梭菌既能产生强烈的外毒素，又有多种侵袭性酶，并有荚膜，构成其强大的侵袭力，引起感染致病。本菌能由消化道或创伤侵入机体内，引起人类和动物的多种疾病，其中最重要的是气性坏疽。

(1)人和家畜——气性坏疽或肠毒血症　以局部剧痛、水肿、胀气、组织迅速坏死、分泌物恶臭，伴有全身毒血症为特征的急性感染。潜伏期较短，一般只有 8～48 h。芽孢出芽大量繁殖，形成荚膜能抵抗吞噬，产生多种毒素及侵袭酶，损害肌肉组织引起厌氧性肌炎。本菌分解组织中的肌糖，产生大量气体充塞组织间隙，造成气肿，挤压软组织，阻碍血液循环，进一步促使肌肉坏死。同时，毒素还可引起血管壁通透性增高，浆液渗出，形成扩散性水肿，以手触压肿胀组织可发生"捻发音"。疼痛剧烈，蔓延迅速，最后形成大块组织坏死。细菌一般不侵入血流，局部细菌繁殖产生的各种毒素以及组织坏死产生的毒性物质被吸收入血，引起毒血症而死。

（2）人类的食物中毒　某些 A 型菌株能产生肠毒素，食用被其污染的食物后，可引起食物中毒。潜伏期短，约 8～22 h，发生腹痛、腹泻、便血等症状，较少呕吐，一般不发热，1～2 d 内可自愈。中毒机理类似霍乱肠毒素，激活小肠黏膜细胞的腺苷酸环化酶，导致 cAMP 浓度增高，使肠黏膜分泌增加，肠腔大量积液，引起腹泻。

（3）人和禽类——急性坏死性肠炎　由 C 型产气荚膜梭菌引起，致病物质可能为 β 毒素。潜伏期不到 24 h，发病急，有剧烈痛、腹泻、肠黏膜出血性坏死，粪便带血；可并发周围循环衰竭、肠梗阻、腹膜炎等，病死率达 40%。

3. 微生物学诊断

气性坏疽发病急剧，后果严重，应尽早作出诊断。取创口分泌物或坏死组织，直接涂片镜检，根据本菌形态结构特征可作出初步报告。必要时取坏死组织接种于血平板或疱肉培养基做厌氧培养，取可疑菌落用生化反应进一步鉴定。

4. 防治原则

对伤口及时进行清创与扩创，对局部感染应尽早施行扩创手术，切除感染和坏死组织，必要时截肢以防病变扩散。大剂量使用青霉素以杀灭本菌和其他细菌。有条件可使用 α 抗毒素和高压氧舱法治疗气性坏疽。

（三）肉毒梭菌

肉毒梭菌为厌氧腐物寄生菌，广泛分布于土壤和动物粪便中。污染本菌的食品在厌氧条件下可产生肉毒毒素，食后即引起肉毒中毒。

1. 生物学特性

菌体粗大，大小为 $(1～1.2)\mu m \times (4～6)\mu m$，双排列，有时可见短链状；无荚膜，有鞭毛，芽孢呈椭圆形，比菌体宽，位于次极端，使菌体呈网球拍状，革兰染色阳性。严格厌氧，培养温度 30～37 ℃，营养要求不高，在普通琼脂培养基上形成直径 3～5 mm 不规则的菌落。血液琼脂培养基生长旺盛，形成较大、圆形、灰白色、半透明菌落，β 溶血；疱肉培养基上能消化肉渣，使之变黑，有腐败恶臭。分解葡萄糖、麦芽糖及果糖，产酸产气。液化明胶，产生硫化氢，不形成吲哚。

80 ℃ 30 min，100 ℃ 10 min 可杀死繁殖体，但芽孢的抵抗力很强，100 ℃ 5～7 h 才可被破坏。肉毒毒素耐酸、不耐碱，pH 8.5 以上被破坏。

2. 致病性

厌氧条件下可分泌强烈的外毒素——肉毒毒素。肉毒毒素的化学本质是蛋白质，不耐热，100 ℃ 1 min 即可被破坏，对酸性及蛋白酶抵抗力较强，pH 3～6 时毒性仍保持稳定，不被胃肠液破坏。毒力是目前已知生物毒素中最强的一种，比氰化钾强 1 万倍（1 mg 可致死 2 000 万只小白鼠）；毒素被人、畜禽食入后，先发生斜视、复视、眼睑下垂，再是吞咽、咀嚼困难、口齿不清等，严重者可因膈肌麻痹、心肌麻痹而死亡。

3. 微生物学检验及防治原则

肉毒中毒的微生物学检查，可取剩余食物、粪便分离病菌或进行动物试验检测毒素。预防本病的主要方法是加强食品卫生管理和监督；食品加热消毒是预防本病的关键。对病人应尽早注射足量的多价肉毒抗毒素，同时加强护理和对症治疗，尤其是维持呼吸功能，降低死亡率。

(四)气肿疽梭菌

气肿疽梭菌又名黑腿病梭菌，是牛、羊黑腿病病原。两端钝圆杆菌，单个或成双，有芽孢并位于菌体中央或近端而呈汤匙状。厌氧，最适温度 37 ℃，最适 pH 7.2～7.4。普通琼脂上生长不良。血清或血液培养基中生长旺盛。石蕊牛乳中产酸凝固产气。液化明胶，还原硝酸盐，不产生硫化氢，不产生吲哚，发酵葡萄糖、乳糖、麦芽糖、蔗糖，不分解甘露醇、水杨苷。常用消毒剂、常用浓度可杀死繁殖体，但芽孢的抵抗力很强。6 月至 2 岁的牛最敏感，在肌肉丰满的部位发生气性水肿，肌肉呈暗红色或黑色。马、猪、猫、鸡等一般无感染性，人不感染。

(五)腐败梭菌

腐败梭菌常经创伤感染致各种家畜恶性水肿，又名恶性水肿梭菌。人工培养的腐败梭菌为细长棒状大杆菌，单在或成双，多为短链，肝触片呈无关节的长丝状。可形成卵圆形芽孢，在菌体近端。无荚膜，有鞭毛。在葡萄糖血琼脂平板上形成半透明、淡灰色或无色、微隆、有不规则柔弱网状分枝从中央向四周延伸的菌落，边缘不齐，弱 β 溶血。表面潮湿易融合成片。熟肉基(厌气肉汤)中最初混浊产气，后形成灰白色块状沉淀，上清清朗，肉块红色。石蕊牛乳中产酸凝固产气。液化明胶，还原硝酸盐，产生硫化氢，不产生吲哚，发酵葡萄糖、乳糖、麦芽糖、水杨苷，不分解甘露醇、蔗糖。腐败梭菌可经创伤感染马、牛、绵羊、山羊及猪等多种动物引起恶性水肿；经消化道感染引起羊快疫；鸡偶尔引起坏死性皮炎；人也可感染。

(六)诺维氏梭菌

根据诺维氏梭菌产生的外毒素，可分为 A、B、C、D 4 个型。A 型菌又称为水肿梭菌、第 II 恶性水肿梭菌，感染可引起人气性坏疽、动物恶性水肿、绵羊大头病；B 型菌又称为巨大杆菌，主要感染绵羊引起羊的黑疫；C 型菌又称为水牛梭菌，可引起水牛的骨髓炎；D 型菌又称为溶血梭菌，感染可引起牛的血红尿。

诺维氏梭菌分类上属于梭菌属，为革兰阳性的大杆菌。可形成芽孢，不产生荚膜，具有周身鞭毛，能运动。本菌严格厌氧。

梭菌属细菌的微生物学检查注意：

① 必须以厌氧环境进行分离培养。

② 对不同致病性的梭菌诊断时应区别对待：有的需以分离和鉴定病原菌为主；有的则需以检测毒素为主；有的则需分离细菌并证实其产生毒素能力。

③ 测定厌氧菌生化特性也必须在厌氧条件下进行。

十、里氏杆菌

里氏杆菌属的代表种鸭疫里氏杆菌是引起雏鸭、雏火鸡以及雏鹅等多种禽类感染发病的病原。

1. 生物学特征

本菌为革兰阴性短小杆菌，不运动，无芽孢。有的呈长丝状，常呈单个、成双或呈短链状排列。瑞氏染色菌体呈两极浓染，此染色特性与巴氏杆菌极为相似，该菌为厌氧菌，在普通琼脂和麦康凯琼脂上不生长，需要特殊的营养因子。在厌氧培养的鲜血琼脂斜面上长出有闪光的奶油状小菌落，不出现溶血；在巧克力琼脂平板上长出灰白色、半透明、较黏稠的圆形菌落；在胰酶大豆琼脂上培养形成圆形、凸起、透明、呈露珠样的菌落，用斜射光观察发绿色光。该菌不发酵葡萄糖、果糖、木糖、麦芽糖、乳糖、甘露醇、阿拉伯糖、半乳糖、鼠李糖，不分解尿素；不产生硫化氢和靛基质；不还原硝酸盐；不利用柠檬酸盐；V. P、M. R 试验均为阴性，接触酶试验阳性；可产生磷酸酶。在室温或 37 ℃下，本菌绝大多数菌株在固体培养基上存活不超过 3~4 d，4 ℃条件下保存，在肉汤培养物中可存活 2~3 周，55 ℃下培养 12~16 h，细菌即失去活力。

2. 致病性

本菌主要感染 1~8 周龄鸭，尤其是 2~3 周龄小鸭，此外也感染鹅和火鸡等禽类。感染后常呈急性或慢性败血过程，其病变以纤维素性心包炎、肝周炎、气囊炎、脑膜炎以及部分病例出现干酪性输卵管炎、结膜炎、关节炎为特征，俗称鸭传染性浆膜炎。发病率达 5%~90%，死亡率 1%~80%，甚至高达 90% 以上，耐过鸭生长迟缓。恶劣的环境条件或并发症，常使禽类更易发生本菌感染。

3. 微生物学诊断

本菌诊断可取病鸭的心血或脑，用巧克力培养基分离细菌，同时接种麦康凯培养基，并进行生化试验，也可接种小鼠试验。本菌与大肠杆菌和沙门氏菌，均可引起浆膜炎病变，诊断时容易混淆，应注意鉴别诊断。

4. 预防

主要采用药物和灭活疫苗来进行防治。免疫接种是控制该病的有效方法。该菌易产生耐药性，发生本病时应先做药敏试验，以选用最敏感的抗菌药物进行防治。

复习思考题

1. 名词解释：细菌　荚膜　鞭毛　菌毛　芽孢　细菌的呼吸　热原质　生长曲线　培养基　菌落　纯培养
2. 细菌的基本结构及其功能有哪些？
3. 细菌的特殊结构及其功能有哪些？
4. 细菌的营养类型及划分方法是什么？
5. 细菌生长需要的营养物质都有哪些？其作用如何？
6. 细菌的生长繁殖条件是什么？

7. 细菌的生长繁殖可以分为几个时期？各时期的特点是什么？

8. 制备培养基的基本原则有哪些？

9. 常用培养基的类型有哪些？

10. 细菌在培养基上的生长情况有哪些？

11. 细菌病实验室诊断常用哪些方法？

12. 葡萄球菌主要引起哪些疾病？

13. 详述链球菌的形态及染色特点。

14. 详述大肠杆菌的微生物学系统诊断内容。

15. 简述沙门氏菌的主要培养特性与生化特点。

16. 试述炭疽杆菌的微生物学诊断方法。

17. 比较大肠杆菌与沙门氏菌培养特性及生化特性的异同。

18. 葡萄球菌病和链球菌病的实验室诊断要点有哪些？

19. 简述炭疽杆菌微生物学诊断方法及采取病料时应注意的事项。

20. 多杀性巴氏杆菌的微生物学诊断要点有哪些？

21. 简述破伤风梭菌的致病条件及致病机制。

22. 简述猪丹毒的微生物学诊断要点及防制措施。

项目二

病毒的基本知识及检验

能力目标

　　能利用动物、鸡胚或细胞培养技术，选择合适的对象培养病毒；熟练掌握病毒的血凝试验和血凝抑制实验技术，并能根据实验结果指导生产实践；具备根据临床病例设计病毒感染实验室诊断方案的能力。能利用所学的病毒理论和技能，结合临床具体病例设计实验室诊断方案，并能用实验结论指导生产，提出正确的防制措施。

知识目标

　　熟悉病毒的概念、特点，以及病毒的大小、形态、结构和化学组成。掌握培养病毒的方法；掌握病毒的干扰现象及干扰素、病毒的血凝现象、包涵体现象及其实践应用；掌握病毒感染的实验室检查方法及其应用。理解病毒复制的基本过程。了解各种理化因素对病毒的影响。了解狂犬病病毒、口蹄疫病毒、痘病毒、猪瘟病毒、猪繁殖与呼吸综合征病毒、马立克病病毒、减蛋综合征病毒、小鹅瘟病毒、鸭瘟病毒、新城疫病毒、禽流感病毒、传染性法氏囊病病毒、犬瘟热病毒、兔出血症病毒、马传染性贫血病毒、朊病毒的生物学性状及其致病性和防制原则；掌握其微生物学检查方法。

模块一　病毒的形态结构和分类

任务一　病毒的形态结构

病毒(virus)是一类只能在活细胞内寄生的非细胞型微生物。它形体微小，可以通过细菌滤器，必须在电子显微镜下才能看到；没有细胞结构；只含有 1 种核酸(DNA 或 RNA)；病毒缺乏完整的酶系统，不能在无生命的培养基上生长，营严格的细胞内寄生生活；病毒的增殖方式为复制；病毒对抗生素具有明显的抵抗力。

一、病毒的大小与形态

(1)病毒的大小　病毒是自然界中最小的微生物，其测量单位为纳米(nm)、用电子显微镜才能观察到。各种病毒的大小差别很大，较大的如痘病毒，大小为 300 nm×250 nm×100 nm；中等大小的如流感病毒，直径为 80～120 nm；较小的如口蹄疫病毒，直径仅为 20～25 nm。

(2)病毒的形态　病毒主要有 5 种形态：①砖形，如痘病毒；②子弹形，如狂犬病病毒；③球形，大多数动物病毒均呈球形；④蝌蚪形，是噬菌体的特征形态；⑤杆形，多见于植物病毒，如烟草花叶病毒(图 2-1)。

二、病毒的结构及化学组成

结构完整的病毒个体称为病毒颗粒或病毒子。成熟的病毒颗粒是由蛋白质衣壳包裹着核酸构成的。衣壳与核酸二者组成核衣壳。有些病毒在核衣壳外面还有一层外套称为囊膜。有的囊膜上还有纤突(图 2-2)。

1. 核酸

核酸存在于病毒的中心部分，又称为芯髓。一种病毒只含有 1 种类型核酸，即 DNA 或 RNA。病毒核酸与其他生物的核酸构型相似，DNA 大多数为双链，少数为单链；RNA 多数为单链，少数为双链。病毒的核酸无论是 DNA 还是 RNA，均携带遗传信息，控制着病毒的遗传、变异、增殖和对宿主的感染性等特性。某些动物病毒去除囊膜和衣壳，裸露的 DNA 或 RNA 也能感染细胞，这样的核酸称为传染性核酸。

2. 衣壳

衣壳是包围在病毒核酸外面的一层外壳。衣壳的化学成分为蛋白质，是由许多蛋白质亚单位即多肽链构成的壳粒组成的。这些多肽分子围绕核酸呈二十面体对称型或螺旋对称型。衣壳的主要功能：一是保护病毒的核酸免受核酸酶及外界理化因素的破坏；二是与病毒吸附、侵入和感染易感细胞有关。此外，病毒的衣壳是病毒重要的抗原物质。

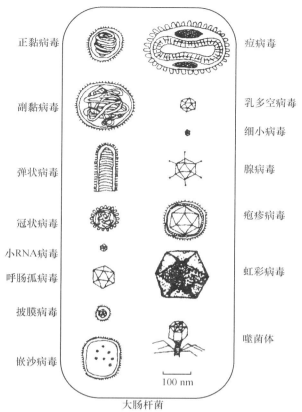

图 2-1　主要动物病毒群的形态及与大肠杆菌的相对大小

正黏病毒

痘病毒

副黏病毒

乳多空病毒

细小病毒

弹状病毒

腺病毒

冠状病毒

疱疹病毒

小RNA病毒

呼肠孤病毒

虹彩病毒

披膜病毒

噬菌体

嵌沙病毒

大肠杆菌

100 nm

　　病毒的衣壳由大量壳粒组成，壳粒是衣壳的基本单位。壳粒由单个或多个多肽分子组成，这些分子对称排列，围绕着核酸形成一层保护性外壳。由于核酸的形态和结构不同，多肽排列也不同，因而形成了几种对称形式，它在病毒分类上可作为一种指标。

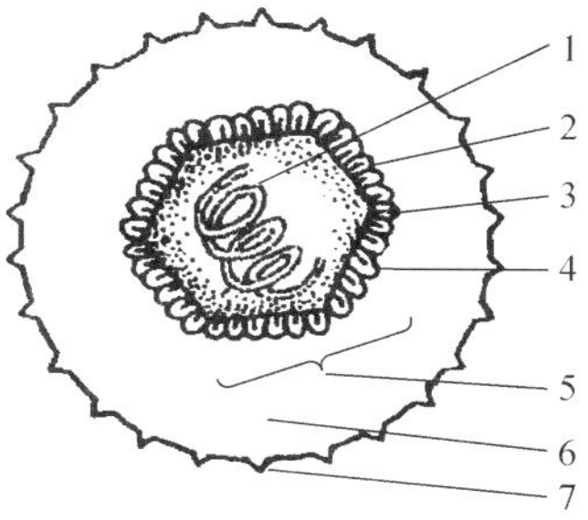

　　3. 囊膜

　　有些病毒的核衣壳外面还包有一层由类脂、蛋白质和糖类构成的囊膜。囊膜是病毒复制成熟后，通过宿主细胞膜或核膜时获得的，所以具有宿主细胞的类脂成分，易被脂溶剂如乙醚、氯仿和胆盐等溶解破坏。囊膜对衣壳有保护作用，并与病毒吸附宿主细胞有关。

图 2-2　病毒结构示意

1. 核酸；2. 衣壳；3. 壳粒；4. 每个壳粒有 1 个或数个结构单位构成；5. 核衣壳；6. 囊膜；7. 纤突

　　有些病毒囊膜表面具有呈放射排列的突起，称为纤突（又称囊膜粒或刺突）。如流感病毒囊膜上的纤突有血凝素和神经氨酸酶两种。纤突不仅具有抗原性，而且与病毒的致病力及病毒对细胞的亲和力有关。因此，一旦病毒失去囊膜上的纤突，也就丧失了对易感细胞的感染能力。

　　另外，有些病毒虽没有囊膜，但有其他一些特殊结构，如腺病毒在核衣壳的各个顶角上长出共计 12 根细长的"触须"，其形态好似大头针状，具有凝集和毒害敏感细胞的作用（图 2-3）。

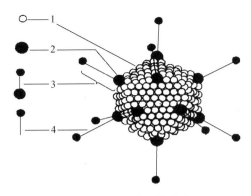

图 2-3　腺病毒结构模式

1. 六聚体；2. 五聚体基；3. 五聚体；4. 触须(纤突)

任务二　病毒的分类和亚病毒因子

病毒的种类繁多，按其感染的对象不同，可分为感染细菌、真菌、支原体等细胞的噬菌体，感染植物细胞的植物病毒，感染动物细胞的动物病毒。另外，依据病毒核酸不同可分为 DNA 病毒和 RNA 病毒两类。

近年来还发现了一种比病毒更小的微生物——类病毒。类病毒缺乏蛋白质和类脂成分，只有裸露的侵染性核酸(RNA)。很多植物病害是由类病毒所引起的。此外，疯牛病、绵羊的痒病的病原体则是一类主要由蛋白质构成而不含核酸的朊病毒。类病毒和朊病毒被称为亚病毒，这些亚病毒的发现为一些病毒尚不清楚的动物、植物和人类某些疑难病的研究开阔了思路。

病毒在自然界中分布广泛，许多病毒能感染人和动物，导致疫病的流行。病毒性传染病具有传染快、流行广、死亡率高的特点，迄今还缺乏确切有效的防治药物，对人类、畜禽造成严重危害，能给畜牧业带来巨大的经济损失。因此，学习、研究病毒有关的基本知识理论，对于诊断和防制病毒性传染病有着十分重要的意义。

模块二　病毒的增殖与培养

任务一　病毒的增殖方式和复制过程

一、病毒增殖的方式

病毒缺乏自身增殖所需的完整的酶系统，增殖时必须依靠宿主细胞合成核酸和蛋白质，甚至是直接利用宿主细胞的某些成分，这就决定了病毒在细胞内专性寄生的特性。活细胞是病毒增殖的唯一场所，为病毒生物合成提供所需的能量、原料和必需的酶。

病毒增殖的方式是复制。病毒的复制是由宿主细胞供应原料、能量、酶和生物合成场所，在病毒核酸遗传密码的控制下，于宿主细胞内复制出病毒的核酸和合成病毒的蛋白质，进一步装配成大量的子代病毒，并将它们释放到细胞外的过程。

二、病毒的复制过程

病毒的复制过程大致可分为吸附、穿入、脱壳、生物合成、装配与释放 5 个主要阶段。

1．吸附

病毒附着在宿主细胞的表面称为吸附。一方面是依靠病毒与细胞之间的静电吸附作用而结合；另一方面病毒对细胞的吸附有选择性，并不是任何细胞都可以吸附，必须是病毒颗粒与细胞表面的受体相结合才能吸附，这也是病毒感染具有明显选择性的原因。

2．穿入

病毒吸附于细胞表面后，迅速侵入细胞。侵入的方式有以下 4 种：①通过胞饮作用进入细胞，如牛痘病毒；②通过病毒与宿主细胞膜的融合而进入细胞浆中，如疱疹病毒；③病毒颗粒与宿主细胞膜上的受体相互作用，使其核衣壳穿入细胞浆中，如脊髓灰质炎病毒；④某些病毒以完整的病毒颗粒直接通过宿主细胞膜穿入胞浆中，如呼肠孤病毒。

3．脱壳

病毒脱壳包括脱囊膜和脱衣壳两个过程。在没有囊膜的病毒，则只有脱衣壳的过程。某些病毒在细胞表面脱囊膜，如疱疹病毒的囊膜可与细胞膜融合，同时在细胞浆内释放核衣壳。痘病毒的囊膜则在吞饮泡内脱落。

病毒衣壳的脱落，主要发生在细胞浆或细胞核。由吞饮方式进入细胞的病毒，在其吞噬泡中和溶酶体融合，经溶酶体酶的作用脱壳。某些病毒如腺病毒，可能因宿主细胞酶的作用或经某种物理因素脱壳。至于牛痘病毒，由胞饮进入细胞后，需经两步脱壳。先在吞噬泡中脱去外膜与部分蛋白，部分脱壳的核心含有一种依赖 DNA 的多聚酶，转录 mRNA 以译制另一种脱壳酶，完成这种病毒的全脱壳过程。也有个别病毒的衣壳不完全脱去仍能进行复制，如呼肠孤病毒。

4．生物合成

生物合成包括核酸复制与蛋白质合成。病毒脱壳后，释放核酸，这时在细胞内查不到病毒颗粒，故称为隐蔽期或黑暗期。隐蔽期实际上是病毒增殖过程中最主要的阶段。此时，病毒的遗传信息向细胞传达，宿主细胞在病毒遗传信息的控制下合成病毒的各种组成成分及其所需的酶类，包括病毒核酸转录或复制时所需的聚合酶。最后是由新合成的病毒成分装配成完整的病毒子。

5．成熟与释放

无囊膜的 DNA 病毒(如腺病毒)，核酸与衣壳在胞核内装配。

有囊膜的 DNA 病毒(如单纯疱疹病毒)，在核内装配成核衣壳，移至核膜上，以芽生方式进入胞浆中，获取宿主细胞核膜成分成为囊膜，并逐渐从胞浆中释放到细胞之外。另一部分能通过核膜裂隙进入胞浆，获取一部分胞浆膜而成为囊膜，沿核周围与内质网相通部位从细胞内逐渐释放。

无囊膜的 RNA 病毒(如脊髓灰质炎病毒),其核酸与衣壳在胞浆内装配,呈结晶状排列。大多数无囊膜的病毒蓄积在胞浆或核内,当细胞完全裂解时,释放出病毒颗粒。

有囊膜的 RNA 病毒(如副流感病毒),其 RNA 与蛋白质在胞浆中装配成螺旋状的核衣壳,宿主细胞膜上在感染过程中已整合有病毒的特异抗原成分(如血凝素与神经氨酸酶)。当成熟病毒以芽生方式通过细胞膜时,就带有这种胞膜成分,并产生刺突。

任务二　病毒的培养技术

病毒缺乏完整的酶系统,又无核糖体等细胞器,所以不能在无生命的培养基上生长,必须在活细胞内增殖。因此,实验动物、禽胚以及体外培养的组织和细胞就成为人工培养病毒的场所。而病毒的人工培养,是病毒实验研究以及制备疫苗和特异性诊断制剂的基本条件。

一、动物接种

病毒经注射、口服等途径进入易感动物体后可大量增殖,并使动物产生特定反应。动物接种分本动物接种和实验动物接种两种方法。实验用动物应该是健康的,血清中无相应病毒的抗体,并符合其他要求。当然,理想的动物是无菌动物或 SPF(无特定病原体)动物。常用的实验动物有小鼠、家兔、豚鼠、鸡等。

动物接种尽管是培养病毒的一种古老方法,但也是一种现在生产中常用的方法。动物接种培养病毒主要用于病原学检查、传染病的诊断、疫苗生产及疫苗效力检验等。

二、禽胚培养

禽胚是正在孵育的禽胚胎。禽胚胎组织分化程度低,病毒易于在其中增殖,来自禽类的病毒大多可在相应的禽胚中增殖,其他动物病毒有的也可在禽胚内增殖,感染的胚胎组织中病毒含量高,培养后易于采集和处理,禽胚来源充足,操作简单。由于具有诸多优点,禽胚是目前较常用的病毒培养方法。但禽胚中可能带有垂直传播的病毒,也有卵黄抗体干扰的问题,因此最好选择 SPF 胚。

禽胚中最常用的是鸡胚,病毒在鸡胚中增殖后,可根据鸡胚病变和病毒抗原的检测等方法判断病毒增殖情况。病毒导致禽胚病变常见的有以下 4 个方面:一是禽胚死亡,胚胎不活动,照蛋时血管变细或消失;二是禽胚充血、出血或出现坏死灶,常见在胚体的头、颈、躯干、腿等处或通体出血;三是禽胚畸形;四是禽胚绒毛尿囊膜上出现痘斑。然而许多病毒缺乏特异性的病毒感染指征,必须应用血清学或病毒学相应的检测方法来确定病毒的存在和增殖情况。

接种时,不同的病毒可采用不同的接种途径(图 2-4),并选择日龄合适的禽胚。常用的鸡胚接种途径及相应日龄为:绒毛尿囊膜接种,主要用于痘病毒和疱疹病毒的分离和增殖,用 10~13 日龄鸡胚;尿囊腔接种,主要用于正黏病毒和副黏病毒的分离和增殖,用 9~12 日龄鸡胚;卵黄囊接种,主要用于虫媒披膜病毒及鹦鹉热衣原体和立克次氏体等的增殖,用 6~8 日龄鸡胚;羊膜腔接种,主要用于正黏病毒和副黏病毒的分离和增殖;此途径比尿囊腔接种更敏感，但操作较困难，且鸡胚易受伤致死，选用10～11日龄鸡胚(适于鸡胚接种的病毒见表2-1)。

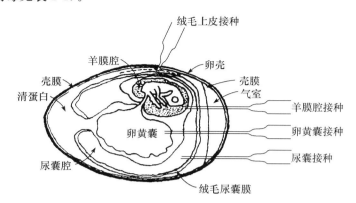

图2-4　病毒的鸡胚接种部位

表2-1　适于鸡胚接种的病毒

病毒名称	增殖于鸡胚的	病毒名称	增殖于鸡胚的
禽痘及其他动物痘病毒	绒毛尿囊膜	禽脑脊髓炎病毒	卵黄囊内
禽马立克氏病病毒	卵黄囊内、绒毛膜	鸭肝炎病毒	绒毛尿囊腔
鸡传染性喉气管炎病毒	绒毛尿囊膜	鸡传染性支气管炎病毒	绒毛尿囊腔
鸭瘟病毒	绒毛尿囊膜	小鹅瘟病毒	鹅胚绒毛尿囊腔
人、畜、禽流感病毒	绒毛尿囊腔	马鼻肺炎病毒	卵黄囊内
鸡新城疫病毒	绒毛尿囊腔	绵羊蓝舌病病毒	卵黄囊内

接种后的鸡胚一般37.5 ℃孵育，相对湿度60%。根据接种途径不同，收获相应的材料：绒毛尿囊膜接种时收获接种部位的绒毛尿囊膜；尿囊腔接种收获尿囊液；卵黄囊接种收获卵黄囊及胚体；羊膜腔接种收获羊水。

禽胚接种在基层生产中应用相当广泛，常用于家禽传染病的诊断、病毒病原性的研究以及生产诊断抗原和疫苗等方面。

附：新城疫病毒的鸡胚接种技术

一、目的要求

掌握鸡胚培养病毒的接毒和收毒方法，明确鸡胚培养病毒的应用。

二、仪器与材料

受精卵、恒温箱、照蛋器、接种箱、蛋架、一次性注射器、中号镊子、眼科剪和镊子、毛细吸管、橡皮乳头、灭菌平皿、试管、吸管、酒精灯、试管架、胶布、蜡、锥子、锉、煮沸消毒器、消毒剂、新城疫Ⅰ系或Ⅳ系疫苗。

三、方法与步骤

1. 鸡胚的选择和孵化

应选择健康无病鸡群或 SPF 鸡群的新鲜受精蛋。为便于照蛋观察，以来航鸡蛋或其他白壳蛋为好。用孵化箱孵化，要注意温度、湿度和翻蛋。孵化最低温度为 36 ℃，一般为 37.5 ℃，相对湿度为 60％，每日最少翻蛋 3 次。

发育正常的鸡胚照蛋时可见清晰的血管及鸡胚的活动。不同的接种材料需要不同的接种途径，不同的接种途径需要选用不同日龄的鸡胚。卵黄囊接种，用 6～8 日龄鸡胚；绒毛尿囊接种，用 9～13 日龄的鸡胚；绒毛尿囊腔接种，用 9～12 日龄的鸡胚；血管注射，用 12～13 日龄的鸡胚；羊膜腔和脑内注射，用 10 日龄的鸡胚。

2. 接种前的准备

(1)病毒材料的处理　怀疑污染细菌的液体材料，加抗生素置温室 1 h 或 4 ℃冰箱12～24 h，高速离心，取上清液，或经细菌滤器滤过除菌。如为患病动物组织，应剪碎，匀浆、离心后取上清液，必要时加抗生素处理或过滤除菌。若用新城疫Ⅰ系或Ⅳ系疫苗，则无菌操作用生理盐水将其稀释 100 倍。

(2)照蛋　以铅笔划出气室、胚胎位置及接种位置，标明胚龄及日期，气室朝上立于蛋架上。尿囊腔接种选 9～12 日龄的鸡胚，接种部位可选在气室中心或远离胚胎侧气室边缘，避开大血管。

3. 鸡胚的接种

在接种部位先后用 5％碘酊棉及 75％酒精棉消毒，然后用灭菌锥子打一小孔，一次性 1 mL 注射器吸取新城疫病毒液垂直或稍斜插入气室，刺入尿囊腔，向尿囊腔内注入 0.1～0.3 mL。注射后，用熔化的蜡封孔，置温箱中直立孵化 3～7 d。孵化期间，每 6 h 照蛋 1 次，观察胚胎存活情况。弃去接种后 24 h 内死亡的鸡胚；24 h 以后死亡的鸡胚应置 0～4 ℃冰箱中冷藏 4 h 或过夜，一定时间内未致死的鸡胚也放入冰箱冻死。

4. 鸡胚材料的收获

原则上，接种什么部位即收获什么部位。

绒毛尿囊腔接种新城疫病毒时，一般收获尿囊液和羊水。将鸡胚取出，无菌操作轻轻敲打并去气室顶部蛋壳及壳膜，形成直径 1.5～2.0 cm 的开口。用灭菌镊子夹起并撕开或用眼科剪剪开气室中央的绒毛尿囊膜，然后用灭菌吸管从破口处吸取尿囊液，注入灭菌青霉素瓶或试管内。然后破羊膜收获羊水，收获的尿囊液和羊水应清亮，混浊说明细菌污染。收获的病毒经无菌检验合格者冷冻保存。用具消毒处理，鸡胚置消毒液中浸泡过夜或高压灭菌，然后弃掉。

四、注意事项

鸡胚接种需严格无菌操作，以减少污染。操作时应细心，以免引起鸡胚的损伤。病毒培养应保持恒定的适宜条件，收毒结束，注意用具、环境的消毒处理。

三、组织培养

组织细胞培养是用体外培养的组织块或单层细胞分离增殖病毒。组织培养即将器官或组织小块于体外细胞培养液中培养存活后，接种病毒，观察组织功能的变化，如气管黏膜纤毛上皮的摆动等。

细胞培养是用细胞分散剂将动物组织细胞消化成单个细胞的悬液，适当洗涤后加入营养液，使细胞贴壁生长成单层细胞。病毒感染细胞后，大多数能引起细胞病变，称为病毒的致细胞病变作用（简称 CPE），表现为细胞变形，胞浆内出现颗粒化、核浓缩、核裂解等，借助倒置显微镜即可观察到。还有的细胞不发生病变，但培养物出现红细胞吸附及血凝现象（如流感病毒等）。有时还可用免疫荧光技术等血清试验检查细胞中的病毒。兽医上通常用的细胞有 CEF（鸡胚成纤维细胞）、PK-15 株（猪肾上皮细胞）、K-L 株（中国仓鼠肺）、D-K 株（中国仓鼠肾）等。细胞培养多用于病毒的分离、培养和检测中和抗体。因此，细胞培养对病毒的诊断和研究具有重要作用。

组织细胞培养病毒有许多优点：一是离体活组织细胞不受机体免疫力影响，很多病毒易于生长；二是便于人工选择多种敏感细胞供病毒生长；三是易于观察病毒的生长特征；四是便于收集病毒作进一步检查。因此，细胞培养是病毒研究、疫苗生产和病毒病诊断的良好方法。但此法由于成本和技术水平要求较高，操作复杂，所以在基层单位尚未广泛应用。

任务三　实验动物的接种和剖检技术

实验动物的接种是微生物实验室常用的技术，其主要用途有：进行病原体的分离与鉴定，确定病原体的致病力，恢复或增强病原体的毒力，测定某些细菌的外毒素，制备疫苗或诊断用抗原，制备作诊断或治疗用的免疫血清以及用于检验药物的治疗效果及毒性等。

一、目的要求

掌握常用的动物接种方式与剖检方法。

二、仪器及材料

消毒设备、注射器、头皮针、滴管、解剖盘及解剖刀剪、接种环、酒精灯、显微镜、细菌培养物、常用培养基、碘酊及酒精棉球、染色液、小鼠或家兔、鸡等。

三、方法与步骤

（一）实验动物的接种

1. 皮内注射

小鼠、家兔及豚鼠的皮内注射均需助手保定动物。由助手把动物伏卧或仰卧保定，接种者以左手拇指及食指夹起皮肤，右手持注射器，用细针头插入拇指及食指之间的皮肤内，针头插入不宜过深，同时插入角度要小，注入时感到有阻力且注射完毕后皮肤上有硬的隆起即为注入皮内。拔出针头，用消毒棉球按住针眼并稍加按摩。皮内接种要慢，以防使皮肤胀裂或自针眼流出注射物而散播传染。

鸡的皮内注射由助手捉鸡，注射者左手捏住鸡冠或肉髯，消毒，在鸡冠或肉髯皮内注射 0.1～0.2 mL，注射后处理同小鼠接种法。

2. 皮下注射

家兔及豚鼠的皮下注射与皮内注射法同样保定动物，于动物背侧或腹侧皮下结缔组织疏松部分剪毛消毒，接种者持注射器，以左手拇指、食指和中指捏起皮肤使成一个三角形皱褶，或用镊子夹起皮肤，于其底部进针。感到针头可以随意拨动即表示插入皮下。当推入注射物时应感到流利畅通。注射后处理同皮内接种法。小鼠的皮下注射部位选在小鼠背部（背中线一侧），注射量一般为 0.2～0.5 mL。鸡的皮下注射可在颈部、背部皮下注射。

3. 肌肉注射

鸡的肌肉注射由助手捉鸡或用小绳绑其两腿保定，小鸡也可由注射者左手提握保定，然后在其胸肌、腿肌或翅膀内侧肌肉处注射 0.1 mL。小鼠的肌肉注射由助手捉住或用特制的保定筒保定小鼠，注射者左手握住小鼠的一后肢，在后肢上部肌肉丰满处消毒，向肌肉内注射 0.2～0.5 mL。

4. 腹腔注射

小鼠腹腔接种时，用右手提起鼠尾，左手拇指和食指捏头背部，翻转鼠体使腹部向下，把鼠尾和后腿夹于术者掌心和小指之间，右手持注射器，将针头平行刺入皮下，然后向下斜行，通过腹部肌肉进入腹腔，注射量为 0.5～1.0 mL。在家兔和豚鼠，先在腹股沟处刺入皮下，前进少许，再刺入腹腔，注射量为 0.5～5.0 mL。

5. 静脉注射

此法主要适用于家兔和豚鼠。将家兔放入保定器或由助手把握住其前后躯保定，选一侧耳边缘静脉，先用 75％酒精涂擦兔耳或以手指轻弹耳朵，使静脉怒张。注射时，用左手拇指和食指拉紧兔耳，右手持注射器，使针头与静脉平行，向心方向刺入静脉内，注射时应无阻力且有血向前流动即表示注入静脉，缓缓注入接种物。若注射正确，注射后耳部应无肿胀。注射完毕，用消毒棉球紧压针眼，以免流血和注射物流出。一般注射 0.2～1.0 mL。豚鼠常用抓握保定，耳背侧或股内侧剪毛、消毒，用头皮针刺入耳大静脉或股内侧静脉内，注射 0.2～0.5 mL。若注射正确，注射后静脉周围应无肿胀。

6. 脑内注射

此法主要适用于乳鼠和乳兔，也可用于家兔、豚鼠和小鼠，注射部位在两耳根连线的中点略偏左（或右）。接种时用乙醚使动物轻度麻醉，术部用碘酊、酒精消毒，用小号针头经皮肤和颅骨稍向后下刺入脑内进行注射，注射完毕用棉球按压针眼片刻。乳鼠接种时一般不麻醉。家兔和豚鼠的颅骨较硬厚，最好事先用短锥钻孔，然后注射，深度宜浅，以免伤及脑组织。

注射量一般家兔为 0.2 mL，豚鼠 0.15 mL，小鼠 0.03 mL。一般认为，注射后 1 h 内出现神经症状的，是接种时脑创伤所致，此动物应作废。

（二）实验动物的剖检技术

实验动物接种后死亡或予以扑杀后，对其尸体进行解剖，以观察其病变情况，并取材料保存或进一步检查。

1. 一般剖检程序

① 肉眼观察动物体表的情况。

② 将动物尸体仰卧固定于解剖板上，充分暴露胸腹部。

③ 用3%来苏儿或其他消毒液浸擦尸体的颈、胸、腹部的皮毛。

④ 用无菌剪刀自其颈部至耻骨部切开皮肤，并将四肢腋窝处皮肤剪开，剥离胸腹部皮肤使其尽量翻向外侧，注意皮下组织有无出血、水肿等病变，观察腋下、腹股沟淋巴结有无病变。

⑤ 用毛细管或注射器穿过腹壁吸取腹腔渗出液供直接培养或涂片检查。

⑥ 另换一套灭菌剪刀剪开腹膜，观察肝、脾及肠系膜等有无变化，采取肝、脾、肾等实质脏器各一小块放在灭菌平皿内，以备培养及直接涂片检查。然后剪开胸腔，观察心、肺有无病变，可用无菌注射器或吸管吸取心脏血液进行直接培养或涂片。

⑦ 必要时破颅取脑组织作检查。

⑧ 如欲作组织切片检查，将各种组织小块置于10%甲醛中固定。

⑨ 剖检完毕后应妥善处理动物尸体，以免病原散播。最好焚化或高压灭菌。若是小鼠尸体可浸泡于3%来苏儿液中消毒，而后倒入深坑中，令其自然腐败。解剖器械也须煮沸消毒或高压灭菌，用具用3%来苏儿液浸泡消毒，然后洗刷。

2. 注意事项

① 小鼠接种时，应将小鼠保定确定，防止咬伤人员。

② 接种不同的实验动物应选用不同规格的针头，乳鼠和乳兔用5号针头，鸡和小鼠用5~8号针头，家兔和豚鼠用7~10号针头。

③ 皮内注射时，不可将针尖刺至皮下。刺至皮内时，可感觉注射阻力较大，且注射完后局部有肿胀，可触及。刺至皮下时则几乎无阻力，注射局部不出现肿胀。

④ 取病料时应无菌操作。

任务四　病毒的其他特性

一、干扰现象和干扰素

(一)干扰现象

当两种病毒感染同一细胞时，可发生一种病毒抑制另一种病毒复制的现象，称为病毒的干扰现象。前者称为干扰病毒，后者称为被干扰病毒。干扰现象可以发生在异种病毒之间，也可发生在同种病毒不同型或株之间，甚至在病毒高度复制时，也可发生自身干扰。灭活病毒也可干扰活病毒的增殖，最常见的是异种病毒之间的干扰现象。

病毒的干扰现象如发生在不同的疫苗之间，则会干扰疫苗的免疫效果，因此在实际防疫工作中，应合理使用疫苗。尤其是活疫苗的使用，应尽量避免病毒之间的干扰现象给免疫带来的影响(主要体现在不同疫苗使用的时间间隔上)。此外，干扰现象也被用于病毒细胞培养增殖情况的测定，主要用于不产生细胞病变，没有血凝性的病毒的测定和鉴定。

病毒之间产生干扰现象的原因：

（1）占据或破坏细胞受体 两种病毒感染同一细胞，需要细胞膜上相同的受体，先进入的病毒首先占据细胞受体或将受体破坏，使另一种病毒无法吸附和穿入易感细胞，增殖过程被阻断。这种情况常见于同种病毒或病毒的自身干扰。

（2）争夺酶系统、生物合成原料及场所 两种病毒可能利用不同的受体进入同一细胞，但它们在细胞中增殖所需的主要原料、关键性酶及合成场所是一致的，而且是有限的，因此，先入者为主，强者优先，一种病毒占据有利增殖条件而正常增殖，另一种病毒则受限，增殖受到抑制。

（3）干扰素的产生 病毒之间存在干扰现象的最主要原因是先进入的病毒可诱导细胞产生干扰素，抑制病毒的增殖。

（二）干扰素

干扰素是机体活细胞受病毒感染或干扰素诱生剂的刺激后产生的一种小分子糖蛋白。干扰素在细胞中产生，可释放到细胞外，并可随血液循环至全身，被另外具有干扰素受体的细胞吸收后，细胞内将合成第二种物质，即抗病毒蛋白质。该抗病毒蛋白能抑制病毒蛋白的合成，从而抑制入侵病毒的增殖，起到保护细胞和机体的作用。细胞合成干扰素不是持续的，而是细胞对强烈刺激如病毒感染时的一过性分泌物，于病毒感染后4 h开始产生，病毒蛋白质合成速率达到最大时，干扰素产量达到最高峰，然后逐渐下降。

病毒是最好的干扰素诱生剂，一般认为，RNA病毒诱生干扰素产生的能力较DNA病毒强；RNA病毒中，正黏病毒（如流感病毒）诱生能力最强；DNA病毒中痘病毒诱生能力较强，带囊膜的病毒比无囊膜的病毒的诱生能力强。有的病毒的弱毒株比自然强毒株诱生能力强，如新城疫病毒的LaSota株和Mukteswar株比自然强毒株诱生能力强，但有的病毒诱生能力与毒力无明显关系，甚至有的恰好相反；有些灭活的病毒也可诱生干扰素，如新城疫病毒和禽流感病毒等。此外，细菌内毒素、其他微生物如李氏杆菌、布鲁氏菌、支原体、立克次氏体及某些合成的多聚物如硫酸葡萄糖等也属于干扰素诱生剂。

干扰素按照化学性质可分为 α、β、γ 3 种类型。其中。干扰素主要由白细胞和其他多种细胞在受到病毒感染后产生，人类的干扰素至少有 22 个亚型，动物的较少；β 干扰素由成纤维细胞和上皮细胞受到病毒感染时产生，只有 1 个亚型；而 γ 干扰素由 T 淋巴细胞和自然杀伤细胞（NK）细胞在受到抗原或有丝分裂原的刺激后产生，是一种免疫调节因子，主要作用于 T、B 淋巴细胞和 NK 细胞，增强这些细胞的活性，促进抗原的清除。所有哺乳动物都能产生干扰素，而禽类体内无 γ 干扰素。

干扰素对热稳定，60 ℃ 1 h 一般不能灭活，在 pH 3～10 范围内稳定。但对胰蛋白酶和木瓜蛋白酶敏感。

干扰素的生物学活性有：

（1）抗病毒作用 干扰素具有广谱抗病毒作用，其作用是非特异性的，甚至对某些细菌、立克次氏体等也有干扰作用。但干扰素的作用具有明显的动物种属特异性，原因是一种动物的细胞膜上只有本种动物干扰素受体，因此牛干扰素不能抑制人体内病毒的增殖，鼠干扰素不能抑制鸡体内病毒的增殖，这一点使干扰素的临床应用受到限制。

（2）免疫调节作用　主要是γ干扰素的作用。γ干扰素可作用于T细胞、B细胞和NK细胞，增强它们的活性。

（3）抗肿瘤作用　干扰素不仅可抑制肿瘤病毒的增殖，而且能抑制肿瘤细胞的生长，同时，又能调节机体的免疫机能，如增强巨噬细胞的吞噬功能，加强NK细胞等细胞毒细胞的活性，加快对肿瘤细胞的清除。干扰素可以通过调节癌细胞基因的表达实现抗肿瘤的作用。

二、病毒的血凝现象

许多病毒表面有血凝素，能与鸡、豚鼠、人等红细胞表面受体（多数为糖蛋白）结合，从而出现红细胞凝集现象，称为病毒的血凝现象，简称病毒的血凝。这种血凝现象是非特异性的。当病毒与相应的抗病毒抗体结合后，能使红细胞的凝集现象受到抑制，称为病毒血凝抑制现象，简称病毒的血凝抑制。能阻止病毒凝集红细胞的抗体称为红细胞凝集抑制抗体，其特异性很高。生产中病毒的血凝和血凝抑制试验主要用于鸡新城疫、禽流感等病毒性传染病的诊断以及鸡新城疫、禽流感、EDS-76等病的免疫监测。

三、病毒的包涵体

包涵体是某些病毒在细胞内增殖后，在细胞内形成的一种用光学显微镜可以看到的特殊"斑块"。病毒不同，所形成包涵体的形状、大小、数量、染色特性（嗜酸性或嗜碱性），以及存在哪种感染细胞和在细胞中的位置等，均不相同，故可作为诊断某些病毒病的依据。如狂犬病病毒在神经细胞浆内形成嗜酸性包涵体，伪狂犬病病毒在神经细胞核内形成嗜酸性包涵体。几种病毒感染细胞后形成的不同类型的包涵体见图2-5。

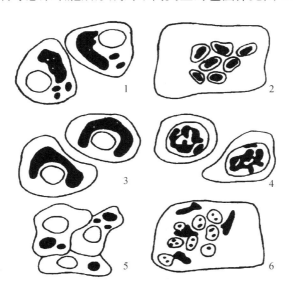

图2-5　病毒感染细胞后形成不同类型的包涵体
1. 痘苗病毒；2. 单纯疱疹病毒；3. 呼肠孤病毒；4. 腺病毒；5. 狂犬病病毒；6. 麻疹病毒

四、病毒的滤过特性

由于病毒细小，所以能通过孔径细小的细菌滤器，故人们曾称病毒为滤过性病毒。利用这一特性，可将材料中的病毒与细菌分开。但滤过性并非病毒独有的特性，有些支原体、衣原体、螺旋体也能够通过细菌滤器。生产中，人们可根据需要选择不同的滤器，并配以适合的滤膜，常用滤膜的孔径有 0.45 μm 和 0.2 μm 两种。

五、噬菌体

噬菌体是一些专门寄生于细菌、放线菌、真菌、支原体等细胞中的病毒，具有病毒的一般生物学特性。噬菌体在自然界分布很广，凡是有细菌和放线菌的地方，一般都有噬菌体的存在，所以污水、粪便、垃圾是分离噬菌体的好材料。噬菌体的形态有 3 种：蝌蚪形、微球形和纤丝形。大多数噬菌体呈蝌蚪形。

凡能引起宿主细胞迅速裂解的噬菌体，称为烈性噬菌体。有些噬菌体不裂解宿主细胞，而是将其 DNA 整合于宿主细胞的 DNA 中，并随宿主细胞分裂而传递，这种噬菌体称为温和性噬菌体。含有温和性噬菌体的细菌称为溶源性细菌。噬菌体裂解细菌的作用，具有"种"甚至"型"的特异性，即某一种或型的噬菌体只能裂解相应的种或型的细菌，而对其他的细菌则不起作用。因此，可用噬菌体防治疾病和鉴定细菌，实践中可用于葡萄球菌、炭疽杆菌、布鲁氏菌等的分型和鉴定，也可应用绿脓杆菌噬菌体治疗被绿脓杆菌感染的病人。

六、病毒的抵抗力

病毒对外界理化因素的抵抗力与细菌的繁殖体相似。研究病毒抵抗力的目的主要是了解：如何消灭它们或使其灭活；如何保存它们，使其抗原性、致病力等不改变。

(一)物理因素

病毒耐冷不耐热。通常温度越低，病毒生存时间越长。在 -25 ℃ 下可保存病毒，-70 ℃ 以下更好。对高温敏感，多数病毒在 55 ℃ 经 30 min 即被灭活，但猪瘟病毒能耐受更高的温度。病毒对干燥的抵抗力与干燥的速度和病毒的种类有关。如水疱液中的口蹄病病毒在室温中缓慢干燥，可生存 3~6 个月，若在 37 ℃ 下快速干燥迅即灭活。痂皮中的痘病毒在室温下可保持毒力 1 年左右。冻干法是保存病毒的好方法。大量紫外线和长时间日光照射能杀灭病毒。

(二)化学因素

(1)甘油　50%甘油可抑制或杀灭大多数非芽孢细菌，但多数病毒对其有较强的抵抗力，因此常用50%甘油缓冲生理盐水保存或寄送被检病毒材料。

(2)脂溶剂　脂溶剂能破坏病毒囊膜而使其灭活。常用乙醚或氯仿等脂溶剂处理病毒，以检查其有无囊膜。

(3)pH　病毒一般能耐 pH 5~9，通常将病毒保存于 pH 7.0~7.2 的环境中。但病毒对酸碱的抵抗力差异很大，例如，肠道病毒对酸的抵抗力很强，而口蹄疫病毒则很弱。

（4）化学消毒药　病毒对氧化剂、重金属盐类、碱类和与蛋白质结合的消毒药等都很敏感。实践中常用苛性钠、石炭酸和来苏儿等作环境消毒，实验室常用高锰酸钾、双氧水等消毒，对不耐酸的病毒可选用稀盐酸。甲醛能有效地降低病毒的致病力，而对其免疫原性影响不大，在制备灭活疫苗时，常作为灭活剂。

模块三　病毒感染的实验室检查

畜禽病毒性传染病是危害最严重的一类疫病，给畜牧业带来的经济损失最大。除少数如绵羊痘等可根据临床症状、流行病学、病变作出诊断外，大多数病毒性传染病的确诊，必须在临床诊断的基础上进行实验室诊断，以确定病毒的存在或检出特异性抗体。病毒病的实验室诊断和细菌病的实验室诊断一样，都需要在正确采集病料的基础上进行，常用的诊断方法有包涵体检查、病毒的分离培养、病毒的血清学试验、动物接种试验、分子生物学的方法等。

任务一　病毒感染的实验室检查方法原理学习

一、病料的采集、保存和运送

病毒病病料采集的原则、方法以及保存运送的方法与细菌病病料的采集、保存和运送方法基本是一致的，不同的是：病毒材料的保存除可冷冻外，还可放在50%甘油磷酸盐缓冲液中保存，液体病料采集后可直接加入一定量的青霉素、链霉素或其他抗生素以防细菌和霉菌污染。

二、包涵体检查

有些病毒能在易感细胞中形成包涵体。将被检材料直接制成涂片、组织切片或冰冻切片，经特殊染色后，用普通光学显微镜检查。这种方法对能形成包涵体的病毒性传染病具有重要的诊断意义。但包涵体的形成有个过程，出现率也不是100%，所以，在包涵体检查时加以注意。能出现包涵体的重要畜禽病毒见表2-2。

表2-2　能产生包涵体的畜禽常见病毒

病毒名称	感染范围	包涵体类型及部位
痘病毒类	人、马、牛、羊、猪、鸡等	嗜酸性，胞浆内，见于皮肤的棘层细胞中
狂犬病病毒	狼、马、牛、猪、人、猫、羊、禽等	嗜酸性，胞浆内，见于神经元内及视网膜的神经节细胞中
伪狂犬病病毒	犬、猫、猪、牛、羊等	嗜酸性，核内，见于脑、脊椎旁神经节的神经元中
副流感病毒Ⅲ型	牛、马、人	嗜酸性，胞浆及胞核内均有，见于支气管炎、肺泡上皮细胞及肺的间隔细胞中
马鼻肺炎病毒	马属动物	嗜酸性，核内，见于支气管及肺泡上皮细胞、肺间隔细胞、肝细胞、淋巴结的网状细胞等
鸡新城疫病毒	鸡	嗜酸性，胞浆内，见于支气管上皮细胞中
传染性喉气管炎病毒	鸡	嗜酸性，核内，见于上呼吸道的上皮细胞中

三、病毒的分离培养

将采集的病料接种动物、禽胚或组织细胞，可进行病毒的分离培养。供接种或培养的病料应作除菌处理。除菌方法有滤器除菌、高速离心除菌和用抗生素处理3种。如用口蹄疫的水疱皮病料进行病毒分离培养时，将送检的水疱皮置平皿内，以灭菌的pH 7.6磷酸盐缓冲液洗涤数次，并用灭菌滤纸吸干、称重，剪碎、研磨制成1∶5悬液。为防止细菌污染，每毫升加青霉素1 000 IU，链霉素1 000 μg；置2～4 ℃冰箱内4～6 h，然后用8 000～10 000 r/min速度离心沉淀30 min，吸取上清液备用。

被接种的动物、禽胚或细胞出现死亡或病变时（但有的病毒须盲目传代后才能检出），可应用血清学试验及相关的技术进一步鉴定病毒。

四、动物接种试验

病毒病的诊断也可应用动物接种试验来进行。取病料或分离到的病毒处理后接种实验动物，通过观察记录动物的发病时间、临床症状及病变甚至死亡的情况，也可借助一些实验室的方法来判断病毒的存在。此方法尤其在病毒毒力测定上应用广泛。

五、病毒的血清学试验

血清学试验在病毒性传染病的诊断中占有重要地位。常用的方法有中和试验、补体结合试验、红细胞凝集和凝集抑制试验、免疫扩散试验、免疫标记技术等。

六、分子生物学方法鉴定病毒

分子生物学诊断主要是针对不同病原微生物所具有的特异性核酸序列和结构进行测定。其特点是反应的灵敏度高、特异性强、检出率高，是目前最先进的诊断技术。主要方法有核酸探针、PCR技术和DNA芯片技术等。

（一）PCR诊断技术

PCR技术又称聚合酶链式反应（polymerase chain reaction），是20世纪80年代中期发展起来的一项极有应用价值的技术。PCR技术就是根据已知病原微生物特异性核酸序列（目前可以在因特网Genbank中检索到大部分病原微生物的特异性核酸序列），设计合成与其5′端同源，3′端互补的2条引物。在体外反应管中加入待检的病原微生物核酸（称为模板DNA）、引物、dNTP和具有热稳定性的DNATaq聚合酶，在适当条件下（Mg^{2+}离子，pH等），置于PCR仪，经过变性、复性、延伸，3种反应温度为一个循环，进行20～30次循环。如果待检的病原微生物核酸与引物上的碱基匹配，合成的核酸产物就会以$2n$（n为循环次数）递增。产物经琼脂糖凝胶电泳，可见到预期大小的DNA条带出现，就可做出诊断。

此技术具有特异性强、灵敏度高、操作简便、快速、重复性好和对原材料要求较低等特点。它尤其适于那些培养时间较长的病原菌的检查，如结核分支杆菌、支原体等。PCR的高度敏感性使该技术在病原体诊断过程中极易出现假阳性，避免污染是提高PCR诊断准确性的关键环节。

常用检测病原体的 PCR 技术有逆转录 PCR(RT-PCR)、免疫-PCR 等。

RT-PCR 是先将 mRNA 在逆转录酶的作用下，反转录为 cDNA(互补 DNA)，然后以 cDNA 为模板进行 PCR 扩增，通过对扩增产物的鉴定，检测 mRNA 相应的病原体(图 2-6)。

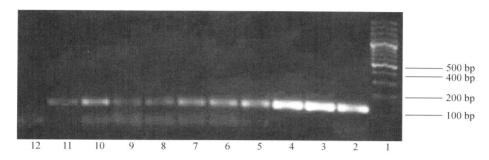

图 2-6　NDV LaSota 株鸡胚尿囊液稀释到 10^{-8}，RT-PCR 反应后电泳检测结果(曹军平，2009)
1. DNA 分子量标准(100 bp)；2. NDV ZJ1 株鸡胚尿囊液；3. LaSota 株鸡胚尿囊液原液；
4. 10^{-1} 稀释；5. 10^{-2} 稀释；6. 10^{-3} 稀释；7. 10^{-4} 稀释；8. 10^{-5} 稀释；9. 10^{-6} 稀释；
10. 10^{-7} 稀释；11. 10^{-8} 稀释；12. 阴性对照

免疫-PCR 是将一段已知序列的质粒 DNA 片段连接到特异性的抗体(多为单克隆抗体)上，从而检测未知抗原的一种方法，集抗原-抗体反应的特异性和 PCR 扩增反应的极高灵敏性于一体。该技术的关键是连接已知抗体与 DNA 之间的连接分子，此分子具有 2 个结合位点，一个位点与抗体结合，另一个位点与质粒 DNA 结合。当抗体与特异性抗原结合，形成抗原抗体-连接分子-DNA 复合物，再用 PCR 扩增仪扩增连接的 DNA 分子，如存在 DNA 产物即表明 DNA 分子上连接的抗体已经与抗原发生结合，因为抗体是已知的，从而检出被检抗原。

由于传统的 PCR 技术存在不能准确定量，且操作过程中易污染而使得假阳性率高等缺点，使其应用受到局限。对 PCR 产物进行准确定量成为 PCR 技术发展的重要方向。定量 PCR(quantitative PCR，Q-PCR)先后出现了多种方法，目前为止，其中结果最为可靠的就是实时荧光定量 PCR(RQ-PCR)。

实时 PCR 技术比起普通 PCR，不用进行琼脂糖凝胶电泳、EB 染色、人工分析数据等步骤。它比以前的以终点数据分析为基础的终点定量聚合酶链反应(end-point quantitative PCR)有很大的优势。它操作简便、快速高效，具有很高的敏感性和特异性，可降低污染，还可进行多重扩增。该技术的一个重要特征是能够在聚合酶链式反应的早期时间点实时监察产品的增加量，这有利于在反应的指数增长期，当扩增产品首次能被探测时指标的量化。检测原理和模式分为 2 类：一类无靶专一性探针；二类有靶专一性探针。前者包括嵌入染料或 DNA 结合染料如溴化乙锭(EB)、YO-PRO1、SYBR Green Ⅰ、BEBO 等，非特异地与双股 DNA 分子结合，在适当的光源激发下放出荧光。在 PCR 退火和延伸步骤，越来越多的染料结合新合成的 DNA 双链，在伸长阶段结束时发射出最大荧光。变性阶段染料再次释放到溶液中，进而荧光量减少。在 PCR 每个循环的伸长阶段末尾记录荧光量，反映了扩增产物的数量。如果起始模板数已知，我们就可以对靶序列进行绝对定量。相对于其他的实时检测方式，该方法更容易建立且便宜，因为不需靶专一性荧光探针。此外，信号强度与量化结果不受靶序列内部突变所影响，这可能有利于在 PCR 中分析有较高突变率的病毒（如不同的 RNA 病毒），因为点突变对荧光探针与靶序列的杂交效率有负面影响，这种方式对检测和定量分析易突变病毒靶序列可能更好。另一方面，缺乏探针，检测结果的敏感性和特异性较低。引物是扩增产物的唯一决定因素，染料分子结合的非特异性扩增产物或引物二聚体有助于整体荧光信号强度，并可能导致不准确的量化指标。这也可能导致在无扩增和没有模板的对照样品中产生荧光，从而影响结果的解释。所以要控制特异性扩增片段，于 PCR 结束时进行熔解曲线分析是必不可少的(图 2-7)。

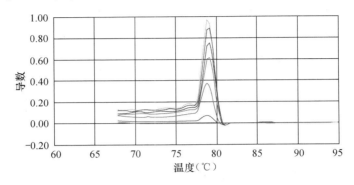

图 2-7　10 倍梯度稀释的 AIV H9 基因重组质粒为标准品模板的荧光定量 PCR 的
熔解曲线(曹军平，2011)

后者使用和靶序列特定杂交的一个或两个荧光标记寡核苷酸探针，最常报道的进行病毒检测的诊断方法。根据探针化学可分成不同的类型：水解探针(hydrolysis probes)、杂交探针(hybridization probes)、分子信标。其中水解探针方式最常用。如：TaqMan 或 5′核酸探针，能与靶核苷酸特定结合，双重标记，5′共价连结荧光报告染料(如：FAM 或 VIC)，3′共价连结荧光淬灭染料(如：TAMRA)。根据共振能量转移原理，在 PCR 反应中，当引物延伸时，杂交探针被 Taq 酶的 5′核酸外切酶活性剪切，探针两端的荧光报告和淬灭基团分开，报告基团开始释放荧光并可在每个延伸阶段末被测量。在优化的试验中，释放荧光量和 PCR 每个循环合成的扩增子数量有线性相关关系(图 2-8、图 2-9)，并可以此为基础计算模板的初始拷贝数。主要优点包括：探针设计简易，据报道有 80% 的成功率，不需熔解曲线分析，特异性较好。缺点是延伸温度降低，对 Taq 酶的加工活性和扩增效率有影响，价格较昂贵。这是最常用的几种实时荧光定量 PCR 的原理，其他正在发展的暂且不作介绍。

(二)核酸杂交技术

核酸杂交技术是利用核酸碱基互补的理论，将标记过的特异性核酸探针同经过处理、固定在滤膜上的 DNA 进行杂交，以鉴定样品中未知的 DNA。由于每一种病原体都有其独特的核苷酸序列，所以应用一种已知的特异性核酸探针，就能准确地鉴定样品中存在的是何种病原体，进而做出疾病诊断。核酸杂交技术敏感、快速、特异性强，特别是结合应用 PCR 技术之后，对靶核酸检测量已减少到皮克(pg)水平。例如检测牛白血病病毒，只要取 1~2 个感染细胞或 5~10 μg 的宿主 DNA，经 PCR 扩增后，进行斑点杂交试验，即可得出阳性结果。PCR 技术为检测那些生长条件苛刻、培养困难的病原体，为潜伏感染或整合感染动物的检疫提供了极为有用的手段。

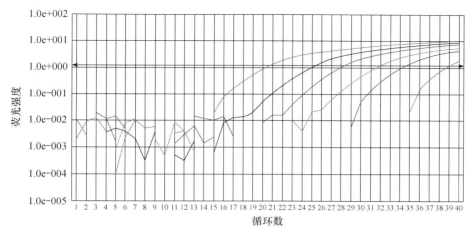

图 2-8　10 倍梯度稀释的新城疫病毒 M 基因重组质粒为标准品模板的荧光定量 PCR 的
扩增曲线(曹军平，2009)

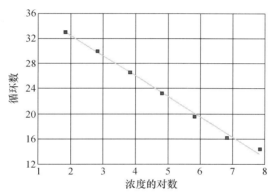

图 2-9　10 倍梯度稀释的 AIV H5 基因重组质粒为标准品模板的荧光定量 PCR 的
标准曲线(曹军平，2011)

(三)核酸分析技术

核酸分析技术包括核酸电泳、核酸酶切电泳、寡核苷酸指纹图谱和核苷酸序列分析等技术，它们都已开始用于病原体的鉴定。例如，一些 RNA 病毒如轮状病毒、流感病毒，由于其核酸具多片段性，故通过聚丙烯酰胺凝胶电泳分析其基因组型，便可做出快速诊断。又如，DNA 病毒如疱疹病毒等，在限制性内切酶切割后电泳，根据呈现的酶切图谱可鉴定出所检病毒的类型。

任务二　病毒的血凝及血凝抑制试验

一、目的要求

熟练掌握病毒的血凝及血凝抑制试验的操作方法及结果判定，明确其应用价值。

二、仪器与材料

pH 7.2、0.01 mol/L PBS 或生理盐水、1%鸡红细胞悬液、新城疫病毒液、新城疫待检血清、微量血凝板、微量移液器、微型振荡器、温箱、离心机、天平、注射器。

三、方法与步骤

(一)病毒的血凝试验(HA)

1. 1%鸡红细胞悬液的制备

成年健康鸡血,加入抗凝剂的离心管中,用20倍量pH 7.2、0.01 mol/L PBS磷酸缓冲盐水洗涤3~4次,每次以2 000 r/min离心3~4 min,最后一次离心5 min。每次离心后弃去上清液,并彻底去除白细胞,最后用PBS稀释成1%红细胞悬液。

2. 操作术式

① 用微量移液器向反应板每孔分别加PBS 50 μL。

② 换一吸头吸取新城疫病毒液50 μL加入第1孔,混匀后取50 μL移入第2孔,依次倍比稀释到11孔,第11孔中液体混匀后吸取50 μL弃去。第12孔不加病毒抗原,作对照。

③ 换一吸头吸取1%鸡红细胞悬液,依次加入1~12个孔中,每孔加50 μL。

④ 加样完毕,将反应板置于微型振荡器上振荡1 min,并置室温下作用30~40 min,或置37 ℃恒温培养箱中作用15~30 min取出,观察并判定结果。

3. 结果判定及记录

"+"表示红细胞完全凝集。红细胞凝集后完全沉于反应孔底层,呈颗粒状,边缘不整或锯齿状,而上层液体中无悬浮的红细胞。

"-"表示红细胞未凝集。反应孔底部的红细胞没有凝集成一层,而是全部沉淀成小圆点,位于小孔最底端,边缘整齐。

"±"表示部分凝集。红细胞下沉情况介于"+"与"-"之间。

新城疫病毒液能凝集鸡的红细胞,但随着病毒液被稀释,其凝集红细胞的作用逐渐变弱。稀释到一定倍数时,就不能使红细胞出现明显的凝集,从而出现可疑或阴性结果。能使一定量红细胞完全凝集的病毒最大稀释倍数为该病毒的血凝滴度,或称血凝价(HAU)。

(二)病毒的血凝抑制试验(HI)

采用同样的血凝板,每排孔可测1份血清样品。

1. 制备4个血凝单位的病毒液

根据HA试验结果,确定病毒的血凝价,用PBS稀释病毒,使之含4个血凝单位的病毒。稀释倍数按下式计算:

$$4个血凝单位病毒的稀释倍数 = 病毒的血凝滴度/4$$

2. 被检血清的制备

静脉或心脏采血,完全凝固后自然析出或离心的淡黄色液体为被检血清。

3. 操作术式

① 用微量移液器吸取PBS,第1~11孔各加50 μL,第12孔加100 μL。

② 换一吸头取待检血清50 μL置于第1孔的PBS中吹吸3~5次混匀,吸出50 μL放入第2孔中,然后依次倍比稀释至第10孔,并将第10孔的液体混匀后取50 μL弃去。第11孔为病毒对照,第12孔为PBS对照。

③ 用微量移液器吸取稀释好的 4 个血凝单位的病毒液，向第 1～11 孔中分别加 50 μL。然后，振荡 1 min，将反应板置温室作用 20 min，或在 37 ℃恒温培养箱中作用 5～10 min。

④ 取出血凝板，用微量移液器向每一孔中加入 1%红细胞悬液 50 μL，再将反应板置于微型振荡器上振荡 15～30 s，混合均匀。

⑤ 将反应板置 37 ℃温箱中作用 15～30 min 取出，观察并记录结果。

4．结果判断和记录

"−"表示红细胞凝集抑制。高浓度的新城疫抗体能抑制新城疫病毒对鸡红细胞的凝集作用，反应孔中的红细胞呈圆点状沉淀于反应孔底端中央，而不出现血凝现象。

"+"表示红细胞完全凝集。随着血清被稀释，血清对病毒血凝作用的抑制减弱，反应孔中的病毒逐渐表现出血凝作用，而最终使红细胞完全凝集，沉于反应孔底层，边缘不整或呈锯齿状。

"±"表示不完全抑制。红细胞下沉情况介于"−"与"+"之间。

以完全抑制 4 个 HAU 抗原的血清最大稀释倍数作为该血清的血凝抑制滴度或血清的血凝抑制效价。

病毒的 HA - HI 试验，可用已知血清来鉴定未知病毒，也可用已知病毒来检测血清中的抗体效价，在某些病毒的诊断及疫苗免疫效果的检测中应用广泛。

任务三　酶联免疫吸附试验（ELISA）

一、目的要求

掌握酶联免疫吸附反应的原理；掌握间接 ELISA 基本操作技术。

二、实验原理

ELISA 是以免疫学反应为基础，将抗原、抗体的特异性反应与酶对底物的高效催化作用相结合起来的一种敏感性很高的试验技术。由于抗原、抗体的反应在一种固相载体——聚苯乙烯微量滴定板的孔中进行，每加入一种试剂孵育后，可通过洗涤除去多余的游离反应物，从而保证试验结果的特异性与稳定性。在实际应用中，通过不同的设计，具体的方法步骤可有多种，如用于检测抗体的间接法、用于检测抗原的双抗体夹心法以及用于检测小分子抗原或半抗原的抗原竞争法等。比较常用的是 ELISA 双抗体夹心法及 ELISA 间接法。我们将以间接 ELISA 为例进行介绍。

三、仪器与材料

猪蓝耳病毒抗原、待检猪血清、羊抗鼠 IgG 酶标抗体；PBS(pH 7.2～7.4)、聚苯乙烯 40 孔平底反应板、ELISA - reader、加样器、滴管、吸水纸等。

四、方法与步骤

抗原的包被：用碳酸盐缓冲液，将新城疫病毒稀释到适宜的浓度，每孔 100 μL，4 ℃

包被过夜。倾掉孔内液体，尽力甩干，在滤纸上倒拍几下，向各孔加入 PBST，以洗涤反应板，共洗 3 次，3 min/次，最后甩干拍净。

封闭：每孔加入封闭液 200 μL；37 ℃孵育 3 h（或 4 ℃过夜）；洗涤：同上。

加入待检的猪血清：加入经稀释液稀释的待检猪血清，100 μL/孔；37 ℃孵育 2 h；洗涤：同上。

加酶标鼠抗猪 IgG：加入稀释至工作浓度的酶标鼠抗猪 IgG，100 μL/孔；37 ℃孵育 2 h；洗涤：同上。

显色：加底物溶液，100 μL/孔；37 ℃避光反应数分钟。

显色终止：阴性对照孔微微出现颜色时，加入终止液（2 mol/L H_2SO_4），50 μL/孔。

结果判定：现在普遍采用酶联免疫检测仪测定，也可用肉眼判定。

肉眼观察：将反应板置于白色背景上，比较样品与阳性、阴性对照的颜色差异，如比阴性对照深即可判为阳性。

酶联免疫检测仪测定：在 490 nm 波长下测定样品的 OD 值，用阳性"＋"与阴性"－"表示。若样品的 OD 值超过规定吸收值判为阳性，否则为阴性。规定吸收值＝阴性样品的吸收值之均值＋2 或 3SD，SD 为标准差。若以 P/N 比值表示（阳性样品的 OD 值与阴性样品 OD 值的均值相比），则大于 1.5、2 或 3 倍，即判为阳性。

附：

1. 0.05 mol/L pH 9.6 碳酸盐缓冲液（CB）

Na_2CO_3	1.59 g
$NaHCO_3$	2.93 g
加 H_2O 至	1 000 mL

2. PBST（PBS＋Tween-20，pH7.4）

NaCl	8 g
KH_2PO_4	0.2 g
$Na_2HPO_4 \cdot 12H_2O$	2.9 g
KCl	0.2 g
Tween-20	0.5 mL
加 H_2O 至	1 000 mL

3. 样品稀释液（封闭液）

于 PBST 中加入 BSA（牛血清白蛋白）至终浓度为 0.1%。

4. 底物液（用时配制）

2% 无水柠檬酸液	24.3 mL
0.2 mol/L 磷酸氢二钠液	25.7 mL
邻苯二胺（OPD）	40 mg
30% H_2O_2	0.15 mL
加 H_2O 至	100 mL

五、思考题

简述酶联免疫吸附反应的原理。

任务四　免疫胶体金快速诊断试纸技术(以新城疫病毒为例)

一、目的要求

掌握免疫胶体金快速诊断试纸技术的原理和基本操作技术；掌握胶体金试剂盒检测病原的原理和使用方法。本实验可示范或选做。

二、实验原理

禽用胶体金快速诊断试纸是利用胶体金原理和免疫层析原理来实现捕捉野毒达到快速检测目的的。胶体金是俗称纳米金的金属金的水溶胶。胶体金标记技术是以胶体金作为示踪标志物或显色剂，应用于抗原抗体反应的一种新型免疫标记技术。免疫层析法是 20 世纪 90 年代兴起的一种基于免疫胶体金技术的快速诊断技术，其原理是将单克隆抗体与胶体金结合，置于聚酯膜中；加样后，如样品中有病毒，则金标抗体与部分病毒结合在毛细现象的作用下向上流动，遇到固定在硝酸纤维膜上的抗体时便生成"金标抗体/抗原/抗体"夹心免疫复合物从而聚集显色(检测线阳性)，另一部分没与抗体结合的金标抗体与病毒结合物随液体向上流动，遇抗抗体时形成"抗抗体/金标抗体/抗原"复合物显色(质控线)；当样本中不含病毒时，则不形成"金标抗体/抗原/抗体"夹心免疫复合物而不显色(检测线阴性)，但抗抗体与金标抗体复合物仍显色(质控线)，从而实现特异性的免疫诊断。该技术与以往常规诊断方法相比具有以下突出优点：①快速，全部检测过程仅需 5～30 min；②准确，比酶联免疫吸附测定(ELISA 设备 5 万元)准确度高，与聚合酶扩增技术(PCR 设备几万至几十万元)相近；③简便，不需其他任何仪器设备，操作也极其简单，可随时随地进行，也不需要专业临检人员操作，而且携带方便，基层可以开展；④稳定性好，金标试剂稳定，2～30 ℃可长期保存；⑤检测样品种类多，有泄殖腔内容物、粪便、气管黏液等。

三、仪器与材料

禽新城疫病毒抗原检测试剂盒、非健康鸡或禽类泄殖腔内容物、气管内黏液和粪便。

四、方法与步骤

① 用棉拭子从泄殖腔采集粪便组织作为样品。如果采集的样品不马上检测，应该放置在 2～8 ℃冰箱中保存，如果超出 48 h，以−20 ℃以下冰冻保存。

② 把采集到粪便的拭子放入样品管，充分混合，使粪便样品溶解。将试管静置，使大颗粒沉降到试管底部。

③ 把密封的试剂板(试纸条)从密封箔袋中取出，放到干燥平稳的桌面。

④ 用一次性滴管，从样品管的上层吸取上清液，加 4～5 滴样品到样品孔，20～

30 min内判定结果。

⑤ 结果判断：新城疫试纸条：一条检测线 T，一条质控线 C。情况判定：只有 C，没有 T，为阴性结果，没有捕捉到病毒；既有 C，又有 T，为阳性结果，捕捉到病毒；无 C，试纸失效。

五、试纸使用及贮藏注意事项

检验试剂盒一般只用于兽医诊断。一次性用品，不重复使用。避潮，包装袋打开后迅速封闭；袋破或封口不严，发现后应不再使用。注意自身保护，使用手套、防护服等。应完全使用配套用具，因试纸非常灵敏，避免器具污染影响结果。用后相关器具应做消毒灭菌处理，以免再污染。试纸测定虽然很灵敏，但也只是诊断手段之一，测试结果仍应与其他诊断方法和临床相结合，并与发病史相联系，以做全面考虑。

六、思考题

1. 使用新城疫试纸条胶体金检测试剂盒能不能检测禽流感，为什么？
2. 胶体金检测试剂盒检测病原有哪些优点？

任务五　PCR 技术（以猪圆环病毒为例）

一、目的要求

掌握聚合酶链反应(PCR)的原理；掌握移液枪和 PCR 仪的基本操作技术。本实验可示范或选做。

二、实验原理

PCR 技术，即聚合酶链反应(polymerase chain reaction，PCR)，是由美国 PE Cetus 公司的 Kary Mullis 在 1983 年(1993 年获诺贝尔化学奖)建立的。这项技术可在试管经数小时反应就将特定的 DNA 片段扩增数百万倍，这种迅速获取大量单一核酸片段的技术在分子生物学研究中具有举足轻重的意义，极大地推动了生命科学的研究进展。它不仅是 DNA 分析最常用的技术，而且在 DNA 重组与表达、基因结构分析和功能检测中具有重要的应用价值。

PCR 由变性—退火—延伸 3 个基本反应步骤构成：

① 模板 DNA 的变性：模板 DNA 经加热至 94 ℃左右一定时间后，使模板 DNA 双链或经 PCR 扩增形成的双链 DNA 解离，使之成为单链，以便它与引物结合，为下轮反应做准备。

② 模板 DNA 与引物的退火(复性)：模板 DNA 经加热变性成单链后，温度降至 55℃左右，引物与模板 DNA 单链的互补序列配对结合。

③ 引物的延伸：DNA 模板—引物结合物在 *Taq* 酶的作用下，以 dNTP 为反应原料，靶序列为模板，按碱基配对与半保留复制原理，合成一条新的与模板 DNA 链互补的半保留复制链。

重复循环变性—退火—延伸三过程，就可获得更多的"半保留复制链"，而且这种新链又可成为下次循环的模板。每完成一个循环需 2～4 min，2～3 h 就能将待扩目的基因扩增放大几百万倍。

三、仪器与材料

模板 DNA、2.5mmol/L dNTP、Taq DNA 聚合酶(5U/μL)、NDV 引物、10×buffer、15mmol/L Mg^{2+}、ddH_2O、PCR 仪、移液枪、PCR 管。

四、方法与步骤

① 配制 20 μL 反应体系，在 PCR 管中依次加入下列溶液：

模板 DNA　　　 2 μL
引物 1　　　　 1 μL
引物 2　　　　 1 μL
dNTP　　　　 1.5 μL
$MgCl_2$　　　 2 μL
10×buffer　　 2 μL
ddH_2O　　　 10 μL
Taq 酶　　　 0.5 μL

② 在 PCR 仪上设置 PCR 反应程序：

94 ℃　　　 4 min
94 ℃　　　 40 s
55 ℃　　　 30 s
72 ℃　　　 40 s　　 30 个循环
72 ℃　　　 10 min
4 ℃　　　 1 h

③ 上样，启动反应程序。

④ 扩增产物的电泳检测：扩增出特异大小的条带即为阳性，否则为阴性。注意：溴化乙锭(EB)有污染，对人有害，必须戴一次性手套操作。EB 是强诱变剂并有中等毒性，配制和使用时都应戴手套，并且不要把 EB 洒到桌面或地面上。凡是沾污了 EB 的容器或物品必须经专门无害化处理后才能清洗或丢弃。

五、思考题

简述聚合酶链反应的原理。

模块四　主要动物病毒

病毒性传染病对畜牧业生产的危害极大，例如，口蹄疫、猪瘟、鸡新城疫、禽流感、鸡马立克氏病等。下面将介绍 12 种常见的动物病毒。

一、口蹄疫病毒

口蹄疫病毒是牛、猪等动物口蹄疫的病原体，人类偶能感染。本病毒能使患畜的口、鼻、蹄、乳房等部位发生特征性的水疱，有时甚至引起死亡。本病流行广、传播迅速，能给畜牧生产带来巨大的损失，是各国最关注的传染病之一。

(一)生物学特性

口蹄疫病毒是单股 RNA 病毒，属于微核糖核酸病毒科口蹄疫病毒属，无囊膜，二十面体立体对称，近似球形，直径 20～25 nm，衣壳上有 32 个壳粒。在胞浆内复制，用感染细胞做超薄切片，在电子显微镜下可看到胞浆内呈晶格状排列的口蹄疫病毒。

口蹄疫病毒有 7 个不同的血清型：A、O、C、南非(SAT)1、南非 2、南非 3 及亚洲 1个，各型之间无交互免疫作用，每一血清型又有若干个亚型。各亚型之间的免疫性也有不同程度的差异，这给疫苗的制备及免疫带来了很多困难。全世界目前亚型的编号已达 65个，每年还会有新的亚型出现。

直射日光能迅速使口蹄疫病毒灭活；但污染物品，如饲草、被毛和木器上的病毒却可存活几周之久。厩舍墙壁和地板上的干燥分泌物中的病毒至少可以存活 1 个月(夏季)至 2个月(冬季)。病毒经 70 ℃ 10 min、80 ℃ 1 min、1%NaOH 1 min 即被灭活，在 pH 3 的环境中可失去感染性。最常用的消毒液是 1%氢氧化钠(NaOH)。

(二)致病性

在自然条件下，牛、猪、山羊和绵羊等偶蹄动物对口蹄疫病毒易感，水牛、骆驼、鹿等偶蹄动物也能感染，而马和禽类不感染。实验动物中豚鼠最易感，但大部分可耐过，因此常常用其做病毒的定型试验。乳鼠对本病毒也很易感，可用以检出组织上的微量病毒。皮下注射 7～10 日龄乳鼠，数日后出现后肢痉挛性麻痹，最后死亡，其敏感性比豚鼠足掌注射高 10～100 倍，甚至比牛舌下接种更敏感。其他动物如猫、狗、仓鼠、野鼠、大鼠、小鼠、家兔等均可人工感染。小鼠化和兔化的口蹄疫病毒对牛毒力显著减弱，可用于制备弱毒疫苗。

人类偶能感染，多发生于与患畜密切接触的人员或实验室工作人员，且多为亚临床感染，也可发热、食欲差及口、手、脚产生水疱。

(三)微生物学诊断

世界动物卫生组织(OIE)把口蹄疫列为 A 类疫病，我们国家也把口蹄疫定为 14 个一类疫病之一。诊断必须在指定的实验室进行。送检的样品包括水疱液、剥落的水疱、抗凝血或血清等。残废动物则可采淋巴结、扁桃体和心脏。样品应冷冻保存，或置于 pH 7.6的甘油缓冲液中保存。

口蹄疫的检测有多种方法，OIE 推荐使用商品化及标准化的 ELISA 试剂盒诊断，如果样品中病毒的滴度较低，可用 BHK-21 细胞培养分离病毒，然后通过 ELISA 或中和试验加以鉴定。

对口蹄疫的诊断必须确定其血清型，这对本病的防制是极为重要的，只有同型免疫才能起到良好的保护作用。

(四)防制

本病康复后获得坚强的免疫力，能抵抗同型强毒的攻击，免疫期至少 12 个月，但可被异型病毒感染。

由于病毒高度的传染力，防制措施必须非常严密。严格检疫，严禁从疫区调入牲畜，一旦发病，立即严格封锁现场，焚毁病畜，周边地区畜群紧急免疫接种疫苗，建立免疫防护带。

人工主动免疫可用弱毒苗或灭活苗。弱毒苗有兔化口蹄疫疫苗、鼠化口蹄疫疫苗、鸡胚苗及细胞苗。灭活苗有氢氧化铝甲醛苗和结晶紫甘油疫苗。但是弱毒苗有可能散毒，并对其他动物不安全，例如用于牛的弱毒疫苗对猪有致病力，且弱毒疫苗中的活病毒可能在畜体和肉中长期存在，构成疫病散播的潜在威胁；而病毒在多次通过易感动物后可能出现毒力反相，更是一个不可忽视的问题。推荐使用浓缩的灭活苗进行免疫。

二、狂犬病病毒

狂犬病病毒引起人和各种温血动物的狂犬病，感染的人和动物一旦发病，几乎都难免死亡。

(一)生物学特性

狂犬病病毒是单股 RNA 病毒，属于弹状病毒科狂犬病病毒属。病毒一端圆而细，另一端粗而平截，外形像子弹，故称弹状病毒。衣壳呈螺旋对称，有囊膜，在细胞浆内复制。56 ℃经 30 min 即可灭活病毒。0.1%升汞、1%来苏儿等均可迅速使其灭活。在自然条件下，能使动物感染的强毒株称野毒或街毒。街毒对兔的毒力较弱，如用脑内接种，连续传代后，对兔的毒力增强，而对人及其他动物的毒力降低，称为固定毒。街毒可在小鼠、豚鼠、家兔脑内繁殖，但有时需盲目传代 2～3 代。感染街毒的动物在脑组织神经细胞可形成胞浆包涵体(即内基氏小体)。内基氏小体的直径平均为 3～10 μm，位于神经细胞的原生质中，呈圆形、椭圆形或菱形。

(二)致病性

各种哺乳动物对狂犬病病毒都有易感性，常因被病犬、健康带毒犬或其他狂犬病患畜咬伤而发病。病毒通过伤口侵入机体，在伤口附近的肌细胞内复制，而后通过感觉或运动神经末梢及神经轴索上行至中枢神经系统，在脑的边缘系统大量复制，导致脑损伤，行为失控出现兴奋继而麻痹的神经症状。病毒存在于神经系统和唾液腺中，经咬伤而传染。本病的病死率几乎 100%。

实验动物中，家兔、小鼠、大鼠均可用人工接种而感染。人也有易感性。鸽及鹅对狂犬病有天然免疫性。

(三)微生物学诊断

在大多数国家仅限于获得认可的实验室及具有确认资格的人员才能作出狂犬病的实验室诊断。常用的方法如下：

(1)包涵体检查　取脑组织(海马角、小脑和延脑等)做成触片或组织切片，染色检查。约有 90%的病犬可检出胞浆包涵体，牛、羊的出现率较低。

（2）动物接种　将脑组织磨碎，用生理盐水制成 10% 悬液，低速离心 15～30 min。取上清液（如已污染，可按每毫升加入青霉素 1 000 IU、链霉素 1 000 μg 处理 1 h），给 9～10 只小鼠脑内注射，剂量为 0.01 mL。一般在注射后第 9～11 天死亡。为了及早诊断，可于接种后第 5 天起，每天或隔天杀死 1 只小鼠，检查其脑内的包涵体。

（3）荧光抗体检查　采取病死动物的脑组织做成触片或切片，进行荧光抗体染色检查。

（4）病毒分离　取脑或唾液腺等材料用缓冲盐水或含 10% 灭活豚鼠血清的生理盐水研磨成 10% 乳剂，脑内接种 5～7 日龄乳鼠，每只乳鼠注射 0.03 mL，每份病料接种 4～6 只乳鼠。唾液或脊髓液则在离心沉淀和用抗生素处理后，直接接种。乳鼠在接种后继续由母鼠同窝哺养，3～4 h 后如发现哺乳力减弱、痉挛、麻痹死亡，即可取脑检查包涵体，并制成抗原，作病毒鉴定。如经 7 d 仍不发病，可致死其中 2 只，剖取鼠脑做成悬液，按前述方法传代。如第二代仍不发病，可再传代，连续盲传 3 代，第 1、2、3 代总计观察 4 周仍不发病者，诊断为阴性。

（四）防制

由于狂犬病的病死率高，人和动物又日渐亲近，所以对狂犬病的控制是保护人类健康的重要任务。目前各国采取的控制措施大致分为几个方面：扑杀狂犬病患畜，对家养犬猫定期免疫接种，检疫控制输入犬，捕杀流浪犬。这些措施大大降低了人和动物狂犬病的发病率。

狂犬病的疫苗接种分为 2 种：对犬等动物，主要是作预防性接种；对人，则是在被病犬或其他可疑动物咬伤后作紧急接种。对经常接触犬、猫等动物的兽医或其他人员，也应考虑进行预防性接种。注意监测带毒的野生动物。发达国家对狐狸和狼投放含狂犬病弱病毒疫苗的食饵，对臭鼬等野生动物使用基因工程重组疫苗。

三、痘病毒

痘病毒可引起各种动物的急性和热性传染病，其特征是皮肤和黏膜发生特殊的丘疹和疱疹，通常取良性经过。各种动物的痘病中以绵羊痘和鸡痘最为严重，病死率较高。

（一）生物学特性

引起各种动物痘病的痘病毒分属于痘病毒科脊椎动物痘病毒亚科的正痘病毒属、山羊痘病毒属、猪痘病毒属和鸡痘病毒属，均为双股 DNA 病毒。有囊膜，呈砖形或卵圆形。砖形者大小约为 250 nm×250 nm×200 nm，卵圆形者为 (250～300) nm×(160～190) nm。

多数痘病毒在其感染的细胞内形成胞浆包涵体，包涵体内含有病毒粒子，又称原生小体。大多数的痘病毒易在鸡胚绒毛尿囊膜上生长，并产生溃烂的病灶、痘斑或结节性病灶。痘斑的形态和大小随病毒种类或毒株而不同。

痘病毒对热的抵抗力不强。55 ℃ 20 min 或 37 ℃ 24 h，均可使病毒丧失感染力。对冷及干燥的抵抗力较强，冻干至少可以保存 3 年以上。在干燥的痂皮中可存活几个月。将痘苗病毒置于 50% 甘油中，在 -15～-10 ℃ 环境条件下，可保存 3～4 年。在 pH 3 的环境下，病毒可逐渐地丧失感染能力。紫外线或直射阳光可将病毒迅速杀死。0.5% 福尔马林、3% 石炭酸、0.01% 碘溶液、3% 硫酸、3% 盐酸可在数分钟使其丧失感染力。常用的碱溶液或 70％酒精 10 min 也可以使其灭活。

（二）致病性

痘病毒能使多种动物发病。动物的种类不同，所表现的症状也不同。如绵羊和猪引起全身痘疹，鸡引起局部皮肤痘疹，鼠痘（即小鼠脱脚病）则表现为肢体坏死，而兔黏液瘤病毒则引起一种传染性的皮肤纤维瘤。痘病毒的寄主亲和性较强，通常不发生交互传染，但牛痘例外，可以传染给人，但症状很轻微，而且能使感染者获得对天花的免疫力。

（三）微生物学诊断

根据临床症状和发病情况，常可做出正确判断。应用组织学方法寻找感染上皮细胞内的大型嗜酸性包涵体和原生小体，也有较大的诊断意义。

（1）涂片染色镜检　采取丘疹组织涂片，用莫洛佐夫镀银法染色，镜检，背景为淡黄色，细胞浆内有深褐色的球菌样圆形小颗粒，单在、成双或成堆，即为原生小体。

（2）病毒分离　取经研磨和抗菌处理的病料，用生理盐水制成乳剂，接种鸡胚或实验动物。适当培养后，观察鸡胚绒毛尿囊膜的痘斑或动物皮肤上出现的特异性痘疹，进一步检查感染细胞胞浆中的原生小体进行判断。

此外，可用琼脂扩散试验、荧光抗体等血清学试验诊断。

（四）防制

主要采用疫苗的免疫接种，效果良好。鸡痘：鸡胚培养鸽痘疫苗或鸡胚细胞传代的弱毒疫苗，皮下刺种，免疫期半年。绵羊痘：羊痘氢氧化铝疫苗皮下注射 0.5～1 mL 或用鸡胚化羊痘弱毒苗疫苗皮内注射 0.5～1 mL，免疫期均为 1 年。山羊痘：氢氧化铝甲醛灭活疫苗，皮下注射 0.5～1 mL，免疫期 1 年。目前有人用羔羊肾细胞培养致弱病毒试制弱毒疫苗。

四、猪瘟病毒

猪瘟病毒只侵害猪，使之发病，发病率、死亡率均很高，对养猪业危害很大。

（一）生物学特性

猪瘟病毒是单股 RNA 病毒，属于黄病毒科瘟病毒属。病毒呈球形，直径 38～44 nm，核衣壳为二十面体，有囊膜，在胞浆内繁殖，以出芽方式释放。

本病毒只在猪的细胞（如猪肾、睾丸和白细胞等）中增殖，但不引起细胞病变。用人工方法可使病毒适应于兔，获得弱毒兔化毒。

猪瘟病毒对理化因素的抵抗力较强。血液中的病毒 56 ℃ 60 min 或 60 ℃ 10 min 才能被灭活，室温能存活 2～5 个月。1％～2％烧碱或 10％～20％石灰水 15～60 min 才能杀灭病毒，对紫外线和 0.5％石炭酸溶液抵抗力较强。

猪瘟病毒没有型的区别，只有毒力强弱之分。目前仍然认为本病毒为单一的血清型，但毒力具有很大的差异，在强毒株和弱毒株或几乎无毒力的毒株之间，有各种逐渐过渡的毒株。近年来已经证实，猪瘟病毒与牛病毒性腹泻病病毒群有共同抗原性，既有血清学交叉，又有交叉保护作用。

(二)致病性

猪瘟病毒只能感染猪,各种年龄、性别及品种的猪均可感染。野猪也有易感性。人工接种后,除马、猫、鸽等动物表现感染(及临床症状)外,其他动物均不表现感染。

(三)微生物学诊断

应在国家认可的实验室进行。病料可取胰、淋巴结、扁桃体、脾及血液。用荧光抗体染色体、免疫酶组化染色法或抗原捕捉 ELISA 法、琼脂扩散试验等可快速检出组织中的病毒抗原。细胞培养可分离病毒,但因为不产生细胞病变,需用免疫学方法进一步检出病毒。

(四)防制

我国研制的猪瘟兔化弱毒疫苗是国际公认的有效疫苗,得到广泛应用。猪瘟兔化弱毒苗有许多优点:对强毒有干扰作用,接种后不久即有保护力;接种后 4~6 d 产生较强的免疫力,维持时间可达 18 个月,但乳猪产生的免疫力较弱,可维持 6 个月;接种后无不良反应,妊娠母猪接种后没有发现胎儿异常的现象;制法简单,效力可靠。

发达国家控制猪瘟的有效措施是"检测加屠宰":通过有效的疫苗接种,将需淘汰的猪降到最低数量,以减少经济损失;用适当的诊断技术对猪群进行检测;将检出阳性的猪全群扑杀。同时,尽可能消除持续感染猪不断排毒的危险性。猪瘟的消灭需要政府部门及各级人员高度负责。

五、犬瘟热病毒

犬瘟热病毒是引起犬瘟热的病原体。本病是犬、水貂及其他皮毛动物的高度接触性急性传染病。以双相热型、鼻炎、支气管炎、卡他性肺炎以及严重的胃肠炎和神经症状为特征。

(一)生物学特性

本病毒为单负股 RNA 病毒,属副黏病毒科副黏病毒亚科麻疹病毒属,病毒粒子多数呈球形,有时为不规则形态。直径 70~160 nm,核衣壳呈螺旋对称排列。也有人认为病毒颗粒直径为 150~300 nm。

犬瘟热病毒对理化因素抵抗力较强。病犬脾脏组织内的病毒于 −70 ℃可存活 1 年以上,病毒冻干可以长期保存;而在 4 ℃只能存活 7~8 d,在 55 ℃可存活 30 min,在 100 ℃ 1 min 灭活。2%氢氧化钠 30 min 失去活性,在 3%氢氧化钠中立即死亡;在 1%来苏儿溶液中数小时不灭活;在 3%甲醛和 5%石炭酸溶液中均能死亡。最适 pH 7~8,在 pH 4.4~10.4 条件下可存活 24 h。

(二)致病性

本病主要侵害幼犬,但狼、狐、豺、鼬鼠、熊猫、浣熊、山狗、野狗、狸和水貂等动物也易感。貂人工感染也可以发病。雪貂对犬瘟热病毒特别易感,自然发病的死亡率高达 100%,因此,常用雪貂作为本病的实验动物。人和其他家畜无易感性。

（三）微生物学诊断

（1）病毒分离　从自然感染病例分离病毒比较困难。通常用易感的犬或雪貂分离病毒，也可以用犬肾原代细胞、鸡胚成纤维细胞及犬肺巨噬细胞进行分离。

（2）包涵体检查　包涵体主要存在于病犬的膀胱、胆管、胆囊、肾盂的上皮细胞内。有人认为在病犬的舌和眼结膜上皮细胞内也有包涵体，并建议用涂片法诊断犬瘟热。

取玻片，滴加生理盐水，用解剖刀在膀胱刮取黏膜，轻轻将细胞在生理盐水中洗涤，并作涂片。在空气中自然干燥，放于甲醇溶液中固定 3 min，晾干后，姬姆萨染色镜检。结果细胞核染成淡蓝色，细胞质染成淡玫瑰红色，包涵体染成红色。通常包涵体在细胞质内，呈圆形或椭圆形（1～2 μm），一个细胞内可发现 1～10 个包涵体。

（3）血清学检查　免疫组化技术可用于检测临死前动物外周血淋巴细胞或剖检动物的肺、胃、肠及膀胱组织中的病毒抗原。

（四）防制

检疫、卫生及免疫是控制本病的关键措施。耐过犬瘟热的动物可以获得坚强的甚至终生的免疫力。幼犬免疫接种的日龄取决于母源抗体的滴度。也可以 6 周龄时用弱毒疫苗免疫，每隔 2～4 周再次接种，直至 16 周龄。治疗可用高免血清或纯化的免疫球蛋白。

六、兔出血症病毒

兔出血症病毒是兔出血性败血症的病原体。本病以呼吸系统出血、实质器官水肿、瘀血及出血性变化为特征。本病于 1984 年年初首先在我国江苏等地爆发，随即蔓延到全国多数地区。此后，世界上许多国家和地区也报道了本病。

（一）生物学特性

兔出血症病毒是嵌杯病毒科兔嵌杯状病毒属的成员。病毒粒子呈球形，直径 32～36 nm，二十面体对称，无囊膜，嵌杯状的结构不典型，核心直径为 17～23 nm。对乙醚、氯仿和 pH 3 有抵抗力，能够耐受 50 ℃ 1 h。

该病毒具有血凝性，能凝集人的各型红细胞，肝病料中的病毒血凝价可达 10×2^{20}，平均为 10×2^{14}。该病毒也可凝集绵羊、鸡、鹅的红细胞，但凝集能力较弱，不凝集其他动物的红细胞。红细胞凝集试验（HA）在 pH 4.5～7.8 的范围内稳定，最适 pH 为 6.0～7.2；如 pH 低于 4.4，则会导致溶血；pH 高于 8.5，吸附在红细胞上的病毒将被释放。只有 1 种血清型。欧洲野兔综合征病毒与兔出血症病毒抗原性相关，但血清型不同。

（二）致病性

引进的纯种兔和杂交兔比我国本地兔对该病毒易感，毛用兔比肉用兔易感。在自然条件下，只感染年龄较大的家兔，2 月龄以下的仔兔自然感染时一般不发病，人工感染 3～5 日龄初生兔，即使大剂量攻毒也不发病。未发现野兔自然感染造成的大批死亡，人工感染野兔不发病，但可产生低滴度的特异性血凝抑制抗体（1∶15～1∶140）。其他动物均无易感性。

（三）微生物学诊断

兔出血性败血症大多数为最急性型或急性型，根据临床症状和病理变化可做出初步诊断，确诊则需经实验室检查。常用的方法为血凝（HA）和血凝抑制（HI）试验，也可用其他方法如 ELISA 等诊断。

（1）病毒抗原检测　无菌采取病兔的肝、脾、肾及淋巴结等，磨碎后加生理盐水制成 1∶10 悬液，冻融 3 次，3 000 r/min 离心 30 min，取上清液作血凝试验。把待检的上清液连续 2 倍稀释，然后加入 1% 人"O"型红细胞，在 37 ℃ 作用 60 min 观察结果。也可用荧光抗体试验、琼脂扩散试验或斑点酶联免疫吸附试验检测病料中的病毒抗原。

（2）血清抗体检测　多用于本病的流行病学调查和疫苗免疫效果的检测，常用的方法是血凝抑制试验。待检血清 56 ℃ 30 min 灭活。以能完全抑制红细胞凝集的血清最高稀释度为该血清的血凝抑制效价。也可用间接血凝试验检测血清抗体。

（四）防制

本病的防制除采取严格的隔离消毒措施外，用组织灭活疫苗对兔群进行免疫接种是行之有效的措施。高免血清的使用也有较好的预防和治疗效果。

七、新城疫病毒

新城疫病毒能使鸡和火鸡发生新城疫，又称亚洲鸡瘟或伪鸡瘟。此病具有高度传染性，死亡率在 90% 以上，对养鸡业危害极大。

（一）生物学特性

新城疫病毒（NDV）是 RNA 病毒，属于副黏病毒科副黏病毒亚科腮腺炎病毒属。病毒呈球形，直径 140～170 nm，能凝集鸡、鸭、鸽、火鸡、人、豚鼠、小鼠等的红细胞，这种血凝性能被特异的抗血清所抑制，多用鸡胚或鸡胚细胞培养来分离病毒。病毒易为日光及各种消毒剂灭活。

新城疫病毒只有 1 个血清型，但不同毒株的毒力有较大差异，根据毒力的差异可将 NDV 分成 3 个类型：强毒型、中毒型和弱毒型。区分的依据为如下致病指数：病毒对 1 日龄雏鸡脑内接种的致病指数（ICPI），42 日龄鸡静脉接种的致病指数（IVPI），最小致死量致死鸡胚的平均死亡时间（MDT）。一般认为，MDT 在 68 h 以上、ICPI≤0.25 者为弱毒株；MDT 在 44～70 h 之间、ICPI＝0.6～1.8 为中毒株；MDT 在 40～70 h 之间、ICPI≥2.0 为强毒株。IVPI 作为参考，强毒株 IVPI 常大于 2.0。

（二）致病性

新城疫病毒对鸡有很强的致病力，使之发生新城疫，而对水禽、野禽的致病力较差。强毒株可引起火鸡感染但症状轻。哺乳动物中，牛及猫也有感染死亡的病例。绵羊、猪、猴、小鼠及地鼠可用人工方法感染。人也可感染，引起结膜炎、流感样症状及耳下腺炎等。病毒主要通过饲料、饮水传播，也可由呼吸道或皮肤外伤而使鸡感染。

（三）微生物学诊断

必须作病毒分离及血清学诊断，并在国家认证的实验室进行。应采取病鸡脑、肺、脾、肝和血液等作为备检病料。

取上述病料制成的匀浆液，通过鸡胚尿囊腔接种 9～11 日龄鸡胚，分离病毒。若病毒能凝集鸡、人及小鼠的红细胞，再作血凝抑制试验进行鉴别。分离株有必要进一步测定其毒力。检测鸡群的血凝抑制抗体可作为辅助诊断方法。在慢性新城疫流行区，可用血凝抑制试验作为监测手段。近些年，一些单位研究的 ELISA 快速诊断方法及分子生物学的 PCR 技术，在 NDV 的诊断及进出口检疫中也被广泛应用。

(四)防制

新城疫是 OIE 规定的 A 类疫病，许多国家都有相应的立法。防制必须采取综合性措施，包括卫生、消毒、检疫和免疫等。由于 NDV 只有 1 个血清型，所以疫苗免疫效果良好。通常采用由天然弱毒株筛选制备的活疫苗及强度株制备的油乳剂灭活苗。

目前，我国常用的生产弱毒疫苗的毒株有 Mukte-swar 系（又称印度系）、B1 系、F 系以及 LaSota 系 4 种，制备的疫苗分别称为Ⅰ、Ⅱ、Ⅲ、Ⅳ系疫苗。其中Ⅰ系苗为中毒型，适用于已经新城疫弱毒苗(如Ⅱ、Ⅲ、Ⅳ系)免疫过的 2 月龄以上的鸡，不得用于雏鸡。常用方法是皮下刺种和肌肉注射。新城疫Ⅱ、Ⅲ、Ⅳ系疫苗毒力较弱，适用于所有年龄的鸡，可作滴鼻、点眼、饮水、气雾免疫等。

新城疫的免疫接种除使用弱毒疫苗外，近 10 年新城疫油佐剂灭活苗的应用也很广泛，灭活苗对于各种日龄鸡的免疫均可使用，免疫方法为皮下或肌肉注射。

免疫接种时，必须根据免疫的流行情况、鸡的品种、日龄、疫苗的种类等制定好免疫程序，并按程序进行免疫。由于鸡在免疫接种后 15 d 仍能排出疫苗毒，因此有些国家规定鸡在免疫接种 21 d 后才可调运。

八、禽流感病毒

禽流感病毒能使家禽发生禽流感，又称欧洲鸡瘟或真性鸡瘟。高致病性禽流感(HPAI)已经被 OIE 定为 A 类传染病，并被列入国际生物武器公约动物类传染病名单。我国把高致病性禽流感列为一类动物疫病。

(一)生物学特性

禽流感病毒(AIV)属于正黏病毒科甲型流感病毒属。典型病毒粒子呈球形，也有的呈杆状或丝状，直径 80～120 nm。含单股 RNA，核衣壳呈螺旋对称。外有囊膜，囊膜表面有许多放射状排列的纤突。纤突有两类，一类是血凝素(H)纤突，现已发现 15 种，分别以 H1～H15 命名；另一类是神经氨酸酶(N)纤突，已发现有 9 种，分别以 N1～N9 命名。H 和 N 是流感病毒两个最为重要的分类指标，二者又以不同的组合，产生多种不同亚型的毒株，不同的 H 抗原或 N 抗原之间无交互免疫力。H5N1、H5N2、H7N1、H7N7 及 H9N2 是引起鸡禽流感的主要亚型。不同亚型的毒力相差很大，高致病力的毒株主要是 H5 和 H7 的某些亚型毒株。禽流感病毒能凝集鸡、牛、马、猪和猴的红细胞。

AIV 能在鸡胚、鸡胚成纤维细胞中增殖，病毒通过尿囊腔接种鸡胚后，经 36～72 h，病毒量可达最高峰，导致鸡胚死亡，并使胚体的皮肤、肌肉充血和出血。高致病力的毒株 20 h 即可致死鸡胚。大多数毒株能在鸡胚成纤维细胞培养形成蚀斑。

该病毒 55 ℃ 60 min 或 60 ℃ 10 min 即可失去活力。对紫外线以及大多数消毒药和防腐剂敏感。在干燥的尘埃中能存活 14 d。

(二)致病性

AIV 除感染鸡和火鸡外，也可感染鸭、鸽、鹅和鹌鹑、麻雀等，脑内接种小鼠可使其发病，并可形成包涵体。禽流感发病急，致死率高达 40%～100%。血及组织液中病毒滴度高，直接接触或间接接触均可传染。高致病力的 AIV 可引起禽类的大批死亡而造成极大的经济损失，历史上造成高致病性禽流感大暴发的毒株都属于 H5 或 H7 亚型毒株。有些毒株感染虽然发病率高，但死亡率较低。主要引起呼吸道感染、产蛋下降或呈隐性感染，只引起少量死亡或不死亡。

(三)微生物学诊断

禽流感病毒的分离和鉴定应在指定的实验室进行。病毒的分离对病毒的鉴定和毒力测定至关重要。

分离病毒：可用棉拭子从病禽(或尸体)气管及泄殖腔采取分泌物，接种于 8～10 日龄无特定病原(SPF)鸡胚尿囊腔，0.1 mL/只，采取尿囊液，做 HA-HI 或 ELISA 等试验，对该病毒进行诊断检测。毒力测定可将分离病毒株接种鸡，或用分离株做空白试验。

另外，直接荧光法和间接荧光法等，均可有效地检测出 AIV。PCR 是近几年发展成熟起来的一种体外基因扩增技术，能有效地用于多种病毒的基因检测和分子流行病学调查等。

> #### 附：OIE 规定的高致病力标准
> 将含病毒的鸡胚尿囊液用灭菌生理盐水作 1：10 稀释，静脉接种 4～8 周龄 SPF 鸡 8 只，每只 0.2 mL，隔离饲养观察 10 d，死亡多于 6 只者，判定为高致病性禽流感病毒。

(四)防制

预防措施应包括在国际、国内及局部养禽场 3 个不同水平。高致病性禽流感被 OIE 列为 A 类疫病，一旦发生应立即上报。国内措施主要为防止病毒传入及蔓延。养禽场还应侧重防止病毒由野禽传给家禽，要有隔离设施阻挡野禽。一旦发生高致病性禽流感，应采取断然措施防止扩散。灭活疫苗可用作预防之用，但接种疫苗能否防止带毒禽经粪便排毒，能否防止病毒的抗原性变异，均有待研究。

九、马立克氏病病毒

马立克氏病病毒(MDV)是引起鸡马立克氏病的病原体。此病主要特征是病鸡外周神经、性腺、肌肉、各种脏器和皮肤的单核细胞浸润或形成肿瘤。常使病鸡发生急性死亡、消瘦或肢体麻痹。

(一)生物学特性

MDV 是双股 DNA 病毒，属于疱疹病毒科疱疹病毒甲亚科的成员，又称禽疱疹病毒 2 型。病毒近似球形，为二十面体对称。在机体组织内病毒有 2 种存在形式：一种是病毒颗粒外面无囊膜的裸体病毒，存在于肿瘤组织中，是一种严格的细胞结合病毒；另一种为有囊膜的完整病毒，存在于羽毛囊上皮细胞中，属非细胞结合型。裸体病毒直径为 80～170 nm；完整病毒直径为 275～400 nm。在细胞内常可看到核内包涵体。

(二)致病性

MDV 主要侵害雏鸡和火鸡，1 日龄雏鸡的敏感性比 14 日龄鸡高 1 000 多倍。野鸡、鹌鹑和鹧鸪也可感染。发病后不仅引起大量死亡，而且耐过的鸡生长不良，是一种免疫抑制性疾病，对养鸡业危害很大。病情复杂，可分为 4 种类型：内脏型（急性型）、神经型（古典型）、眼型和皮肤型。致病的严重程度与病毒毒株的毒力、鸡的日龄和品种、免疫状况、性别等有很大关系。隐性感染鸡可终生带毒并排毒，其羽毛囊角化层的上皮细胞含有病毒，易感鸡通过吸入此种毛屑感染。病毒不经卵传递。一般认为哺乳动物对本病毒无易感性。

（三）微生物学诊断

诊断该病的简易方法是琼脂扩散试验，中间孔加阳性血清，周围插入被检鸡羽毛囊，出现沉淀线为阳性。免疫荧光试验等血清学方法可检出病毒。病毒分离可接种 4 日龄鸡胚卵黄囊或绒毛尿囊膜，再做荧光抗体染色或电镜检查做出诊断。禽白血病病毒往往与本病毒同时存在，要注意鉴别。

（四）防制

由于雏鸡对 MDV 的易感性高，尤其是 1 日龄雏鸡易感性最高，所以防制本病的关键在于搞好育雏室的卫生消毒工作，防止早期感染，同时做好 1 日龄雏鸡的免疫接种工作，加强检疫，发现病鸡立即淘汰。

目前免疫接种常用疫苗有 4 类：强毒致弱 MDV 疫苗（如荷兰 CVI988 疫苗）、天然无致病力疫苗（血清Ⅰ型＋Ⅲ型、血清Ⅱ型＋Ⅲ型）及三价苗（血清Ⅰ型＋Ⅱ型＋Ⅲ型）。疫苗的使用方法是 1 日龄雏鸡颈部皮下注射。

生产中应用的 MD 疫苗除 HVT 苗以外均为细胞结合性疫苗，尚不能冻干，必须液氮保存，故运输、保存和使用均应注意。

十、传染性法氏囊病病毒

传染性法氏囊病病毒（IBDV）是引起鸡传染性法氏囊病的病原体。传染性法氏囊病是鸡的一种以淋巴组织坏死为主要特征的急性病毒性传染病，是一种免疫抑制性疾病。

（一）生物学特性

IBVD 属双股 RNA 病毒科禽双 RNA 病毒属。病毒粒子直径 55～60 nm，由 32 个壳粒组成，正二十面体对称，无囊膜。

该病毒有 2 个血清型，二者有较低的交叉保护，仅 1 型对鸡有致病性，火鸡和鸭为亚临床感染。2 型未发现有致病性。毒株的毒力有变强的趋势。

病毒对理化因素的抵抗力较强，耐热，56 ℃ 5～6 h，60 ℃ 30～90 min 仍有活力。但70 ℃加热 30 min 即被灭活。病毒在－20 ℃贮存 3 年后对鸡仍有传染性。在－58 ℃保存 18个月后对鸡的感染滴度不下降。能耐反复冻融和超声波处理。在 pH 2 环境中60 min 不灭活。对乙醚、氯仿、吐温和胰蛋白酶有一定抵抗力。在 3％来苏儿、3％石炭酸和 0.1％升汞液中经 30 min 可以灭活。但对紫外线有较强的抵抗力。

（二）致病性

IBDV 的天然宿主只限于鸡。2～15 周龄鸡较易感，尤其是 3～5 周龄鸡最易感。在法氏囊已退化的成年鸡呈现隐性感染。鸭、鹅和鸽不易感。鹌鹑和麻雀偶尔也感染发病。火鸡只发生亚临床感染。

IBDV 使鸡发生传染性法氏囊病，不仅能导致一部分鸡死亡，造成直接的经济损失，而且还可导致免疫抑制，从而诱发其他病原体的潜在感染或导致其他疫苗的免疫失败。目前认为该病毒可以降低鸡新城疫、鸡传染性鼻炎、鸡传染性支气管炎、鸡马立克氏病和鸡传染性喉气管炎等各种疫苗的免疫效果，使鸡对这些病的敏感性增加。

(三)微生物学诊断

(1)病毒学检查　分离病毒常用鸡胚接种或雏鸡接种。9～11 日龄 SPF 鸡胚绒毛尿囊膜接种，常于接种后 3～5 d 死亡，病变表现为体表出血、肝脏肿大、坏死，肾脏充血、有坏死灶，肺脏极度充血，脾脏呈灰白色，有时有坏死灶。雏鸡接种通常用 3～7 周龄鸡经口接种，4 d 后扑杀，可见法氏囊肿大、水肿出血。

(2)血清学检查　常用的方法有中和试验、琼脂扩散试验、免疫荧光技术、酶联免疫吸附试验等。

(四)防制

平时加强对鸡群的饲养管理和卫生消毒工作，定期进行疫苗免疫接种，是控制本病的有效措施。高免卵黄抗体的使用在本病的早期治疗中有较好的效果。

目前常用的疫苗有活毒疫苗和灭活疫苗两大类。活毒疫苗有两种类型：一是弱毒力苗，接种后对法氏囊无损伤，但抗体产生较迟，效价较低，在遇到较强毒力的 IBDV 侵害时，保护率较低；二是中等毒力疫苗，用后对雏鸡法氏囊有轻度损伤作用，但对强毒IBDV侵害的保护率较好。两种活毒疫苗的接种途径为点眼、滴鼻、肌肉注射或饮水免疫。灭活疫苗有鸡胚细胞毒、鸡胚毒或病变法氏囊组织制备的灭活疫苗，此类疫苗的免疫效果较好，但必须皮下或肌肉注射。

十一、鸭瘟病毒

鸭瘟病毒可使鸭发生鸭瘟，偶尔也能使鹅发病。病毒主要侵害鸭的循环系统、消化系统、淋巴样器官和实质器官，引起头、颈部皮下胶样水肿，消化道黏膜发生损伤、出血、坏死，形成伪膜，肝有特征性的出血和坏死。

(一)生物学特性

鸭瘟病毒为双股 DNA 病毒，属疱疹病毒科疱疹病毒甲亚科，又名鸭疱疹病毒 I 型。病毒呈球形，直径 80～120 nm，呈二十面体对称，有囊膜。病毒颗粒除了 DNA 以外，还含有一种必要的脂类。鸭瘟病毒不能凝集动物红细胞，也无细胞吸附作用。

病毒可在 8～14 日龄鸭胚中增殖和继代，接种后多在 3～6 d 死亡。人工接种也可使 1 日龄小鸡感染。病毒也能在鸭胚细胞或鸡胚细胞培养物中增殖和继代，引起细胞病变，形成空斑和核内包涵体。

本病毒对外界因素的抵抗力不强。56 ℃ 10 min 即被灭活，50 ℃ 90～120 min 也能被灭活，22 ℃ 30 d 后失去感染能力。在 −7～−5 ℃环境中，经 3 个月毒力不减。但反复冻融，则容易使之丧失毒力。在 pH 7～9 的环境中稳定，但 pH 3 或 11 可迅速灭活病毒。

70％酒精 5～30 min、0.5％漂白粉和 5％石灰水 30 min 即被杀死。病毒对乙醚和氯仿敏感。

（二）致病性

在自然情况下，鸭瘟病毒主要侵害家鸭。各种年龄和品种的鸭均可感染，但番鸭、麻鸭和绵鸭易感性最高，北京鸭次之。在自然流行中，成年鸭和产蛋母鸭发病和死亡较严重，1 月龄以下的雏鸭发病较少。但人工感染时，雏鸭较成年鸭易感，而且死亡率也高。在自然情况下，鹅和病鸭密切接触，也能感染发病，但通常很少形成广泛流行。人工感染雏鹅，尤为敏感，死亡率也很高。野鸭和雁对人工感染也有易感性。鸡对鸭瘟病毒的抵抗力较强，但 2 周龄的雏鸡可以人工感染发病。

（三）微生物学诊断

一般根据临床症状和病理变化进行初步诊断，实验室诊断可采取肝、脾或脑等病料作组织切片荧光抗体染色，或检查包涵体。必要时做病毒分离，用分离病毒做中和试验，即可确诊。

（四）防制

病愈鸭和人工免疫鸭均可获得坚强的免疫力。目前使用的鸭瘟疫苗有鸭瘟鸭胚化弱毒疫苗和鸭瘟鸡胚化弱毒疫苗 2 种。另外，免疫母鸡可以将免疫力通过鸭蛋传给小鸭，形成天然被动免疫。但免疫力一般不够坚强、持久，不足以抵抗强毒鸭瘟病毒的攻击。

十二、马传染性贫血病毒

马传染性贫血病毒是马传染性贫血的病原体。马传染性贫血在临床上表现为高热稽留或间歇热，发热期间症状明显，病马呈贫血、出血、黄疸、心脏衰弱、浮肿和消瘦等变化。无热期症状减轻或暂时消失。此外，肝、脾、淋巴结等网状内皮细胞的变性、增生也是本病的特征。

（一）生物学特性

马传染性贫血病毒为 RNA 病毒，属于反转录病毒科慢病毒属的成员。近似球形，有囊膜。一般提纯的病毒直径 90～140 nm，在感染细胞内呈球形，直径 80～135 nm，中间有一个大小 40～60 nm 的类核体，外围有一层致密的囊膜，厚 5～12 nm。

本病毒对外界的抵抗力较强，在粪尿中约能生存 2 个半月，但将粪尿堆积发酵时，经 30 d 即可死亡。在 0～2 ℃环境中，可保持毒力 6 个月至 2 年之久。日光照射经 1～4 h 死亡。2％～4％氢氧化钠溶液和甲醛溶液，均能在 5～10 min 内杀死。病毒对热的抵抗力较弱，煮沸立即死亡。血清中的病毒经 56 ℃ 30 min 处理后，大部分被灭活，经 56～60 min 处理，可完全失去感染性。因此，在发生马传染性贫血的地区，用马制备的各种免疫血清，必须加热至 56～59 ℃，维持 1 h，以消灭可能含有的马传染性贫血病毒。

（二）致病性

在动物中目前只有马、骡、驴对此病毒有易感性。在自然条件下，以马的易感性最强，骡、驴次之。病毒主要通过吸血昆虫的叮咬经皮肤侵入。因此，本病以夏秋季节 8～9

月发病较多。此外，经器械也可散播病毒，也能经消化道传染。流行开始常呈急性暴发，死亡率高。以后转为亚急性和慢性。常发地以慢性病马为多，死亡率也逐渐降低。

(三)微生物学诊断

(1)补体结合反应　补反抗体最早出现时间在感染后第 6 天，多数病马出现在 20～60 d 之间。抗体持续时间为 2～3 个月到 6～7 个月，最长可达 9 年以上。但也有波动，抗体时隐时现。补反有高度特异性，检出率可达 80.6％左右。但少数病马血清中可出现一种特殊的没有补反活性的免疫球蛋白 IgG(T)，干扰有补反活性的 IgG 的作用，呈现与抗原结合性的竞争，因此可造成补反假阴性。

(2)琼脂扩散试验　病马在人工感染后 18 d 就可产生沉淀抗体。这种抗体在体内持续时间很长，约为 3 年或更久。本试验特异性强，与其他病毒无交叉反应，方法简便，其检出率可达 95％以上。此法是国际通用方法。

(3)动物接种　动物接种是将可疑马的血液、血清或其滤液，给健康马驹进行接种，根据接种马驹在一定时间内所表现的一系列临床血液学变化而进行确诊。因此，本法是诊断马传贫最可靠的方法。但是在应用时，如不加强防疫措施，则易散播病毒。因此，动物接种只有在非安全地区，并且具有一定设备条件的单位才可以进行。

(四)防制

沈荣显院士等研制的驴细胞弱毒疫苗非常成功，马接种后产生良好的免疫力，已有效控制本病在我国的流行。国外一般采取检测加淘汰的手段。

复习思考题

1. 名词解释：芯髓　核衣壳　囊膜　亚病毒因子　包涵体
2. 简述病毒的结构与化学组成。
3. 简述病毒的复制过程。
4. 简述病毒的干扰现象与干扰素。
5. 试述病毒的血凝现象、血凝抑制现象的原理及其实践意义。
6. 简述病毒的实验室检查方法。
7. 口蹄疫病毒有几个血清型？各型之间是否有交互免疫性？在疫苗免疫时应注意什么？
8. 口蹄疫病毒的微生物学诊断方法是什么？
9. 叙述狂犬病病毒的内基氏小体检查方法。
10. 新城疫病毒的微生物学诊断方法是什么？

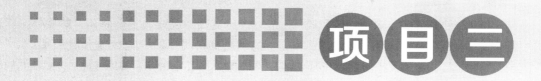

项目三

其他微生物基本知识及检验

能力目标

　　能进行不同类型微生物的鉴别诊断。能利用所学的知识和技能，设计曲霉菌、霉形体、螺旋体的实验室诊断方案，提出正确的防治措施。

知识目标

　　了解真菌、放线菌、霉形体、螺旋体、立克次体和衣原体的基本形态与结构；并熟悉其生物学特性；掌握其分离和培养方法。了解病原性黄曲霉、白色念珠菌、霉形体、螺旋体、立克次体的主要生物学特性；熟悉致病性；掌握微生物学诊断方法。

模块一　其他微生物概论

微生物的种类繁多，除了细菌和病毒之外，还有真菌、放线菌、支原体、螺旋体、立克次体和衣原体。其中真菌因具有细胞核和完整的细胞器，属真核细胞型微生物。真菌分为 3 个类群：酵母菌、霉菌及担子菌，本模块主要介绍酵母菌和霉菌的生物学特性以及常见病原真菌的致病性与实验室诊断防治。放线菌等其余 5 种属原核细胞型微生物，各有其特点，在分别介绍各类微生物的生物学特性的基础上，还列举了牛放线菌、猪痢疾密螺旋体、钩端螺旋体、猪肺炎支原体、鸡败血支原体等常见的动物病原体的实验室检测方法与技术。

任务一　真　菌

真菌是一类不含叶绿素，无根、茎、叶分化，多数为多细胞，多数为分支或不分支的丝状体，能进行有性和无性繁殖，营腐生或寄生生活的真核微生物。我们知道，植物和动物都是由细胞组成的，细胞内都有细胞核。而微生物中只有真菌具有真正的细胞核和完整的细胞器，故又称真核细胞型微生物；细菌仅有原始核结构，无核膜和核仁，细胞器很少，属于原核细胞型微生物；而病毒则没有细胞结构，属于原生微生物。

真菌在自然界中分布极广，有十万多种，其中能引起人或动物感染的仅占极少部分，约300 种。但大多数真菌对人类是有益的，如面粉发酵，做酱油、醋、酒和霉豆腐等都要用真菌来发酵。工业上许多酶制剂、农业上的饲料发酵都离不开真菌。许多真菌还可食用，如蘑菇、银耳、香菇、木耳等。真菌还是医药事业中的宝贵资源，有的可以用于生产抗生素和维生素以及酶类；有的本身就可以入药用于医治疾病，如中药马勃、茯苓、冬虫夏草等。

真菌的形体比较大，结构也比较复杂。有的为单细胞形态；有的为多细胞形态。具有细胞壁、细胞质和有核膜的细胞核等结构。根据真菌的形态特点，将真菌分为 3 个类群（图 3-1）：①酵母样真菌，即酵母菌；②丝状真菌，即霉菌；③担子菌。

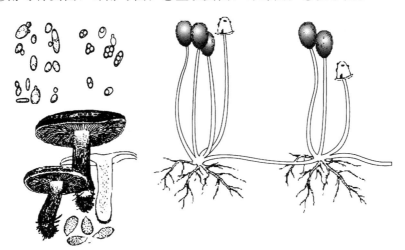

图 3-1　各类别真菌形态

一、真菌的生物学特性

真菌的形体比较大，结构比较复杂。有的为单细胞形态；有的为多细胞形态。具有细胞壁、细胞质和有核膜的细胞核等结构。

根据其形态学特点，真菌分为酵母菌、霉菌、担子菌。

(一)酵母菌的生物学特性

顾名思义，酵母就是发酵之母，外文的"yeast"也有"升"起来、"发"起来、"沸腾"起来的意思，由此可见，酵母菌是一类与发酵有关的微生物。我国4 000多年前的殷商时代，人们就一直利用酵母菌酿酒、制馒头等；近年来，又用于发酵饲料、石油脱蜡、生产维生素、有机酸、酶制剂、蛋白饲料等。当然，也有些酵母样真菌可给人类带来危害，如造成饲料和食品的败坏，以及引起疾病。

1. 酵母菌的形态结构

(1)形态 大多为圆形、卵圆形或椭圆形，也有腊肠形。

(2)大小 比细菌粗约10倍，宽一般2～5 μm，长为5～30 μm，最长可达100 μm，高倍镜下可见。

(3)结构 单细胞；由细胞壁、细胞膜、细胞质、细胞核及其他内含物等构成(图3-2)。

2. 酵母菌的繁殖

酵母菌的繁殖方式包括无性繁殖和有性繁殖，主要以无性繁殖为主。无性繁殖方式包括芽殖、裂殖和掷孢子。

芽殖是酵母菌最普遍的繁殖方式。其过程是：成熟的酵母菌细胞先长出芽体，随后细胞核分裂成2个核，1个留在母细胞，1个随细胞进入芽体。当芽体逐渐长大到与母细胞相仿时，子细胞基部收缩，脱离母细胞成为一个新的个体(图3-3)。

如果新形成的芽体不脱离母细胞，又长出新芽，子细胞就和母细胞连接在一起，形成藕节状或竹节状的细胞串，称为假菌丝或真菌丝(图3-4)。

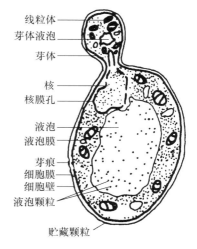

图 3-2 酵母菌细胞结构示意

线粒体
芽体液泡
芽体
核
核膜孔
液泡
液泡膜
芽痕
细胞膜
细胞壁
液泡颗粒
贮藏颗粒

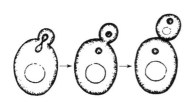

图 3-3 酵母菌的出芽生殖

图 3-4 酵母的假菌丝

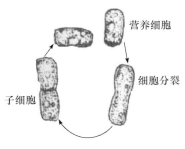

营养细胞

细胞分裂

子细胞

图 3-5　酵母菌的裂殖

少数酵母以裂殖方式进行繁殖，这种繁殖方式与细胞分裂方式相似。当母细胞长到一定大小时，细胞核开始分裂，之后，在细胞中间产生一隔膜，将细胞一分为二（图 3-5）。

还有些酵母菌可形成一些无性孢子，如节孢子、掷孢子、厚垣孢子等。其是在营养细胞生出的小梗上形成的无性孢子，成熟后通过一种特有的喷射机制将孢子射出。

有性繁殖分为 3 个阶段：①质配，两个性别不同的单倍体营养细胞经接触、细胞壁溶解、细胞膜和细胞质融合；②核配，两核配合形成二倍体；③减数分裂，减数分裂后产生 4～8 个单倍体的核。最后则是通过形成子囊和子囊孢子。原细胞发育成子囊，里面有 4～8 个子囊孢子，将来发育成单倍体营养体细胞。

3. 酵母菌的培养特性

酵母菌的培养基本与细菌相同，其菌落特征为：大多数菌落表面光滑、湿润和黏稠，大而厚（图 3-6）；单独的酵母菌细胞是无色的。在固体培养基上形成的菌落，多数乳白色，少数黄色或红色；应注意与类酵母型菌落（如白色念珠菌，有菌丝伸入基质）区别。

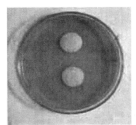

图 3-6　啤酒酵母菌落

（二）霉菌的生物学特性

霉菌不是分类学上的名词，凡是能在基质上形成绒毛状、蜘蛛网状或絮状菌丝体的真菌都称作霉菌。例如，每到阴雨连绵的梅雨季节，食品、衣服、皮革、器材等许多物品都会生长出绒毛一样的东西，这就是霉菌。霉菌在自然界中分布很广，种类繁多，大约有 4 万余种，是数量最多的一类微生物。它们喜欢在偏酸性的条件下生活，它们能分解像纤维素、木质素、淀粉和蛋白质等复杂的有机物，因此在自然界物质循环转化中也起着重要的作用。早在远古时代，我国劳动人民就已利用霉菌制曲、制酱。现在，霉菌的用途日益广泛，人们利用它来生产酒精、有机酸、维生素、抗生素等，也用来发酵饲料等。但是有些霉菌能引起动植物发病，少数霉菌还产生毒素，危害人类及动物健康。

1. 霉菌的形态结构

构成霉菌体的基本单位称为菌丝，菌丝分枝或不分枝，在光学显微镜下呈管状，肉眼看犹如细丝。菌丝平均宽度为 $3～10\ \mu m$，比一般细菌的宽度大几倍到几十倍，而和酵母菌宽度相近。菌丝可有不同的形态，如螺旋状、球拍状、梳状、结节状、鹿角状等，这些特点都具有鉴别意义（图 3-7）。菌丝的细胞构造基本上亦类似酵母菌细胞，都具有细胞壁、胞浆膜、细胞核、细胞浆及其内含物。

菌丝分为 2 类。一种是无隔膜菌丝：呈长管状的分枝，整根菌丝就是一个单细胞，其中含有许多核，菌丝生长只有核的分裂而无细胞分裂，称为无隔菌丝（图 3-8）。如毛霉和根霉。另一种是有隔膜菌丝：整个菌丝是由分枝的成串多细胞组成，每个细胞内含 1 个或多个核，称为有隔菌丝（图 3-9）。虽然隔膜把菌丝分隔成许多细胞，但是隔膜中间有极细

图 3-7　菌丝的不同形态
1. 结节状；2. 螺旋状；3. 球拍状；4. 梳状；5. 鹿角状

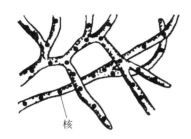

图 3-8　无隔菌丝(据李舫)

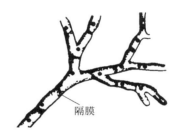

图 3-9　有隔菌丝(据李舫)

的小孔相通，使细胞间的细胞浆、细胞核和养料互相沟通，因此，仍应把其看成是一个完整的机体。菌丝生长是由顶端生长伸长，且伴随着细胞分裂成为多细胞菌丝。

细胞壁分为 3 层：外层为无定形的 β 葡聚糖(厚 87 nm)；中层是糖蛋白，蛋白质网中间填充葡聚糖(厚 49 nm)；内层是几丁质微纤维，夹杂无定形蛋白质(厚 20 nm)。

在固体基质上生长时，部分菌丝深入基质吸收养料，称为基质菌丝或营养菌丝；向空中伸展的称为气生菌丝，可进一步发育为繁殖菌丝，产生孢子。大量菌丝交织成绒毛状、絮状或网状等，称为菌丝体。菌丝体常呈白色、褐色、灰色，或呈鲜艳的颜色(菌落为白色毛状的是毛霉，绿色的是青霉，黄色的是黄曲霉)，有的可产生色素使基质着色。

霉菌的菌丝和孢子是鉴别霉菌的重要依据。常见的霉菌有毛霉、根霉、青霉、曲霉。

2. 霉菌的繁殖

霉菌有着极强的繁殖能力，而且繁殖方式多种多样。虽然霉菌菌丝体上任一片段在适宜条件下都能发展成新个体，但在自然界中，霉菌主要依靠产生形形色色的无性或有性孢子进行繁殖。孢子有点像植物的种子，不过数量特别多。

(1)霉菌的无性繁殖　霉菌的无性孢子直接由生殖菌丝的分化而形成，常见的有节孢子、厚垣孢子、孢囊孢子和分生孢子(图 3-10)。

① 孢囊孢子：生在孢子囊内的孢子，是一种内生孢子。无隔菌丝的霉菌(如毛霉、根

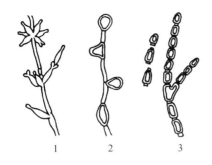

图 3-10　真菌的无性孢子
1. 芽生孢子；2. 厚垣孢子；3. 节孢子

霉）主要形成孢子囊孢子。

② 分生孢子：由菌丝顶端或分生孢子梗特化而成，是一种外生孢子。有隔菌丝的霉菌（如青霉、曲霉）主要形成分生孢子。

③ 节孢子：由菌丝断裂而成（如白地霉）。

④ 厚垣孢子：通常菌丝中间细胞变大，原生质浓缩，壁变厚而成（如总状毛霉）。

（2）霉菌的有性繁殖　霉菌的有性繁殖过程包括质配、核配、减数分裂 3 个过程，常见的有性孢子有卵孢子、接合孢子、子囊孢子、担孢子（图 3-11）。

① 接合孢子：两个配子囊经结合，然后经质配、核配后发育形成接合孢子。接合孢子的形成分为两种类型：异宗配合，由两种不同性菌系的菌丝结合而成；同宗配合，可由同一菌丝结合而成。接合孢子萌发时壁破裂，长出芽管，其上形成芽孢子囊。接合孢子的减数分裂过程发生在萌发之前或更多在萌发过程中。

② 子囊孢子：在同一菌丝或相邻两菌丝上两个不同性别细胞结合，形成造囊丝。经质配、核配和减数分裂形成子囊，内生 2～8 个子囊孢子。许多聚集在一起的子囊被周围菌丝包裹成子囊果。子囊果有 3 种类型：完全封闭的称闭囊果；中间有孔的称子囊壳；呈盘状的称子囊盘。

③ 卵孢子：由两个大小不同的配子囊结合而成。小配子囊称精子器，大配子囊称藏卵器。当结合时，精子器中的原生质和核进入藏卵器，并与藏卵器中的卵球配合，以后卵球生出外壁，发育成卵孢子。

④ 担孢子：由担子经核配、减数分裂形成的单倍体细胞。生长在担子的前端，有小梗与担子相连。成熟的担孢子由小梗弹射散出，萌发后形成初级菌丝。

图 3-11　真菌的有性孢子
（引自 李舫）
1. 接合孢子；2. 卵孢子；
3. 子囊孢子；4. 担孢子

霉菌的孢子具有小、轻、干、多，以及形态色泽各异、休眠期长和抗逆性强等特点，每个个体所产生的孢子数，经常是成千上万的，有时竟达几百亿、几千亿甚至更多。这些特点有助于霉菌在自然界中随处散播和繁殖。对人类的实践来说，孢子的这些特点有利于接种、扩大培养、菌种选育、保藏和鉴定等工作，对人类的不利之处则是易于造成污染、霉变和易于传播动植物的霉菌病害。

3. 霉菌的培养特性

霉菌的培养通常用沙堡弱氏培养基（Sabouraud's smedium，含 4% 葡萄糖，1.0% 蛋白胨，pH 4.0～6.0）或马铃薯琼脂培养基。最适温度为 20～28 ℃。动物内脏的病原性真菌最适温度 37℃ 左右。最适 pH 5.6～5.8（pH 3～6 生长良好）。霉菌生长较缓慢，大多于

1～2周出现典型菌落。

由于霉菌的菌丝较粗而长，因而霉菌的菌落较大，有的霉菌的菌丝蔓延，没有局限性，其菌落可扩展到整个培养皿；有的种则有一定的局限性，直径1～2 cm或更小。霉菌的菌落特征：大而蓬松，呈绒毛状、絮状和蜘蛛网状等。菌落与培养基的连接紧密，不易挑取；菌落正反面的颜色和边缘与中心的颜色常不一致。当菌丝长出孢子后，菌落可呈黄、绿、青、蓝等颜色。可根据菌落特征鉴别霉菌。

(三)真菌的变异及其抵抗力

真菌易发生变异，在人工培养基中多次传代或孵育过久，可出现形态结构、菌落性状、色素及毒力等改变，用不同的培养基或不同温度培养真菌，其性状都有改变。

真菌对干燥、阳光、紫外线及一般化学消毒剂有耐受力，但充分暴露于阳光、紫外线及干燥情况下大多数真菌可被杀死，且对2.5%碘酒、10%福尔马林都敏感，一般可用福尔马林熏蒸被真菌感染的房间。对热敏感，一般60 ℃ 1 h可杀死真菌菌丝和孢子。对抗生素不敏感，对灰黄霉素和制霉菌素以及硫酸铜等较敏感。

霉菌孢子对热、射线、药物、渗透压、干燥等的抵抗力比其营养细胞要强，但比细菌的芽孢弱，有利于在各种不良环境中保存自己的种族。在适宜环境条件下，孢子首先吸水膨胀，继而突破孢子壁出芽，生长成新的菌体。

二、真菌的致病性

真菌在自然界分布广泛，绝大多数对人有利，如酿酒、制酱、发酵饲料、农田增肥、制造抗生素、生长蘑菇、食品加工及提供中草药药源(如灵芝、茯苓、冬虫夏草等)。但也有一部分是对人畜致病的真菌，还有些真菌寄生于粮食、饲料、食品中，能产生毒素引起中毒性真菌病。单就动物而言，真菌致病性大致包括以下3个方面：

1. 真菌感染

主要是外源性感染。浅部真菌有亲嗜表皮角质特性，侵犯皮肤、指甲等组织，顽强繁殖，发生机械刺激损害，同时产生酶及酸等代谢产物，引起炎症反应和细胞病变。深部真菌可侵犯皮下、内脏等处，引起慢性肉芽肿及坏死。如多种皮肤霉菌引起的皮肤霉菌病，角化组织的损害(脱毛、脱屑、渗出、痂块及痒感等症；烟曲霉菌等曲霉菌引起的禽曲霉菌性肺炎，形成肉芽肿结节)。

2. 条件性真菌感染

主要是内源性感染(如白色念珠菌)，也有外源性感染(如曲霉菌)。此类感染与机体抵抗力、免疫力降低及菌落失调有关，常发生于长期应用抗生素、激素等的畜禽。如白色念珠菌引起的鹅口疮、上呼吸道白色假膜或溃疡。

3. 真菌毒素中毒症

真菌毒素已发现100多种，可侵害肝、肾、脑、中枢神经系统及造血组织。如黄曲霉素可引起肝脏变性、肝细胞坏死及肝硬化，并致肝癌。实验证明，用含0.045 $\mu g/g$黄曲霉素饲料连续喂养小白鼠、豚鼠、家兔等，可诱生肝癌；橘青霉素可损害肾小管、肾小球发生急性或慢性肾病；黄绿青霉素引起中枢神经损害，包括神经组织变性、出血或功能障碍等；某些镰刀菌素和黑葡萄穗素主要引起造血系统损害，发生造血组织坏死或造血机能障碍，引起白细胞减少症等；甘薯黑斑病霉菌引起牛的中毒，突然发生呼吸困难，严重时死亡。

三、真菌病的微生物学诊断及防治

(一)真菌病的微生物学诊断

1. 形态学检查

形态学特性是鉴定真菌的主要依据。常用方法是将病料制成抹片，用姬姆萨或其他方法染色，检查真菌细胞、菌丝、孢子等。形态学检查是最简单而重要的方法，取体表感染真菌的病变标本如毛发、皮屑、甲屑置于玻片上，滴加 10％KOH，必要时在火焰上稍加热至材料透明，覆盖玻片，用吸水纸吸去周围多余的碱液，在显微镜下观察，见皮屑甲屑中有菌丝，或毛发内部或外部有成串孢子，即可初步诊断为癣菌感染，但不能确定菌种。侵犯内脏的真菌标本如组织液、浆液等，也可做涂片用革兰染色(白色念珠菌)或印度墨汁负染色(隐球菌)观察形态特征。

2. 分离培养

本法可确定菌种，辅助形态学直接检查不足，通常用沙堡弱氏培养基(最适 pH 5.6～5.8，温度 22～28 ℃)，侵犯内脏的真菌可用血琼脂 37 ℃培养，或根据不同菌种运用不同培养基，如孢子、丝菌可用胱氨酸血液葡萄糖琼脂，必要时运用鉴别培养基和生化反应、同化试验等进行鉴定。

3. 免疫学试验

近年来有许多方法用于检测感染真菌的抗体，辅助诊断假皮疽组织胞浆菌、念珠菌、曲霉菌。但许多真菌间抗原性有交叉反应；有的产生抗体后维护时间较长，正常群体中也会有一定比例的阳性率，则必须结合临床情况分析结果才能做出恰当的诊断。

由于上述检测抗体受到许多因素的限制，真菌感染时，早期培养阳性率甚低，晚期则多失去治疗时机，因此，用免疫学方法从血清或其他部位检测真菌抗原，对早期诊断具有重要意义。如乳胶凝集法检测新型隐球菌病的荚膜多糖抗原，ELISA 法检测白色念珠菌感染的甘露聚糖抗原，以及免疫荧光法检测孢子丝菌病的可溶性抗原等，均为早期，快速、特异的诊断方法。

4. 动物试验

某些真菌对实验动物有致病性，可通过接种实验动物来辅助诊断。如皮炎芽生菌、球孢子菌可在小白鼠、豚鼠体内生长，白色念珠接种家兔、小白鼠可发生肾脏脓肿致死。

(二)真菌病的防治

真菌感染尚无特异预防，主要注意环境卫生，如畜禽舍应保持卫生、干燥、经常消毒，禁止用发霉的饲料或垫料等。结合真菌的抵抗力，真菌普遍对抗生素不敏感，用碘化物治疗孢子丝菌病、毛霉菌病有一定疗效；制霉菌素、灰黄霉素、克霉唑(三苯甲霉唑)等外用或内服对癣类症和白色念珠菌病等有较好疗效；近年报道 5-氟胞嘧啶(5-FC)治疗单细胞真菌感染疗效显著；二性霉素 B 可用于深部真菌感染。

任务二　放　线　菌

放线菌因菌落呈放线状而得名。它是一个原核生物类群，在自然界中分布很广，主要以孢子繁殖，其次是断裂生殖。

放线菌与人类的生产和生活关系极为密切，目前广泛应用的抗生素约70%是各种放线菌所产生。一些种类的放线菌还能产生各种酶制剂（蛋白酶、淀粉酶和纤维素酶等）、维生素（B_{12}）和有机酸等。弗兰克菌属（*Frankia*）为非豆科木本植物根瘤中有固氮能力的内共生菌。此外，放线菌还可用于甾体转化、烃类发酵、石油脱蜡和污水处理等方面。少数放线菌也会对人类构成危害，引起人和动植物病害。因此，放线菌与人类关系密切，在医药工业上有重要意义。

放线菌在自然界分布广泛，主要以孢子或菌丝状态存在于土壤、空气和水中，尤其是含水量低、有机物丰富、呈中性或微碱性的土壤中数量最多。放线菌只是形态上的分类，不是生物学分类的一个名词。有些细菌和真菌都可以划归到放线菌。土壤特有的泥腥味，主要是放线菌的代谢产物所致。

一、放线菌的形态结构

放线菌的形态比细菌复杂些，但仍属于单细胞。在显微镜下，放线菌呈分枝丝状，我们把这些细丝一样的结构叫做菌丝。菌丝直径与细菌相似，小于 1 μm（图 3-12）。菌丝细胞的结构与细菌基本相同。大部分放线菌的菌体由多细胞分枝状菌丝组成。菌丝大多无隔膜，其粗细与杆状细菌相似，直径 1 μm 左右。细胞中具核质而无真正的细胞核，细胞壁含有胞壁酸与二氨基庚二酸，而不含几丁质和纤维素。

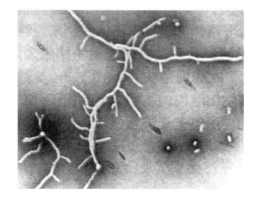

图 3-12　放线菌

1. 菌丝

根据菌丝的着生部位、形态和功能的不同，放线菌菌丝可分为基内菌丝、气生菌丝和孢子丝3种，和霉菌不同，没有直立菌丝（放线菌准确来说不能算细菌，因为形态差异太大；可认为是霉菌，又没有准确特征）。

（1）基内菌丝　孢子落在适宜的固体基质表面，在适宜条件下吸收水分，孢子肿胀，萌发出芽，进一步向基质的四周表面和内部伸展，形成基内菌丝，又称初级菌丝或者营养菌丝，直径 0.2～0.8 μm，色淡，主要功能是吸收营养物质和排泄代谢产物（图 3-13）。可产生黄、蓝、红、绿、褐和紫等水溶色素和脂溶性色素，色素在放线菌的分类和鉴定上有重要的参考价值。放线菌中多数种类的基内菌丝无隔膜，不断裂，如链霉菌属和小单孢菌属等；但有一类放线菌，如诺卡氏菌型放线菌的基内菌丝生长一定时间后形成横隔膜，继而断裂成球状或杆状小体。

（2）气生菌丝　是基内菌丝长出培养基外并伸向空间的菌丝，又称二级菌丝（图 3-

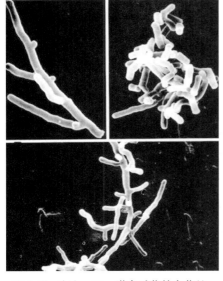

图 3-13　左上、下：诺卡氏菌基内菌丝；
右上：断裂成杆状或球状细胞

14）。在显微镜下观察时，一般气生菌丝颜色较深，比基内菌丝粗，直径 $1.0\sim1.4\ \mu m$，长度相差悬殊，形状直伸或弯曲，可产生色素，多为脂溶性色素。

（3）孢子丝　当气生菌丝发育到一定程度，其顶端分化出的可形成孢子的菌丝，称为孢子丝，又称繁殖菌丝（图 3-15）。孢子成熟后，可从孢子丝中逸出飞散。放线菌孢子丝的形态及其在气生菌丝上的排列方式，随菌种不同而异，是链球菌菌种鉴定的重要依据。孢子丝的形状有直形、波曲、钩状、螺旋状。螺旋状的孢子丝较为常见，其螺旋的松紧、大小、螺数和螺旋方向因菌种而异。孢子丝的着生方式有对生、互生、丛生与轮生（一级轮生和二级轮生）等多种（图 3-16）。

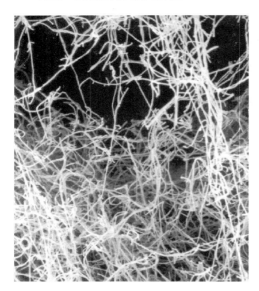

图 3-14　气生菌丝

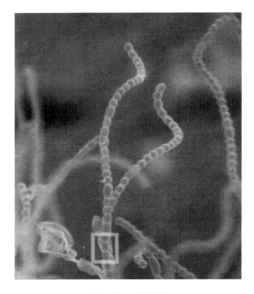

图 3-15　孢子丝

2. 孢子

孢子丝发育到一定阶段便分化为孢子。在光学显微镜下，孢子呈圆形、椭圆形、杆状、圆柱状、瓜子状、梭状和半月状等，即使是同一孢子丝分化形成的孢子也不完全相同，因而不能作为分类、鉴定的依据。孢子的颜色十分丰富。孢子表面的纹饰因种而异，在电子显微镜下清晰可见，有的光滑，有的褶皱状、疣状、刺状、毛发状或鳞片状，刺又有粗细、大小、长短和疏密之分，一般比较稳定，是菌种分类、鉴定的重要依据（图 3-17）。孢子的形成方式为横割分裂，横割分裂有两种方式：①细胞膜内陷，并由外向内逐渐收缩，最后形成完整的横隔膜，将孢子丝分隔成许多无性孢子；②细胞壁和细胞膜同时内缩，并逐步缢缩，最后将孢子丝缢缩成一串无性孢子。

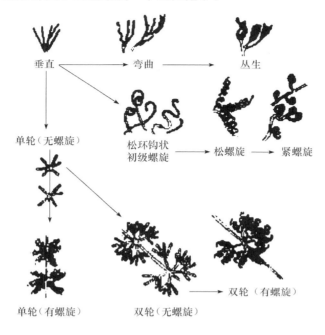

图 3-16 孢子丝的各种形态

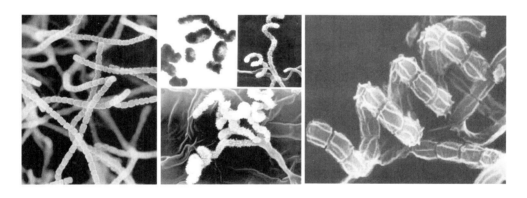

图 3-17 放线菌的孢子

左：灰色链霉菌直链形孢子，孢子表面光滑；中：绿色产色链霉菌螺旋形孢子链，孢子表面有刺；

右：褶皱链霉菌的螺旋形孢子链，孢子表面有褶皱

二、放线菌的繁殖

放线菌主要通过形成无性孢子的方式进行繁殖，也可借菌体分裂片段繁殖。放线菌长到一定阶段，一部分气生菌丝形成孢子丝，孢子丝成熟便分化形成许多孢子，称为分生孢子。

孢子的产生有以下几种方式：

① 凝聚分裂形成凝聚孢子：其过程是孢子丝孢壁内的原生质围绕核物质，从顶端向基部逐渐凝聚成一串体积相等或大小相似的小段，然后小段收缩，并在每段外面产生新的孢子壁而成为圆形或椭圆形的孢子。孢子成熟后，孢子丝壁破裂释放出孢子。多数放线菌按此方式形成孢子，如链霉菌孢子的形成多属此类型。

② 横隔分裂形成横隔孢子：其过程是单细胞孢子丝长到一定阶段，首先在其中产生横隔膜，然后，在横隔膜处断裂形成孢子，称横隔孢子，也称节孢子或粉孢子。一般呈圆柱形或杆状，体积基本相等，大小相似，$(0.7\sim0.8)\mu m \times (1\sim2.5)\mu m$。诺卡菌属按此方式形成孢子。

③ 有些放线菌首先在菌丝上形成孢子囊（sporangium），在孢子囊内形成孢子，孢子囊成熟后，破裂，释放出大量的孢囊孢子。孢子囊可在气生菌丝上形成，也可在营养菌丝上形成，或二者均可生成。如游动放线菌属和链孢菌囊菌属等均通过这种方式形成孢子。孢子囊可由孢子丝盘绕形成，有的由孢子囊柄顶端膨大形成（图3-18）。

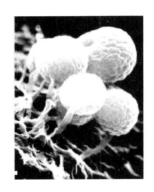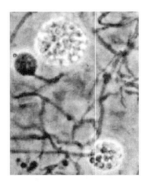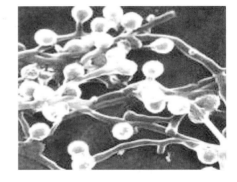

图3-18　孢囊链霉菌的孢囊及孢囊孢子　　　　　图3-19　分生孢子

④ 小单孢菌科中多数种的孢子形成是在营养菌丝上作单轴分枝，其上再生出直而短（$5\sim10$ μm）的特殊分枝，分枝还可再分枝杈，每个枝杈顶端形成一个球形、椭圆形或长圆形孢子，它们聚集在一起，很像一串葡萄，这些孢子也称分生孢子（图3-19）。

⑤ 某些放线菌偶尔也产生厚壁孢子：放线菌孢子具有较高的耐干燥能力，但不耐高温，$60\sim65$ ℃处理$10\sim15$ min即失去生活能力。放线菌也可借菌丝断裂的片断形成新的菌体，这种繁殖方式常见于液体培养基中。工业化发酵生产抗生素时，放线菌就以此方式大量繁殖。如果静置培养，培养物表面往往形成菌膜，膜上也可产生出孢子。

三、放线菌的培养特性

放线菌主要营异养生活，培养较困难，厌氧或微需氧。加5%二氧化碳可促进其生长。在营养丰富的培养基上，如血平板37 ℃培养3～7 d，可长出灰白色或淡黄色微小菌落。多数放线菌的最适生长温度为30～32 ℃，致病性放线菌为37 ℃，最适pH值为6.8～7.5。

放线菌的菌落特征：形状多为圆形，初期光平，后期产生许多皱褶表面，菌落小而紧密；质地不均且较干燥、不易挑取；颜色多样；边缘具辐射状菌丝。

（1）链霉菌类　产生大量分枝和气生菌丝的菌种。菌落质地致密，表面呈较紧密的绒状或坚实、干燥、多皱，菌落较小而不蔓延；菌落与培养基结合较紧，不易挑起或挑起后易破碎；有些种类的孢子含有色素，使菌落正面或背面呈现不同颜色。

（2）诺卡氏放线菌类　不产生大量菌丝体的菌种。菌落黏着力差，结构呈粉质状，用针挑起则粉碎。

四、常见病原放线菌

（一）分枝杆菌属

1. 分枝杆菌的主要特性

革兰阳性、抗酸菌（使用抗酸染色法染成红色，非抗酸菌染成蓝色），如结核杆菌，抗酸染色为阳性。致病性的大多缓慢生长：如结核杆菌，一般需 2～4 周长成肉眼可见的菌落（图 3-20）。致病多为慢性。

2. 结核分枝杆菌抵抗力

对乙醇、湿热、紫外线敏感；对链霉素、异烟肼、利福平、环丝氨酸、乙胺丁醇、卡那霉素、对氨基水杨酸等抗痨药物敏感，但长期用药容易出现耐药性；对干燥的抵抗力特别强；对酸（3% HCl 或 6% H_2SO_4）或碱（4% NaOH）有抵抗力，15 min 不受影响；对碱性染料有抵抗力，对青霉素等抗生素耐药。

图 3-20　牛结核杆菌菌落

3. 分枝杆菌的致病性与防治

致病性的分枝杆菌主要有结核分支杆菌、牛分支杆菌和禽分支杆菌，它们分别可以引起人、牛、禽等的结核病。

防治此类疾病，主要以对症治疗和净化淘汰牛群为主要措施，还可以通过注射卡介苗来预防。家禽一般没有治疗价值，较贵重动物可用异烟肼、链霉素、对氨基水杨酸等治疗。

（二）放线菌属

1. 放线菌属的主要特性

革兰阳性、非抗酸菌；多数需氧，少数厌氧；最适生长温度为 30～32 ℃，致病性放线菌在 37～40 ℃也生长良好；有致病性的少，主要有牛放线菌引起的牛放线菌病（以颌骨多见），排出黄色硫黄样颗粒（在脓汁标本中可见到分枝缠绕的小菌落，即硫黄样颗粒，见图 3-21）。诊断不难，从脓汁中找到硫黄样颗粒，放两玻片中压扁，镜下见放射状结构的菌团（图 3-22），可以确诊。经革兰染色，阳性为放线菌，阴性为放线杆菌。

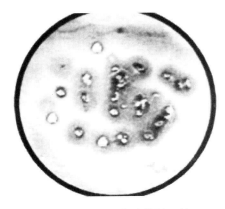

图 3-21　放线菌硫黄样颗粒

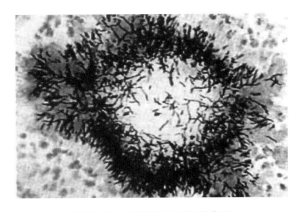

图 3-22　显微镜下放射状菌团

2. 放线菌属的致病性与防治

（1）致病性　主要病原有牛放线菌和林氏放线杆菌。牛放线菌是牛骨骼放线菌病的主要病原，是一种不运动的无芽孢杆菌。林氏放线杆菌是皮肤和柔软器官放线菌病的主要病原菌，不形成芽孢和荚膜；可在牛舌的肉芽肿损害中发现。本病主要侵害牛，以 2～5 岁牛最易患病，特别在换牙时。

放线菌病的病原体存在于污染的土壤、饲料和饮水中，寄生于牛口腔和上呼吸道中，因此只要皮肤黏膜上有破损便可自行发生，当给牛饲喂带刺的饲料时，使口腔黏膜损伤而感染。

（2）防治　对于此类病症的防治，舍饲牛最好将干草、谷糠等浸软避免刺伤口腔黏膜，要有合理的饲养管理，及时发现皮肤黏膜的损伤并及早处理。在放线菌病的软组织经一定治疗比较容易恢复，但一旦拖延病程，骨质发生改变时，预后不良。

治疗时，病变结节可用外科手术切除，如有瘘管要彻底切除病理组织，在腔内填塞碘酊纱布，24～48 h 更换一次，伤口周围注射 2% 碘溶液。也可用烧烙法，每头牛每天内服 1 次碘化钾 20～30 g，连用 2～4 周，如用药中出现黏膜、皮肤发疹、流泪、脱毛、食欲减少等碘中毒现象，应暂停用药 5～6 d 或减少剂量。

大剂量较长时间应用抗生素可提高本病的治愈率。牛放线菌病对青霉素、红霉素、氯霉素、四环素、林可霉素比较敏感，而林氏放线杆菌对链霉素、磺胺类药比较敏感。

任务三　支原体

支原体（Mycoplasma）又称霉形体。因它最早是从患胸膜肺炎的病牛中分离到的，故在较长的一段时间里被称为胸膜肺炎类微生物（Pleuropneumonia Like Organism，简称PPLO）。它在分类学中的地位属于柔膜菌纲（Molliaules）支原体目（Mycoplasmatales）支原体科（Mycoplasmataceae）支原体属（Mycoplasma）。

支原体是介于细菌与病毒之间的一类微生物，它是目前所能知道的体积最小又能独立营生的原核生物。

近年的研究证实，支原体是一群大而重要的微生物类群，目前已发现有 50 余种，广泛分布在自然界中，诸如土壤、粪肥、植物、矿物、动物等，有些支原体是人类和家禽的呼吸道及泌尿道生殖道中的常驻菌，有些支原体能导致多种哺乳动物、家禽和人类发生支原体性疾病。

一、形态和结构

支原体没有细胞壁，仅由3层结构组成的细胞膜所包被。3层中的内、外层是蛋白质膜，中层由类脂类和原核生物所罕见的胆固醇组成。胆固醇含量较多，约占36%，对保持细胞膜的完整性具有一定作用。所以凡能作用于胆固醇的物质（如二性霉素 B、皂素等）均可引起支原体膜的破坏而使支原体死亡。细胞浆中有大量的核糖体，有 RNA 和排列成丝状的 DNA（图 3-23）。它通过繁殖、芽殖方式进行繁殖。基于这种独特的结构和繁殖方式，支原体没有固定的形态。它们以球状、球杆状、棒状、环状和长短不一的丝状等形状而出现。丝状的菌体通常还有高度的分支，如丝状真菌样，支原体之称也由此而得。

这一类微生物的大小与病毒相似，但不同属中的个体差异则较大，球状的支原体直径 125～250 nm；丝状体的丝长短不一，由数微米到 150 μm 不等，通常可通过孔径较大的细菌滤器。

支原体革兰染色不易着色，可以用姬姆萨染色液染成淡紫色，在光学显微镜下观察。

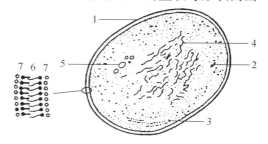

图 3-23　支原体的超微结构
1. 单位膜；2 和 3. 核糖体；4. DNA；
5. 球形粒子；6. 脂质双层；7. 蛋白质

L 型细菌是在抗生素、溶菌酶等作用下变成的一种细胞壁缺陷型细菌，其许多特性与支原体相似，在鉴定时很有必要将二者区别开来（表 3-1）。

表 3-1　支原体与 L 型细菌的区别

支原体	L 型细菌
自然界中广泛存在	自然界很少存在
绝大多数生长需胆固醇	生长不一定需要胆固醇
在遗传上与细菌无关，且无论在什么条件下也不能变成细菌	在遗传上与原菌相关，并可在诱导因素去除后回复为原菌
菌落较小，0.1～0.3 mm	菌落稍大，0.5～1.0 mm

二、生长要求和培养特性

支原体可在人工培养基上生长，但营养要求苛刻，除基础培养外，需加入动物血清、外源胆固醇等物质，以提供它们所不能自行合成的胆固醇和长链脂肪酸。大多数兼性厌氧，适宜生长温度为 37℃，适宜 pH 7.6～8.0，有些菌株在初次分离培养时，还需要 5% 二氧化碳或 5% 二氧化碳与 95% 氮混合气体存在的条件下更易于生长。本菌人工培养生长缓慢，在琼脂含量较少的固体培养基上孵育 2～6 d 出现典型的"荷包蛋样"菌落（图 3-24），

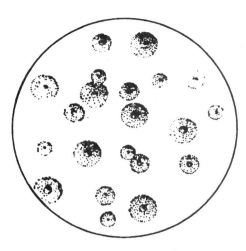

图 3-24　支原体的菌落(刘莉，2010)

须用光学显微镜或放大镜才能观察到。由于它没有细胞壁，所以对渗透压的变化极为敏感。要求较高湿度的培养环境，并常深入至基质内生长，导致菌落不易挑取。在液体培养基中生长后，培养液多呈极轻微的均匀混浊，也有呈颗粒状混浊。

支原体一般不能分解蛋白质，有些菌株能分解氨基酸和脂肪酸，有些能分解糖类，通常以此特性把支原体分作两群。支原体对糖分解的结果产酸，对精氨酸分解的结果产氨，前者可使培养基的 pH 值降低，后者则使之升高，利用这种生化特性，在培养基中加入酚红指示剂，通过培养基颜色变黄或变红的变化，便可掌握支原体在培养基中的生长情况。很多支原体可在鸡胚绒毛尿囊或细胞培养物上生长，常造成病毒培养材料的污染。

三、抵抗力

支原体对理化因素的抵抗力与细菌的繁殖体相似，因无细胞壁，甚至其抵抗力更低些，对湿热、干燥都敏感，在 45 ℃中 15 min 可使大多数支原体死亡。凡能破坏细胞膜的药物，诸如胆汁、去污剂、酒精、皂素和二性霉素等都可杀死支原体。对能干扰蛋白质合成的抗生素，如四环素、土霉素、卡那霉素和红霉素等，支原体也很敏感。支原体对能抑制细胞壁合成的药物，如青霉素、D-环丝氨酸、醋酸铊、结晶紫和亚硒酸盐等均有较强的抵抗力，因此，在分离培养本类微生物时，常用这些药物抑制被检材料中的杂菌，以便选择性地进行培养。

四、致病性与免疫性

支原体具有黏附细胞的特性，这种特性是机体发生感染的先决条件。支原体不侵入机体组织与血液，而是在呼吸道或泌尿生殖道上皮细胞黏附并定居后，释放出有毒的代谢产物(如过氧化氢和磷酸酶等)，使宿主细胞膜溶解。支原体与细胞膜紧密黏附时，还可导致宿主细胞膜抗原结构的改变，宿主产生自身抗体，造成自身免疫损害。此外，有些支原体如溶神经支原体能产生外毒素。

支原体感染的宿主范围很窄，多具有种的特性。一般定居在呼吸道、泌尿生殖道、乳腺、消化道、眼等黏膜表面。单纯性感染时，症状轻微或无临床表现，有细菌或病毒继发感染或受外界不良因素的影响时会引起疾病。潜伏期长，呈慢性经过，地方性流行。已确定为病原菌的支原体有：丝菌支原体，可致牛和山羊发生传染性胸膜肺炎；羊无乳支原体，可致羊无乳症；猪肺炎支原体，可致猪喘气病；鸡败血支原体，可致鸡慢性呼吸道病。

支原体的抗原结构主要来自细胞膜结构。以人体肺炎支原体的膜蛋白制成的单克隆抗体，能干扰支原体对细胞的吸附作用。动物和人类感染支原体后，均能产生循环抗体，分泌抗体以及细胞免疫的应答。但是，这种自然感染所产生的免疫力仅可维持 1～2 年或稍长些。

五、微生物学诊断

支原体因形态多样，直接镜检比较困难，应取病料进行分离培养，然后经形态、生化试验初步鉴定，再通过血清学试验鉴定。

1. 分离培养

培养采用加10%～20%犊牛血清的基础培养基，初次分离生长较慢，菌落呈典型的荷包蛋样。新分离的菌株在鉴定前必须先进行细菌L型鉴定，在无抑制剂的培养基中主要区别是连续传代后能否回复为细菌形态。

2. 生化性状测定

先做毛地黄苷敏感性测定，用以区别需要胆固醇与不需要胆固醇的支原体；再做葡萄糖、精氨酸分解试验，将其分为发酵葡萄糖和水解精氨酸两类，以缩小选用抗血清的范围，进一步做血清学鉴定。

3. 血清学鉴定

(1)生长抑制试验　在接种备检支原体的平板培养基上，贴上含已知抗血清的圆纸片，培养后观察圆纸片周围有无菌落抑制圈的产生。结果：抑制圈宽度达2 mm时为同种，无抑制圈为异种。

(2)代谢抑制试验　①发酵抑制试验，将支原体接种于含葡萄糖的液体培养基中，加入相应的抗血清，通过指示剂颜色的变化观察支原体分解葡萄糖产酸的活性是否被抑制；②精氨酸代谢抑制试验，将支原体接种于含精氨酸并加指示剂的液体培养基中，能分解精氨酸使培养基变碱者，可因加入相应的抗血清所抑制。

(3)表面免疫荧光法　用已知的抗血清制成荧光抗体，直接染色琼脂块上的支原体菌落，在荧光显微镜下观察菌落的特异性荧光。也可用抗血清与菌落反应后再用荧光标记的抗体染色。

任务四　螺　旋　体

螺旋体是一类菌体细长、柔软、弯曲呈螺旋状、无鞭毛而能活泼运动的原核单细胞微生物，在生物学上的位置介于细菌与原虫之间。它与细菌的相似之处是具有与细菌相似的细胞壁，内含脂多糖和胞壁酸，以二分裂方式繁殖，无定型核(属原核型细胞)，对抗生素敏感；与原虫的相似之处在于体态柔软，胞壁与胞膜之间绕有弹性轴丝，借助它的屈曲和收缩能活泼运动，易被胆汁或胆盐溶解。

螺旋体广泛存在于水生环境，也有许多分布在人和动物体内。大部分营自由的腐生或共生生活，无致病性，只有少部分可致人和动物的疾病。

一、基本形态和结构

螺旋体是介于细菌与原生动物之间的微生物，是一群柔软、细长、螺旋体扭曲的单细胞

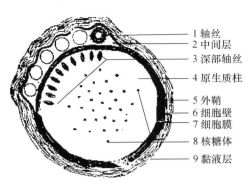

1 轴丝
2 中间层
3 深部轴丝
4 原生质柱
5 外鞘
6 细胞壁
7 细胞膜
8 核糖体
9 黏液层

图 3-25　螺旋体横切面模式

原核生物。它们的大小为$(5\sim250)\mu m\times(0.1\sim3)\mu m$，有多个弯曲的螺旋，故称为螺旋体。

螺旋体细胞是由外膜、轴丝和圆柱形菌体（又称为原生质柱）所构成（图 3-25）。

（1）外膜　位于菌体的最外层，由多层薄膜组成，与细菌的荚膜相近似。

（2）轴丝　是螺旋体所特有的一种结构，位于外膜与圆柱形菌体之间，相当于细菌的鞭毛结构，是螺旋体的运动器官。轴丝的数目因种和属的不同而不同，一般有 $2\sim100$ 条。螺旋体的轴丝分别起源于菌体的两极近端处，缠绕菌体并向另一端的方向延伸，于菌体的中部重迭后，末端便游离伸出。螺旋体借助轴丝的伸缩，使菌细胞沿着螺旋的长轴迅速地旋转，或作蛇形运动，或作屈曲运动。

（3）圆柱形菌体　圆柱形菌体与细菌细胞的结构相同，有细胞壁、细胞膜、细胞浆、不定形核、核蛋白和液泡等。细胞壁含有脂多糖和胞壁酸，其结构和性质与革兰阴性菌相似，但不及细菌胞壁坚韧。

所有螺旋体均为革兰阴性菌，但革兰染色法不易使它着色，故不多使用。镀银染色法和姬姆萨氏染色法对螺旋体均有良好的染色的效果。也可采用负染色法，即把印度墨汁或刚果红液与螺旋体混合，制成标本片，以有色的背景把无色透明的螺旋体清晰地显示在玻片上。用相差显微镜或暗视野显微镜观察新鲜活体标本，可见菌体呈细长的螺旋状，运动活泼。

二、培养特性

螺旋体的人工培养比较困难，多数需厌氧。在各属螺旋体中，只有一些属或种的螺旋体，如钩端螺旋体属、密螺旋体属中的猪痢疾密螺旋体等能够在含血清或血液的液体培养基或半固体培养基中生长，兔密螺旋体不能在人工培养基上生长。但可以用易感动物来增殖培养或包种。

三、常见病原性螺旋体

螺旋体（Spirochets）的分类学地位是属于细菌门下的螺旋体目（Spirochaetales）螺旋体科（Spirochaetaceae）。科以下又分 5 个属，即螺旋体属（Spirochaeta）、脊螺旋体属（Cristispira）、密螺旋体属（Treponema）、疏螺旋体属（Borrelia）和细螺旋体属（Leptospira，又称钩端螺旋体属）。各属形态如图 3-26 所示。其中致病性的主要有疏螺旋体属、密螺旋体属和细螺旋体属。

（1）疏螺旋体属　长 $3\sim15\ \mu m$，宽 $0.2\sim0.5\ \mu m$，螺旋疏松而不规则，较容易染色。厌氧，营寄生生活。一部分为病原菌，经蜱及虱传播，其中包括感染人的各种回归热的病原体。在兽医实践上具有重要意义的有：①鹅疏螺旋体（Borrelia anserina），可引起鸭、火鸡、鸡及某些野禽的疏螺旋体病；②色勒氏疏螺旋体（B. theileri），可引起牛和马的疏螺旋体病。

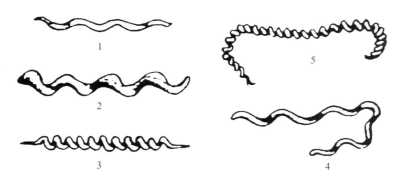

图 3-26 各属螺旋体形态示意
1. 螺旋体属；2. 脊膜螺旋体属；3. 密螺旋体属；4. 疏螺旋体属；5. 钩端螺旋体属

（2）密螺旋体属 本属螺旋体长 5～20 μm，宽 0.09～0.5 μm，螺旋弧幅约 1 mm，螺旋的弧深 1～1.5 μm；螺旋弯曲而致密，规则或不规则。对一般细菌染料不易着染。大多数菌种用姬姆萨氏染料染色效果也不佳，用镀银法较好。细胞的折光率较低，固而对未染色标本的检查，除暗视野和相差显微镜外，难以观察。本属螺旋体常见于人和动物的口腔、肠道和生殖道内，营共生或寄生生活，部分种属具致病性。本属螺旋体对培养条件要求苛刻，有的至今尚未能在人工培养基中培养成功。目前成功的培养方法，几乎全部是应用含有多种氨基酸、维生素、嘌呤、嘧啶、微量元素以及血清成分等的培养基，厌氧条件相当严格。特别在为了观察菌落或分离纯培养而进行的固体培养基培养时，更为困难。最有效的培养方法，为用预先还原的厌氧培养基，在无氧的充氮或二氧化碳环境下接种培养。本属中的病原菌，最熟知者为引起人梅毒的苍白密螺旋体。在兽医微生物学中重要者有兔密螺旋体和猪痢疾密螺旋体。

（3）细螺旋体属 细螺旋体属是其一端或两端可弯曲呈钩状的一大类螺旋体，故通常又称为钩端螺旋体。其中大部分是腐生性和水生性的，存活于河、湖和池塘等水生环境中。一部分为寄生性和致病性的，可引起人和动物的传染病。

任务五 立克次体和衣原体

一、立克次体

立克次体（Rickettsia）是一类严格细胞内寄生的原核细胞型微生物，在形态结构、化学组成及代谢方式等方面均与细菌类似：具有细胞壁；以二分裂方式繁殖；含有 RNA 和 DNA 两种核酸；由于酶系不完整需在活细胞内寄生；对多种抗生素敏感等。立克次体病多数是自然疫源性疾病，且人畜共患。我国除斑疹伤寒、恙虫病外，已证明有 Q 热、斑点热疫源地存在。节肢动物和立克次体病的传播密切相关，或为储存宿主，或同时为传播媒介。

1. 形态结构与染色

立克次体具有多形态的特点，球杆状或杆状，大小（0.3～0.6）μm×（0.8～2.0）μm。其中贝柯克斯体最小，平均大小为 0.25 μm×1 μm，多形性更明显。最大者为斑点热群，为

0.6 μm×1.2 μm。在感染细胞内，立克次体常聚集成致密团块状，但也可成单或成双排列。不同立克次体在细胞内的分布不同，可供初步识别。如普氏立克次体常散在于胞质中，恙虫病立克次体在细胞质近核旁，而斑点热群立克次体则在细胞质和核内均可发现。

立克次体在结构上与革兰阴性杆菌非常相似(图 3-27)。用电子显微镜观察，最外层为由多糖组成的黏液层，有黏附宿主细胞及抗吞噬作用。其内为微荚膜或称外包膜，由多糖

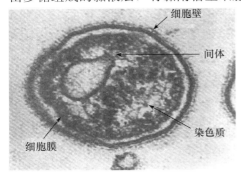

图 3-27　立克次氏体结构示意

或脂多糖组成。细胞壁包括外膜(磷脂双分子层)、肽聚糖及蛋白脂类 3 层。有与细菌内毒素性质相似的脂多糖复合物，但脂类含量比一般细菌高得多。胞浆膜为双层类脂，主要由磷脂组成。细胞质内有核糖体(由 30 S 和 50 S 两个亚基组成)。核质集中于中央，含双股 DNA。

革兰染色阴性，但一般着染不明显，因此常用姬姆萨(Giemnez、Giemsa)或马基维罗(Macchiavello)法染色，其中以 Gimenez 法最好。该法着染后，除恙虫病立克次体呈暗红色外，其他立克次体均呈鲜红色。姬姆萨法和马基维罗法分别将立克次体染成紫色或蓝色和红色。

繁殖方式：专性细胞内寄生，二等分裂繁殖。

2．培养特性

立克次体具有相对较完整的能量产生系统，能氧化三羧酸循环中的部分代谢产物，有较独立的呼吸与合成能力，但仍需从宿主细胞中取得辅酶 A、NAD 及代谢中所需的能量才能生长繁殖。除战壕热罗沙利马体外，其他立克次体都为严格的真核细胞内寄生。

常用的培养方法有动物接种、鸡胚接种及细胞培养。多种病原性立克次体能在豚鼠、小鼠等动物体内有不同程度的繁殖。在豚鼠睾丸内保存的立克次体能保持致病力和抗原性不变。立克次体还能在鸡胚卵黄囊中繁殖，常用作制备抗原或疫苗的材料。常用的细胞培养系统有敏感动物的骨髓细胞、血液单核细胞和中性粒细胞等，一般不产生细胞病变。一般认为宿主细胞的新陈代谢不太旺盛时有利于立克次体的生长繁殖，因此接种立克次体以 32～35 ℃孵育最为适宜。

3．抵抗力

除贝钠(Q 热)柯克斯体外，立克次体对理化因素的抵抗力与细菌繁殖体相似。56 ℃ 30 min 即被灭活；室温放置数小时即可丧失活力。对低温及干燥的抵抗力强，在干燥虱粪中能存活数月。对一般消毒剂敏感，对四环素和氯霉素敏感。对青霉素不敏感。磺胺类药物不仅不能抑制，反而促进立克次体的生长、繁殖。

4．致病性与免疫性

立克次体的致病物质已证实的有 2 种，一种为内毒素，由脂多糖组成，具有与肠道杆菌内毒素相似的多种生物学活性；另一种为磷脂酶 A，可分解脂膜而溶解细胞，导致宿主细胞中毒。

立克次体感染与节肢动物关系密切，它寄生在吸血节肢动物（如虱、蚤、蜱、螨等）体内，节肢动物或为寄生宿主或为储存宿主或同时为传播媒介。虱、蚤的传播方式是含大量病原体的粪便在叮咬处经搔抓皮损处侵入人体；蜱、螨传播则是由叮咬处直接注入体内。进入人体后，立克次体首先侵入局部淋巴组织或小血管内皮细胞内，即经过吸附细胞膜上受体而被吞入胞内，再由磷脂酶 A 溶解吞噬体膜的甘油酸而进入细胞质，随后分裂繁殖，导致细胞肿胀、中毒，出现血管炎症，管腔堵塞而形成血栓、组织坏死。立克次体也能进入血流而扩散，到达皮肤、肝、脾、肾等处而出现毒血症症状。立克次体还能直接破坏血管内皮细胞，使透性增加、血容量下降和水肿。另外，血管活性物质的激活可加剧血管扩张，导致血压降低、休克、DIC 等。发病后期由于免疫复合物等的参与还可使病理变化和临床表现加重。

由于立克次体几乎全是严格细胞内寄生的病原体，其抗感染免疫是以细胞免疫为主，体液免疫为辅。病后一般能获得较强的免疫性。感染后产生的特异性群和种抗体有中和毒性物质和促进吞噬的作用。特异性细胞因子有增强巨噬细胞杀灭胞内立克次体的作用。

5. 诊断与防治

（1）微生物学诊断　可将病料制成血片或组织抹片，经适当方法染色后镜检，来进行病原体的检查。用荧光抗体法检查效果更好。

除恙虫病和立克次体痘用小白鼠分离外，其他均可接种雄性豚鼠腹腔，如体温大于 40 ℃，有阴囊红肿，表示有立克次体感染，应进一步将分离株接种鸡胚或细胞培养，用免疫荧光试验等加以鉴定。

血清学试验特异性试验目前较多应用可溶性（群特异）抗原和/或颗粒性（种特异）抗原进行补体结合试验和/或凝集试验作确切诊断。

非特异性试验是用变形杆菌某些菌株的菌体抗原代替立克次体打开抗原以检测相应抗体的凝集试验，即魏斐氏试验。抗体效价≥1：160 有意义。如晚期血清效价高于早期效价 4 倍以上也有诊断价值。但应注意，魏斐氏反应不能区别斑疹伤寒群和斑点热群，而且对群内各种立克次体也无鉴别作用。

（2）防治　预防立克次体重点应针对中间宿主及储存宿主（节肢动物）加以控制和消灭。讲究卫生，消灭体虱有望根绝流行性斑疹伤寒；灭鼠、杀灭媒介节肢动物和个人预防是防止地方性斑疹伤寒、恙虫热、斑点热的有效措施。目前国内斑疹伤寒已基本控制，大城市中极为少见，恙虫热和 Q 热也仅在东南沿海和西南地区时有发生。

在特异性预防上，以接种灭活疫苗为主，接种后有一定的成效。恙虫热因病原体抗原型别多、抗原性弱，至目前仍未获得满意的疫苗。活疫苗正处于试验阶段。

氯霉素和四环素类抗生素对各种立克次体均有很好效果，能明显缩短病程，大幅度降低病死率。但某些立克次体病的复发日渐增多，可能是药物未能杀死所有病原体的缘故。病原体的最终清除仍有赖于机体免疫机能（尤其是细胞免疫）。

二、衣原体

衣原体（Chlamydia）是介于细菌和病毒之间的原核微生物。它在分类学上的位置是归属于立克次体类群衣原体目(Chlamydiales)衣原体科(Chlamydiaceae)衣原体属。它包括沙眼衣原体和鹦鹉热衣原体等。

衣原体过去曾被分类为"大病毒"。因为它能通过细菌滤器,在细胞内寄生。但仔细研究后,发现衣原体具有黏肽构成的细胞壁,且含有胞壁酸。它的繁殖方式与细菌相同;衣原体是原核生物,有 RNA 和 DNA 两种核酸;它具有比较复杂的酶系统,能进行一定的代谢活动;此外,它对多种抗菌药物敏感。因此,现已确定它不是病毒。

1. 生物学特性

(1)形态及染色　衣原体是一种球形或近球形,革兰染色阴性的微生物。它有大小不同的两种细胞型,大的细胞称为始体,是该菌的营养型形式,直径 800～1 200 nm;小的细胞称为原体,是该菌具有感染力的形式,直径 200～350 nm。用姬姆萨染色法染色,始体被染成蓝色,原体被染成紫色。

(2)生长特性　衣原体是专性细胞内寄生物,具有独特的生活周期。衣原体具有高度的侵袭性,它首先吸附在易感动物的表面,而易感细胞则以胞饮的方式将它吞噬,宿主细胞膜向内凹陷形成空泡,原体就在空泡内分化并逐渐增大成为结构疏松、直径较大的始体。始体无侵袭性,一旦离开宿主细胞便很快死亡,但它能在空泡内反复以二分法的方式进行繁殖,形成大量结构紧密的原体。

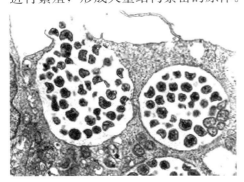

图 3-28　包涵体示意

原体在空泡中积聚,使宿主心包的胞浆中出现各种形式的包涵体(或称微菌落,如图 3-28 所示),呈帽状、桑葚状等。以姬姆萨染色法染色,包涵体呈深紫色。这种结构的出现有助于对衣原体的诊断和鉴定。当原体增殖到一定数量时,便可引起泡壁和宿主细胞破裂。于是,原体被释放到细胞外,再进入另一些宿主细胞中,重复上述的生活周期。

(3)抵抗力　衣原体对热敏感,在 56～60 ℃中仅能存活 5～10 min。常用的消毒剂如 0.1％甲醛、0.5％石炭酸等均能迅速将它灭活。但它对低温的抵抗力强,在冷冻干燥的条件下可存活多年。凡能抑制细胞壁的形成或蛋白质的合成的药物如四环素、红霉素、氯霉素、青霉素、D-环丝氨酸和磺胺类药等,均能有效地抑制衣原体的生长。

(4)抗原性　衣原体具有 3 种不同类型的抗原:①属特异性抗原,所有衣原体均有,不同种间可发生交叉反应。位于细胞壁,是一种大分子脂多糖,可耐 130 ℃ 30 min。可用补体结合反应和血凝抑制反应检出;②种特异性抗原,位于细胞壁的主要外膜蛋白上,与衣原体的致病性、免疫性、种型抗原有关。不耐热,60 ℃以上可被破坏。用补体结合反应、琼脂扩散试验、荧光抗体技术以及中和试验检测,依次可鉴别不同种衣原体;③型特异性抗原,是细胞壁的主要外膜蛋白上氨基酸可变区的顺序变化,它还可以进一步区分出种内的血清型或生物型。常用单抗微量免疫荧光试验加以检测。

(5)衣原体的培养　衣原体专性寄生,可在鸡胚、小鼠和细胞中繁殖。衣原体的培养只能用以下 3 种方法:鸡胚或鸭胚培养、动物接种和细胞培养。绝大多数衣原体能在 6～9

日龄的鸡胚或鸭胚卵黄囊中生长，并可在卵黄膜上找到包涵体、始体或原体的颗粒。动物接种多用于严重污染病料中衣原体的分离培养，常用动物为 3～4 周龄小鼠，可进行腹腔接种或脑内接种。此外，衣原体还能在多种常用的原代或传代细胞系中增殖。如在 HeLa-229 细胞（人宫颈癌传代细胞）、McCoy 细胞（一株传代的小鼠滑膜细胞株）中进行培养，均获得良好的效果。

2. 致病性与免疫性

衣原体中的沙眼衣原体和肺炎衣原体主要感染人，对动物无致病性。与畜禽疾病有关的是鹦鹉热衣原体，其主要危害禽类、绵羊、山羊、牛和猪等动物，可引起鸟疫，绵羊、山羊的地方性流产，牛散发性脑脊髓炎，牛和绵羊多发性关节炎以及猫的肺炎。也可感染人类。人类感染大多由患病禽类所致。

鹦鹉热衣原体可诱导机体产生细胞免疫和体液免疫。自然感染后有一定免疫力，但抗体持续时间短，免疫力不强，易造成持续感染和反复感染。用感染衣原体的卵黄囊制成灭活疫苗免疫动物，可产生较好的预防效果。

3. 微生物学诊断

（1）鸡胚分离培养　无菌操作采取肺、肝、脾和胸腔渗出液等被检材料制成悬液，取 0.5 mL 接种于 6～7 日龄鸡胚的卵黄囊膜内，把鸡胚置于 39 ℃中孵育，可加快衣原体的增殖。鸡胚于接种后 3～10 d 内死亡，表现出卵黄囊膜血管明显充血的典型变化。在卵黄囊膜上可发现包涵体。

（2）细胞培养　禽类组织中的衣原体可在鸡胚原代细胞、小鼠或人类的某些细胞系内生长繁殖，在细胞内形成包涵体。细胞被破坏和脱落。

（3）动物接种　在实验动物中，小白鼠对衣原体最敏感，鸽和豚鼠次之。大多数禽类衣原体经腹腔、鼻内或脑内接种，可使 3～4 周龄的小白鼠发病，几天后死亡。腹腔接种导致大量腹水和纤维素性渗出物，脾脏肿大等变化。涂片染色后，在显微镜下发现胞浆内有革兰染色阴性、圆形的菌体。

（4）血清学检验　对感染的动物血清中抗体可直接或间接用补体结合试验检查。此外，还可用琼脂扩散、间接血凝及 ELISA 等试验。对感染组织或细胞中抗原，可用荧光素标记或酶标记的衣原体属、种或型的特异单克隆抗体做免疫荧光或酶免疫法染色检查鉴定。

（5）分子生物学技术　可采用核酸探针或 PCR 技术等来准确、灵敏地检测或鉴定鹦鹉热衣原体。

模块二　重要的其他病原微生物及诊断

任务一　真菌的形态观察及常见病原真菌的实验室检查

真菌种类多，数量大，分布极为广泛，与人类生产和生活有极为密切的关系，其中一些对人和动物有益，被广泛应用于工农业生产。但有的真菌能引起人、畜的疾病，或寄生于植物造成作物减产，称为病原性真菌。常见病原真菌的实验室检查有如下一些方法。

一、真菌镜检

真菌镜检是最简单也是很有价值的实验室诊断方法。其优点在于简便、快速，无菌部位的阳性结果可直接确定真菌感染。但是由于阳性率较低，阴性结果也不能排除诊断。直接镜检对于浅表和皮下真菌感染最有帮助。在皮肤刮屑、毛发或甲标本中发现皮肤癣菌、念珠菌和马拉色菌的成分可提供对相应真菌病的可靠诊断。如在无菌体液的直接镜检中发现真菌成分，常可确立深部真菌病的诊断。例如，在脑脊液中检测到带荚膜的新生隐球菌酵母细胞，或外周血涂片中检测到假皮疽组织胞浆菌细胞，可诊断为真菌病。但一般在有菌部位则只有发现大量真菌菌丝才有意义，通过直接镜检一般可以区分念珠菌、隐球菌、暗色真菌、毛霉（接合菌）等菌的感染，进一步确定菌种需要通过培养鉴定来完成。

二、真菌培养

真菌培养是实验室检查中的重要环节，培养出致病真菌是进一步鉴定菌种的前提条件。真菌培养第一步是从临床标本中培养真菌的初代培养，初代培养后进一步进行分离纯化培养和鉴定培养。不同致病真菌每一步所采用的培养基、培养时间和培养温度存在一定的差异。常规的真菌培养需要在 28～30 ℃温度下培养 3～4 周，一般初代培养选用沙氏培养基（SDA）或者马铃薯琼脂培养基（PDA），采用试管培养，一般同时培养 2 管，其中一管可添加抗生素（氯霉素或庆大霉素均可）。在培养 1 周内，应该每天观察有无真菌生长。一般培养 4 周后，如果无真菌生长可报阴性。发现培养出真菌，直接挑取少量菌体或者小培养后，用乳酸酚棉兰制成涂片在显微镜下观察，结合菌落大体形态，典型菌种可直接报告种属，不典型菌种根据基本表现，采用适当的标准鉴定培养基，标准培养条件培养，必要时要结合生理学和分子生物学方法进行鉴定。

三、真菌鉴定

对常见致病真菌要掌握的鉴定原则是首先区分酵母菌和霉菌。

如果初代培养基上培养出酵母样菌落，在鉴定前应进行分离纯化。在去除细菌和其他真菌污染，区分混合感染后，对纯菌落进行鉴定。酵母菌鉴定主要根据形态学特征和生理生化特点，按照一定的流程进行。首先根据菌落颜色进行分类。临床最为常见的是白色或奶白色菌落，这类菌进一步做芽管试验；若芽管试验是阳性则为白念珠菌，若阴性则通过 Vitek YBC 或 API20C 及玉米吐温琼脂上培养的形态特征来鉴定。另外，还可以应用念珠菌显色琼脂、尿素酶试验等试验来辅助鉴定。

霉菌的鉴定非常复杂，有许多标准，包括形态学特征、温度耐受性、放线菌酮抗性、双相性、营养需求、蛋白分解活动以及水解尿素能力等。现代分类学鉴定方法主要依据分生孢子的个体发生过程结合其他特征来进行鉴定。初代培养后根据形态学特征一般可鉴定到属的水平，再依据不同真菌的鉴定要求，采用标准培养基和培养条件进一步完成菌种鉴定。例如，曲霉属鉴定时需要采用标准培养基，即察氏培养基和麦芽琼脂，25 ℃培养 7 d 后与曲霉形态鉴定检索表对应得到正确的结果。

（一）形态学鉴定

（1）菌落形态观察　致病真菌的形态学鉴定的第一步就是要区别不同的菌落特征。即酵母型菌落或丝状型（霉菌）菌落（图3-29、图3-30）。对霉菌通常采用形态学鉴定为主，而酵母菌常需采用形态和生理相结合的手段。观察真菌菌落时应注意菌落大小、形态、色素、颜色和质地。

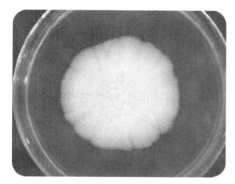

图 3-29　酵母型菌落

图 3-30　丝状型菌落

（2）显微镜检查　为充分在显微镜下观察真菌结构，必须用分离针挑出一部分菌落进行观察。常用乳酸酚苯胺蓝（LPCB，棉蓝）对挑取的部分菌落进行染色。此项操作必须在生物安全柜中进行（图3-31）。样本需要保存时可用指甲油封边。小培养、覆盖培养、透明胶带法等均是常用的方法。

（3）玻片培养　是一种特殊的玻片做成的培养小室，可以更为清楚地观察真菌孢子和分生孢子的形成及位置。涉及小培养的所有操作均应在生物安全柜中进行。可选用马铃薯琼脂、玉米琼脂或 V-8 果汁做培养基。

（4）透明胶带法　用透明胶带粘取菌落表面置于显微镜下观察，是一种不破坏分生孢子结构的快捷方法。

（5）电镜观察　透射电镜（TEM）用来观察真菌的断面、横隔的差别、各种细胞器、细胞壁等结构。扫描电镜（SEM）用来观察真菌的表面结构，特别是产孢特点（图3-32）。

图 3-31　显微镜下观察真菌的结构

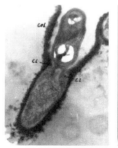

图 3-32　电镜观察真菌的产孢特点

用表型特征对真菌进行分类鉴定，仍然是目前临床实验室普遍应用的方法。对致病真菌的鉴定，需要选择合适的培养基进行培养后，再借助光学显微镜，加上荧光显微镜、电子显微镜和细胞化学等各种染色法观察形态特点。

(二)分子生物学鉴定

应用分子生物学技术从遗传和进化角度阐明真菌种间内在关系是目前真菌分类研究热点，已普遍应用于真菌现代分类鉴定之中。

常用的分子生物学鉴定方法包括：真菌DNA碱基组成（G+C mol%）、限制性内切酶片段长度多态性（RFLP）、随机扩增多态性DNA（RAPD）、Southern印迹、脉冲场凝胶电泳（PFGE）、rDNA序列测定等。由于生物多样性的缘故，分子生物学的研究有4种目的：①系统发生研究；②分类学研究，主要在属、种水平；③鉴定应用，即确定明确的分类名称；④流行病学和群体的遗传学研究。

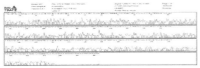

图 3-33　rDNA 基因序列测定
鉴定病原真菌

DNA序列测定是目前最引人注目的发展方向，已成为致病真菌分类鉴别的重要手段（图3-33）。目前应用最多的为rDNA序列、几丁质合成酶、细胞色素P450 L1A1基因，细胞色素氧化酶C和细胞色素B等基因序列。

(三)生理学和生物化学方法

在纯培养上真菌生长比较快，可以使用生理、生化方法来鉴定菌种，多用于酵母菌的鉴定（图3-34）。测定真菌的不同生长温度的试验也用于鉴定。对碳水化合物的利用能力是酵母菌鉴定的主要手段，目前已有商品化的API系统，也可用于丝状真菌的辅助鉴定。

此外，微生物自动鉴定系统Vitek、autoSCAN-4、Biolog和MIS等自动鉴定系统，可以较满意地鉴定临床上常见的病原性酵母菌。

经典检查方法是真菌检查的基础，虽然操作简便，但存在着敏感度低、耗时长等不足。近年来，非培养检查方法在真菌感染诊断，特别是侵袭性真菌病方面发挥了重要作用。这些方法主要包括血清学检查和分子生物学检查等。

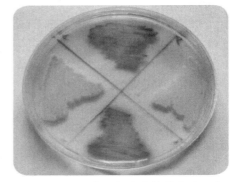

图 3-34　科玛嘉显色培养基鉴定酵母菌

1. 血清学方法检测真菌抗原成分

念珠菌感染和曲霉感染的血清学检测可分为抗体检测和抗原检测两大类；由于发生侵袭性真菌病的免疫受损宿主往往缺乏可检测到的抗体，或者抗体的产生变化较大，因此，检测抗体对于系统性真菌感染的诊断意义不大。而目前用于临床的血清学检查主要属于后者，即检测血液循环中的抗原，常用的有下述2种：

(1)β-D-1,3葡聚糖（BDG）　是许多真菌细胞壁的主要成分，如念珠菌、曲霉、镰刀菌等，但不包括隐球菌和接合菌。由于细菌、病毒、哺乳动物无这种成分，因而在循环血液中测得时则提示侵袭性真菌感染。目前已经有商品化BDG检测的试剂盒。BDG的检测，在2 h内可以获得结果，因此尽管不能区分真菌感染的种类，但是仍然具有重要作用。美国FDA

已经批准 Fungitell 用于真菌感染的诊断，国内也有相似试剂问世，目前在临床应用中。

(2)半乳甘露聚糖(GM)　是存在于曲霉和青霉细胞壁的一种热稳定的多糖，可用于侵袭性曲霉病的临床诊断。可以使用血清和支气管肺泡灌洗液检测 GM，近年来，也有人使用尿液和脑脊液等标本检测。GM 检测的敏感性为 29%～100%，而其特异性可超过90%。由于 GM 量的多少与组织中真菌含量密切相关，因此检测 GM 还可以提示疾病的预后。

2. 分子生物学检测

由于真菌培养和鉴定需要的时间较长，阳性率较低，因此与分子生物学相关的从临床标本直接检测真菌的技术和方法也在不断发展中，最为活跃的当属 PCR 技术，具有快速、敏感等特点。PCR 技术可以扩增血清、血浆、全血、尿液、痰液、支气管肺泡灌洗液和脓液等标本中的真菌成分。在进行扩增之前，应当对标本进行处理以去除影响扩增效率的一些因子。所扩增的靶序列有多种，但是应用较多的还是 rDNA 的 ITS1 和 ITS2 区域；与培养相比，ITS-PCR 检测血标本中念珠菌的敏感性与特异性可以达到 100%。在 PCR 扩增检测中，有传统的 PCR 方法，也有巢式 PCR 法，最近应用较多的是实时定量 PCR 方法，其敏感性和特异性较好，在临床有应用前景（参考检验在线 http://www.labbbs.com/）。

任务二　常见的其他病原微生物

一、曲霉菌属

曲霉菌(*Aspergillus*)是一类真菌的统称。它们的种类很多，常寄生于粮食、食品和动物饲料之中，使这些物质霉败。有些霉菌还直接侵袭人、畜，引起真菌性感染，或以其有毒的代谢产物致人类和畜禽发生霉菌毒素中毒，更严重者可导致癌肿。本属的种群甚多，其中烟曲霉和黄曲霉是重要的致病菌种。

(一)烟曲霉

烟曲霉(*Aspergillus fumigatus*)是家禽，尤其是幼禽和鸟类发生霉菌病和霉菌性肺炎的病原体。幼禽的死亡率可达 50% 以上，是一种病原性最强的真菌。

烟曲霉侵袭的对象多为禽类，如鸡、鸭、鹅、火鸡和珠鸡等。鹤和孔雀等野禽也可感染致病，其中尤以幼禽更为敏感。禽类在呼吸或采食被孢子污染的饲料过程中，吸入含有孢子的空气，孢子便在肺部及呼吸黏膜上发芽和生长，引起深部真菌感染而发生霉菌性肺炎。烟曲霉也可造成浅表感染，使家禽发生霉菌性眼炎。一些哺乳动物，如马、乳牛、山羊和人类等，也可能被感染，但较为少见。

1. 形态和结构

烟曲霉的菌丝是有隔菌丝，分生孢子梗常带绿色，长约 300 μm，偶尔可达 500 μm，宽 5～8 μm。分生孢子梗的末端是膨大成烧瓶的顶囊，直径 20～30 μm。在顶囊的上半部，直立长出 6～8 μm 长、2～3 μm 宽的单层小梗。小梗的末端形成球形或近球形墨绿色的分生孢子，直径 2.5～3 μm，表面有细刺。

2. 培养特性

烟曲霉是嗜高温的真菌，在 37～45 ℃或更高的温度中生长旺盛。分离培养常用的培养基有马铃薯葡萄糖琼脂、萨布罗琼脂和察贝克琼脂。

烟曲霉生长能力很强，接种后 20～30 h 便可形成孢子。在琼脂培养基上形成绒毛状菌落，最初为白色，随着孢子的产生，菌落的颜色变为蓝绿色、深绿色和灰绿色。老龄菌落甚至呈暗灰绿色。

3. 抵抗力

烟曲霉对理化因素的抵抗力很强。孢子在 100 ℃中干热 1 h，或 100 ℃、3％石炭酸 1 h 和 3％苛性钠作用 3 h，仅能使孢子致弱而不能将其杀死。

4. 微生物学诊断

对烟曲霉的诊断比较简易，只需从病畜的肺和气囊等处刮取黄色或灰黄色的结节，置载玻片上压碎，加棉蓝染色液或生理盐水 1 滴，盖玻片后于光学显微镜下观察。如发现特征性的分生孢子梗、烧瓶状的顶囊和坚直的小梗，以及绿色球状的分生孢子，即可作出诊断。也可将刮到的病料接种于培养基上，因本菌生长迅速，故一般在 24～30 h 培养后便可对菌落进行鉴别。

5. 防治

主要措施是加强饲养管理，保持禽舍通风干燥，不让垫草发霉。环境及用具保持清洁。本菌对一般的抗生素均不敏感，制霉菌素、两性霉素 B、灰黄霉素及碘化钾对本菌有抑制作用。

（二）黄曲霉

黄曲霉（Aspergillus flavus）是曲霉属中的一个种群。它多在豆类、花生、饲料、玉米和油饼中寄生，能产生黄曲霉毒素（aflatoxin，AFT），使人和畜禽发生急性或慢性中毒。急性中毒可引起腹泻、结膜黄染和肝细胞变性、坏死，而慢性中毒的危害性更大，常能诱发肝癌或其他部位的癌肿。黄曲霉毒素是一种具有很强致癌作用的毒素。

1. 形态和结构

黄曲霉的菌丝是有隔菌丝。分生孢子梗多直接从基质中生出，梗壁极粗糙，梗的长度一般小于 1 mm，但也有长达 2～2.5 mm、宽 10～20 μm 者。顶囊为烧瓶状或近球形，直径一般为 25～45 μm。顶囊上生有单层或双层小梗，有些单层和双层小梗同生一个顶囊上。小梗长 6～10 μm，宽 3～5 μm。分生孢子球形或近似梨形，直径 3～6 μm 表面粗糙。

2. 培养特性

黄曲霉的生长适温是 29～30 ℃。常用马铃薯葡萄糖琼脂和察贝克琼脂等培养基作分离培养。

黄曲霉的菌落生长较快，培养 10～14 d，其直径便可达 3～4 cm 或 6～7 cm。菌落平坦如丝绒状，常有放射状钩纹。最初为白色或带黄色，以后变为黄绿色，老龄菌落暗褐色。

当环境中的相对湿度低于 80％，甚至干燥，温度在 10 ℃以下，氧浓度低于 20％或二氧化碳浓度高于50%时，便可抑制黄曲霉的生长。

3. 黄曲霉毒素

黄曲霉毒素有10多种，如黄曲霉毒素 B_1、B_2、G_1、G_2、M_1、M_2、P_1 等。毒性最强的是 B_1，其次为 G_1、B_2 和 M_1，其余毒素的毒力均较弱，故一般所指的黄曲霉毒素是对 B_1 而言，检测毒素的含量也是以 B_1 为指标。黄曲霉毒素较难溶于水，易溶于油和某些有机溶剂(如氯仿和甲醇等)，但不溶于乙醚、石油醚和乙烷。黄曲霉毒素耐热，一般烹调加工的温度不能将它们破坏，毒素的裂解温度为280 ℃。低浓度的黄曲霉毒素可被紫外线破坏。黄曲霉的各种毒素成分都是双呋喃香豆素的衍生物，其中呋喃基本毒素、香豆素与致癌作用有关。

用污染有黄曲霉毒素 B_1 的饲料饲喂畜禽，在其乳汁、蛋类、肝脏和肌肉均可检出残留的黄曲霉毒素 B_1，因而对人类食品卫生构成极大的威胁。

人类和绝大多数的畜禽、试验动物对黄曲霉毒素都敏感，尤其是雏鸭的敏感性高，只有绵羊对一些毒素有一定的抵抗力。

4. 微生物学诊断

在黄曲霉种群中，只有30%～60%的菌株能产生黄曲霉毒素，所以对黄曲霉毒素中毒病的确认，务必要从致死畜禽的肝脏或饲料中，通过紫外线硅胶薄层层析技术或生物鉴定法(如雏鸭饲喂试验)等方法检出黄曲霉毒素。也可从可疑材料中分离出黄曲霉并进行产毒的鉴定。

5. 预防

预防黄曲霉素中毒在于防止饲料发霉，主要措施是控制温度和湿度。一般粮食含水量在13%以下，玉米在12.5%以下，花生在8%以下，真菌即不易繁殖。另外，勿用发霉饲料饲喂动物。

二、牛放线菌

放线菌病是一种多菌性的非接触性的慢性传染病，牛最为常见；猪也可传染，病变多局限于乳房；对马、犬也有致病性。以头、颈、颌下和舌的放线菌肿为特征。本病主要侵害牛，2～5岁的牛易感。细菌存在于土壤、饮水和饲料中，并寄生于动物的口腔和上呼吸道中。当皮肤、黏膜损伤时(如被禾本科植物的芒刺刺伤或划破)，即可能引起发病。

牛感染放线菌后主要侵害颌骨、唇、舌、咽、齿龈、头颈部皮肤及肺，尤以颌骨缓慢肿大为多见。

1. 生物学特性

本菌形态随所处环境不同而异。在培养物中呈杆状或棒状，可形成"Y""V"或"T"形排列的无隔菌丝，直径 $0.6～0.7\ \mu m$。革兰阳性。在病灶脓液中可形成黄色小菌块，颜色似硫黄，故称"硫黄颗粒"，大小如别针头，呈灰色、灰黄色或微棕色，质地柔软或坚硬。将硫黄状颗粒在载玻片上压平镜检时呈菊花状，菌丝末端膨大，向周围呈放射状排列。革兰染色时，菌块中央部分为阳性，周围膨大部分为阴性。

培养比较困难，厌氧或微需氧，最适 pH 7.2～7.4，最适温度为37 ℃，在1%甘油、

1%葡萄糖、1%血清的培养基中生长良好。在血液琼脂上，37 ℃厌氧培养 2 d 可见半透明、乳白色、不溶血的粗糙菌落，仅贴在培养基上，呈小米粒状，无气生菌丝。血液肉汤内培养时，沿管壁发育成颗粒状，肉汤往往透明。

对干燥、高热、低温抵抗力弱，80 ℃经 5 min 或 0.1%升汞 5 min 可将其杀死。对石炭酸抵抗力较强，对青霉素、链霉素、四环素、头孢霉素、林可霉素、锥黄素和磺胺类药物敏感，但因药物很难渗透到脓灶中，故不易达到杀菌目的。

2. 致病性

常见颌骨有界限明显、不能移动的肿胀。肿胀通常进展较慢，一般看到骨体已经增厚，甚至咀嚼出现困难时才被发现。有时肿大发展很快，在很短的时间内蔓延至整个头骨。肿胀初期热痛，后期无痛感。随着时间的发展，牙齿松动，甚至脱落，病牛吞咽和咀嚼都感到困难，营养受到影响而迅速消瘦。有时皮肤化脓、破溃流出脓汁，形成瘘管久治不愈。头、颈部组织也常发生硬结，不热不痛。舌和咽部组织变硬时，称为"木舌病"，病牛流涎，咀嚼困难。乳房患病时，呈弥漫性肿大或有局灶性硬结，乳汁黏稠混有脓液。

3. 微生物学诊断

取少量脓汁加入无菌生理盐水中冲洗，沉淀后将硫磺样颗粒放在载玻片上，加 1 滴 5%氢氧化钾液，盖上盖玻片镜检。或用盖玻片将颗粒压碎，固定，革兰染色，镜检。若有典型的菊花瓣状结构，结合临床特征即可诊断。分离培养时用血液琼脂，厌氧培养后可形成细小、圆形、乳白色菌落，继续培养菌落不增大。将硫磺样颗粒加少量生理盐水注射于豚鼠腹腔，经 3~4 周后扑杀剖检，可在大网膜上见到灰白色小结节，外有包膜，取之分离培养较易成功。

4. 防治

为了预防本病的发生，应避免在低洼地放牧。舍饲时避免过长过硬的干草，以免刺伤口腔黏膜，尤其是要防止皮肤、黏膜发生损伤，有伤口要及时处置治疗。对本病的预防非常重要。硬结可以手术摘除，若有瘘管形成，要连同瘘管同时摘除。内服碘化钾及用青霉素注射患部。本菌对青霉素、金霉素、四环素和头孢霉素等敏感，可用于治疗。

三、猪痢疾密螺旋体

猪痢疾密螺旋体为短螺旋体属，是猪痢疾的病原体。经口传染，病的传播迅速，发病率较高而致死率较低，本病的发生常需有肠道某些其他微生物的协助作用。

1. 生物学特性

猪痢疾密螺旋体呈波浪形，多为 2~4 个弯曲，两端尖锐如燕翅状，外膜与细胞壁之间有 7~9 根轴丝。菌体(6.0~8.5)μm×(0.32~0.38)μm。可通过 0.45~0.6 μm 孔径的滤膜。革兰染色弱阳性，镀银染色效果良好。

本菌是厌氧菌，生长要求较高，需要有 5%~10%犊牛血清的胰酶消化大豆汤或胰酶消化大豆鲜血琼脂为培养基，还需要在严格厌氧的环境中，以钯为触媒，供给二氧化碳和氮才易于生长。菌落为扁平、半透明、针尖状，并有明显的 β 溶血。

本菌对外界环境的抵抗力较强，在 25 ℃粪内能存活 7 d，在 4 ℃土壤中能存活 18 d。本菌对消毒剂的抵抗力不强，常用的消毒药物能迅速将它杀死。

2. 致病性

本菌是引起猪痢疾的病原菌，多侵袭断乳后的小猪，尤其是 8～14 周龄的小猪，发病率可达 90%。有关研究认为，本菌常与其他细菌性微生物如弧菌等混合感染而发病。临床表现为不同程度的黏膜出血性下痢和体重减轻，特征病变为大肠黏膜发生卡他性、出血性和坏死性炎症。本菌寄生于病变肠段的黏膜和肠内容物中，随粪便排出体外而引起感染。成年猪也能感染痢疾密螺旋体，但不发病，成为长期带菌者，是密螺旋体病的重要传染来源。

3. 微生物学诊断

（1）镜检　可取新鲜稀粪、结肠病变组织或结肠内容物制成压滴标本，暗视野镜检或制作涂片或组织切片，用姬姆萨染色法、印度墨汁负染或镀银染色法染色镜检。也可将待检样品与适量生理盐水混合后制成压滴标本片，置于相差或暗视野显微镜下镜检。

（2）分离培养　采集检验材料后，应尽快实行分离培养。由于分离培养用的材料是肠内容物或新鲜粪便中的黏液，其中含有种类繁多的杂菌，所以分离培养猪痢疾密螺旋体非常困难。可采用过滤法或稀释法进行分离。过滤法是把分离用的材料经孔径 0.65 μm 的微孔滤膜过滤后，取滤液进行培养。稀释法是比较简单的方法，把采集到的肠内容物以 10 倍的递增稀释至 10^{-6}，每管取 0.1 mL 接种到胰酶消化大豆汤鲜血琼脂平板上，制作培养基时，按培养基的量加入 400 μg/mL 壮观霉素或治百炎（含壮观霉素 50%），可提高本菌的分离率。接种后应按前面所述的要求，给予严格的厌氧环境，并置于 42 ℃中培养 3～6 d。本菌在培养基上形成中心比较干燥、细小、半透明的扁平菌落。单个菌落的直径 5～8 mm。菌落的周围呈云雾状，并有明显的 β 型溶血。

（3）动物试验　可将待检菌株的新鲜培养物制成悬液，给 10～12 周龄仔猪灌服，每天 1 次，每头每次灌服 50 mL，连续 2 d。若在接种后 30 d 以内，有一半猪下痢和产生肠道病变，即可证明具有致病力。此外，还可做猪结肠结扎试验。将饥饿 48 h 的 10～12 周龄仔猪用常规方法结扎其结肠，每段 5～10 cm，间隔肠段为 2 cm 左右。然后向结扎肠管内注入待检菌液 5 mL，另设一个注入无菌生理盐水的肠段作为阴性对照。试验猪可饮水，停食 2～3 d，打开腹腔检查。如试验肠段出现明显膨胀，内含多量带黏液或血液的渗出物、黏膜肿胀、充血或出血，涂片镜检有大量密螺旋体，即可确定。

（4）荧光抗体检查　取病变的肠组织或肠内容物制成涂片，用荧光抗体染色法染色。在荧光显微镜下，可看到具有明亮黄绿色荧光的痢疾密螺旋体。

4. 防治

目前对猪痢疾尚无可靠或实用的免疫制剂。治疗普遍采用抗生素和化学药物控制此病，培育 SPF 猪、净化猪群是防治本病的主要手段。

四、钩端螺旋体

本属是一大类菌体纤细、螺旋致密、一端或两端弯曲呈钩状的螺旋体。其中大部分营腐生生活，广泛分布于自然界，尤其存活于各种水生环境中，无致病性。少部分寄生性和致病性的螺旋体可引起人和动物的钩端螺旋体病。

1. 生物学特性

钩端螺旋体的菌体非常细小，大小为（6～20）μm×（0.1～1.2）μm。螺旋排列细密整齐，

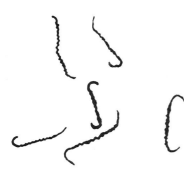

图 3-35　钩端螺旋体

如弹簧样。菌体纤细柔软，一端或两端弯曲成钩状（图 3-35）。菌体有两根轴丝。当菌体绕螺旋的长轴旋转时，常自行绕成"8"状。当菌体屈曲运动时，会呈现"C"或"S"状。这些形状都会在瞬间消失。在暗视野显微镜下，菌体像一串发亮的细小珠链。

钩体革兰染色阴性，不易被碱性染料着色，常用镀银染色法，把钩端螺旋体菌染成褐色，但因银粒堆积，其螺旋不能显示出来。

钩体是唯一可用人工培养基培养的螺旋体，最适温度 8～30 ℃，pH 7.2～7.5，常用柯索夫（Korthoff）氏液培养基培养，生长缓慢，接种后 3～4 d 开始繁殖，1～2 周后，液体培养基呈半透明去雾状混浊生长。本菌生化反应极不活跃，不能发酵和利用糖类。

钩体对理化因素的抵抗力较其他致病螺旋体为强，在水或湿土中可存活数周至数月，这对本菌的传播有重要意义。该螺旋体对干燥、热、日光直射的抵抗力均较弱，56 ℃ 10 min 即可杀死，60 ℃ 只需 10 s；对常用消毒剂如 0.5% 来苏儿、0.1% 石炭酸、1% 漂白粉等敏感，10～30 min 可杀死；对青霉素、金霉素等抗生素敏感。

2. 致病性

致病性钩端螺旋体能引起人和多种动物的钩端螺旋体病，是一种人畜共患传染病。由于人的感染总是间接或直接来源于家畜和野生动物，因此本病在医学上又称为动物源性疾病。

与钩端螺旋体致病力有关的毒力因子主要有吸附物质、溶血素、内毒素样物质和细胞毒性因子。致病性钩端螺旋体可感染大部分哺乳动物和人类，鼠类和猪是钩端螺旋体的主要贮存宿主和传染来源，带菌率高，排菌期长。钩端螺旋体在家畜大多数呈隐性带菌感染而不显症状，但它可在肾脏内长期繁殖，并随尿不断排出，污染土壤和水源等环境。人和家畜则通过直接或间接地接触这些污染源而被感染。在家畜中以牛和羊的易感性最高，其次是马、猪、犬、水牛和驴等，家禽的易感性较低。许多野生动物，特别是鼠类易感。钩端螺旋体病的临床表现可因不同血清型而有所差异，但基本大同小异。急性病例的主要症状为发热、贫血、出血、黄疸、血红素尿及黏膜和皮肤的坏死；亚急性病例可表现为肾炎、肝炎、脑膜炎及产后泌乳缺乏症；慢性病例则可表现为虹膜睫状体炎、流产、死产及不育或不孕。

3. 微生物学诊断

（1）镜检　根据临床症状、剖解病变及流行病学分析可进行初步诊断，确诊则有赖于微生物学检查。检查用病料要根据病程而定，一般发病在 1 周内可采集血、脑脊髓液，剖检可取肝和肾；发病 1 周以后可采集尿液；死后取肾。如做血清学检查，可采集血液分离血清。常采用方法为：将病料用差速离心集菌后，取沉淀物制成悬液的压滴标本片，暗视野直接镜检，看有无钩端螺旋体的典型形态与运动方式。也可用姬姆萨染色或镀银染色法染色镜检，前者呈紫色，后者呈黑黄色。

（2）分离培养　分离培养可用柯氏培养基，病料接种后，置 28～30 ℃ 恒温箱内培养，每 5～7 d 观察一次钩端螺旋体生长情况并取样镜检，连续 4 周或更长时间未见出现钩端螺旋体者可做阴性处理。如病料中含有钩端螺旋体，培养 7～10 d 后可观察到培养基略呈乳白色混浊，轻摇试管有云雾状生长物向下移动，取培养物做暗视野检查，能见到大量的典型钩端螺旋体。

（3）动物接种 动物接种试验通常用豚鼠或乳仓鼠腹腔接种病料悬液，如病料中含有钩端螺旋体，接种 1～2 周后会出现体温升高和体重减轻，此时可剖检取肾和肝，进行镜检和分离培养。

（4）血清学检验 由于动物感染钩端螺旋体后，血清中很快便出现相应的抗体，且其滴度迅速升高，所以，用血清方法诊断本菌是最有价值的方法。血清学检验既可对疾病作出确诊，还可作血清型的鉴定。

凝集溶解试验：本试验具有高度的特异性，常用于本病原的诊断和血清型的分类鉴定。动物于发病后 3～8 d，血清中即出现凝集素和溶解素。这些物质与相应型的钩端螺旋体作用，可使菌体凝集并随即溶解。凝集素和溶解素在动物体内可保持 1 年以上。用生长良好的钩端螺旋体活培养物作抗原，加入一定稀释度的被检血清，如果在暗视显微镜下发现菌体聚集成蜘蛛状，继而膨大成串珠状，最后裂解成碎片，此为凝集—溶解现象。

炭凝集试验：把钩端螺旋体抗原吸附到活性炭微粒上，制成炭抗原，以检查可凝动物的血清。患病动物的血清可使炭抗原微粒凝集成肉眼可见的大颗粒或碎片。这是一种快速简便的诊断方法。

此外，间接免疫荧光试验、补体结合反应、免疫酶联技术、间接凝集试验等也是诊断本菌的常用方法。

4. 防治

目前，有灭活的多价钩端螺旋体菌苗供预防接种。一般初次免疫应分 2 次进行，2 次间隔 7 d。以后每年接种 1 次，有一定的预防效果。预防措施主要是搞好防鼠与灭鼠工作。

治疗首选的药物是青霉素，也可用庆大霉素、金霉素及四环素等抗生素。使用抗钩端螺旋体高免血清可获得很好的治疗效果。患钩端螺旋体病痊愈后的病畜，可获得对该型病菌的长期和高度的免疫性。

五、猪肺炎支原体

猪支原体肺炎是由猪肺炎支原体引起的一种慢性、接触性、呼吸道传染病，又称猪地方流行性肺炎，我国俗称猪气喘病，主要临诊症状是咳嗽和气喘。剖检变化为肺的尖叶、心叶和膈叶(主叶)的对称性实变。病多呈慢性经过，常有其他病菌继发感染。据我国部分省市规模化养猪场血清学检验，阳性率 30％～50％。本病广泛分布于世界各地，在我国许多地区的猪场都有发生。由于带菌病猪的存在和分布面较广，除直接发生死亡外，病猪生长发育缓慢，生长率降低 15％左右，饲料利用率降低 20％，造成饲料和人力的浪费。有的成为僵猪或继发感染死亡。所造成的经济损失很大，是危害养猪业发展的重要疫病之一。

1. 生物学特性

猪肺炎支原体大多呈点状、杆状、环状、车轮状、三角烧瓶状等多种形态。在培养物涂片中观察到的多为环状，直径 112～225 nm，可通过孔径为 300 nm 的滤膜。它虽是革兰染色阴性菌，但很难着色，通常以瑞特氏和姬姆萨染色法对菌体进行染色。

兼性厌氧，对营养要求比一般支原体更高，在支原体专用培养基中生长，37 ℃培养7~10 d可长成直径4 mm的菌落。菌落圆形，中央隆起丰满，缺乏"脐眼"样特征。本菌虽可用鸡胚卵黄囊和猪肺单层细胞进行培养继代，但鸡胚不死亡，也无病变可见。

本菌对外界环境的抵抗力较弱，一旦被排出体外，其生存时间不超过36 h。病肺悬液在室温中放置36 h便丧失致病力，1%氢氧化钠10 min和20%热草木灰水数分钟均可将其灭活。病肺组织中的病原体在−15 ℃可保存45 d，在1~4 ℃存活7 d。在甘油中0 ℃可保存8个月，在−30 ℃保存20个月仍有感染力。冻干的培养物在4 ℃可存活4年。对常用化学消毒剂均敏感，对青霉素、红霉素和磺胺类药物等不敏感；对放线菌素D、丝裂菌素C最敏感，对四环素类、泰乐菌素、螺旋霉素、林可霉素敏感。

2. 致病性

本病只能使猪患病，其他种家畜、动物和人都不感染。不同年龄、性别、品种和用途的猪都能感染发病。哺乳仔猪和断乳仔猪易感性高，患病后症状明显，死亡率高。怀孕母猪和哺乳母猪次之，肥猪发病较少。我国地方土种猪较杂种猪和纯种猪发病多。

病原体存在于病猪呼吸器官内，随病猪咳嗽、气喘和喷嚏的飞沫排出体外。病猪与健康猪同圈、同运动场或同地放牧直接接触时，经呼吸道感染发病。因此，在通风不良和比较拥挤或密集饲养的猪舍中，容易互相传染，成为集约化饲养的常见呼吸道病。给健康猪皮下、肌肉、静脉注射，或用胃管投入病原体均不能使猪发病。但经喷雾、滴鼻和气管内注入等方法，可以引起感染发病。

3. 临床症状

潜伏期依受感染时气候、饲养管理和猪只个体不同而有差异，一般平均在4~10 d，有的更长，可达1个月以上。本病大多呈慢性经过，主要的临诊症状为咳嗽和气喘，体温、食欲和精神都无明显变化，随着病情的发展，其主要症状表现明显和严重。

4. 微生物学诊断

由猪肺炎支原体所引起的猪喘气病，临床症状、X射线透视和剖解病变均有典型的特征，不难确诊。必要时可作微生物学检验。

(1)分离培养　以病肺组织或气管分泌物作分离培养的材料，经洗涤或过滤等方法处理后，接种至有酚红指示剂的液体培养基内，利用本菌能分解葡萄糖产酸使指示剂变色，以判定本菌的生长与存在。再将变化了的培养液移植于固体琼脂培养基内，在37 ℃高湿度的环境中培养7~10 d，置低倍显微镜下，从培养基变色部位寻找特征性的细小菌落。也可将培养物涂片，固定后用姬姆萨染色法染色，在显微镜下观察其形态。

(2)动物接种　将纯培养物或磨碎的肺组织悬液，接种于健康小猪的鼻腔或气管内，本菌可使小猪于接种后2周发病。

(3)血清学诊断　血清学方法诊断猪支原体肺炎得到了发展，微粒凝集试验、间接红细胞凝集试验、微量补体结合试验、免疫荧光、ELISA等方法可用于诊断。

5. 防治

在没有发生猪气喘病的养猪场，要认真贯彻自繁自养原则，防止从外单位买进病猪，这是预防本病的关键措施。注意加强饲养管理，喂给营养齐全的配合饲料，避免突然变换饲料和喂给霉败变质饲料；猪圈保持清洁、干燥、通风，勤打扫，防寒保暖，避免过于拥挤。定期做好消毒工作。对断奶仔猪定期进行驱虫工作。

自然和人工感染的康复猪能产生免疫力，表明可通过注射疫苗预防猪支原体肺炎。中国兽药监察所已研制成功乳兔化弱毒冻干苗，江苏农业科学院畜牧兽医研究所研制育成的168株无细胞培养弱毒苗，可供选用。

发病时采取严格隔离，加强病猪的饲养管理与药物治疗相结合，早期治疗，淘汰病猪，更新猪群等控制措施。螺旋霉素、四环素、北里霉素、甲砜霉素等多种药物，可用于治疗猪支原体肺炎，但以复方药物效果更好，如金西林（有效成分为金霉素、磺胺二甲嘧啶、青霉素）。喹诺酮类药物，常用恩诺沙星、诺氟沙星、氧氟沙星、环丙沙星等，也都有较好的疗效。

六、鸡败血支原体

鸡败血支原体感染又称鸡慢性呼吸道病，是由鸡败血支原体引起的鸡和火鸡的一种慢性呼吸道传染病。鸡表现为气管炎和气囊炎，以气喘、呼吸啰音、咳嗽、鼻漏为特征。火鸡表现为气囊炎及鼻窦炎。OIE 将其列为 B 类疫病。

1. 生物学特性

本菌的形态多呈球状或近球状，如果培养基添加适当的胆固醇或长链脂肪酸，则可形成短而分枝的丝状结构。本菌的直径 0.25～0.5 μm。革兰染色阴性。用姬姆萨染色法染色效果良好。

本菌对营养的要求高，在常用的支原体培养基的基础上，还必须加入 10%～15% 灭能的血清才能生长。需氧或兼性厌氧，最适温度 37～38 ℃，pH 7.8。置于湿润的环境，经 2～5 d 的恒温培养，接种在固体培养基中的鸡败血支原体可形成细小的露滴样菌落。菌落直径不超过 0.2～0.3 mm，圆形，边缘整齐，表面光滑、湿润和透明，有一致密突起的中心。固体培养基上的菌落，于 37 ℃可吸附鸡、豚鼠、大鼠及猴的红细胞、人与牛的精子和 HeLa 细胞等，此吸附作用可被相应的抗血清所抑制。能在 5～7 日龄鸡胚卵黄囊内良好繁殖，使鸡胚在接种后 5～7 d 内死亡，病变表现为胚体发育不良、水肿、肝肿大、坏死等，死胚的卵黄及绒毛尿囊膜中含有大量本菌。

本菌对外界环境的抵抗力不强。离开机体会迅速死亡。在卵黄中 37 ℃能存活 8 周，在孵化的鸡胚中 45 ℃经 12～24 h 处理可灭活。对泰乐菌素、红霉素、螺旋霉素、放线菌素 D、丝裂霉素最为敏感，对四环素、金霉素、链霉素、林可霉素次之，但易形成耐药菌株。对青霉素、多黏菌素、新霉素和磺胺类药物有抵抗力。

2. 致病性

鸡败血支原体主要感染鸡和火鸡，发生慢性呼吸道疾病，对鸡胚有致病性，幼鸡尤其敏感，且病情严重。病原体存在于病鸡和带菌鸡的呼吸道、卵巢、输卵管和精液中，可垂直传播。当并发其他细菌或病毒感染时，还会出现鼻窦炎和气囊炎等症状。鹌鹑、珠鸡、鹧鸪、孔雀和其他禽类也有一定的敏感性。

3. 临床症状

人工感染潜伏期为 4～21 d，自然感染可能更长。最初表现为流鼻涕、打喷嚏。尔后出现咳嗽、气喘、啰音。最后因鼻炎、窦炎及结膜炎，鼻腔和眶下窦中蓄积渗出物而出现眼睑肿胀，严重时眼部突出、眼球萎缩，常造成一侧或两侧失明。

4. 微生物学诊断

可采取呼吸道的分泌物作病原的分离培养和鉴定，但分离培养要求的条件高，时间长，因此，一般常用血清学诊断。使用鸡败血支原体染色抗原作全血或血清平板凝集试验，可获得快速的诊断效果。此试验还可用新鲜的卵黄稀释液代替血清而进行反应。血清学试验方法很多，如试管凝集试验、琼脂扩散、红细胞凝集抑制试验、间接血凝法和荧光抗体技术等，都能获得良好的诊断效果。

5. 防治

加强饲养管理，消除引起鸡体抵抗力降低的一切因素，鸡群饲养密度不宜太高、鸡舍要通风良好，防止受凉，饲料配合要适当。可用疫苗免疫进行预防，但弱毒菌苗形成免疫需要时间较长，免疫力不坚强。灭活苗效果也不理想。

发生本病时，按《中华人民共和国动物防疫法》规定，采取严格控制、扑灭措施，防止扩散。病鸡隔离、治疗或扑杀，病死鸡应深埋或焚烧。种蛋必须严格消毒和处理，减少蛋的带菌率。发病鸡的治疗可选用泰乐菌素、红霉素、林可霉素、土霉素等抗菌药物。

复习思考题

1. 名词解释：真菌　菌丝体　有隔菌丝与无隔菌丝　中毒性病原真菌　螺旋体　霉形体　生长抑制试验代谢抑制试验　放线菌　立克次体　衣原体

2. 简述霉菌的形态结构及生长繁殖条件。

3. 简述酵母菌及霉菌的菌落特征。

4. 真菌有哪些致病形式？

5. 简述霉形体的菌落特征。

6. 简述病原真菌的实验室检查方法有哪些？

7. 烟曲霉的形态结构有哪些特点？如何进行微生物学诊断？

8. 简述黄曲霉毒素的毒性作用。

9. 简述牛放线菌的致病作用及微生物学诊断。

10. 简述猪痢疾密螺旋体的微生物学诊断。

11. 简述钩端螺旋体致病性及微生物学诊断。

12. 检查猪肺炎支原体时，如何进行病料采取和分离培养以及微生物学诊断？

13. 如何进行禽败血支原体的微生物学诊断？

14. 列表说明放线菌、支原体、螺旋体、立克次氏体和衣原体的致病性及检验技术。

微生物生态与环境对微生物的影响

能力目标

能正确使用高压蒸汽灭菌器、电热干燥箱、紫外线灯、超净工作台以及细菌滤器等工具进行消毒和灭菌；会针对畜禽生产中不同对象选择合适的方法进行消毒；能够利用细菌的药物敏感试验筛选抗生素；能够将微生物常见的变异现象应用于动物传染病的预防、诊断和治疗中；能使学生具备良好的安全防护意识和生态环境保护意识。

知识目标

掌握微生物与动物体之间的辩证关系，物理性因素、化学性因素和生物性因素对微生物的影响，并能利用这些影响解决生产中遇到的问题。掌握微生物常见的变异现象。熟悉微生物在自然界的分布。了解微生物的亚致死性损伤及其恢复的特点。

细菌在自然界的分布极广，无论是陆地、水域、空气和动植物以及人体的外表和内部的某些器官，到处都有细菌存在，它们与外界环境及宿主一起构成相对平衡的生态体系。大多数细菌对人体是无害的，但有些细菌侵入人体或动物体或因某些原因导致动物体内微生态平衡失调时，可以引起疾病。细菌在自然界必然不断经受周围环境中各种因素的影响。因此，掌握微生物对周围环境的依赖关系，一方面可创造有利条件，促进微生物的生长繁殖，从病理材料中分离培养病原微生物，有助于传染病的诊断以及制备疫苗，来预防某些传染病；另一方面，也可利用环境对细菌不利因素，抑制或杀灭病原微生物，以达到消毒灭菌的目的。

模块一　微生物在自然界中的分布

任务一　土壤、水、空气和正常动物体的微生物

一、土壤中的微生物

土壤含有细菌生长繁殖必需的营养物质、水分、适宜的 pH 及气体环境，因此，土壤是细菌天然的培养基，其中含有大量的细菌和其他微生物。土壤中的微生物以细菌为主（占 70%～90%，每亩耕地的细菌湿重有 90～225 kg），放线菌次之，另外还有真菌、螺旋体等。土壤是微生物在自然界中最大的贮藏所，是人类最丰富的"菌种资源库"。

土壤中的细菌来自天然生活在土壤中的自养菌和腐物寄生菌以及随动物排泄物及其尸体进入土壤的细菌。土壤细菌的分布主要受到营养状况、含水量、氧气、温度和 pH 等因素的影响，集中分布于土壤表层和土壤颗粒表面。它们大部分在离地面 10～20 cm 深的土壤处存在。土层越深，菌数越少。暴露于土层表面的细菌由于日光照射和干燥，不利于其生存，所以细菌数量少。

土壤中微生物绝大多数对人是有益的，它们参与大自然的物质循环，分解动物的尸体和排泄物；固定大气中的氮，供给植物利用；土壤中可分离出许多能产生抗生素的微生物。进入土壤中的病原微生物容易死亡，但是一些能形成芽孢的细菌，如破伤风梭菌、产气荚膜梭菌、肉毒梭菌、炭疽芽孢杆菌等，可在土壤中存活几年或几十年（表 4-1），当其他条件具备时，随时可以使家畜感染相应的传染病，成为感染土壤传染病的来源。因此，土壤与创伤的感染有很大关系。

表 4-1　几种非芽孢病原菌在土壤中的存活时间

病原菌名称	存活时间
化脓链球菌	2 个月
伤寒沙门氏菌	3 个月
布氏杆菌	100 d
猪丹毒丝菌	埋在土壤尸体内 166 d
结核分枝杆菌	5～24 个月

注：引自黄青云，2008。

二、水中的微生物

水是微生物存在的天然环境，水中的细菌来自土壤、尘埃、污水、腐败的动植物尸体、人畜排泄物及垃圾等。微生物在水中的分布常受许多环境因素影响，最重要的一个因素是营养物质，其次是温度、溶解氧等。微生物在深水中还具有垂直分布的特点。水体内有机物含量高，则微生物数量大；中温水体内微生物数量比低温水体内多。深层水中的厌氧菌较多，而表层水内好氧菌较多。

不同的水源含有的细菌不同。一般地面水比地下水含菌数量多，并易被病原菌污染。处于城镇等人口聚集地区的湖泊、河流等淡水，由于不断地接纳各种污物，其中的有机物和含菌量都比较高，每毫升水中可多达几千万个甚至几亿个。在细菌种类上主要有芽孢杆菌、梭菌、变形杆菌、大肠杆菌、粪链球菌等，有时甚至还含有伤寒、痢疾、霍乱等病原菌。在远离人们居住地区的湖泊、池塘等水域，未受污染，有机质含量低，细菌的数量也较少，一般每毫升水中只含有几十个到几百个细菌，并以自养型微生物为主，如萤光假单胞菌、衣细菌、小球菌等。由于海洋环境具有盐度高、有机物含量少、温度低、深海静水压力大等特点，所以海洋微生物多是嗜盐、嗜冷和耐高渗透压的。海洋中的细菌，多具鞭毛，能运动；多为革兰阴性菌；具有色素，以抵抗太阳的强光。接近海岸和海底淤泥表层的海水中和淤泥上，菌数较多，离海岸越远，菌数越少。海洋细菌的活动与海底石油和天然气的形成有关；海底的石油和天然气就是生物的尸体在密闭高压的条件下由细菌对生物尸体分解过程形成的。海洋中一些细菌的活动也会给人们带来某些坏处，如能使海产性动植物资源致病，引起水产品的腐败，腐蚀海运工具等。

水中常见的动物致病菌有炭疽杆菌、鼻疽杆菌、伤寒沙门菌、痢疾志贺菌、霍乱弧菌、布氏杆菌、恶性水肿杆菌、气肿疽杆菌、猪丹毒杆菌、巴氏杆菌和钩端螺旋体等，主要来自人和动物的粪便及污染物。因此，粪便管理对控制和消灭消化道传染病有重要意义。直接检查水中的病原菌是比较困难的，常用测定细菌总数和大肠埃希菌的菌群数，来判断水的污染程度。目前我国规定生活饮用水的标准为 1 mL 水中细菌总数不超过 100 个；每升水中大肠菌群数不超过 3 个。超过此数，表示水源可能受粪便等污染严重，水中可能有病原菌存在。

在自然界，水源虽不断受到污染，但也经常地进行着自净作用。日光及紫外线可使表面水中的细菌死亡，水中原生生物可以吞噬细菌，藻类和噬菌体能抑制一些细菌生长；另外，水中的微生物常随一些颗粒下沉于水底污泥中，使水中的细菌大为减少。

三、空气中的微生物

空气中没有微生物生长繁殖所必需的营养物质、充足的水分和其他条件，相反，日光中的紫外线还有强烈的杀菌作用，因此，空气不是微生物生活的良好场所，只有抵抗力较强的细菌和真菌或细菌芽孢才能存留较长时间。土壤、水体、各种腐烂的有机物以及人和动植物体上的微生物，都可随着气流的运动被携带到空气中去，以气溶胶的形式，随空气流动到处传播，人或动物吸入感染，称为空气传播。

微生物在空气中的分布很不均匀，随着环境的不同，微生物数量有很大差异

（表4-2）。在海洋、高山、森林地带，终年积雪的山脉或高纬度地带的空气中，微生物数量很少，通常是一些产芽孢杆菌、产色素细菌及真菌孢子等。室内空气中的微生物比室外多，尤其是人口密集的公共场所、医院、兽医院、畜舍等，容易受到污染，如飞沫、皮屑、痰液、脓汁和粪便等携带大量的病原微生物。空气的温度和湿度也影响微生物的种类和数量，夏季气候湿热，微生物繁殖旺盛，空气中的微生物比冬季多。雨雪季节的空气中微生物的数量大为减少。

表4-2　不同地方空气中的细菌数量

地　点	细菌数量（cfu/m³）
畜禽舍	1 000 000～2 000 000
宿舍	20 000
城市街道	5 000
城市公园	200
海洋上空	1～2
北极	0

注：引自黄青云，2008。

室内空气中常见的抵抗力较强的病原菌有化脓性葡萄球菌、肺炎球菌、链球菌、结核杆菌、炭疽杆菌、破伤风梭菌、气肿疽梭菌、绿脓杆菌等，常引起呼吸道传染病及化脓性感染等。空气中微生物污染程度与医院感染率有一定的关系。空气中的非病原菌，常可造成生物制品、药物制剂及培养基的污染。因此，在微生物接种、制备生物制剂和外科手术时要经常进行空气消毒，以防止疾病的传播和手术后的感染。检测空气中微生物的数量可采用培养皿沉降法或液体阻留法。

四、正常动物体的微生物

动物的皮肤、黏膜及与外界相通的腔道中，都有微生物存在，但体内实质组织器官是无菌的。这些微生物中，有的是长期生活的共生微生物，称为自身（常住）菌系，也称原籍菌，是动物体的正常菌群。有的是环境中污染的，称为外来（过路）菌系，也称外籍菌。外籍菌一般不能定殖，往往对宿主产生不利影响。

1. 正常动物体微生物的分布

（1）体表的微生物　多数是从土壤、水和空气中污染的，不洁的畜体还往往沾染着大量粪便中的微生物。以球菌为主，如葡萄球菌、链球菌、双球菌、四联球菌、八叠球菌；杆菌中主要有大肠杆菌、绿脓杆菌、棒状杆菌及枯草杆菌等。在皮肤表层、汗腺和皮脂腺内，常发现有白色葡萄球菌、金黄色葡萄球菌和化脓链球菌等，它们是引起外伤化脓的主要原因。某些患有传染病的家畜皮毛上，还往往带有该种疾病的病原，如炭疽芽孢杆菌、布氏杆菌、结核分枝杆菌和口蹄疫病毒、痘病毒等，这些病原微生物常可通过皮毛而传播，在处理皮草和皮毛时应加注意。

（2）消化道中的微生物　初生幼畜消化道无菌，数小时后随着吮乳等过程消化道出现细菌。不同动物不同消化道部位的细菌种类和数量差异很大。

口腔中有食物残渣，同时又有适宜的温度、湿度、气体环境，因此细菌较多，有葡萄球菌、链球菌、乳杆菌、棒状杆菌、螺旋体等。

哺乳动物食道中没有食物掺杂，因此细菌极少。禽类的嗉囊不同，禽类食物首先在嗉囊中软化，然后进入胃，所以禽类的嗉囊中含有大量的细菌，主要是乳杆菌。

单胃动物的胃因受胃酸的限制，细菌极少，主要是乳杆菌、幽门螺杆菌和胃八叠球菌等少量耐酸菌。反刍动物的前胃，包括瘤胃、网胃和瓣胃，是消化粗饲料的主要场所，含有大量微生物。瘤胃内不断有食物和水进入营养物质充足；瘤胃节律性运动，将微生物与食物搅拌均匀；温度 38～40 ℃，pH 维持在 6.0～7.0，高度厌氧，适合微生物生长，是反刍动物体内的饲料处理工厂。饲料中有 70%～85% 可消化物质和 50% 粗纤维在瘤胃内消化，每天消化的量占采食总碳水化合物的 50%～55%，因此，瘤胃消化在反刍动物整个消化过程中占有特别重要的地位。瘤胃内所进行的一系列复杂的消化代谢过程，微生物起着主导作用。

瘤胃微生物十分复杂，且常因饲料种类、给饲时间、个体差异等因素而变化。主要包括厌氧真菌、细菌和原虫，一般每克瘤胃内容物中含细菌 10^9～10^{10} 个，原虫 10^5～10^6 个，真菌 10^5 个菌体形成单位(cfu)。瘤胃中的细菌有 29 属 69 种，大多数为无芽孢的厌氧菌和兼性厌氧菌；其中分解纤维素的有产琥珀酸拟杆菌(也称产琥珀酸纤维菌)、小生纤维梭菌、黄色瘤胃球菌、白色瘤胃球菌、小瘤胃杆菌、溶纤维丁酸弧菌等；发酵淀粉和糖的有牛链球菌、丁酸梭菌及丁酸弧菌属的一个种、反刍兽半月形单胞菌等；合成蛋白质的有淀粉球菌、淀粉八叠球菌、淀粉螺旋菌和另外一些嗜碘微生物；合成维生素的有维生瘤胃黄杆菌、丁酸梭菌等；另外还有产甲烷的细菌，它们利用瘤胃中其他微生物发酵生成的氢气、甲酸等产物进行还原生成甲烷，因此瘤胃中的氢气很少，甲酸通常测不到。瘤胃中具有大量厌氧真菌菌丝体和游动孢子。与瘤胃细菌一样，瘤胃真菌经过长期进化一直定居在瘤胃内。瘤胃真菌是严格厌氧的微生物，没有线粒体，不能通过呼吸产生能量，但能通过供氢体进行发酵产生能量，同时产生氢气。目前，瘤胃厌氧真菌有 5 个属共 5 个种，都是具有降解纤维和半纤维的能力，有的瘤胃真菌还具有降解淀粉、蛋白质的能力。瘤胃中的原虫以内毛虫和双毛虫为最多，占纤毛虫总数的 85%～98%，能分解纤维素的主要为双毛虫。虽然在数量上比细菌少得多，但因原虫体积大，因此它的总体积可与细菌相当。

在小肠中由于各种消化液的杀菌作用，特别是十二指肠受胆汁的作用，细菌极少；但是越往后细菌总数越多，主要是兼性厌氧性细菌，如链球菌、大肠杆菌、葡萄球菌和芽孢杆菌等；另外，在电镜下可以看到小肠壁上有大量分支状原核生物，但目前尚无法分离鉴定。在应激情况下，大肠杆菌、链球菌可大量增殖，使小肠消化出现异常状态。

食糜进入大肠后，消化液的杀菌作用减弱或消失，且经常有大量的残余食物滞留，营养丰富，条件适宜，故细菌的活动极其频繁，进行着很复杂的消化代谢，对单胃草食动物和杂食动物消化作用尤为重要。大肠和盲肠中主要是厌氧菌，如拟杆菌、真杆菌、双歧杆菌占总数的 90%～99%，其次是肠球菌、肠杆菌(大肠杆菌)乳杆菌和其他菌。约有细菌 200 多种，1 g 粪便中含菌 10^9～10^{10} 个以上。

(3)呼吸道的微生物　健康动物的呼吸系统中，在上部呼吸道特别是鼻黏膜上，经常存在着随空气进入的微生物群，如葡萄球菌等。在气管黏膜上一般距气管分支越深其数量越少，支气管末梢和肺泡内是无菌的，只有在宿主患病时才有细菌存在。此外，还有一定种类的微生物能在上呼吸道黏膜上长期寄居，特别是在扁桃体黏膜上，除葡萄球菌外，还有绿色链球菌、肺炎球菌、巴氏杆菌等。这些细菌在动物抵抗力减弱时，就可成为原发、并发或继发感染的病原体。

(4)泌尿生殖器官的微生物　在正常情况下，动物的肾脏、输尿管、睾丸、卵巢、子宫以及输精管、输卵管等是无菌的，只有在泌尿生殖道口有细菌。阴道中微生物主要为乳杆菌，其次为葡萄球菌、链球菌、大肠杆菌，也有抗酸菌的存在。阴道中正常栖生的细菌并没有致病性，它们产生的酸性使阴道保持酸性环境，从而抑制其他微生物的生长，因此对动物有利。尿道中可检测到葡萄球菌、棒状杆菌等，偶尔也发现肠球菌和霉形体。公畜或母畜的尿道口，经常栖居着一些球菌以及若干不知名的杆菌，偶尔也有一些抗酸性杆菌存在。由于尿道口容易被粪便、土壤和皮垢所污染，因此也可能存在大肠杆菌、葡萄球菌等细菌。内部泌尿生殖道是无菌的，但在某种情况下，大肠杆菌等可逆行而上，进入膀胱、肾等引起上行感染。

(5)其他器官　动物的其他组织器官正常是无菌的，但在特殊情况下也可能有菌，如某些传染病的隐性传染过程；手术康复后的一定时期内，可能带菌；有的细菌能从肠道经门静脉进入肝脏，或由淋巴管进入淋巴结；特别是在动物临死前，抵抗力极度减弱时，某些非病原菌或条件性致病菌都可由这些途径(包括以上)进入组织器官内。这些闯入的细菌往往造成细菌学检查的误诊。

2. 动物正常菌群及其意义

正常菌群是微生物与宿主在长期进化过程中形成的，各自在动物体内特定的部位定居繁殖，菌类及数量基本上保持稳定，对宿主健康有益或无害的菌系。正常情况下动物体与正常菌群之间，互相制约、互相依存，构成一种生态平衡，这种平衡对维持动物健康生长有着显著的作用。

(1)生物颉颃作用　正常菌群通过竞争营养或产生细菌素等方式颉颃病原菌，从而构成一个防止外来细菌侵入与定居的生物屏障。病原菌侵犯宿主，首先就要突破这层屏障。实验发现，以鼠伤寒杆菌攻击小鼠，需10万个活菌才能使其致死；若先给予口服链霉素，抑制正常菌群，则10个活菌就可引起死亡。

(2)营养作用　正常菌群参与物质代谢、营养转化和合成，如胃肠道细菌产生酶分解纤维素、蛋白质等。有的菌群还能合成宿主所必需的维生素，如大肠埃希菌、乳链球菌等能合成维生素B、维生素K等，供机体利用；双歧杆菌产酸造成的酸性环境，可促进机体对维生素D和钙、铁的吸收。

(3)免疫作用　正常菌群具有免疫原性和促免疫细胞分裂作用，能刺激机体产生抗体，从而促进机体免疫系统的发育和成熟，如无菌鸡小肠和回盲部淋巴结较普通鸡小4/5。另外，正常菌群抗原可持续刺激宿主免疫系统发生免疫应答，产生的免疫物质能对具有交叉抗原组分的病原菌有某种程度的抑制或杀灭作用。

(4)生长与衰老　正常菌群有利于宿主的生长、发育和长寿，菌群失调易使宿主衰老。健康乳儿中，双歧杆菌约占肠道菌群的98%。成年后不仅菌量减少，菌种也不同。进入老年后，产生 H_2S 和吲哚的芽孢杆菌类增多，肠道腐败过程较快，有害物质产生较多，这些物质吸收后可加速老化过程。

此外，正常菌群还有一定的抗癌作用，其机制可能是与激活巨噬细胞，促进其吞噬作用和降解某些致癌物质（如亚硝胺基胍）有关。

正常菌群与人体保持平衡，它们互相之间也相互制约保持平衡，这种情况下对人不致病，同时又可合成各种维生素及抑制病原微生物生长。正常菌群各成员之间，正常菌群与宿主之间，正常菌群、宿主与环境之间，经常处于动态平衡状态。保持这种生态学平衡是维持人体健康状态必不可少的条件。

3. 条件致病菌

寄居在动物体一定部位的正常菌群相对稳定，但在特定条件下，正常菌群与宿主之间，正常菌群中的各种细菌之间的生态平衡可被破坏而使机体致病。这类在正常条件下不致病，在特殊情况下能引起疾病的细菌，称为条件致病菌或机会致病菌。这种特定的条件通常是：①机体免疫功能低下，常发生于宿主的局部或全身性免疫功能下降时，如扁桃体摘除术后，寄居在鼻咽部的甲型链球菌可经血流使原有心瓣膜畸形者引起亚急性细菌性心内膜炎；应用大剂量皮质激素、抗肿瘤药物或放射治疗等，可造成全身性免疫功能降低，从而使一些正常菌群引起自身感染，出现各种病症，有的甚至导致败血症而死亡；②寄居部位发生变迁，如大肠杆菌进入泌尿道，或手术时通过伤口进入腹腔、血流等；③不适当的抗菌药物治疗所导致的菌群失调。

4. 菌群失调及菌群失调症

由于某种原因使正常菌群的种类、数量和比例发生较大幅度的改变，导致微生态失去平衡，称为菌群失调。由于严重菌群失调而使宿主发生一系列临床症状，则称为菌群失调症。因菌群失调症往往是在抗菌药物等治疗原有感染性疾病过程中产生的另一种新感染，故临床上又称二重感染。引起二重感染的细菌以金黄色葡萄球菌、革兰阴性杆菌和白假丝酵母菌为多见。临床表现为肠炎、鹅口疮、肺炎、尿路感染或败血症等。若发生二重感染，应停用原来的抗生素，选用合适的敏感药物；同时，也可使用有关的微生态制剂，协助调整菌群，以恢复正常菌群的生态平衡。另外，畜牧养殖中日粮的突然变化、环境变化应激等均可引起菌群失调。为避免菌群失调症，应该注意科学的饲养管理，建立良好的养殖微生态体系，增强动物的免疫力，不滥用抗生素。

5. 无菌动物和无特定病原动物

在正常情况下，动物体表和体内经常存在着大量的各种各样的细菌，科学工作者为了研究工作和生产实践的需要，创造了获得无菌动物（GF 动物）和无特殊病原菌动物（SPF 动物）的方法。

所谓无菌动物，是指正常的健康胎儿（或成熟的鸡胚胎）用无菌手续取出来，即刻饲养于一个特定的无任何细菌的环境中，于试验阶段或整个生活期内的饮水、饲料和空气均要进行严格的灭菌处理，对于接触它的试验人员或其他器具也要通过严格的消毒和灭菌。总之，要采取一切措施，杜绝外界任何细菌与无菌动物接触。在营养方面要根据同种正常动物对营养物质的需要，予以满足。无菌动物可用于研究消化道细菌与动物营养的关系、免疫、肿瘤、病理以及传染病的净化等。

无特殊病原菌动物，是指不存在某些特定的具有病原性或潜在病原性微生物的动物。SPF 动物的培育和饲养与 GF 动物同样严格。利用 SPF 动物可培养无慢性传染病的畜（禽）群，也可探讨病原微生物对机体致病作用和免疫发生的机理，提出疫病防制措施等。

任务二　水的细菌总数和大肠菌群的测定

一、目的要求

了解水中菌落总数和大肠菌群的检验方法和报告方法。测定水中菌落总数和大肠菌群最近似数方法不仅能对水质进行卫生检测，还被广泛应用于牛奶、乳制品及多种食品的卫生检验中，在生产中具有十分重要的意义。

二、仪器及材料

普通营养琼脂、乳糖胆盐发酵管、伊红美蓝培养基、麦康凯培养基、远藤氏培养基、量筒、灭菌吸管、玻璃瓶、被检材料（水）、温箱等。

三、方法与步骤

（一）水中菌落总数测定

菌落总数是指每克（每毫升）检样在需氧情况下，37 ℃培养 48 h，能在普通琼脂平板上生长的细菌菌落总数。

1. 检验程序

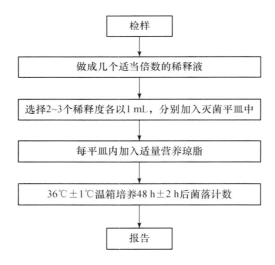

检样

↓

做成几个适当倍数的稀释液

↓

选择2~3个稀释度各以1 mL，分别加入灭菌平皿中

↓

每平皿内加入适量营养琼脂

↓

36℃±1℃温箱培养48 h±2 h后菌落计数

↓

报告

2. 操作方法

（1）水样标本的采取

① 自来水：先将自来水龙头用火焰灼烧灭菌，然后打开水龙头让水流 5 min 后，以无菌容器接取水样。

② 池水、河水或湖水：应取距水面 $10 \sim 15$ cm 处的水样。先将无菌的带玻璃塞的小口瓶瓶口向下浸入水中，然后翻转过来，取下玻璃塞，待盛满水后将瓶塞盖好，再从水中取出。一般立即检查，否则须放入冰箱中保存。

(2)自来水中菌落总数测定

① 用灭菌吸管吸取 1 mL 水样，注入灭菌培养皿中，做 3 个。

② 分别注入约 15 mL 已溶化并冷却到 45 ℃左右的普通琼脂培养基，并立即在平面旋转，使水样与培养基充分混合均匀。

③ 另取一空的灭菌培养皿，注入普通琼脂培养基 15 mL 作空白对照。

④ 待上述培养基凝固后，倒置于 37 ℃温箱中，培养 48 h。进行菌落计数。培养皿的平均菌落数即为 1 mL 水样中的菌落总数。

⑤ 菌落计数方法：

a. 先计算同一稀释度的平均菌落数，若其中一个培养皿有较大片状菌苔生长时，不应采用，而应以无片状菌苔生长的培养皿的菌落数作为该稀释度的平均菌落数。若片状菌苔的面积不到培养皿的一半，而其余的一半菌落分布又很均匀时，可将此一半的菌落数乘以 2 代表培养皿的菌落数，然后再计算该稀释度的平均菌落数。

b. 首先选择平均菌落数在 $30 \sim 300$ 之间的稀释度，乘以稀释倍数报告之。如表 4-3 中例 1 应选 1：100 的稀释度，即 164×100 等于 16 400，报告 16 000 或 1.6×10^4。

c. 若有 2 个稀释度，其平均菌落数均在 $30 \sim 300$ 之间，则按两者平均菌落数之比值来确定。若比值小于或等于 2，应报告其平均数，如表 4-3 中例 2，100 倍和 1 000 倍稀释的检样，平均菌落数均在 $30 \sim 300$ 之间，而两者平均菌落的比值小于 2，取平均值$(29 500 + 46 000)/2 = 37 750$，即报告 38 000 或 3.8×10^4；若两者平均菌落数的比值大于 2，则报告其中稀释度较小的平均菌落数，如表 4-3 中例 3，报告 27 000 或 2.7×10^4。

d. 若所有稀释度的平均菌落数均大于 300，则按稀释度最高的平均菌落数乘以稀释倍数报告之。如表 4-3 中例 4，所有平均菌落数均大于 300，它的最高稀释度的平均菌落数是 27，乘以稀释倍数 10 报告，即 270 或 2.7×10^2。

e. 若所有稀释度的平均菌落数均小于 30，则应按稀释度最低的平均菌落数乘以稀释倍数报告之。如表 4-3 中例 5，3 个稀释度的平均菌落数都小于 30，它的最低稀释倍数的平均菌落数是 27，乘以稀释倍数 10 报告，即 270 或 2.7×10^2。

f. 若所有稀释度的平均菌落数均不在 $30 \sim 300$ 之间，其中一部分稀释度的平均菌落数大于 300 或小于 30 时，则以最接近 30 或 300 的平均菌落数乘以稀释倍数报告之，如表 4-3 中例 6，1：10、1：100 倍稀释度平均菌落数大于 300，而 1 000 倍稀释度的平均菌落数小于 30，而以 1：100 稀释度的平均菌落数 305 最接近 300，故按 31 000报告之。

⑥ 菌落数的报告：菌落数在 100 个以内时，按实有数报告，大于 100 个时，采用二位有效数值，在二位有效数值后面的数字，以四舍五入方法计算。为了缩短数字后面的零的个数，也可用 10 的指数来表示，如表 4-3"报告方式"栏。

表 4-3 稀释度选择及菌落总数报告方式

例 次	平均菌落数			两个稀释倍数平均菌落数之比值	菌落总数(个/mL)	报告方式(个/mL)
	稀释倍数					
	10^{-1}	10^{-2}	10^{-3}			
1	多不可计	164	20	—	16 400	16 000 或 1.6×10^4
2	多不可计	295	46	1.6	37 750	38 000 或 3.8×10^4
3	多不可计	271	60	2.2	27 100	27 000 或 2.7×10^4
4	多不可计	多不可计	513	—	513 000	510 000 或 5.1×10^5
5	27	11	5	—	270	270 或 2.7×10^2
6	多不可计	305	12	—	30 500	31 000 或 3.1×10^4

(二)水中大肠菌群的测定

大肠菌群是指一群在 37 ℃经 24 h 能发酵乳糖产酸产气、需氧或兼性厌氧的革兰阴性无芽孢杆菌。大肠菌群数在食品及水中有不同的含义。食品中大肠菌群数是以每 100 mL(g)检样中大肠菌群的最近似数(MPN)表示;水中大肠菌群数是以每 1 000 mL 检样中大肠菌群的最近似数表示。通过对水中菌落总数和大肠菌群的测定,可以了解水质的污染情况。我国《生活饮用水卫生标准》(GB 5749—2006)卫生学标准规定,生活用水的菌落总数每毫升不得超过 100 个,大肠菌群不得检出。检验方法如下:

(1)初发酵试验 样品的采取及稀释方法与水中菌落总数的测定相同。根据水样的卫生学标准或对污染情况的估计,选择适宜的 3 个稀释度无菌操作采取稀释样品,将其接种于乳糖胆盐发酵管内,接种量在 1 mL 以上者,用双料乳糖胆盐发酵管;接种量在 1 mL 及其以下者,用单料乳糖胆盐发酵管,每一稀释度接种 3 管。置 37 ℃温箱中,培养 24 h。如所有乳糖胆盐发酵管都不产气,可报告大肠菌群阴性。如有产气者,则按下列程序进行。

(2)分离培养 将产气的发酵管分别接种于伊红美蓝琼脂平板(或麦康凯或远藤氏琼脂平板)上,置于 37 ℃温箱中培养 24 h,作菌落特征观察及革兰染色镜检和乳糖发酵试验。

(3)复发酵试验 在上述平板上,挑取大肠菌群可疑菌落 1～2 个,接种于乳糖发酵管,置 37 ℃温箱中培养 24 h,观察产气情况。凡乳糖管产酸产气、革兰阴性、无芽孢杆菌,即可报告大肠菌群阳性;如乳糖管不产气或革兰阳性,则报告大肠菌群阴性。

(4)报告 根据证实为大肠菌群阳性的管数,按表 4-4 报告大肠菌群的最近似数。各种乳制品中,大肠菌群 MPN 的国家标准(MPN/100 mL 或 cfu/100 mL)分别是:巴氏杀菌奶≤90,酸牛奶≤90,甜炼乳≤90,全脂奶粉≤90。

表 4-4 50 mL 检样接种 1 管,10 mL、1 mL 检样各接种 3 管的大肠杆菌最近似数检索表

50 mL 管阳性数	10 mL 管阳性数	1 mL 管阳性数	每 100 mL 的 MPN
0	0	0	0
0	0	1	1
0	0	2	2
0	1	0	1

（续）

50 mL 管阳性数	10 mL 管阳性数	1 mL 管阳性数	每 100 mL 的 MPN
0	1	1	2
0	1	2	3
0	2	0	2
0	2	1	3
0	2	2	4
0	3	0	3
0	3	1	5
0	3	2	6
1	0	0	1
1	0	1	3
1	0	2	4
1	0	3	6
1	1	0	3
1	1	1	5
1	1	2	7
1	1	3	9
1	2	0	5
1	2	1	7
1	2	2	10
1	2	3	12
1	3	0	8

附：乳糖胆盐发酵管

成分：蛋白胨　20 g

猪胆盐(或牛、羊胆盐)　5 g

乳糖　10 g

1.6%溴甲酚紫酒精溶液　0.6 mL

(或用 0.04%溴甲酚紫水溶液　25 mL)

蒸馏水　1 000 mL

pH 7.4

制法：将蛋白胨、胆盐及乳糖溶解于水中，校正 pH 7.4，加入指示剂，分装试管(试管中先放入倒置糖发酵小管)，高压灭菌(115 ℃ 15 min)。双料乳糖胆盐发酵管，除了蒸馏水外，其他成分加倍。

模块二　环境对微生物的影响

　　微生物的生长极易受到外界条件的影响，若环境适宜，则代谢旺盛，生长繁殖迅速，若环境不适宜，细菌可由于代谢障碍而生长受到影响，甚至死亡。了解微生物对周围环境的依赖关系，可采用多种物理、化学或生物的方法来抑制或杀灭环境中的病原微生物，切断传播途径，从而控制污染、感染或消灭传染病。以下术语常用于表示物理或化学方法对微生物的杀灭程度：

　　① 消毒：用物理方法或化学消毒剂杀死病原微生物的方法。用以消毒的试剂称为消毒剂。一般消毒剂在常用浓度下，只对细菌的繁殖体有效，对其芽孢则需要提高消毒剂的浓度及延长作用的时间。

　　② 灭菌：杀灭物体上所有微生物（包括病原菌和非病原菌、繁殖体和芽孢）的方法。灭菌比消毒的要求高，但在日常生活中，消毒和灭菌这两个术语往往通用。

　　③ 防腐：防止或抑制体外微生物生长繁殖的方法，细菌一般不死亡。用于防腐的化学药物称为防腐剂。同一化学药品在低浓度时常为防腐剂，在高浓度时为消毒剂。

　　④ 无菌：意为不存在活的微生物。无菌法是防止微生物进入机体或局部环境的方法。

任务一　物理、化学、生物因素对微生物的影响

一、物理因素对微生物的影响

（一）温度

　　温度是微生物生长的重要条件，微生物生长繁殖最旺盛时所需温度为最适温度；能够适应生长的最高或最低温度分别为最高温度和最低温度。

　　1. 高温对微生物的影响

　　高温对微生物有明显的致死作用，热力能使菌体蛋白质变性或凝固，这是因为蛋白质和核酸中的氢键易受热力破坏。用湿热灭菌时，被灭菌的物体内外温度能达到一致水平，湿热的灭菌能力比干热强（表4-5），这是因为：湿热中细菌菌体蛋白更容易凝固；湿热的穿透力比干热大；湿热的蒸汽有潜热存在，可释放出更多的热量。

表 4-5　干热与湿热空气对不同细菌的致死时间比较

细菌种类	干热 90 ℃	90 ℃，相对湿度		细菌种类	干热 90 ℃	90 ℃，相对湿度	
		20%	80%			20%	80%
白喉棒杆菌	24 h	2 h	2 min	伤寒杆菌	3 h	2 h	2 min
痢疾杆菌	3 h	2 h	2 min	葡萄球菌	8 h	3 h	2 min

　　（1）干热灭菌法　干热灭菌法包括火焰灭菌和热空气灭菌法。

　　① 火焰灭菌法：直接用火焰烧灼，立即杀死全部微生物的方法。包括烧灼和焚烧。

烧灼是直接用火焰杀死微生物，适用于微生物实验室的接种针等不怕热的金属器材、试管口等的灭菌。焚烧是彻底的灭菌方法，但只限于处理废弃的污染物品，如无用的衣物、病料、垃圾或动物尸体等。

②热空气灭菌法：在干燥情况下，利用热空气灭菌。通常要用干热灭菌箱来达到干燥热空气灭菌的目的。杀灭繁殖体要 100 ℃ 1.5 h，芽孢要 140 ℃ 3 h，进行干热灭菌时，箱温 160 ℃ 维持 2 h，可达到灭菌的目的。主要用于高温下不变质、不损坏、不蒸发的物品，如玻璃器皿、瓷器、玻璃注射器等的灭菌。

（2）湿热灭菌法　最常用的湿热灭菌有以下几种：

①煮沸法：煮沸 100 ℃ 5 min 可杀死细菌的繁殖体，一般消毒以煮沸 10 min 为宜，杀死芽孢则需煮沸 1～2 h。煮沸法主要用于一般外科器械、注射器、胶管和食具等的消毒。若水中加入 1%～2% 碳酸氢钠，可提高沸点至 105 ℃，既可增强杀菌能力，又可防止金属器械生锈。

②流动蒸汽法：又称常压蒸汽消毒法，利用 100 ℃ 左右的水蒸气进行消毒，一般采用流通蒸汽灭菌器（其原理相当于我国的蒸笼），加热 15～30 min，可杀死细菌繁殖体，但芽孢常不被全部杀灭。消毒时物品的包装不宜过大、过紧，以利于蒸汽穿透。

③间歇灭菌法：是利用反复多次的流通蒸汽，杀死细菌所有繁殖体和芽孢的一种灭菌法。本法适用于耐热物品，也适用于不耐热（<100 ℃）的营养物质如某些培养基的灭菌。一般用流通蒸汽灭菌器，100 ℃ 加热 15～30 min，可杀死其中的繁殖体；但芽孢尚有残存。取出后置 37 ℃ 孵箱过夜，使芽孢发育成繁殖体，次日再蒸一次，如此连续 3 次以上，可达到灭菌的效果。本法适用于不耐高温的营养物（如血清培养基）的灭菌。有些物质不耐 100 ℃，则可将温度降至 75～80 ℃，每次加热的时间延长 30～60 min，次数增加至 3 次以上，也可达到灭菌的目的。如用血清凝固器对血清培养基或卵黄培养基的灭菌。

④巴氏消毒法：利用热力杀死液体中的无芽孢病原菌，又不严重影响其原有营养风味的方法。此法由巴斯德创用，以消毒酒类而得名，现在常用于牛奶、啤酒、果酒或酱油等不宜进行高温灭菌的液态风味食品或调料的消毒。具体做法可分为 3 类：第一类是经典的低温维持法（LTH），63 ℃ 维持 30 min；第二类是较现代的高温瞬时法（HTST），72 ℃ 维持 15 s；第三类是超高温瞬时灭菌技术（UHT），138～142 ℃ 灭菌 2～4 s。

⑤高压蒸汽灭菌法：高压蒸汽灭菌是在专门的高压蒸汽灭菌器中进行的，是目前热力灭菌中使用最普遍、效果最可靠的一种方法。在常压下，水的沸点是 100 ℃，在密闭的容器内，不断加热使水蒸气产生的压力升高，水的沸点也随着升高，获得高温的水蒸气，通常在 1.05 kg/cm² 的压力下，温度达 121.3 ℃，维持 15～30 min，可杀死包括细菌芽孢在内的所有微生物。此法适用于耐高温和不怕潮湿物品的灭菌，如普通培养基、溶液、手术器械、注射器、手术衣、玻璃器皿、敷料和橡皮手套等。所需的温度、压力与灭菌时间由灭菌的物品而定。灭菌时，必须将锅内冷空气排尽，并应注意放置的物品不宜过于紧密，否则会影响灭菌效果。

2. 低温对微生物的影响

大多数微生物对低温具有很强的抵抗力，低温的作用主要是抑菌。微生物对低温的耐受性较强，大部分微生物在低温状况下，新陈代谢逐渐减慢，甚至处于静止状态，温度升高又能恢复繁殖。低温使微生物的代谢活力降低，生长繁殖停滞，但该微生物仍能在较长时间内维持生命；当上升到适宜的温度时，它们又可以恢复生长繁殖。但是也有些细菌如脑膜炎奈瑟菌、流感嗜血杆菌等对低温特别敏感，在冰箱内保存比在室温下保存死亡更快。低温常用于保藏食品和菌种。

① 冷藏法：将新鲜食物放在 4 ℃冰箱保存，防止腐败。然而贮藏只能维持几天，因为低温下耐冷微生物仍能生长，造成食品腐败。利用低温下微生物生长缓慢的特点，可将微生物斜面菌种放置于 4 ℃冰箱中保存数周至数月。

② 冷冻法：家庭或食品工业中采用 $-20 \sim -10$ ℃的冷冻温度，使食品冷冻成固态加以保存，在此条件下，微生物基本上不生长，保存时间比冷藏法长。但是微生物仍然存活，所以食品解冻后要迅速食用。冷冻法也适用于菌种保藏，所用温度更低，如 -20 ℃低温冰箱、-70 ℃超低温冰箱或 -195 ℃液氮。为减少细菌冷冻时死亡，可于菌液内加入约 10% 的甘油、蔗糖或脱脂乳，或 5% 二甲基亚砜作保护剂。长期冷冻保存细菌和真菌仍是不适宜的，最终必将导致死亡。尤其是反复冷冻和融化对任何微生物都具有很大的破坏力，因此保存菌种时应尽力避免。

③ 冷冻真空干燥法（简称冻干法）：该法是采用迅速冷冻和抽真空除水的原理，将物品置于玻璃容器（安瓿或小瓶）内，迅速冷冻，然后真空抽气，不断抽出玻璃容器内的气体，使冰冻物品中的水分因升华作用而迅速脱水干燥，最后在抽真空状态下严封瓶口，保存。用冷冻真空干燥法处理的菌种，可以保存数月至数年而不丧失其活力。

（二）光线和射线

光线与射线对微生物的影响，随其性质、强度、时间、波长和作用的距离而有差异。

日光是有效的天然杀菌剂，对大多数微生物均有损害作用，直射杀菌效果尤佳，其主要的作用因素为紫外线。但含有 $400 \sim 700$ nm 波长范围的强可见光也具有直接的杀菌效应，它们能够氧化细菌细胞内的光敏感分子，如核黄素和卟啉环（构成氧化酶的成分）。因此，实验室应注意避免将细菌培养物暴露于强光下。此外，曙红和四甲基蓝能吸收强可见光使蛋白质和核酸氧化，因此常将两者结合用来灭活病毒和细菌。日光的效应受很多因素的影响，如烟尘笼罩的空气、玻璃及有机物等都能减弱日光的杀菌力。

紫外线是一种低能量的电磁辐射，波长范围为 $200 \sim 300$ nm，杀菌作用最强的波长为 $265 \sim 266$ nm，这与 DNA 吸收光谱范围相一致。其杀菌原理是紫外线易被核蛋白吸收，使 DNA 的同一条螺旋体上相邻的碱基形成胸腺嘧啶二聚体，从而干扰 DNA 的复制与转录，导致细菌变异或死亡。紫外线的穿透能力弱，不能透过普通玻璃、纸张、尘埃，故仅用于消毒物体表面及手术室、无菌操作实验室、传染病房和烧伤病房的空气，也可用于不耐热物品表面消毒。由于杀菌波长的紫外线对人体皮肤、眼睛均有损伤作用，使用时应注意防护。

红外线辐射是一种 $0.77 \sim 1\,000\ \mu m$ 波长的电磁波，有较好的热效应，尤以 $1 \sim 10\ \mu m$

波长的热效应最强。红外线由红外线灯泡产生，不需要经空气传导，所以加热速度快，但热效应只能在照射到的表面产生，因此不能使一个物体的前后左右均匀加热。红外线的杀菌作用与干热相似，利用红外线烤箱灭菌时所需温度和时间也与干热灭菌相同，多用于医疗器械的灭菌。人受红外线照射时间较长会感觉眼睛疲劳及头疼，长期照射会造成眼内损伤。因此，工作人员操作时应戴防红外线伤害的防护镜。

电离辐射包括高速电子、X射线和γ射线等。具有较高的能量与穿透力，在足够剂量时，辐射粒子与某些分子撞击后，可激发这些分子产生离子或其他活性分子和游离基，破坏DNA。对各种细菌均有致死作用。电离辐射不使物体升温，可在常温下对不耐热的物品灭菌，故又称"冷灭菌"。常用于消毒不耐热的塑料注射器和导管等，也能用于食品消毒而不破坏其营养成分。

(三)干燥和渗透压

微生物代谢离不开水。干燥或提高溶液渗透压，降低微生物可利用水的量或活度，可抑制其生长。

干燥的主要作用是抑菌，使细胞失水，代谢停止，也可引起某些微生物死亡。不同微生物对干燥的敏感性不同，如淋病球菌对干燥特别敏感，几小时便死亡；而溶血性链球菌在尘埃中存活25d；结核杆菌能耐受干燥90d，芽孢抵抗力更强，如炭疽杆菌和破伤风梭菌的芽孢在干燥条件下可存活几年或几十年。霉菌孢子对干燥也有强大的抵抗力。在畜牧生产上常用干燥法保存饲料、毛皮、药品等。

渗透压与微生物的生命活动有密切关系。渗透压适宜时，有利于微生物的生长繁殖。微生物对于渗透压的变化有一定的适应能力；但是当渗透压发生突然变化或超过一定限度时，将抑制微生物的生长繁殖或导致死亡。将微生物置于高渗溶液如浓盐水、浓糖水，则菌体内的水分向外渗出，胞浆因高度脱水而浓缩，并与细胞壁脱离，此现象称为"质壁分离"或"生理干燥"。盐腌制咸肉或咸鱼，糖浸果脯或蜜饯等，均是利用此法保存食品的。但是，有些微生物可在高浓度的溶液如20%的盐水、糖水中生长繁殖，因此这类微生物统称为嗜高渗菌，又分为嗜盐菌或嗜糖菌。将微生物置于低渗溶液如蒸馏水中，则因水分大量渗入菌体内，使菌体细胞发生显著膨胀，甚至使细胞膜胀裂，此现象称为"胞膜破裂"或"胞浆压出"。由于细胞壁的存在，多数细菌对低渗不敏感。

(四)超声波与微波

不被人耳所感受的频率高于20kHz的声波，称为超声波。超声波几乎对所有微生物都有破坏作用，效果因作用时间、频率及微生物种类、数量、形状而异。一般地，高频率比低频率杀菌效果好，球菌较杆菌抗性强，细菌芽孢具有更强的抗性。它致死微生物主要是通过探头的高频振动引起周围水溶液的高频振动，当探头和水溶液的高频振动不同步时能在溶液内产生空穴(真空区)，只要菌体接近或进入空穴，由于细胞内外压力差，导致细胞破裂，内含物外溢实现的。此外，超声波振动，机械能转变为热能，使溶液温度升高，细胞热变性，抑制或杀死微生物。虽然超声波强烈的振动可使菌群死亡，但往往有残存者。目前主要用于粉碎细胞以提取细胞组分或制备抗原等。

微波是一种波长为 1 mm 至 1 m 的电磁波，频率较高，可穿透玻璃、塑料薄膜与陶瓷等物质，但不能穿透金属表面。微波能使介质内杂乱无章的极性分子在微波场的作用下，按波的频率往返运动，互相冲撞和磨擦而产生热，介质的温度可随之升高，因而在较低的温度下能起到消毒作用。消毒中常用的微波有 2 450 MHz 与 915 MHz 两种。微波照射多用于食品加工。在医院中可用于检验科的日常用品、非金属器械，无菌病房的食品食具等的消毒。微波长期照射可引起眼睛的晶状混浊、睾丸损伤和神经功能紊乱等全身性反应，因此必须关好门后才开始操作。

(五)滤过除菌法

该法是用物理阻留的方法将液体或空气中的细菌除去，以达到无菌的目的。所用的滤菌器含有细微的小孔，只允许小于孔径的物体如液体和空气通过，大于孔径的细菌被阻拦在膜上不能通过。主要用于一些不耐热的血清、毒素、抗生素、药液、空气等除菌。但一般不能除去病毒、支原体和 L 型细菌。滤菌器的除菌性能与其材料的特性、滤孔大小、静电作用等因素有关。滤菌器的种类很多，目前常用的有薄膜滤菌器、玻璃滤菌器、石棉滤菌器(也称 Seitz 滤菌器)等。

二、化学因素对微生物的影响

各种化学物质对微生物的影响是不同的，有的可促进微生物的生长繁殖，有的阻碍微生物新陈代谢的某些环节而呈现抑菌作用，有的使菌体蛋白质变性或凝固而呈现杀菌作用。同一种化学物质，也因不同作用浓度、温度、时间以及对象等的不同而异，呈现抑菌或杀菌作用。许多化学药物已广泛用于防腐、消毒及治疗疾病。

用于抑制微生物生长繁殖的化学药物称为防腐剂或抑菌剂；用于杀灭动物体外病原微生物的化学制剂称为消毒剂；用于消灭宿主体内病原微生物的化学制剂称为化学治疗剂。实际上，消毒剂在低浓度时只能抑菌，而防腐剂在高浓度时也能杀菌，它们之间并没有严格的界限，统称为防腐消毒剂。消毒剂在杀灭病原微生物的同时，对动物体的组织细胞也有损害作用，所以只能外用或用于环境消毒，其中少数不被吸收的化学消毒剂也可用于消化道的消毒；而化学治疗剂对于宿主和病原微生物的作用有选择性，它们能阻碍微生物代谢的某些环节，使其生命活动受到抑制或使其死亡，而对宿主细胞副作用甚小。

(一)化学消毒剂

1. 化学消毒剂的作用机制

不同的化学消毒剂其作用原理也不完全相同，大致归纳为 3 个方面。一种化学消毒剂对细菌的影响常以其中一方面为主，兼有其他方面的作用。

(1)改变细胞膜通透性　消毒剂作用于细胞膜，可导致胞浆膜结构紊乱并干扰其正常功能，使小分子代谢物质溢出胞外，影响细胞传递活性和能量代谢，甚至引起细胞破裂。如表面活性剂、酚类及醇类消毒剂。

(2)蛋白变性或凝固酸　有些消毒剂可改变蛋白构型而扰乱多肽链的折叠方式，造成蛋白变性。如乙醇、大多数重金属盐、氧化剂、醛类、染料和酸碱等。

（3）改变蛋白与核酸功能 有些消毒剂作用于细菌胞内酶的功能基（如—SH 基）而改变或抑制其活性，如某些氧化剂和重金属盐类。消毒剂作用于核酸使核酸分子结构改变，导致细菌死亡，如龙胆紫。

2. 影响消毒剂作用的因素

（1）消毒剂的性质、浓度与作用时间 各种消毒剂的理化性质不同，对微生物的作用大小也有差异。例如，表面活性剂对革兰阳性菌的灭菌效果比对革兰阴性菌好，龙胆紫对葡萄球菌的效果特别强。绝大多数消毒剂浓度越高，越易杀死微生物；作用时间越长，杀死微生物的机率也越大。浓度与作用时间是相关的，浓度降低可用延长时间补偿，但当浓度减低到一定限度后，即使延长作用时间，也无杀菌作用。但醇类除外，70％乙醇或50％～80％异丙醇的消毒效果最好。

（2）微生物的污染程度 微生物污染程度越严重，消毒就越困难，因为微生物彼此重叠，加强了机械保护作用。所以在处理污染严重的物品时，必须加大消毒剂浓度，或延长消毒作用的时间。

（3）微生物的种类和生活状态 不同的细菌对消毒剂的抵抗力不同，细菌芽孢的抵抗力最强，幼龄菌比老龄菌敏感。

（4）温度、湿度、酸碱度 一般随温度的升高，则化学物质的活化分子增多，分子运动速度增加使化学反应加速，消毒所需要的时间缩短，所以温度越高消毒效果越好。湿度对许多气体消毒剂的杀菌效果有影响，过高或过低都会降低效果。酸碱度的变化可影响消毒剂杀灭微生物的作用。例如，2％的戊二醛杀灭每毫升含 104 个炭疽芽孢杆菌的芽孢，20 ℃时需 15 min，56 ℃时仅 1 min 即可，其在碱性环境中杀灭微生物效果较好；酚类和次氯酸盐药剂则在酸性条件下杀灭微生物的作用较强。新洁尔灭的杀菌作用是 pH 越低所需杀菌浓度越高，在 pH 3 时所需的杀菌浓度较 pH 9 时要高 10 倍左右。

（5）环境中的有机物 当细菌和有机物特别是蛋白质混在一起时，某些消毒剂的杀菌效果可受到明显影响。因有机物阻碍消毒剂与微生物的接触，也可中和或吸收一部分消毒剂，降低消毒剂杀菌功效。因此，在消毒皮肤及器械前，应先清洁再消毒。

（6）化学颉颃物 阴离子表面活性剂可降低季胺盐类和洗必泰的消毒作用，因此不能将新洁尔灭等消毒剂与肥皂、阴离子洗涤剂合用。次氯酸盐和过氧乙酸会被硫代硫酸钠中和，金属离子的存在对消毒效果也有一定影响，可降低或增加消毒作用。

3. 消毒剂的主要种类及使用

化学消毒剂的种类很多，其杀菌作用也不尽相同。表 4-6 中列出了一些常用消毒剂的消毒原理及使用方法。生产过程中根据待消毒物品的性状及病原微生物的特性，选择适当的消毒剂。选择消毒剂时注意，消毒剂应具有强大的杀菌力、穿透力、奏效快；易溶于水，使用方便，价格低廉；性质稳定，不易氧化分解，不易燃易爆，便于贮存；对动物机体应无毒性或毒性较小，对衣物、用具、金属制品（如铁丝笼、仪器设备、器械等）无腐蚀性，无残留，对环境无污染；杀菌力不受或少受脓汁、血液、坏死组织、粪便、痰等有机物存在的影响。

表 4-6　常用消毒剂的种类、使用浓度与用途

类　别	作用机制	常用消毒剂名称及浓度	主要性状	用　途
酚类	蛋白质变性、损伤细胞膜、灭活酶类	3%～5%石炭酸	溶液杀菌力强，有特殊气味	畜禽舍地面、器具表面的消毒
		2%来苏儿		术前洗手、皮肤消毒
醇类	蛋白质变性与凝固、干扰代谢	70%～75%乙醇	消毒力不强，对芽孢无效	皮肤、温度计、器械消毒
醛类	菌体蛋白质及核酸烷基化	10%甲醛	溶液挥发慢，刺激性强，浸泡物体表面消毒	浸泡，物品表面消毒，蒸汽消毒畜禽舍
重金属盐类	氧化作用、蛋白质变性与沉淀，灭活酶类	0.05%～0.1%升汞	杀菌作用强，腐蚀金属器械	非金属器皿的消毒
		0.1%硫柳汞	杀菌力弱，抑菌力强	皮肤、黏膜、小创伤消毒
		2%红汞	抑菌力弱，无刺激性	皮肤黏膜，小创伤消毒
		1%～5%硝酸银	刺激性小	新生儿滴眼，预防淋病奈瑟菌感染
氧化剂	氧化作用、蛋白质沉淀	0.1%高锰酸钾	弱氧化剂，稳定	皮肤、创口、饲喂器具消毒
		3%过氧化氢	不稳定	创口、皮肤黏膜消毒
氧化剂		0.2%～0.3%过氧乙酸	性质不稳定，原液对皮肤、金属有强烈腐蚀性	塑料、玻璃器材、畜禽舍消毒
		2.0%～2.5%碘酒	刺激皮肤，不能与红汞同用	皮肤、手术部位消毒
		0.2～0.5 $\mu g/g$氯	氯气刺激性强，有毒	饮水及饲喂器具消毒
		10%～20%漂白粉	有效氯易挥发，有氯味，腐蚀金属，棉织品，刺激皮肤，晚易潮解	地面、厕所、车辆与排泄物消毒
		4 $\mu g/g$二氯异氰尿酸钠	有氯味，杀菌力强，较稳定	水消毒
		3%二氯异氰尿酸钠	有氯味，杀菌力强，较稳定	畜禽舍内空气及排泄物消毒
表面活性剂	损伤细胞膜、灭活氧化酶等酶活性、使蛋白质沉淀	0.05%～0.1%新洁尔灭	易溶于水，刺激性小，稳定，对芽孢无效；遇肥皂或其他合成洗涤剂效果减弱	外科手术洗手，皮肤黏膜消毒，浸泡手术器械、种蛋消毒，畜禽舍空间消毒
		0.05%～0.1%杜灭芬	稳定，易溶于水，遇肥皂或其他洗涤剂效果减弱	皮肤创伤冲洗，金属器械、塑料、橡皮类消毒
烷化剂		50 mg/L环氧乙烷	易燥易燃、有毒（100～200 $\mu g/g$对人能致死）	手术器械、毛皮等消毒

（续）

类　别	作用机制	常用消毒剂名称及浓度	主要性状	用　途
染料	抑制细菌繁殖，干扰氧化过程	2%～4%龙胆紫	溶于酒精，有抑菌作用，对葡萄球菌作用强	浅表创伤消毒
酸碱类	破坏细胞膜和细胞壁，蛋白质凝固	5～10 mL/m³ 醋酸加等量水蒸发	浓烈醋味	空气消毒
		生石灰（按1：4～1：8比例加水配成糊状）	杀菌力强，腐蚀性大	地面、排泄物消毒

（二）化学治疗剂

用于治疗由微生物或寄生虫引起的疾病的化学药品称为化学治疗剂。其特点是能选择性地干扰病原体新陈代谢的某些环节，导致病原体死亡，一般对人体的毒性很小或无毒性，可内服或注射。广泛应用于治疗畜禽各种传染病，有些还用于预防感染；促进动物生长的饲料添加药物。需要注意的是存在一些药物的毒性反应；耐药性产生；药物残留等问题。常用的化学疗剂有磺胺类药、呋喃类药、异烟肼等，此处只作简单的介绍，详细知识可以参考药理相关著作。

（1）喹诺酮类　这是一类较新的化学合成抗菌药。作用于细菌DNA旋转酶，造成染色体DNA的损伤，细菌不能分裂繁殖，导致死亡。对多数对革兰阴性菌、霉形体杀菌力强，对革兰阳性菌作用较弱。在体内吸收快、分布广，不良反应较少，尤其对深部组织感染和对细胞内病原菌感染有效。目前，广泛使用的有诺氟沙星、环丙沙星、恩诺沙星、单诺沙星、培氟沙星和氧氟沙星等一批优良产品，其中氧氟沙星对革兰阳性菌和部分厌氧菌有良好效果。

（2）磺胺类及抗菌增效剂　这是一类人工合成的化学药物。磺胺类药物能阻止敏感细菌合成叶酸，抑制细菌的生长繁殖，一般无杀菌作用。磺胺类药物具有广谱的抗菌作用，能抑制大多数革兰阳性菌和一些革兰阴性菌，此外，对少数真菌、衣原体也有抑制作用。一般根据磺胺类药物的作用特点，可分为3类：抗全身感染用磺胺；抗肠道感染用磺胺；供局部外用磺胺。长期大剂量使用磺胺类药物，易出现尿变化、胃肠反应、过敏性药疹、贫血或出血等不良反应，因而应严格控制疗程和剂量。配用等量碳酸氢钠，增加饮水或及时停药，可避免或解除不良反应。一些抗菌药物与磺胺药并用，可使抗菌效果增强数倍至数十倍，并可扩大治疗作用范围，如甲氧苄氨嘧啶（TMP）、二甲氧苄氨嘧啶（DVD）。

（3）呋喃类　这是在呋喃环上引入不同基团而人工合成的一类化合物，能作用于细菌的酶系统，干扰细菌的糖代谢而有抑菌作用，常用的主要有呋喃西林、呋喃唑酮、呋喃妥因等。此类药物能抑制多种革兰阳性菌及革兰阴性菌的生长繁殖。但据报道，有呋喃类药物能引发多种不良反应，存在药物残留，故只提倡外用。

三、生物学因素对微生物的影响

在自然界，各种不同类群的微生物能在多种不同的环境中生长繁殖。微生物与微生物之间，微生物与其他生物之间彼此联系，相互影响。通常，这种彼此之间的相互关系可归纳为互生、共生、寄生、捕食和颉颃。

1. 互生

互生是指两种可以单独生活的生物，当它们在一起时，通过各自的代谢活动而有利于对方，或偏利于一方的生活方式。这是一种可分可合，合比分好的相互关系。例如，在土壤中，当分解纤维素的细菌与好氧的自生固氮菌生活在一起时，后者可将固定的有机氮化合物供给前者需要，而纤维素分解菌也可将产生的有机酸作为后者的碳源和能源物质，从而促进各自的增殖和扩展。在植物根部生长的根际微生物与高等植物之间也存在着互生关系。动物体肠道正常菌群与宿主间的关系，主要是互生关系。动物体为肠道微生物提供了良好的生态环境，使微生物能在肠道得以生长繁殖。而肠道内的正常菌群可以完成多种代谢反应，均对人体生长发育有重要意义。

2. 共生

共生是指两种生物共居在一起，相互分工合作、相依为命，甚至达到难分难解、合二为一的极其紧密的一种相互关系。最典型例子就是微生物间共生的地衣，它是真菌和蓝细菌或藻类的共生体。其中的绿藻或蓝细菌进行光合作用，为真菌提供有机养料，而真菌则以其产生的有机酸去分解岩石中的某些成分，为藻类或蓝细菌提供所必需的矿质元素。另外，根瘤菌与豆科植物之间的关系，牛、羊、鹿、骆驼和长颈鹿等反刍动物与瘤胃微生物之间的关系，都属于共生关系。

3. 寄生

寄生是指小型生物生活在较大型的生物体内或体表，从后者获得营养，进行生长、繁殖，并使后者蒙受损害甚至被杀死的现象。前者称为寄生物，后者称为寄主或宿主。有些寄生物一旦离开寄主就不能生长繁殖，这类寄生物称为专性寄生物。有些寄生物在脱离寄主以后营腐生生活，这些寄生物称为兼性寄生物。在微生物中，噬菌体寄生于宿主菌是常见的寄生现象。此外，细菌与真菌，真菌与真菌之间也存在着寄生关系。土壤中存在着一些溶真菌细菌，它们侵入真菌体内，生长繁殖，最终杀死寄主真菌，造成真菌菌丝溶解。真菌间的寄生现象比较普遍，如某些木霉寄生于丝核菌的菌丝内。蛭弧菌与寄主细菌属于细菌间的寄生关系。寄生于动植物及人体的微生物也极其普遍，常引起各种病害。能引起人和动物致病的微生物很多，主要是细菌、真菌和病毒。微生物也能使害虫致病，利用昆虫病原微生物防治农林害虫，已成为生物防治的重要方面。

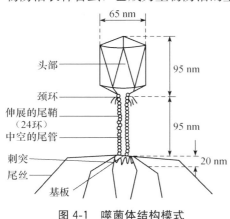

图 4-1　噬菌体结构模式

噬菌体是侵袭细菌、真菌等的病毒，也是赋予宿主菌生物学性状的遗传物质。噬菌体必须在活菌内寄生，有严格的宿主细胞特异性。其特异性取决于噬菌体吸附器官和受体菌表面受体的分子结构和互补性。噬菌体的体积微小，需用电子显微镜观察，其形态有蝌蚪形、微球形和细杆形。大多数噬菌体呈蝌蚪形，由头部和尾部两部分组成（图 4-1）。噬菌体的化学成分仅含蛋白质及 1 种核酸，大部分噬菌体的核酸是 DNA。蛋白质构成噬菌体头部的外壳及尾部，蛋白质起着保护核酸的作用，并决定噬菌体的外形和表面特征。噬菌体对理化因素的抵抗力较强。噬菌体感染细菌有两种结果，一是噬菌体增殖，结果细菌被裂解，建立溶菌性周期，这类噬菌体称为烈性噬菌体；二是噬菌体核酸与细菌染色体整合，成为前噬菌体，细菌变为溶原性细菌，建立溶原性周期，这类噬菌体称为温和噬菌体。温和噬菌体可有溶原性周期和溶菌性周期，而毒性噬菌体只有一个溶菌性周期。有些前噬菌体可使溶原性细菌的表型发生改变，称为溶原性转换。例如，白喉棒状杆菌产生白喉毒素，肉毒梭菌产生肉毒毒素，化脓性链球菌产生红疹毒素，都与溶原性转换有关，这些毒素基因都是噬菌体。沙门菌、志贺菌等抗原结构和血清型别也受溶原性噬菌体的控制，若失去前噬菌体，则有关性状也发生改变。

4. 捕食

捕食又称猎食，一般是指一种大型的生物直接捕捉、吞食另一种小型生物以满足其营养需要的相互关系。微生物间的捕食关系主要是原生动物捕食细菌和藻类，它是水体生态系统中食物链的基本环节，在污水净化中也有重要作用。另有一类是捕食性真菌，如少孢节丛孢菌等巧妙地捕食土壤线虫，它对生物防治具有一定的意义。

5. 拮抗

拮抗关系是指一种微生物在其生命活动中，产生某种代谢产物或改变环境条件，从而抑制其他微生物的生长繁殖，甚至杀死其他微生物的现象。在制造泡菜、青储饲料时，乳酸杆菌产生大量乳酸，导致环境变酸，即 pH 值的下降，抑制了其他微生物的生长，这属于非特异性的拮抗作用。而可产生抗生素的微生物，则能够抑制甚至杀死其他微生物，例如，青霉菌产生的青霉素能抑制一些革兰阳性细菌，链霉菌产生的链霉菌素能够抑制酵母菌和霉菌等，这些属于特异性的拮抗关系。微生物间的拮抗关系已被广泛应用于抗生素的筛选、食品保藏、医疗保健和动植物病害的防治等领域。

（1）抗生素　某些微生物在新陈代谢过程中产生对另一些微生物有抑制或杀灭作用的物质。到目前为止，已经发现的抗生素有 2 500 多种，大多数对人和动物有毒性，但临床最常用的只有几十种。不同的抗生素的抗菌作用也不相同，临床治疗时，应根据抗生素的抗菌机制与作用对象选择使用。抗生素的作用对象有一定的范围，称为抗菌谱。常用的抗生素按抗菌谱大致可分为 4 类：窄谱抗生素，如青霉素主要对革兰阳性菌有抑制作用，多黏菌素主要杀死革兰阴性菌；广谱抗生素，如氯霉素、金霉素、土霉素和四环素等；抗霉菌抗生素；抗癌抗生素。抗生素的作用原理主要是干扰细菌的代谢过程从而达到目的，可分为 4 种主要类型：干扰细菌细胞壁的合成，如青霉素；损伤胞浆膜结构，如多黏菌素；影响细菌细胞的蛋白质合成，如氯霉素；影响核酸（DNA 或 RNA）合成，如灰黄霉素。

（2）细菌素　某些细菌产生的仅对近缘菌株有抗菌作用的蛋白质。细菌素的抗菌范围很窄且具有型特异性，现无治疗意义，多用于细菌分型和流行病学调查。

（3）植物杀菌素　某些植物中存在有杀菌物质，这种杀菌物质一般称为植物杀菌素。中草药如黄连、黄柏、黄芩、大蒜、金银花、连翘、鱼腥草、穿心莲、马齿苋、板蓝根等都含有杀菌物质，黄连、黄柏中含有的小檗碱（称为黄连素）对革兰阳性菌和革兰阴性菌均有抑制作用，对痢疾杆菌、结核杆菌、鼠疫耶尔森菌、溶血性链球菌、伤寒沙门菌、大肠杆菌等具有抗菌作用；鱼腥草含有鱼腥草素。

任务二　细菌的药物敏感性试验（圆纸片扩散法）

各种病原菌对抗菌药物的敏感性不同，细菌的药物敏感性试验用于测定细菌对不同抗菌药物的敏感度，或测定某种药物的抑菌浓度，为临床用药或为新抗菌药物的筛选提供依据。药敏试验的方法很多，普遍使用的是圆纸片扩散法。

一、目的要求

掌握圆纸片扩散法测定细菌对抗生素等药物的敏感试验的操作方法和结果判定，明确药敏试验在实际生产中的应用。

二、仪器及材料

接种环、酒精灯、试管架、眼科镊子、温箱、普通琼脂平板、抗菌药物纸片、大肠杆菌和金黄色葡萄球菌的培养物。

三、方法与步骤

① 无菌操作，取细菌培养物，在营养琼脂平板上密集均匀划线。

② 用无菌镊子夹取各种抗菌药物的圆纸片（一般圆纸片标记有药物名或代号），一次放好，不能移动，各纸片间的距离要大致相等。

③ 平皿倒置，37 ℃温箱中培养 18～24 h。

④ 结果观察。根据纸片周围有无抑菌圈及其直径大小，按表 4-7 的相关标准确定细菌对抗生素等药物的敏感度。

表 4-7　细菌对不同抗菌药物敏感性标准

药物名称	抑菌圈直径（mm）	敏感度
青霉素	＜10	不敏感
	11～20	中度敏感
	＞20	高度敏感
土霉素、四环素、新霉素、链霉素、磺胺	＜10	不敏感
	11～14	中度敏感
	＞14	高度敏感
庆大霉素、卡那霉素	＜12	不敏感
	13～14	中度敏感
	＞14	高度敏感
氯霉素、红霉素	＜10	不敏感
	11～17	中度敏感
	＞17	高度敏感
其他	＜10	不敏感
	11～15	中度敏感
	＞15	高度敏感

模块三　微生物的遗传与变异

遗传和变异是生物的基本特征之一，也是微生物的基本特征之一。所谓遗传，是指亲代与子代的相似性，是物种存在的基础；所谓变异，是亲代与子代以及子代之间的不相似性，是物种发展的基础。生物离开遗传和变异就没有进化。微生物的变异可以自发地发生，也可以人为地使之发生。由于微生物体内遗传物质的改变发生的可以遗传给后代的变异，称遗传型变异，又称基因型变异。由于环境条件的改变引起的一般不遗传给后代的变异，称为非遗传型变异，又称为表型变异。随着对微生物遗传变异本质认识的不断深入，将会大大推动病原微生物致病机制、耐药机制、病原的快速检测以及防治新思路的研究。因此，了解微生物的遗传与变异具有十分重要的理论意义和实用价值。

任务一　常见微生物的变异现象

1. 形态变异

细菌在异常条件下生长发育时，可以发生形态的改变。例如，炭疽病病猪咽喉部分离到的炭疽杆菌，多不呈现典型的竹节状排列，而是细长如丝状；慢性猪丹毒病病猪心脏病变部的猪丹毒杆菌呈长丝状，都是细菌形态变异的实例。在实验室保存菌种，如不定期移植和通过易感动物接种，形态也会发生变异。

2. 结构与抗原性

（1）荚膜变异　有荚膜的细菌，在特定条件下，可能丧失其形成荚膜的能力。如炭疽杆菌在动物内和特殊培养基上能形成荚膜，而在普通培养基上则不形成荚膜；当将其通过易感动物机体时，便可完全恢复形成荚膜的能力。由于荚膜是致病菌的毒力因素之一，又是一种抗原物质，所以荚膜的丧失必然导致病原菌毒力和抗原性的改变。

（2）鞭毛变异　有鞭毛的细菌在某种条件下，可以失去鞭毛。如将有鞭毛的沙门菌培养液养于含 $0.075\% \sim 0.1\%$ 石炭酸的琼脂培养基上，可失去形成鞭毛的能力。细菌失去了鞭毛，也就丧失运动力和鞭毛抗原。

（3）芽孢变异　能形成芽孢的细菌，在一定条件下可丧失形成芽孢的能力。如巴斯德培养强度炭疽杆菌于 $43\ ℃$ 条件下，结果育成了不形成芽孢的菌株。

3. 菌落特征变异

细菌的菌落最常见的有 2 种类型，即光滑型（S 型）和粗糙型（R 型）。S 型菌落一般表面光滑，湿润，边缘整齐，R 型菌落的表面粗糙，干而有皱纹，边缘不整齐。细菌的菌落在一定条件下从光滑型变为粗糙型时，称 S-R 变异。S-R 变异时，细菌的毒力、生化反应、抗原性等也随之改变，在正常情况下，较少出现 R-S 的回归变异。

4. 毒力变异

病原微生物的毒力有增强或减弱的变异。让病原微生物连续通过易感动物，可使其毒力增强；将病原微生物长期培养于不适宜的环境中或反复通过不易感动物时，可使其毒力减弱，这种毒力减弱的菌株或毒株可用于疫苗的制造。如炭疽芽孢苗、猪瘟兔化弱毒苗等，都是利用毒力减弱的菌株或毒株制造的预防用生物制品。

5. 耐药性变异

细菌对许多抗菌药物是敏感的，但发现在使用某些药物治疗疾病的过程中，其疗效逐渐降低，甚至无效，这是由于细菌对该种药物产生了抵抗力，这种现象为耐药性变异。如对青霉素敏感的金黄色葡萄球菌发生耐药性变异后，成为对青霉素有耐药性的菌体。细菌的耐药性大多是自发突变，也有是由于诱导而产生的耐药性。

6. 代谢的变异

某种微生物原来在代谢过程中能合成某种营养成分的特性，会变为失去这种能力，无法在基本培养基上正常生长繁殖，成为所谓的营养缺陷型。如变异株丧失对某种糖类、维生素、氨基酸或其他生长因子的合成能力，必须在培养基中人为提供该种营养成分才能生长。这种变异特性，可用来作该种营养成分的微量检测和遗传变异研究，对研究细菌的代谢产物的生物合成途径很有用处。另外，营养缺陷型菌株可作为杂交、转化、转导和原生质体融合等研究中的标记菌种。

任务二　微生物变异现象在兽医实践中的应用

微生物变异在动物传染病的诊断与预防方面具有重要意义。

1. 传染病诊断方面

在微生物检查过程中，要作出准确的诊断，不仅要知道微生物的典型特征，还要了解微生物的变异现象。微生物在正常条件下生长发育，可以发生形态、结构、菌落特征的变异，在临床传染病的诊断中应注意防止误诊。例如，从临床新分离的伤寒沙门菌株有 10% 无鞭毛，无动力，患者也不产生鞭毛（H）抗体，因而血清学试验时，不出现 H 凝集或凝集效价很低；分解乳糖的基因转移到沙门菌，出现能够分解乳糖的伤寒沙门菌；金黄色葡萄球菌通常为致病菌，以产生金黄色色素著称，而多数耐药菌株多产生灰白色色素；血浆凝固酶试验曾作为判断葡萄球菌有无致病性的一项重要指标，但目前许多凝固酶阴性的葡萄球菌也具有致病性。

2. 在传染病的防治方面

可利用人工变异方法，获得抗原性良好、毒力减弱的菌株或毒株，制造传染病的疫苗，卡介苗是非常成功的例子。在传染病的流行中，要注意变异株的出现，并采取相应的预防措施。由于耐药菌株的不断出现与增加，使用抗菌药物预防和治疗细菌病时，针对性要强，不能滥用药物，必要时先做药物敏感性实验。

3. 在流行病学方面的应用

将分子生物学的分析方法应用于流行病学调查，追踪基因水平的转移与播散，有其独特的优点。如应用指纹图谱法将不同来源细菌所携带的质粒 DNA、毒力基因或耐药性基因等，经同一种限制性内切酶切割后进行琼脂糖凝胶电泳，比较所产生片段的数目和大小是否相同或相近，确定感染爆发流行菌株或相关基因的来源，或调查养殖场内耐药质粒在不同细菌中的播散情况。

4. 在细菌分类上的应用

除了传统的依靠细菌的形态、生化反应、抗原特异性以及噬菌体分型等进行了细菌的分类外，现在还开展了细菌DNA分子中的遗传物质的分类，不同种的细菌的亲缘关系可以反映在细菌的DNA上。亲缘关系越密切，两种细菌的DNA链核苷酸序列间越接近；如果为同一种细菌，则同源性率可为100%。因此，根据细菌遗传物质的相对稳定性，可鉴定出细菌间的相互关系。

5. 在基因工程方面的应用

基因工程是用人工的方法将目的基因从复杂的生物体基因组中提取分离，将其连接到能够自我复制的载体上，形成重组DNA分子；然后再将重组DNA分子转移到受体细胞中并进行筛选，使之实现功能表达，产生所需要的表达产物。质粒和噬菌体都是理想的载体。通过基因工程技术可以生产一些天然合成或分离纯化十分困难且成本昂贵的药物。如在大肠埃希菌或其他生物体内可有效地表达重组胰岛素、生长激素、干扰素等的DNA分子，完成其生产。此外，基因工程方法还可应用于生产有效的新型疫苗，如乙型肝炎病毒表面抗原疫苗，为预防传染病开辟了新途径。

模块四　微生物的亚致死性损伤及其恢复

亚致死性损伤通常称为变性或是亚致死性细胞损伤。较轻的细胞损伤是可逆的，即消除刺激因子后，受损伤细胞可恢复常态。

一、亚致死性损伤的发现

细菌的亚致死性损伤现象虽在1917年就早有发现，但直到20世纪70年代才逐渐被人们所重视，而且大多侧重于食品微生物学领域。一方面，用以提高杀菌效果，来延长食品保存时间；另一方面，在于提高食品中细菌检验方法的敏感性，以便更好地判定食品的安全性。在医学和兽医微生物学领域，则在于提高消毒剂杀灭病原微生物的效果。因此，研究微生物的亚致死性损伤及其恢复，不论在消毒理论研究还是在传染病预防以及公共卫生学实践方面，均具有重要意义。

二、细菌损伤和恢复的一般特征

细菌受亚致死性损伤后的一般表现有：失去在同种正常菌细胞能很好生长条件下的生长能力；在对同种正常菌细胞无明显抑制作用的选择性培养基中，不能生长繁殖；繁殖适应期延长；发生某些生理生化特性的改变。细菌受亚致死性损伤后的表现并不是基因的改变，当将其重新培养在适当的培养基和适宜的温度下，能很快得到恢复，并重新获得正常生理生化特性。而且受损伤细菌细胞一经修复，不再表现出任何受伤的特征；但也有某种损伤的个别变化不能完全恢复到和过去一样的现象。

三、细菌损伤的表现和修复

各种理化因素处理均能使细菌细胞遭受损伤，不同的处理可导致细菌细胞不同部位的损伤。现已观察到的损伤有细胞壁的损伤、细胞膜的损伤、核酸的损伤以及机能的损伤等。其修复机制还不太清楚，一般认为受伤细菌修复需要营养丰富的培养基，但也有实验表明，受伤菌的修复在简单的最低营养需要的培养基中比复杂的营养丰富的培养基中更为容易。另外，受伤菌修复不仅要靠复杂的营养；热损伤细菌的恢复还与接触空气的程度有关；冷冻损伤菌的恢复对 pH 的变化更为敏感。

四、细菌芽孢的损伤和恢复

细菌芽孢损伤和恢复的研究，主要集中于加热的影响。就其研究结果看，其损伤和修复的主要表现有：非营养性发芽激活物（如溶菌酶）可增加热损伤芽孢的恢复；芽孢计数最适培养温度发生改变（即降低或变窄）；对营养和其他因素的需要变得苛刻；对抑制剂的敏感性增加；芽孢构造发生改变。

复习思考题

1. 名词解释：SPF 动物　GF 动物　消毒　灭菌　防腐　无菌　颉颃　亚致死性损伤
2. 维持动物消化道正常菌群的稳定有什么积极意义？
3. 简述常用的消毒灭菌的方法及用途。
4. 温度对微生物有什么影响？谈谈此影响在生产实践中的应用。
5. 试述化学消毒剂杀菌作用机理及影响因素。
6. 简述紫外线杀菌的作用机理和注意事项。
7. 常见的微生物变异现象有哪些？有何实际应用？
8. 某些传染病通过接种疫苗基本得到控制，但近几年使用同样的疫苗预防效果却不佳，分析可能的原因。
9. 什么是正常菌群？什么是菌群失调症？简述消化道菌群失调症发生的原因。

项目五

微生物的致病作用及传染

能力目标

　　能对微生物的毒力进行测定，并掌握半致死量的计算方法；会利用鲎试验来测定细菌的内毒素；能够从传染发生的必要条件着手，在生产中预防传染病的发生。

知识目标

　　掌握细菌致病性的决定因素，内毒素、外毒素的区别，毒力的表示方法，病毒感染机体的类型。熟悉微生物毒力增强和减弱的方法、病毒感染细胞的类型、病毒对机体的致病作用。了解细菌致病性确定的依据和病毒对宿主细胞的致病作用。

模块一　微生物的致病性

　　凡能引起人类疾病的微生物，统称为病原微生物。病原微生物在人体内寄生、增殖并引起疾病的特性称为病原微生物的致病性或病原性。致病性是病原微生物种的特征之一，是质的概念，如破伤风梭菌引起破伤风，布氏杆菌引起布病。致病性强弱程度以毒力表示，是量的概念。各种病原微生物的毒力不同，常可因宿主种类及环境条件而发生变化。同一种病原微生物也有强毒、弱毒与无毒菌株之分。病原微生物的毒力常用半致死量（LD_{50}）或半数感染量（ID_{50}）表示。

　　病原微生物的致病作用与其毒力、侵入机体的数量、侵入途径及机体的免疫状态密切相关。下面对细菌和病毒的致病作用分别介绍。

一、细菌的致病性

（一）细菌致病性的确定

　　柯赫法则是确定某种细菌是否具有致病性的主要依据，其要点有 4 个：第一，特殊的病原菌应该在同一疾病中查到，在健康机体不存在；第二，此病原菌能被分离培养而得到纯种；第三，此培养物接种易感动物，能导致同样病症；第四，自实验室感染的动物体内能重新获得该病原菌的纯培养物。柯赫法则在确定细菌致病性方面具有重要意义，特别是鉴定一种新的细菌时非常重要。但是，它也具有一定的局限性，某些情况并不符合该法则。例如，健康带菌或隐形感染；有些病原菌迄今仍无法在体外人工培养；有的则没有可用的易感动物。另外，该法则只强调了病原菌致病性的一方面，忽略了它与宿主的相互作用。

　　近年来随着分子生物学的发展，"基因水平的柯赫法则"应运而生，其要点也有 4 个：第一，应在致病菌株中检出某些基因或其产物，而无毒力菌株中则无；第二，如有毒力菌株的某个毒力基因被破坏，则菌株的毒力应减弱或消除，或者将此基因克隆到无毒株内，后者成为有毒力菌株；第三，将细菌接种动物时，这个基因应在感染的过程中表达；第四，在接种动物体内能检测到这个基因产物的抗体，或产生免疫保护。该法则也适用于细菌以外的微生物，如病毒等。

（二）细菌致病性的特点

　　1. 细菌的种类决定了疾病的性质

　　由于细菌侵入和定居机体的部位、致病机理和致病能力的不同，对动物致病程度也不同，临床症状也表现出一定的特异性。

　　2. 细菌致病是细菌与细菌及动物之间相互作用的结果

　　① 在正常情况下，动物体内的正常菌群对宿主没有致病作用，但是，一旦因各种因素而寄居于同一部位的正常菌群的比例失调，或者动物的生理状态发生变化，它们便迅速生长繁殖，并对宿主表现出致病性。

　　② 许多病原菌或毒素，只有当它们通过特定途径进入机体并达到一定数量时，才对

动物表现出一定的致病作用。

③ 病原菌对动物的致病作用除了表现出对易感动物的选择外，还取决于动物机体的生理和免疫状态。获得特异性免疫力的易感动物能抵抗相应病原菌的致病作用。

(三)毒力

通常把病原菌的致病性强弱程度称为细菌的毒力。各种病原菌的毒力不尽一致，即使同种细菌也因菌型或菌株的不同而有差异。通常病原菌的毒力越大，其致病性越强，因此，毒力是菌株的特征。同种病原微生物因型或株的不同而分为强毒株、弱毒株和无毒株。

构成病原菌毒力的物质称毒力因子，主要有侵袭力和毒素两个方面。此外，有些毒力因子尚不明确。近年来的研究发现，细菌的许多重要的毒力因子与细菌的分泌系统有关。

1. 侵袭力

侵袭力是指病原菌突破机体防御屏障，在机体内生长繁殖和扩散的能力。侵袭力主要取决于病原菌的表面结构及其产生的酶类。

(1)黏附　黏附是指病原微生物附着在敏感细胞的表面。凡具有黏附作用的细菌结构成分均称为黏附素，主要有革兰阴性菌的菌毛，其次是非菌毛黏附素，如某些革兰阴性菌的外膜蛋白、革兰阳性菌的脂磷壁酸以及细菌的荚膜多糖等。大多数细菌的黏附素具有宿主特异性及组织嗜性，如大肠杆菌的 K_{88} 菌毛、F8 菌毛仅黏附于人的尿道上端导致肾盂肾炎。

(2)定居和抗吞噬　致病菌在突破机体的防御屏障进入机体后，一些毒力较强的致病菌能形成抗吞噬的物质得以在局部定居和繁殖，荚膜就是其中之一。菌体表面的一些其他物质，如某些大肠杆菌的 K 抗原也具有抗吞噬作用。细菌的抗吞噬作用，打破了机体防卫功能能致使细菌蔓延。

(3)繁殖与扩散　细菌在宿主体内增殖是感染的重要条件。不同病原菌引起疾病所需的数量有很大差异，一个健康的机体需要一次侵入数十亿甚至数百亿个沙门菌才会引发症状，而鼠疫杆菌只需要 7 个就能使某些宿主患上可怕的鼠疫。

细菌在宿主体内扩散，必须依靠自身分泌的一些侵袭性酶类，如透明质酸酶、溶纤维蛋白酶、胶原酶、凝血浆酶、卵磷脂酶和 DNA 酶等，这些酶能作用于组织基质或细胞膜，造成损伤，增加其通透性，有利于细菌在组织中扩散及协助细菌抗吞噬。

① 透明质酸酶：又称扩散因子，可分解结缔组织中起黏合作用的透明质酸，使细胞间隙扩大，通透性增加，因而有利于细菌及其毒素向周围及深层扩散。

② 溶纤维蛋白酶：又称为链激酶，能将凝固的纤维蛋白迅速溶解，解除纤维蛋白对病原菌的局限作用，有利于病原菌在宿主组织和血管中迅速扩散蔓延。

③ 胶原酶：能水解宿主肌肉组织和网状结缔组织中的胶原蛋白，从而使肌肉软化、坏死和崩解，有利于病原菌的侵袭和蔓延。

④ 卵磷脂酶：能水解宿主细胞膜上的卵磷脂，从而导致组织崩解和红细胞溶解，为病原菌的扩散和蔓延创造条件。

⑤ 脱氧核糖核酸酶(DNA 酶)：动物组织细胞在被溶解时可释放出 DNA，使细菌生长

的局部环境中的液体变浓稠，不利于病原菌的进一步扩散蔓延，而 DNA 酶可以水解释放出来的 DNA，使液体变稀，有利于病原菌的进一步扩散蔓延。

⑥ 凝固酶（凝血浆酶）：能加速感染局部血浆的凝固，阻碍吞噬细胞的游走，从而保护病原菌免遭吞噬细胞的吞噬。这种酶主要出现于感染的开始，其作用与溶纤维蛋白酶相反。

（4）干扰或逃避宿主的防御机制　病原菌黏附于细胞或组织表面后，必须克服机体局部的防御机制，特别是要干扰或逃避局部的吞噬作用及体液免疫作用，才能建立感染。细菌之所以能够干扰或逃避宿主的防御机制，是因为它具有抵抗吞噬及体液中杀菌物质作用的表面结构——荚膜、微荚膜葡萄球菌 A 蛋白（SPA）等。

① 抗吞噬作用机制：包括：a. 抑制吞噬细胞的摄取，如荚膜、链球菌的 M 蛋白。b. 在吞噬细胞内生存，如沙门菌的某些成分可抑制溶酶体与吞噬小体的结合；再如李氏杆菌被吞噬后，很快从吞噬小体中逸出，直接进入细胞质。c. 杀死或直接损伤吞噬细胞，某些细菌通过分泌外毒素或蛋白酶来破坏吞噬细胞的细胞膜，或诱导细胞凋亡，或直接杀死吞噬细胞。

② 抗体液免疫机制：细胞逃避体液免疫主要通过以下途径产生：a. 抗原伪装或抗原变异，如金黄色葡萄球菌通过 SPA 结合免疫球蛋白形成抗原伪装。b. 分泌蛋白酶降解免疫球蛋白，嗜血杆菌等可分泌蛋白酶，破坏黏膜表面的 Zg A。c. 通过外膜蛋白（OMP）、磷脂壁酸（LTA）或荚膜的作用，逃避补体，抑制抗体产生。

2. 毒素

毒素是细菌在生长繁殖过程中产生和释放的具有损害宿主组织、器官并引起生理功能紊乱的毒性成分。根据毒素的产生方式、性质和致病特点等，可将细菌毒素分为外毒素和内毒素两种。

（1）外毒素　细菌在代谢中合成并分泌到菌体外的毒素称为外毒素。产生外毒素的细菌主要是一些革兰阳性菌，如白喉杆菌、破伤风杆菌、肉毒杆菌等。也有少数革兰阴性菌能产生外毒素，如霍乱弧菌。外毒素的化学成分是蛋白质，毒性强，很少量即可导致寄主死亡。如肉毒杆菌产生的肉毒毒素是外毒素中毒性最强的一种，1 mg 肉毒毒素的纯品可以杀死 100 万只豚鼠。外毒素虽然毒性强，但不耐热，热处理后毒性消失。外毒素对机体的组织器官有选择性毒害作用，产生特殊症状，如破伤风毒素（破伤风杆菌产生的外毒素）和肉毒毒素都作用于神经系统，但作用部位不同，症状也不同，破伤风毒素作用于脊髓前角运动神经元，引起肌肉痉挛和强直；肉毒毒素作用于运动神经和副交感神经末梢，阻止神经冲动传导而引起肌肉麻痹。

大多数外毒素由 A、B 两种亚单位组成。A 亚单位是外毒素的活性部分，决定其毒性效应，但 A 亚单位单独不能自行进入易感细胞；B 亚单位无毒，但能与宿主易感细胞表面的受体特异性结合，介导 A 亚单位进入细胞，使 A 亚单位发挥其毒性作用。所以，外毒素必须具备 A、B 两种亚单位时才有毒性。因为 B 亚单位与易感细胞受体结合后能阻止该受体再与完整外毒素分子结合，故人们利用这一特点，正在研制外毒素 B 亚单位疫苗以预防相应的外毒素性疾病。

一般来说，外毒素的本质是蛋白质，分子质量 27 000～900 000，不耐热。白喉毒素加热到 58～60 ℃经 1～2 h，破伤风毒素 60 ℃经 20 min，即可被破坏。一般外毒素在 60～80 ℃经10～80 min 即可失去毒性；但也有少数例外，如葡萄球菌肠毒素及大肠杆菌肠毒素能耐 100 ℃ 30 min。外毒素可被蛋白酶分解，遇酸则发生变性。

　　外毒素具有良好的免疫原性，可刺激机体产生特异性抗体，而使机体具有免疫保护作用，这种抗体叫做抗毒素。抗毒素可用于紧急预防和治疗。外毒素经 0.3％～0.5％甲醛溶液于 37 ℃处理一定时间后，使其失去毒性，但仍保留很强的抗原性，称类毒素。类毒素进入机体后仍可刺激机体产生抗毒素，可作为疫苗进行免疫接种。

　　细菌外毒素按其对宿主细胞的亲嗜性和作用方式不同，可分为神经毒素（如破伤风痉挛毒素、肉毒毒素等）、细胞毒素（如白喉毒素、A 群链球菌致热毒素等）、肠毒素（如霍乱弧菌肠毒素、葡萄球菌肠毒素等)3 类。一些细菌所产外毒素见表 5-1。

表 5-1　细菌外毒素举例

细菌种类	革兰染色	毒素名称	毒素作用方式	所致疾病
金黄色葡萄球菌	＋	肠毒素	呕吐	食物中毒
		杀白细胞素	杀白细胞性	化脓性感染
		溶血素	溶血性，皮肤坏死性	
化脓性链球菌	＋	溶血毒素 O	细胞毒性，溶血性	化脓性感染、猩红热
		溶血毒素 S	收缩平滑肌，溶血性	
		α-毒素	溶血性	
		红疹毒素	猩红热红斑	
白喉杆菌	＋	白喉毒素	坏死性	白喉
破伤风梭菌	＋	溶血毒素、痉挛毒素	溶血性心脏毒素，骨骼肌痉挛	破伤风
产生荚膜梭菌	＋	α-毒素	溶血性卵磷脂酶，坏死性	气性坏疽
		β-毒素	溶血性心脏毒素	
		λ-毒素	溶蛋白性	
肉毒梭菌	＋	7 型毒素	麻痹	肉毒中毒
霍乱弧菌	—	肠毒素	引起小肠过度分泌液体	霍乱
大肠杆菌	—	肠毒素	引起小肠过度分泌液体	腹泻
志贺氏杆菌	—	志贺毒素	出血性，麻痹性	菌痢
鼠疫杆菌	—	鼠疫毒素	血压下降，心肌变性、出血、坏死	鼠疫
百日咳杆菌	—	百日咳毒素	坏死性	百日咳

　　（2）内毒素　　内毒素是存在于大多数革兰阴性菌细胞壁中的脂多糖，只有当菌体死亡裂解后才会从细胞壁上释放出来侵害机体，因此称为内毒素。如人们熟悉的痢疾杆菌、伤寒杆菌都能产生内毒素。内毒素毒性比外毒素弱，对热稳定，无组织器官选择性，由各种不同的病原菌的内毒素引起的症状大致相同，如发烧、血压下降（或休克）、酸中毒和其他组织损伤现象。

内毒素耐热，加热100 ℃经1 h不被破坏，必须加热到160 ℃经2～4 h，或用强碱、强酸或强氧化剂煮沸30 min才能灭活。内毒素抗原性弱，不能用甲醛脱毒制成类毒素，但能刺激机体产生具有中和内毒素活性的抗多糖抗体。

内毒素对组织细胞作用的选择性不强，不同革兰阴性菌内毒素的毒性作用大致相同，主要包括以下4个方面：

① 发热反应：少量的内毒素(0.001 μg)注入人体，即可引起发热。自然感染时，因革兰阴性菌不断生长繁殖，同时伴有陆续死亡、释出内毒素，故发热反应将持续至体内病原菌消灭为止。内毒素能直接作用于体温调节中枢，使体温调节功能紊乱，引起发热；也可作用于中性粒细胞及巨噬细胞等，使之释放一种内源性致热源，作用于体温调节中枢，间接引起发热反应。

② 对白细胞的作用：内毒素进入血流数小时后，能使外周血液的白细胞总数显著增多，这是由于内毒素刺激骨髓，使大量白细胞进入循环血液的结果。部分不成熟的中性粒细胞也可进入循环血液。绝大多数被革兰阴性菌感染动物的血流中白细胞总数都会增加。

③ 弥漫性血管内凝血：内毒素能活化凝血系统的Ⅻ因子，当凝血作用开始后，使纤维蛋白原转变为纤维蛋白，造成弥漫性血管内凝血；之后由于血小板与纤维蛋白原大量消耗，以及内毒素活化胞浆素原为胞浆素，分解纤维蛋白，进而产生出血倾向。

④ 内毒素血症与内毒素休克：当病灶或血流中革兰阴性病原菌大量死亡，释放出来的内毒素进入血液时，可发生内毒素血症。内毒素激活了血管活性物质(5-羟色胺、激肽释放酶与激肽)的释放。这些物质作用于小血管造成其功能紊乱而导致微循环障碍，临床表现为微循环衰竭、低血压、缺氧、酸中毒等，最终导致休克，这种病理反应叫做内毒素休克。

3. 毒力的测定

在进行疫苗效价检查、血清效价测定及药物治疗效果等研究和临诊工作时，常需预先知道所用病原菌的毒力，因此必须进行病原菌毒力的测定。通常用递减剂量的病原菌感染易感动物的方法来测定病原菌的毒力。选择易感动物时，应注意其种别、年龄、性别和体重的一致性；同时也应注意试验材料的剂量、感染途径及其他因素的正确性与一致性。表示病原菌毒力的量有以下几个：

(1) 最小致死量(MLD)　能使特定的动物于感染后一定时限内发病死亡的活微生物或毒素的最小量。

(2) 半数致死量(LD_{50})　能使半数试验动物在感染后一定的时限内发病死亡的活微生物或毒素的量。

(3) 最小感染量(MID)　能引起试验动物发生感染的病原微生物的最小量。

(4) 半数感染量(ID_{50})　能使半数试验动物发生感染的病原微生物的最小量。

以上4个表示病原菌毒力的量，其值越小，说明其毒力越大。毒力的大小是病原菌的一种生物学性状，它可以随自然和人工条件的改变而发生变化。掌握病原菌毒力的变化规律，具有重要的理论和实践意义。

4. 改变毒力的方法

(1) 增强毒力的方法　在自然条件下，回归易感动物是增强微生物毒力的最佳方式。

易感动物既可以是本动物，也可以是实验动物。特别是回归易感实验动物增强病原微生物毒力，已被广泛应用。如多杀性巴氏杆菌通过小鼠，猪丹毒杆菌通过鸽子等，都可以增强其毒力；如魏氏梭菌与八叠球菌共生时毒力增强，白喉杆菌只有被温和噬菌体感染时才能产生毒素而成为有毒细菌。实验室为了保持所藏菌种或毒种的毒力，除改善保存方法外，可适时将其通过易感动物。

（2）减弱毒力的方法　病原微生物的毒力可自发地或人为地减弱，人工减弱病原微生物的毒力，在疫苗生产上有重要意义。常用的方法有：①长时间在体外连续培养传代。如病原菌在体外人工培养基上连续多次传代后，毒力一般都逐渐减弱乃至消失。②在高于最适生长温度条件下培养。如在含有特殊化学物质的培养基中培养。卡介苗是将牛型结核分枝杆菌在含有胆汁的马铃薯培养基上每 15 d 传一代，持续传代 13 年后育成。③在特殊气体条件下培养。如无荚膜炭疽芽孢苗是在含 50％的二氧化碳的条件下选育的。④通过非易感动物。如猪丹毒弱毒苗是将强致病菌株通过豚鼠 370 代后，又通过鸡 42 代选育而成。⑤通过基因工程的方法。如去除毒力基因或用点突变的方法使毒力基因失活，可获得无毒菌株或弱毒菌株。此外，在含有抗血清、特异噬菌体或抗生素的培养基中培养，也都能使病原微生物的毒力减弱。

二、病毒的致病性

病毒对其宿主的致病作用，与其他病原微生物差别很大，包括对宿主细胞的致病作用和对整个机体的致病作用两个方面。

（一）对宿主细胞的致病作用

1. 干扰宿主细胞的功能

（1）抑制或干扰宿主细胞的生物合成　大多数杀伤性病毒所转译的早期蛋白质可抑制宿主细胞 RNA 的蛋白质合成，随后 DNA 的合成也受到抑制。如小 RNA 病毒、疱疹病毒和痘病毒。

（2）破坏宿主细胞的有丝分裂　病毒在宿主细胞内复制，能干扰宿主细胞的有丝分裂，形成多核的合胞体或多核巨细胞。如疱疹病毒、痘病毒和副黏病毒。

（3）细胞转化　病毒的 DNA 与宿主细胞的 DNA 整合，从而改变宿主细胞遗传信息的过程，称为转化。转化后的细胞具有高度生长和增殖的势能，分裂周期缩短，并能持续地旺盛生长，这种转化后的细胞在机体内可能形成肿瘤。如乳多空病毒、腺病毒、疱疹病毒、反转病毒等。

（4）抑制或改变宿主细胞的代谢　病毒进入宿主细胞后，其 DNA 能在数分钟内对宿主细胞 DNA 的合成产生抑制；同时，病毒抢夺宿主细胞生物合成的场地、原材料和酶类，产生破坏宿主细胞 DNA 及代谢酶的酶类；或产生宿主细胞代谢酶的抑制物，从而使宿主细胞的代谢发生改变或受到抑制。

2. 损伤宿主细胞的结构

（1）细胞病变　病毒在宿主细胞内大量复制时，其代谢产物对宿主细胞具有明显的毒性，能导致宿主细胞结构的改变，出现肉眼或镜下可见的病理变化，即细胞病变。如空斑形成、细胞浊肿。

（2）包涵体形成　新复制的子病毒及其前体在宿主细胞内大量堆积，形成镜下可见的特殊结构，称为包涵体；或病毒在宿主细胞内复制时，形成病毒核配和蛋白质集中合成和装配的场所即"病毒工厂"，也是一种镜下可见的细胞内的特殊结构，也称为包涵体。

（3）溶酶体的破坏　某些病毒进入宿主细胞后，首先使宿主细胞溶酶体膜的通透性升高，进而使溶酶体膜破坏，溶酶体被释放而使宿主细胞发生自溶。

（4）细胞融合　病毒破坏溶酶体使宿主细胞发生自溶后，溶酶体酶被释放到细胞外，作用于其他细胞表面的糖蛋白，使其结构发生变化，从而使相邻细胞的胞膜发生融合，形成合胞体。

（5）红细胞凝集和溶解　某些病毒的表面具有一些称为凝血原的特殊结构，能与宿主红细胞的表面受体结合，使红细胞发生凝集，称为病毒的凝血作用，如新城疫病毒、流行性感冒病毒、狂犬病病毒；还有些病毒能溶解宿主的红细胞，称为病毒的溶血作用，如新城疫病毒、流行性感冒病毒。

3. 引起宿主细胞死亡和破裂崩解

病毒在宿主细胞内复制，一方面病毒粒子及病毒代谢产物对宿主细胞的结构，严重干扰宿主细胞的正常生命活动，引起宿主细胞的死亡；另一方面，不完全病毒在宿主细胞内复制出大量的子病毒后，以宿主细胞破裂的方式释放，造成宿主细胞死亡。

（二）对宿主机体的致病作用

1. 病毒直接破坏机体的结构

病毒对机体结构的破坏，是以其对宿主细胞的损伤为基础的。有些病毒能破坏宿主毛细血管内皮和基底膜，造成其通透性增高，导致全身性出血、水肿、局部缺氧和坏死，如猪瘟病毒、新城疫病毒、马传染性贫血病毒。有些病毒能在宿主血管内产生凝血作用，导致机体微循环障碍，严重者发生休克，如新城疫病毒、流行性感冒病毒。还有些病毒则通过细胞的转化形成肿瘤，与其他健康组织争夺营养并对其周围组织造成压迫，使健康组织萎缩，机体消瘦，如鸡马立克氏病病毒、牛白血病病毒、禽白血病病毒。有些病毒能破坏神经细胞的结构，引发机体的神经细胞结构，引发机体的神经症状，如狂犬病病毒。有些病毒能破坏肠黏膜柱状上皮，使小肠绒毛萎缩，影响营养和水分的吸收，引起剧烈的水样腹泻，如猪传染性胃肠炎病毒、猪流行性腹泻病毒。

2. 病毒的代谢产物对机体的致病作用

病毒在复制的过程中能产生一些健康动物体内没有的代谢产物，这些代谢产物与宿主体内的某些功能物质结合而影响这些物质的功能发挥，或吸附于某些细胞的表面，改变细胞表面的抗原性，激发机体的变态反应而造成组织损伤，如水貂阿留申病病毒、马传染性贫血病毒、淋巴细胞脉络丛脑膜炎病毒。代谢产物还可通过改变机体的神经体液功能而发挥致病作用。

病毒在破坏宿主细胞的过程中能释放出一些病理产物，这些病理产物可继发性地引起机体的结构和功能破坏。如细胞破裂后释放出来的溶酶体酶，可造成组织细胞的溶解和损伤；5-羟色胺、组胺、缓激肽等可引发局部炎症反应。

3. 病毒感染的免疫病理作用

病毒在感染宿主的过程中，通过与免疫系统相互作用，诱发免疫反应，导致组织免疫器官损伤是重要的致病机制之一。目前仍有不少病毒病的致病作用及发病机制不明了，但越来越多发现免疫损伤在病毒感染性疾病中的作用，特别是持续性病毒感染及主要与病毒感染有关的自身免疫性疾病。免疫损伤机制可包括特异性体液免疫和特异性细胞免疫。一种病毒感染可能诱发 1 种发病机制，也可能 2 种机制并存，还可能会存在非特异性免疫机制引起的损伤。其原因可能为：①病毒改变宿主细胞的膜抗原；②病毒抗原和宿主细胞的交叉反应；③淋巴细胞识别功能的改变；④抑制性 T 淋巴细胞功能过度减弱等。

(1)抗体介导的免疫病理作用　由于病毒感染，细胞表面出现了新抗原，与特异性抗体结合后，在补体参与下引起细胞破坏。在病毒感染中，病毒的囊膜蛋白、衣壳蛋白均为良好的抗原，能刺激机体产生相应抗体，抗体与抗原结合可阻止病毒扩散，导致病毒被清除。然而，许多病毒的抗原可出现于宿主细胞表面，与抗体结合后，激活补体，破坏宿主细胞，属 Ⅱ 型变态反应。

有些病毒抗原与相应抗体结合形成免疫复合物，可长期存在于血液中。当这种免疫复合物沉积在某些器官组织的膜表面时激活补体，引起 Ⅲ 型变态反应，造成局部损伤或炎症。免疫复合物易沉积于肾小球基底膜，引起蛋白尿、血尿等症状。沉积于关节滑膜则引起关节炎。若发生在肺部，引起细支气管炎和肺炎，如婴儿呼吸道合胞病毒感染。登革病毒抗原抗体复合物可沉积于血管壁，激活补体引起血管通透性增高，导致出血和休克。

(2)细胞介导的免疫病理作用　特异性细胞毒性 T 细胞对感染细胞造成损伤，属 Ⅳ 型变态反应。特异性细胞免疫是宿主机体清除细胞内病毒的重要机制，细胞病毒 T 淋巴细胞(CTL)对靶细胞膜病毒抗原识别后引起的杀伤，能终止细胞内病毒复制，对感染的恢复起关键作用。但细胞免疫也能损伤宿主细胞，造成宿主功能紊乱，是病毒致病机制中的一个重要方面。

另外，有的学者对 700 种 DNA 病毒和 RNA 病毒蛋白的基因进行了序列分析以及单克隆抗体的研究，发现这些蛋白中存在的共同抗原决定簇达 4%。慢性病毒性肝炎、麻疹病毒和腮腺炎病毒感染后脑炎等疾病的发病机制可能与针对自身抗原的细胞免疫有关。

(3)免疫抑制作用　在发现了人类免疫缺陷综合症(AIDS)病毒(HIV1 和 HIV2)之后，相继发现了猴免疫缺陷病毒(SIV)、牛免疫缺陷病毒(BIV)和猫免疫缺陷病毒(FIV)等。这些病毒主要损伤特定的免疫细胞，导致免疫抑制。例如，人类免疫缺陷综合症(AIDS)病毒感染时，AIDS病人因免疫功能缺陷，最终因多种微生物或寄生虫的机会感染而死亡；传染行囊病毒感染鸡的法氏囊时，导致囊萎缩和严重的 B 淋巴细胞损失，易发生马立克氏病病毒、新城疫病毒、传染性支气管炎病毒的双重感染或多重感染。

许多病毒感染可引起机体免疫应答降低或暂时性免疫抑制。如流感病毒、猪瘟病毒、牛病毒性腹泻病毒、犬瘟热病毒、猫和犬细小病毒感染都能暂时抑制宿主体液及细胞免疫应答。麻疹病毒感染能使病人结核菌素阳性转化为阴性反应，持续 1～2 个月，以后逐渐恢复。

病毒感染所致的免疫抑制反过来可激活体内潜伏的病毒复制或促进某些肿瘤生长，使疾病复杂化，成为病毒持续感染的原因之一。如当免疫系统被抑制时，潜在的疱疹病毒、腺病毒或乳头瘤病毒感染会被激活。

模块二 传染的发生

(一)传染与感染的概念

传染是指当病原菌侵入动物机体，克服机体防御机能，在一定部位生长繁殖，并引起不同程度的病理过程。当动物机体免疫力强，能阻止侵入病原微生物的生长繁殖，或将其全部消灭，则不发生传染，称为不易感性。反之，如果动物机体的抵抗力弱，病原微生物可在体内生长繁殖，造成危害，引起传染。

感染是指病原菌在宿主体内持续存在或增殖。细菌或其他微生物侵入机体后，由于受到机体各种防御机能的作用，往往被消灭。但在某些情况下，它们可以克服机体的防御机能，在动物机体内生长繁殖和传播。

(二)传染发生的必要条件

传染的发生与发展与病原微生物的致病性、机体的易感性、外界环境条件等密切相关。

1．毒力与数量

侵入机体的病原微生物必须具有一定的毒力，没有足够的毒力，不能引起传染；同时，还需一定数量的病原微生物。有一定毒力和一定数量的病原微生物才能抵抗和破坏机体的种种防卫屏障而深入扩散，进而生长繁殖，引起传染。毒力强而感染量少或数量多而毒力弱，均不能发生传染。

2．侵入门户

病原微生物能入侵易感动物体内，是经适当途径到达一定部位，才能生长繁殖，引起传染；如果侵入门户不适当，一般不能呈现致病作用。例如狂犬病病毒，必须经直接接触才能够引起疾病的传播。

有些病原微生物却可以经由多种途径侵入动物体，引起疾病。如炭疽杆菌、结核杆菌、布氏杆菌等，既能通过皮肤与黏膜，又能经消化道、呼吸道、生殖道等途径侵入体内，引起感染。

3．易感动物

动物种类不同，对同一种病原微生物易感性也不相同。如草食动物对炭疽杆菌非常易感，但禽类在正常情况下对炭疽杆菌无感受性。偶蹄兽(牛、羊、猪等)对口蹄疫病毒易感性非常大，而单蹄兽则无感受性。

易感动物中，由于年龄、性别、营养状态等不同，对病原菌的抵抗力也有差别，有些病原微生物能使幼畜禽发病，而对同种成年动物的病原性很差，如小鹅瘟病毒只侵害雏鹅，成年鹅不感染。

4．外界环境条件

传染的发生与发展直接或间接地受外界环境条件的影响。外界条件一方面影响病原微生物的生命力、毒力以及接触或侵入动物体的可能性程度，同时对动物机体抵抗力也发生影响。

影响传染发生的外界条件有气候、季节、地理环境、温度、湿度及饲料、管理、兽医卫生措施等。气候、季节等自然因素可影响传染的流行，如乙型脑炎、马传染性贫血病均由媒介昆虫传播，所以多发生在昆虫活跃的夏秋季节。

(三)传染的类型

传染一般是病原微生物先从局部侵入机体，逐渐侵犯全身，造成病理性损伤。传染的结局，一是动物机体的免疫力将病原微生物消灭，使传染终止，获得痊愈；二是病原微生物突破机体防御屏障，毒害机体，以致造成长期病症，甚至死亡。

1. 显性传染

当机体免疫力较弱，或入侵的病原菌毒力较强，数量较多时，则病原微生物可在机体内生长繁殖，产生毒性物质，经过一定时间相互作用(潜伏期)，如果病原微生物暂时取得了优势地位，而机体又不能维护其内部环境的相对稳定性时，机体组织细胞就会受到一定程度的损害，表现出明显的临床症状，称为显性感染，即一般所谓传染病。显性感染的过程可分为潜伏期、发病期及恢复期。这是机体与病原菌之间力量对比的变化所造成的，也反映了感染与免疫的发生与发展。

显性感染临床上按病情缓急分为感染和慢性感染；按感染的部位分为局部感染和全身感染。

(1)局部感染　是指病原菌侵入机体后，在一定部位定居下来，生长繁殖，产生毒性产物，不断侵害机体的感染过程。这是由于机体动员了一切免疫功能，将入侵的病原菌限制于局部，阻止了它们的蔓延扩散。如化脓性球菌引起的疖痈等。

(2)全身感染　机体与病原菌相互作用中，由于机体的免疫功能薄弱，不能将病原菌限于局部，以致病原菌及其毒素向周围扩散，经淋巴道或直接侵入血流，引起全身感染。在全身感染过程中可能出现下列情况：

① 菌血症：这是病原菌自局部病灶不断地侵入血流中，但由于受到体内细胞免疫和体液免疫的作用，病原菌不能在血流中大量生长繁殖。如伤寒早期的菌血症、布氏杆菌菌血症。

② 毒血症：这是病原菌在局部生长繁殖过程中，细菌不侵入血流，但其产生的毒素进入血流，引起独特的中毒症状，如白喉、破伤风等。

③ 败血症：这是在机体的防御功能大为减弱的情况下，病原菌不断侵入血流，并在血液中大量繁殖，释放毒素，造成机体严重损害，引起全身中毒症状，如不规则高热，有时有皮肤、黏膜出血点，肝、脾肿大等。

④ 脓毒血症：化脓性细菌引起败血症时，由于细菌随血流扩散，在全身多个器官(如肝、肺、肾等)引起多发性化脓病灶。如金黄色葡萄球菌严重感染时引起的脓毒血症。

2. 隐性传染

当机体有较强的免疫力，或入侵的病原菌数量不多，毒力较弱时，感染后对人体损害较轻，不出现明显的临床症状，称隐性感染。通过隐性感染，机体仍可获得特异性免疫力，在防止同种病原菌感染上有重要意义。如流行性脑脊髓膜炎等大多由隐性感染而获得免疫力。

3. 病原携带动物

病原携带动物是指没有任何病状，但携带并排出病原体的动物。带菌动物、带毒动物和带虫动物统称为病原携带动物。体内携带细菌的称为带菌动物，体内携带病毒的称为带毒动物，体内携带寄生虫的称为带虫动物。常因为其不表现症状而不易被发现、没被隔离，故其是更重要的传染源。病原携带动物可分为以下3类：

① 潜伏期携带动物：是指潜伏期内携带病原微生物并可向体外排出病原微生物的动物。只有少数病原微生物感染动物后存在潜伏期病原携带现象，如狂犬病病毒、口蹄疫病毒、猪瘟病毒、麻疹病毒、白喉杆菌、痢疾杆菌、霍乱弧菌等。这类携带动物多在潜伏期末即可排出病原微生物。因此，这类病原携带动物如能及时发现并加以控制，对防止疫情的发展与蔓延具有重要意义。

② 恢复期携带动物：是指在临床症状消失后，仍能在一定时间内向外排出病原微生物的动物，如布氏杆菌病、猪气喘病、伤寒、霍乱、白喉、乙型病毒性肝炎等传染病存在这种携带状况。一般情况下，恢复期病原携带状态持续时间较短，但个别携带者可维持较长时间，甚至终身。因此，及时查出带菌者，有效地加以隔离治疗，这在防止传染病的流行上是重要手段之一。

③ 健康期携带动物：是指未曾发生过传染病，但能排出病原微生物的动物，如巴氏杆菌、沙门氏菌、猪丹毒杆菌等健康期携带动物。这种病原携带动物通常只能靠化验方法检出。一般健康期携带动物排出病原微生物的数量较少，时间短，故认为其作为传染源的流行病学意义不大。但对于某些传染病，如乙脑、流行性脑脊髓膜炎、乙型肝炎等，健康病原携带动物为数较多，则是非常重要的传染源。

另外，根据病原微生物侵入动物体引起传染的先后次序等情况，又可分为以下几种：由一种病原微生物首先引起的传染称为原发传染；动物感染了一种病原微生物的基础上，由于动物机体抵抗能力降低，另一种病原微生物继而引起的传染称为继发传染；同一种动物由两种或两种以上的病原微生物引起的多种传染称为混合传染。

复习思考题

1. 名词解释：致病性　毒力　细胞转化　传染　类毒素
2. 病原微生物毒力的大小常用哪4个指标表示？说明其含义。
3. 简述外毒素和内毒素的主要区别。
4. 简述传染发生的必要条件。

项目六

免疫基础和检测技术

能力目标

能说明机体非特异性免疫如何在抗微生物感染中发挥作用，以及影响非特异性免疫的因素。了解免疫学的发展及应用领域；具备将免疫知识应用于指导畜牧生产、畜禽传染病的诊断及提出合理防制传染病措施的能力。能根据各型变态反应的原理和特点分析、判定各型变态反应。掌握非特异性免疫构成因素及其在疾病预防中的作用；熟悉影响非特异性免疫的因素；了解吞噬细胞和补体的作用途径及结果。

知识目标

掌握非特异性免疫构成因素及其在疾病预防中的作用；熟悉影响非特异性免疫的因素；了解吞噬细胞和补体的作用途径及结果。掌握抗原和抗体的概念、免疫应答的基本过程、构成抗原的条件、抗体产生的一般规律及影响因素；熟悉抗体的基本结构、特性及在体液免疫中的作用，效应 T 细胞在细胞免疫中的作用；了解免疫系统的组成与功能，抗原的分类及细胞因子在免疫中的作用。掌握变态反应的基本类型及各型反应的特点；熟悉各型变态反应的发生机制及常见疾病；了解变态反应的防治原则。

模块一 免疫基础知识

一、免疫的概念与功能

1. 免疫的概念

所谓"免疫"，顾名思义即免除瘟疫。免疫是指机体识别自身与异己物质，并通过清除非自身的物质，以维持机体生理平衡的功能。免疫是机体的一种生理功能，机体依靠这种功能识别"自己"和"非己"成分，从而破坏和排斥进入机体的外来物质，或机体本身所产生的损伤细胞和肿瘤细胞等，以维持机体的健康。

2. 免疫的功能

(1)免疫防御　防止外界病原体的入侵及清除已入侵的病原体及有害的生物性分子；但是当免疫功能异常亢进时，会造成组织损伤和功能障碍，导致传染性变态反应；而免疫功能低下时，可引起机体的反复感染。

(2)自身稳定　机体组织细胞时刻不停地新陈代谢，随时有大量新生细胞代替衰老和受损伤的细胞，免疫系统能及时清除自身机体衰老死亡及变性损伤的细胞，保持机体正常细胞的生理活动，维护机体生理平衡。

(3)免疫监视　免疫系统具有识别、杀伤并及时清除体内突变细胞，防止肿瘤发生的功能，称为免疫监视。免疫监视是免疫系统最基本的功能之一。

二、免疫的类型

机体免疫分为 2 大类，一类是非特异性免疫，即先天性免疫；另一类是特异性免疫，即获得性免疫或后天性免疫。特异性免疫又分为体液免疫和细胞免疫。

1. 非特异性免疫

非特异性免疫是动物生来就已具备的对某种病原微生物及其有毒产物的不感受性。它是动物在种族进化过程中，机体与微生物长期斗争的过程中建立起来的天然防御机能，是一种可以遗传的生物学特性。

先天性免疫可以表现在动物的种间，称为种免疫。例如，牛不患猪瘟，马不患牛瘟，猪不患鸡新城疫等。对于某种病原微生物易感的动物，个别的品种或个别动物对其却具有特殊的抵抗力，即品种免疫或个体免疫。例如，某些品种的小鼠能抵抗肠炎沙门菌的感染，有些个体对于某种病原微生物较其他同种动物具有坚强得多的抵抗力。

2. 特异性免疫

特异性免疫是指人体对某种特异性抗原识别而产生的免疫，因不同的病原体具有不同的抗原，故特异性免疫通常只对 1 种传染病具有免疫力。获得性免疫可分为天然自动免疫、天然被动免疫、人工自动免疫、人工被动免疫 4 个类型。

(1)天然自动免疫　一个人得了某种传染病，痊愈后，便不会得第二次。这种免疫力是后天获得的，是因为自然感染了某种病原微生物，痊愈后，人体自动产生的。

（2）人工自动免疫　用人工的方法使人感染毒性极微的某种病原微生物，比如接种卡介苗，人们便自动获得了对某种疾病（如肺结核）的抵抗力。

（3）天然被动免疫　婴儿由母亲身体接受的免疫力。6个月内的婴儿，其免疫系统还没有发育起来，可是他很少生病。是因为胎儿的血循环是和母亲相通的，母体的抵抗力通过血液注入胎儿。

（4）人工被动免疫　给病人注射免疫球蛋白等，病人即刻获得相关的免疫力。

为了预防初生动物的某些传染病，可先给妊娠母畜注射疫苗，使其获得或加强抗该病的免疫力，待分娩后，仔畜经初乳被动获得特异性抗体，从而建立相应的免疫力。这种方法是人工自动免疫和天然被动免疫的综合应用。

三、免疫与传染的关系

病原微生物入侵动物机体，在体内增殖并引起损伤的过程，其表现为传染；机体防御系统抵抗病原微生物的入侵，即消灭入侵的病原微生物的过程，其表现为免疫。二者相互对抗，又相互依存。没有病原微生物的感染，就没有抵抗病原微生物的免疫发生。一般情况下，传染可激发机体产生免疫，而免疫的产生又可终止传染。二者力量的对比不同，机体表现的过程也不同。当机体免疫状态良好，而微生物能激发强烈的免疫应答，同时病原微生物毒力较低，免疫可终止传染；如果机体由于某种原因导致免疫力低下，病原微生物入侵则容易引起传染；如果机体的免疫功能过强，不是终止传染，而是造成对自身组织的损伤。

任务一　非特异性免疫

在抗传染免疫过程中，非特异性免疫发挥作用最快，起着第一线的防御作用，是特异性免疫的基础。

一、非特异性免疫的构成

（一）屏障结构

屏障结构是指体表的皮肤、体内外通腔道黏膜的机械阻挡和分泌物杀菌物质的作用，以及表面菌群的颉颃作用。血脑屏障、胎盘屏障等不但选择性限制物质的交换，也可部分阻挡微生物的侵入。

1. 皮肤和黏膜

绝大多数病原微生物不能通过正常皮肤黏膜，这是因为皮肤和黏膜具有机械阻挡和排除作用，如呼吸道纤毛上皮的摆动，尿液、泪液、唾液的冲洗等。此外，皮下和黏膜下腺体的分泌液中含有多种抑菌和杀菌物质，如汗腺分泌的乳酸，皮脂腺分泌的脂肪酸，泪液和唾液中的溶菌酶等，都具有抑制或杀灭局部病原微生物的作用。另外，皮肤黏膜上还存在着正常菌群，对病原微生物具有颉颃作用。少数微生物如布氏杆菌可以通过健康的皮肤和黏膜侵入机体，工作中应注意防护。当烧伤和皮肤发生外伤时，病原微生物可趁机侵入，引起感染。

2．内部屏障

（1）血脑屏障　由软脑膜、脉络膜和脑毛细管组成，可以阻止微生物等侵入脑脊髓和脑膜内，从而保护中枢神经系统不受损害。血脑屏障随个体发育而逐渐成熟，婴幼儿容易发生脑脊髓膜炎和脑炎，就是血脑屏障发育不完善的缘故。

（2）胎盘屏障　是由母体子宫内膜的基蜕膜和胎儿绒毛膜滋养层细胞共同组成的。这个屏障既不妨碍母子间的物质交换，又能防止母体内的病原微生物入侵胎儿，从而保护胎儿的正常发育。

此外，动物体内还存在着血睾屏障、血胸屏障等，都是保护机体正常生理活动的重要屏障结构。

（二）吞噬作用

吞噬作用是生物体最古老的，也是最基本的防卫机制之一。对于其要消灭的对象无特异性，在免疫学中称之为非特异性免疫作用。单细胞生物有吞噬作用，而哺乳动物和禽类吞噬细胞的功能更加完善。当病原微生物突破机体的屏障进入机体后，即会遭到吞噬细胞的吞噬和围歼。

1．吞噬细胞

吞噬细胞是吞噬作用的基础。动物体内的吞噬细胞主要有 2 大类，一类是以血液中的嗜中性粒细胞为代表，个体较小，属于小吞噬细胞；另一类是单核吞噬细胞系统，包括血液中的单核细胞及单核细胞移行于各组织器官而形成的多种细胞，如肺脏中的尘细胞、肝脏中的枯否氏细胞、皮肤和结缔组织中的组织细胞、骨组织中的破骨细胞和神经组织中的小胶质细胞等。它们不仅具有强大的吞噬能力，还能分泌免疫活性分子。

2．吞噬过程

当病原体通过皮肤或黏膜侵入组织时，中性粒细胞等吞噬细胞便从毛细血管游出聚集到病原体存在部位，发挥吞噬作用。吞噬过程可分为趋化、识别与调理、吞入与脱颗粒及杀菌和消化等几个连续步骤（图 6-1）。

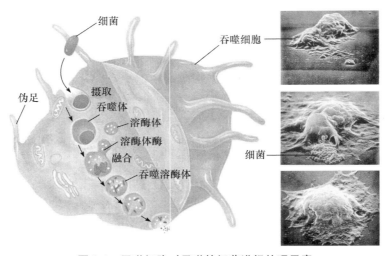

图 6-1　巨噬细胞对吞噬的细菌进行处理示意

（1）趋化作用　病原微生物进入机体后，吞噬细胞在细菌或机体细胞释放的趋化因子作用下，向病原微生物存在部位移动，对其进行围歼。

（2）识别与调理　吞噬细胞通过识别病原微生物表面的特征性物质而结合微生物并进行吞噬，病原微生物结合血清中的抗体和补体成分后，会更容易被吞噬，称为调理作用。

（3）吞入与脱颗粒　病原微生物与吞噬细胞接触后，吞噬细胞伸出伪足，接触部位的细胞膜内陷，将病原微生物包围并摄入细胞质内形成吞噬体。随后，吞噬体逐渐离开细胞边缘而向细胞中心移动；与此同时，细胞内的溶酶体颗粒向吞噬体移动并靠拢，与之融合形成吞噬溶酶体，并将含有各种酶的内容物倾于吞噬体内而起杀灭和消化细菌的作用，此现象为脱颗粒。

（4）杀菌和消化作用　溶酶体酶与吞噬体内的病原微生物混合后，通过酶的水解等作用将病原微生物杀死并分解成小分子残渣排除细胞外。

3. 吞噬的结果

吞噬细胞对异物的吞噬有两种不同的结果：

（1）完全吞噬　动物整体抵抗力和吞噬细胞的功能较强，病原微生物在吞噬溶酶体中完全被杀灭、消化后，连同溶酶体的内容物一起以残渣的形式排出细胞外。

（2）不完全吞噬　某些细胞内寄生的细菌如结核杆菌、布氏杆菌及某些病毒等，能抵抗吞噬细胞的消化作用而不被杀灭，甚至能在吞噬细胞内存活和繁殖，称为不完全吞噬。不完全吞噬可使吞噬细胞内的病原微生物逃避体内杀菌物质及药物的杀灭作用，甚至在吞噬细胞内生长、繁殖，或者随吞噬细胞的游走而扩散，引起更大范围的感染。

吞噬过程也可引起组织损伤。在某些情况下，吞噬细胞异常活跃，在吞噬过程中会释放溶酶体酶到细胞外，而引起邻近组织的损伤。

（三）正常体液中的抗微生物物质

正常动物的组织和体液中存在有多种抗微生物物质，如补体、溶菌酶等。它们对微生物有杀灭或抑制作用，并且可协同抗体、免疫细胞发挥更大的抗微生物作用。

1. 补体

（1）补体的概念　补体（complement，C）是存在于正常动物和人的血清中具有类似酶活性的一组蛋白质，早在19世纪末Bordet即证实，新鲜血液中含有一种不耐热的成分，可辅助和补充特异性抗体，介导免疫溶菌、溶血作用，故称为补体。补体是由30余种可溶性蛋白、膜结合性蛋白和补体受体组成的多分子系统，故称为补体系统。

（2）补体的生物学特性

① 含量稳定：补体约占血清总蛋白的10%，含量稳定。不同动物血清中补体含量不一致，其中以豚鼠血清中的含量最高，因而在实验中常以豚鼠的新鲜血清作为补体的来源。

② 性质不稳定：61 ℃ 2 min或56 ℃ 15～30 min均能使补体失去活性。血清及其制品经56 ℃ 30 min的加热处理称为灭活，就是为了破坏补体，以免引起溶血。

③ 非特异性和两面性：正常情况下，补体以无活性的酶原形式存在，不表现活性。只有在抗原抗体复合物等激活因子的刺激下，补体系统各成分才可依次被激活，表现各种

活性。补体可与任何抗原抗体复合物结合而发生反应，没有特异性。补体系统不仅是免疫反应的一个重要因素，也是导致机体免疫损伤的因素之一。

④ 连锁反应性：补体系统被激活时，前一个组分往往成为后一组分的激活酶，因此补体成分需按一定顺序进行反应，称为补体的顺序反应或连锁反应。

⑤ 合成部位的广泛性：体内多种组织细胞均能合成补体，但以肝细胞和巨噬细胞为主。血浆中的补体主要由肝细胞合成，炎性病灶中的补体主要由巨噬细胞合成。

（3）补体激活的途径

① 经典（传统）激活途径：补体经典途径是抗体介导的体液免疫应答的主要效应方式。1个C1分子与免疫复合物中2个以上抗体分子（IgM和IgG1、IgG2、IgG3）的Fc段结合是经典途径的启动环节。游离或可溶性抗体不能激活补体，只有当抗体与抗原或细胞表面结合后，才能触发补体的激活。补体C1q与抗体Fc段结合并被激活，导致C1r被裂解，所形成的小片段即为激活的C1r，可裂解C1s，形成C1s小分子片段，也具有蛋白酶活性，并依次裂解C4与C2。被依次酶解的C4、C2，可结合形成具有酶活性的C3转化酶（C4b2b），C4b2b进一步酶解C3并形成C5转化酶（C4b2b3b）。

C5转化酶中裂解C5形成C5a和C5b。C5b结合于细胞表面，并可依次与C6、C7结合，所形成的C5b67复合物插入浆膜脂质双层中，进而与C8呈高亲和力结合，形成C5b678。附着于胞膜表面的C5b～8复合物可与12～15个C9分子联结成C5～9，即膜攻击单位（MAC）。C9插入靶细胞脂质双层膜，形成小孔，导致细胞溶解。

② 旁路（替代）激活途径：不经C1、C4、C2途径，而由C3、B因子、D因子参与的激活过程，称为补体活化的旁路途径。某些细菌、革兰阴性菌的内毒素、酵母多糖、葡聚糖、凝聚的IgA和IgG以及其他哺乳动物细胞，可不通过C1q的活化，而直接"激活"旁路途径。C3是启动旁路途径并参与其后级联反应的关键分子。在经典途径中产生或自发产生的C3b可与B因子结合；血清中D因子继而将结合状态的B因子裂解成小片段Ba和大片段Bb。Ba释放入液相，Bb仍附着于C3b，所形成的C3bBb复合物即旁路途径C3转化酶，其中的Bb片段具有蛋白酶活性，可裂解C3。血清中备解素（P因子）可与C3bBb结合，并使之稳定。旁路途径的C3生成C3b沉积于颗粒表面并与C3bBb结合形成C3bBb3b（或称C3nBb，即旁路途径C5转化酶），能够裂解C5，引起相同的末端效应。旁路途径是补体系统重要的放大机制：稳定的C3bBb复合物可催化产生更多C3b分子，后者再参与旁路激活途径，形成更多C3转化酶，从而构成了旁路途径的反馈性放大机制。

③ 甘露糖结合凝集素（MBL）激活途径：补体活化的MBL途径与经典途径的过程基本类似，但其激活起始于炎症期产生的MBL等急性期蛋白与病原体的结合。MBL可识别和结合病原微生物表面的甘露糖、岩藻糖和N-乙酰葡糖胺等糖结构，发生构象改变，激活与之相连的MBL相关的丝氨酸蛋白酶（MASP）。MASP具有与活化的C1s类似的生物学活性，可水解C4和C2分子，继而形成C3转化酶，其后的反应过程与经典途径相同。这种补体激活途径被称为MBL途径。

（4）激活补体的生物学效应

① 溶菌和细胞溶解作用：补体激活形成的膜攻击复合物可使细菌和细胞溶解破坏，这在抗感染免疫和免疫病理过程中具有重要意义。

②　调理吞噬作用：补体裂解产物 C3b/C4b 通过 N 端非稳定结合部位与细菌等颗粒性抗原或免疫复合物结合后，再通过 C 端稳定结合部位与表面具有相应补体受体的吞噬细胞结合，由此而产生的促进吞噬的作用称为补体的调理吞噬作用。

③　免疫黏附作用：C3b/C4b 与细菌等颗粒性抗原或免疫复合物结合后，再与表面具有相应补体受体的血红细胞或血小板结合，则可形成大分子复合物，此即补体的免疫黏附作用。免疫黏附形成的大分子聚合物易被吞噬清除，在抗感染免疫和清除免疫复合物过程中具有重要意义。

④　炎症介质作用：C2a 具有激肽样作用，能使血管扩张，通透性增加，引起炎性渗出和水肿；C3a、C4a 和 C5a 具有过敏毒素作用，能使肥大细胞和嗜碱性粒细胞脱颗粒，释放组胺等血管活性物质，引起血管扩张，通透性增强，平滑肌收缩和支气管痉挛等症状；C3a 和 C5a 有趋化作用，能吸引中性粒细胞和单核-吞噬细胞向炎症病灶部位聚集，发挥吞噬作用，释放炎性介质引起或增强炎症反应。

2. 溶菌酶

溶菌酶是一类低分子量不耐热的碱性蛋白，主要来源于吞噬细胞，广泛分布于血清及泪液、唾液、乳汁、肠液和鼻液等分泌物中。溶菌酶作用于革兰阳性菌细胞壁中的肽聚糖，导致细菌崩解。若有抗体和补体存在，使革兰阴性细菌的脂蛋白受到破坏，则溶菌酶也能破坏革兰阴性细菌的细胞。

（四）炎症反应

炎症是临床常见的一个病理过程，可以生于机体各部位的组织和各器官。病原体一旦突破机体屏障而侵入体内，机体中各种吞噬细胞及体液因素则趋向病原入侵部位，围歼病原，往往在病原体侵入部位出现炎症反应。在炎症区内积聚大量体液防御因素，细胞死亡崩解后释放的抗感染物质（溶菌酶），以及炎症部位的糖原酵解作用增强所产生的有机酸，都可有效地杀灭病原微生物。在炎症过程中还能抑制病原体向外扩散，局限于炎症部位。但是，炎症是一把双刃剑。炎症反应中的某些有利因素，在一定条件下，可以向着各自相反的方向转化而成为对机体有害的因素。

（五）机体组织的不感受性

机体的不感受性是指某种动物或其组织对该种病原或其毒素没有反应性。例如，给龟皮下注射大量破伤风毒素而不发病，但几个月后取其血液注射到马体内，马却死于破伤风。

二、影响非特异性免疫的因素

动物的种属特性、年龄及环境因素都是机体非特异性免疫的重要影响因素。

（1）种属因素　不同种属或不同品种的动物，对病原微生物的易感性和免疫反应性有差异，这些差异决定于动物的遗传因素。例如，正常情况下，草食动物对炭疽杆菌十分敏感，而家禽却无感受性。

（2）年龄因素　不同年龄的动物对病原微生物的易感性和免疫反应性也不同。自然条件下，某些传染病仅发于某些年龄段的动物。例如，幼龄动物易患有大肠杆菌病；布氏杆菌病主要侵害性成熟的动物；老龄动物的器官组织功能及机体的防御能力下降，因此容易发生肿瘤。

（3）环境因素　气候、温度、湿度等环境因素的剧烈变化对机体免疫力有一定的影响。例如，寒冷能使呼吸道黏膜的抵抗力下降；营养极度不良，往往使机体的抵抗力及吞噬细胞的能力下降。因此，加强管理和改善营养状况，可以提高机体的非特异性免疫力。另外，剧痛、创伤、烧伤、缺氧、饥饿、疲劳等应激状态也能引起机体机能和代谢的改变，从而降低机体的免疫功能。

任务二　特异性免疫

一、免疫系统

免疫系统是机体执行免疫应答及执行免疫功能的一个重要系统。免疫系统由免疫器官和组织、免疫细胞（如造血干细胞、淋巴细胞、抗原提呈细胞、粒细胞、肥大细胞、红细胞等）及免疫分子（如免疫球蛋白、补体、各种细胞因子和膜分子等）组成。

(一)免疫器官

免疫器官是淋巴细胞和其他免疫细胞发生、分化成熟、定居和增殖以及产生免疫应答的场所。根据发生和作用的不同，免疫器官分为中枢免疫器官和外周免疫器官两大类（图6-2）。

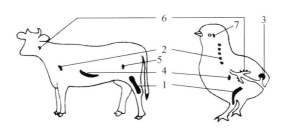

图6-2　畜禽免疫器官示意

1. 骨髓；2. 胸腺；3. 法氏囊；4. 脾脏；5. 淋巴结；6. 扁桃体；7. 哈德尔氏腺

1. 中枢免疫器官

中枢免疫器官又称初级免疫器官或一级免疫器官，是免疫细胞发生、分化和成熟的场所。包括骨髓、胸腺和法氏囊。

（1）骨髓　骨髓是机体重要的造血器官和免疫器官。骨髓中的多能干细胞首先分化成髓样干细胞和淋巴样干细胞。一部分淋巴样干细胞分化为T细胞的前体细胞，随血流进入胸腺后，被诱导并分化为成熟的T细胞，又称胸腺依赖性淋巴细胞，参与细胞免疫。另一部分淋巴样干细胞分化为B细胞的前体细胞。在鸟类，这些前体细胞随血流进入法氏囊发育为成熟的B细胞，又称囊依赖性淋巴细胞，参与体液免疫。在哺乳动物，这些前体细胞则在骨髓内进一步分化发育为成熟的B细胞。

（2）胸腺　哺乳动物的胸腺位于胸腔前纵隔内，鸟类的胸腺位于两侧颈沟中。胸腺是胚胎期发生最早的淋巴组织，出生后逐渐长大，青春期后开始逐渐缩小，以后缓慢退化，逐渐被脂肪组织代替，但仍残留一定的功能。胸腺是 T 细胞分化、成熟的场所。另外，胸腺能产生胸腺激素，可诱导 T 细胞分化、增殖、成熟为 T 细胞(图 6-3)。

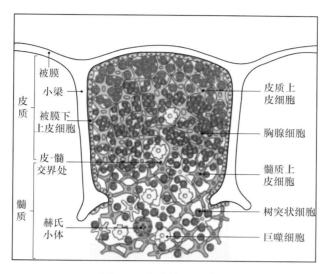

图 6-3　胸腺的组织结构

　　(3)法氏囊　法氏囊位于禽类泄殖腔上方，故又称腔上囊，是禽类特有的淋巴器官。雏鸡 1 日龄时，法氏囊重 50～80 mg，3～4 月龄时达 3～4 g，性成熟后逐渐退化萎缩。鸭、鹅的法氏囊退化较慢，7 月龄开始逐渐退化，大约 12 个月后完全消失。法氏囊是诱导 B 细胞分化成熟的场所，还兼有外周免疫器官的功能(禽的擦肛免疫基于此原理)。雏鸡法氏囊被切除或破坏，B 细胞成熟受到影响，接种抗原不能产生抗体。

　　2. 外周免疫器官

　　外周免疫器官又称次级免疫器官或二级免疫器官，是免疫活性细胞(如 T、B 细胞等)分布、增殖及进行免疫应答的场所。包括淋巴结、脾脏、禽哈德氏腺、黏膜免疫系统等。

　　(1)淋巴结　淋巴结分布于全身各部位淋巴管的径路上，定居着大量巨噬细胞、T 细胞和 B 细胞，其中 T 细胞占 75%，B 细胞占 25%。淋巴结起过滤捕捉淋巴液中的抗原，并在其中进行免疫应答的作用。鸡无淋巴结，但淋巴组织广泛分布于体内。鹅、鸭等水禽类主要有两对淋巴结，即颈胸淋巴结和腰淋巴结(图 6-4)。

　　(2)脾脏　脾脏是动物体内造血、贮血、滤血和淋巴细胞分布及进行免疫应答的器官，脾脏中 T 细胞占 35%～50%，B 细胞占 50%～65%。血流中的部分抗原在脾脏中被巨噬细胞吞噬，加工并传递给 B 细胞，刺激 B 细胞分化增殖成浆细胞，产生抗体。

　　(3)哈德尔氏腺　又称瞬膜腺，位于眼窝中腹部，眼球后中央。它能分泌泪液润滑瞬膜，对眼睛具有机械保护作用。分布 T 细胞和 B 细胞，能接受抗原刺激，分泌特异性抗体，通过泪液带入上呼吸道黏膜，是口腔、上呼吸道的抗体来源之一，在上呼吸道免疫上起着非常重要的作用。故鸡新城疫弱毒疫苗等可通过滴眼接种免疫。哈德尔氏腺不仅可在局部形成坚实的屏障，而且能激发全身免疫系统，协调体液免疫。在雏鸡免疫时，它对疫苗发生应答反应，不受母源抗体的干扰，对免疫效果的提高起着非常重要的作用。

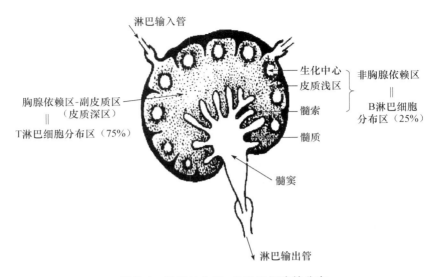

图 6-4　淋巴结中 T、B 淋巴细胞的分布

（4）黏膜免疫系统　黏膜免疫系统包括肠黏膜、气管黏膜、肠系膜淋巴结、阑尾、腮腺、泪腺和乳腺管黏膜等的淋巴组织，共同组成一个黏膜免疫应答网络，故称为黏膜免疫系统。据研究，这一系统中分布的淋巴细胞总量比脾脏和淋巴结中分布的还要多，疫苗抗原到达黏膜淋巴组织，引起免疫应答，大量产生分泌性 IgA 抗体，分泌在黏膜表面，形成第一道特异性免疫保护防线，尤其对经呼吸道、消化道感染的病原微生物，黏膜免疫作用至关重要。

（二）免疫细胞

凡参与免疫应答的细胞或与免疫应答有关的细胞通称为免疫细胞。根据其功能差异，可划分为免疫活性细胞、免疫辅佐细胞和其他免疫细胞。免疫活性细胞是免疫细胞中接受抗原刺激后能分化增殖，产生特异性免疫应答的细胞，主要是 T 细胞和 B 细胞，还有自然杀伤细胞、杀伤细胞等，在免疫应答中起核心作用。免疫辅佐细胞是在免疫应答过程中起重要辅佐作用的细胞，如单核吞噬细胞系统、树突状细胞，能捕获和处理抗原并能将抗原递呈给免疫活性细胞。其他免疫细胞是以其他方式参与免疫应答以及与免疫应答有关的细胞，如各种粒细胞和肥大细胞等。

1. T 细胞与 B 细胞

T 细胞和 B 细胞在光学显微镜下均为小淋巴细胞，从形态上难以区别。但它们表面存在着大量不同种类的蛋白质分子，这些表面分子又称为表面标志。T 细胞和 B 细胞的表面标志包括表面受体和表面抗原。

（1）T 细胞

① 来源与分布：前 T 细胞进入胸腺后，在胸腺激素的诱导下，发育成 T 细胞。成熟的 T 细胞经血流分布到外周免疫器官，并经血液→组织→淋巴→血液再循环分布于全身（图 6-5）。T 细胞接受抗原刺激后活化、增殖和分化为效应 T 细胞，主导细胞免疫。效应

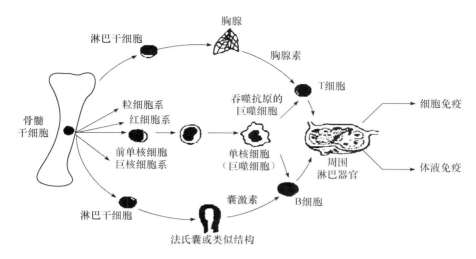

图 6-5 T、B 淋巴细胞的来源与分布

T 细胞大多数寿命较短,一般只存活 4~6 d,少部分转变为长寿的免疫记忆细胞,它们可存活数月到数年。

② T 细胞的表面标志:T 细胞的表面标志包括表面受体和表面抗原。

T 细胞的表面受体包括 T 细胞抗原受体(TCR)、有丝分裂原受体、白细胞介素受体等。TCR 是指 T 细胞表面具有识别和结合特异性抗原的分子结构。

T 细胞表面抗原又称 T 细胞分化抗原(CD),如 CD2、CD3、CD4、CD8 等。CD2 即红细胞(erythrocyte,E)受体,主要分布于猪、牛、羊、马、骡等家畜成熟的 T 细胞表面,这些动物的 T 细胞在体外通过 E 受体能与绵羊红细胞结合形成玫瑰花样花环(E 花环)(图 6-6)。B 细胞没有 E 受体,因此,可用 E 花环试验区分 T 细胞和 B 细胞。

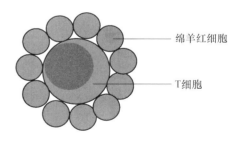

图 6-6 玫瑰花环实验

③ T 细胞的亚群及其功能:目前对 T 细胞亚群的划分是根据其 CD 抗原的不同而分为 CD4 和 CD8 两大亚群,然后再根据其在免疫应答中的功能不同进一步划分为不同的亚群。

$CD4^+$ T 细胞是指具有 $CD2^+$、$CD3^+$、$CD4^+$、$CD8^-$ 的 T 细胞,按功能分至少包括 3 个亚群:辅助性 T 细胞(T_H)是体内免疫应答所不可缺少的亚群,其主要功能为协助其他细胞发挥免疫功能;诱导性 T 细胞(T_I)能诱导 T_H 和 Ts 细胞的成熟;迟发型超敏反应性 T 细胞(T_D)在免疫应答的效应阶段和Ⅳ型超敏反应中能释放多种淋巴因子导致炎症反应,发挥清除抗原的功能。

$CD8^+$ T 细胞是指具有 $CD2^+$、$CD3^+$、$CD4^-$、$CD8^+$ 的 T 细胞,根据功能可分为 2 个亚群:抑制性 T 细胞(suppressor T cell,Ts)能抑制 B 细胞产生抗体和其他 T 细胞分化增殖,从而调节体液免疫和细胞免疫;细胞毒性或杀伤性 T 细胞(CTL 或 T_k)在免疫效应阶段识别并结合带抗原的靶细胞(如被病毒感染的细胞和癌细胞等),释放穿孔素和通过其他机理使靶细胞溶解。

(2)B细胞

① 来源与分布：前B细胞在法氏囊或骨髓中分化发育成B细胞。B细胞分布于外周淋巴器官的非胸腺依赖区。B细胞接受抗原刺激后，少数变为长寿的记忆细胞，参与淋巴细胞再循环，记忆细胞可存活100 d以上；多数进一步增殖分化为浆细胞，由浆细胞产生特异性抗体，发挥体液免疫功能。浆细胞寿命较短，一般只存活2 d。

② B细胞表面标志：B细胞表面标志包括B细胞抗原受体(BCR)、Fc受体(FcR)、补体受体(CR)、有丝分裂原受体等。

BCR即细胞表面的免疫球蛋白(SmIg)，是鉴别B细胞的主要特征，BCR的作用是识别结合抗原，引起B细胞的免疫应答。

FcR常用EA玫瑰花环试验检测：在试管内，将绵羊红细胞、绵羊红细胞的免疫血清(含大量IgG)及家畜的B细胞混合作用后，IgG与红细胞结合，IgG的Fc段与B细胞膜上的Fc受体结合，可在1个B细胞表面粘上几个红细胞，形成玫瑰花环。这种试验称为EA玫瑰花环试验，该试验可用于检测B细胞。

CR常用EAC花环试验检测：将红细胞(E)、抗红细胞(A)和补体受体(CR)的复合物与淋巴细胞混合后，可见B细胞周围有红细胞形成的花环。该试验也可检测B细胞。

2. K细胞与NK细胞

(1)杀伤细胞　简称K细胞，其表面具有IgG的Fc受体。当靶细胞(病毒感染的宿主细胞、恶性肿瘤细胞、移植物中的异体细胞以及某些较大的病原体如寄生虫等)与相应的IgG结合后，K细胞可与结合在靶细胞上的IgG的Fc结合，从而使自身活化，释放细胞毒，裂解靶细胞，这种作用称为抗体依赖性细胞介导的细胞毒作用(ADCC)(图6-7)。K细胞主要存在腹腔渗出液、血液和脾脏中。K细胞在抗肿瘤免疫、抗感染免疫和移植物排斥反应，清除自身的凋亡细胞等方面有一定的意义。

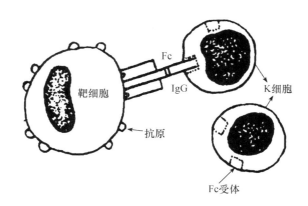

图6-7　抗体依赖性细胞介导的细胞毒作用

(2)自然杀伤细胞　简称NK细胞，是一群既不依赖抗体参与，也不需要抗原刺激和致敏就能杀伤靶细胞的淋巴细胞。NK细胞表面存在着识别靶细胞表面分子的受体结构，通过此受体与靶细胞结合而发挥杀伤作用。NK细胞表面也有IgG的Fc受体，即NK细胞也具有 ADCC 作用。NK 细胞主要存在于外周血和脾脏中。NK 细胞的主要生物学功能为非特异性地杀伤肿瘤细胞、抵抗多种微生物感染及排斥骨髓细胞的移植。

3. 辅佐细胞

机体的免疫应答主要由 T 细胞和 B 细胞介导完成；但免疫应答的完成，还需单核吞噬细胞、树突状细胞和朗罕氏细胞等的协助参与，对抗原进行捕捉、加工和处理，这些细胞称为辅佐细胞，简称 A 细胞。辅佐细胞是免疫应答中将抗原递呈给抗原特异性淋巴细胞的一类免疫细胞，故又称为抗原递呈细胞（APC）。

（三）细胞因子

细胞因子（CK）是指一类由免疫细胞（淋巴细胞、单核—巨噬细胞等）和相关细胞（成纤维细胞、血管内皮细胞、上皮细胞、某些肿瘤细胞等）产生的具有诱导、调节细胞发育及功能的高活性多功能多肽或蛋白质分子。CK 不包括免疫球蛋白、补体和一般生理性细胞产物。

细胞因子可分为白细胞介素、干扰素、肿瘤坏死因子、集落刺激因子、生长因子和趋化性细胞因子等 6 类。这几类细胞因子具有多种共同特性：为糖蛋白；产生细胞与作用细胞多样性；生物学功能的多样性；生物学活力的高效性；合成分泌快；生物学作用的双重性。20 世纪 80 年代以来，应用分子生物学技术研究发现的细胞因子越来越多，对其结构与功能，在机体免疫中的作用及其临床应用的研究正迅速发展。

二、抗原与抗体

（一）抗原

凡是能刺激机体产生抗体和致敏淋巴细胞并能与之结合引起特异性反应的物质称为抗原（Ag）。抗原具有抗原性，抗原性包括免疫原性与反应原性两个方面。免疫原性是指抗原刺激机体产生抗体和致敏淋巴细胞的特性。反应原性是指抗原与相应的抗体或致敏淋巴细胞发生反应的特性。既具有免疫原性又具有反应原性的物质称为完全抗原，又称免疫原，如微生物和异种蛋白。只具有反应原性而缺乏免疫原性的物质称为不完全抗原，又称半抗原，如多糖和某些药物。

1. 构成抗原的基本条件

（1）异源性　又称异物性。在正常情况下，动物机体能识别自身与非自身物质，只有非自身物质进入机体内才具有免疫原性。异源性包括以下几个方面：

① 异种物质：异种动物之间的组织、细胞及蛋白质均是良好的抗原。通常动物之间的亲缘关系相距越远，生物种系差异越大，免疫原性越好，此类抗原称为异种抗原。

② 同种异体物质：同种动物不同个体之间某些组织成分的化学结构也有差异，因此也具有一定的抗原性，如血型抗原、组织移植抗原，此类抗原称为同种异体抗原。

③ 自身抗原：动物自身组织细胞通常情况下不具有免疫原性，但在下列情况下可显示抗原性成为自身抗原：组织蛋白的结构发生改变，如机体组织遭受烧伤、感染及电离辐射等作用，使原有的结构发生改变而具有抗原性；机体的免疫识别功能紊乱，将自身组织视为异物，可导致自身免疫病；某些组织成分，如眼球晶状体蛋白、精子蛋白、甲状腺球

蛋白等因外伤或感染而进入血液循环系统，机体视之为异物引起免疫反应。

（2）大分子物质　抗原物质的免疫原性与其分子大小有直接关系。在一定条件下，分子量越大，免疫原性越强。分子量在1 000以下的物质为半抗原，没有免疫原性，但与大分子蛋白质载体结合后可获得免疫原性。因此，蛋白质分子、复杂的多糖是常见的良好抗原，例如，细菌、病毒、外毒素、异种动物的血清都是抗原性很强的物质。

（3）分子结构与立体构象的复杂性　相同大小的分子若化学组成、分子结构和空间构象不同，其免疫原性也有一定的差异。一般而言，分子结构和空间构象越复杂的物质免疫原性越强，如含芳香族氨基酸的蛋白质比含非芳香族氨基酸的蛋白质免疫原性强。同一分子不同的光学异构体之间免疫原性也有差异。

（4）物理状态　免疫原性的强弱也与抗原物质的物理性状有关。如球形蛋白质分子的免疫原性较纤维形蛋白质分子强；聚合状态的蛋白质较单体状态的蛋白质免疫原性强；颗粒性抗原比可溶性抗原的免疫原性强。

2．抗原决定簇

抗原的活性和特异性取决于抗原分子表面的特殊立体构型和具有免疫活性的化学基团，这小部分抗原区域称抗原决定簇。抗原决定簇由5～7个氨基酸残基、单糖残基、核苷酸残基组成。不同抗原物质之间、不同种属的微生物间、微生物与其他抗原物质间，难免有相同或相似的抗原组成或结构，也可能存在共同的抗原决定簇，这种现象称为抗原的交叉性或类属性。

3．抗原的分类

（1）根据抗原加入和递呈的关系分类

① 外源性抗原：被单核巨噬细胞等自细胞外吞噬、捕获或与B细胞特异性结合，而后进入细胞内的抗原，均称为外源性抗原，包括所有自体外进入的微生物、疫苗、异种蛋白等，以及自身合成而释放于细胞外的非自身物质，如肿瘤相关抗原、口蹄疫病毒的VIA抗原等。

② 内源性抗原：自身细胞内合成的抗原，如胞内菌和病毒感染细胞所合成的细菌抗原、病毒抗原，肿瘤细胞合成的肿瘤抗原，称为内源性抗原。

（2）根据对胸腺（T细胞）的依赖性分类　在免疫应答过程中，依据是否有T细胞参加，将抗原分为胸腺依赖性抗原和非胸腺依赖性抗原。胸腺依赖性抗原如异种组织与细胞、异种蛋白、微生物及人工复合抗原等。非胸腺依赖性抗原如大肠杆菌脂多糖（LPS）、肺炎链球菌荚膜多糖（SSS）、聚合鞭毛素（POL）和聚乙烯吡咯烷酮（PVP）等。

（3）根据抗原来源分类

① 异种抗原：来自与免疫动物不同种属的抗原性物质称为异种抗原。如各种微生物及其代谢产物对畜禽来说都是异种抗原，猪的血清对兔来说是异种抗原。

② 同种异型抗原：与免疫动物同种而基因型不同的个体的抗原性物质称为同种异型抗原，如血型抗原、同种移植物抗原。

③ 自身抗原：能引起自身免疫应答的自身组织成分称为自身抗原。如动物的自身组织细胞、蛋白质在特定条件下形成的抗原，对自身免疫系统具有抗原性。

④ 异嗜性抗原：与种属特异性无关，存在于人、动物、植物及微生物之间的共同抗

原称为异嗜性抗原，它们之间有广泛的交叉反应性。

4. 主要的微生物抗原

（1）细菌抗原　细菌的每种结构都由若干抗原组成，因此细菌是多种抗原成分的复合体。根据细菌的结构，抗原组成可分为菌体抗原、鞭毛抗原、荚膜抗原和菌毛抗原等。菌体抗原又称 O 抗原，是革兰阴性菌细胞壁脂多糖（LPS）的多糖侧链；鞭毛抗原又称 H 抗原，可刺激机体产生 IgG 和 IgM，用其制备抗鞭毛因子血清，可用于沙门菌和大肠杆菌的免疫诊断；荚膜抗原又称 K 抗原，是细菌主要的表面抗原；菌毛抗原又称 F 抗原，是某些革兰阴性菌表面的菌毛抗原，如大肠杆菌的 $F4(K_{88})$、$F5(K_{99})$抗原。

（2）病毒抗原　病毒一般有 V 抗原、VC 抗原、S 抗原（可溶性抗原）和 NP 抗原（核蛋白抗原）。V 抗原又称为囊膜抗原，有囊膜的病毒均具有 V 抗原，其抗原特异性主要是囊膜上的纤突所决定的。如流感病毒囊膜上的血凝素和神经氨酸酶都是 V 抗原。V 抗原具有型和亚型的特异性。VC 抗原又称衣壳抗原。无囊膜的病毒，其抗原特异性取决于病毒颗粒表面的衣壳结构蛋白，如口蹄疫病毒的结构蛋白 VP1、VP2、VP3 和 VP4 即为此类抗原。

（3）毒素抗原　细菌外毒素具有很强的抗原性，能刺激机体产生抗体（即抗毒素）。外毒素经甲醛或其他方法处理后，毒力减弱或完全丧失，但仍保持其免疫原性，称类毒素。

（4）保护性抗原　微生物具有多种抗原成分，但其中只有 1～2 种抗原成分刺激机体产生的抗体具有免疫保护作用，因此将这些抗原称为保护性抗原，或功能抗原，如口蹄疫病毒的 VP1、鸡传染性法氏囊病病毒的 VP2、肠致病性大肠杆菌的菌毛抗原 K_{88}、K_{99} 等和肠毒素抗原 ST、LT 等。

（二）抗体

1. 免疫球蛋白与抗体的概念

免疫球蛋白（Ig）是指存在于人和动物血液、组织液及其他外分泌液中具有相似结构及抗体活性的球蛋白。依据化学结构和抗原性差异，免疫球蛋白可分为 IgG、IgM、IgA、IgD 和 IgE 5 类。抗体（Ab）是指动物机体受到抗原物质刺激后，由 B 淋巴细胞转化为浆细胞产生的，能与相应抗原发生特异性结合反应的免疫球蛋白。抗体的本质是免疫球蛋白，它是机体对抗原物质产生免疫应答的重要产物，具有各种免疫功能，主要存在于动物的血液、淋巴液、组织液及其他外分泌液中。

2. 免疫球蛋白的分子结构

（1）免疫球蛋白的单体分子结构　所有的抗体分子都有相似的基本结构，称为单体。免疫球蛋白分子是由 2 条相同的重链和 2 条相同的轻链通过链间二硫键连接而成的对称四肽链结构。每条重链和轻链都分为氨基端（N 端）和羧基端（C 端），排列形似"Y"分子，称为 Ig 分子的单体，是构成 Ig 分子的基本单位（图 6-8）。

组成免疫球蛋白四条对称肽链中的 2 条相同长链，称为重链（H 链），由 420～440 个氨基酸组成。组成免疫球蛋白 4 条对称肽链中的 2 条相同短链，称为轻链（L 链），由 213～214 个氨基酸组成，以二硫键连接于 H 链的上端外侧。

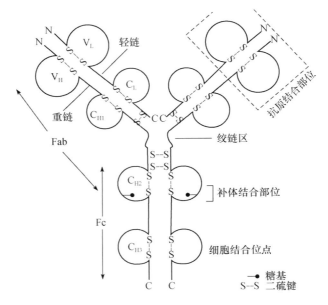

图 6-8　免疫球蛋白分子的基本结构

V_H—重链可变区段；V_L—轻链可变区段；C_H—重链恒定区段

C_L—轻链恒定区段；C—羧基末端；N—氨基末端

在 Ig 四条肽链的 N 端(上端)，L 链的 1/2 和 H 链的 1/4 区，其氨基酸种类、排列顺序和构型随抗体特异性的不同而变化较大，称为可变区(V 区)。V 区包括轻链可变区(V_L区)和重链可变区(V_H区)。V 区是抗体结合抗原的部位。在 Ig 四条肽链的 C 端(下端)，L链的 1/2 和 H 链的 3/4 区，氨基酸种类、排列顺序和构型相对稳定，称为稳定区(C 区)。C 区包括轻链稳定区(C_L区)和重链稳定区(C_H区)。

Ig 二条重链之间二硫键连接处附近的重链稳定区，有一个可转动的区域，称为绞链区。当 Ig 与抗原结合时，绞链区可发生转动，一方面利于抗原和抗体之间构型的更好匹配，另一方面使 Ig 变构、暴露出补体结合位点。

(2)免疫球蛋白的功能区　Ig 分子的多肽链因链内二硫键连接而将肽链折叠成几个球形结构，并与相应功能有关，故称为免疫球蛋白的功能区。每条 L 链有 2 个功能区：可变区(V_L区)和稳定区(C_L区)。IgG、IgA 和 IgD 的每条 H 链有 4 个功能区：1 个可变区(V_H区)和 3 个稳定区(C_{H1}、C_{H2}、C_{H3}区)。IgM 和 IgE 多一个恒定区 C_{H4}。功能区的作用：①V_L 和 V_H 是抗原结合的部位；②C_L 和 C_{H1} 上具有同种异型的遗传标记；③C_{H2}具有补体结合位点；④C_{H3}具有结合单核细胞、巨噬细胞、粒细胞、B 细胞、NK 细胞、Fc 段受体的功能。

(3)免疫球蛋白酶水解片段　在一定条件下，免疫球蛋白分子肽链的某些部分易被蛋白酶水解为不同片段(图 6-9)。木瓜蛋白酶水解 IgG 的部位是在绞链区二硫键连接的 2 条重链的近 N 端，可将 Ig 裂解为 2 个完全相同的 Fab 段和一个 Fc 段。一个 Fab 片段为单价，可与抗原结合但不形成凝集反应或沉淀反应；Fc 段无抗原结合活性，是 Ig 与效应分子或细胞相互作用的部位。胃蛋白酶作用于绞链区二硫键所连接的两条重链的近 C 端，水解 Ig 后可获得 1 个 F(ab)$'$2 片段和一些小片段 pFc$'$。F(ab)$'$2 可同时结合 2 个抗原表位，故与抗原结合可发生凝集反应和沉淀反应。
pFc′最终可被降解，无生物学作用。

3. 免疫球蛋白的抗原性

抗体（Ab）是一种动物针对某种抗原产生的效应分子。但是，由于它是免疫球蛋白，结构复杂，分子质量又大，对另一种动物来说就能构成抗原。所以说，抗体具有双重性。用一种动物的免疫球蛋白免疫异种动物，就能获得抗这种 Ig 的抗体，这种抗体称为抗抗体或二级抗体。抗抗体能与抗原-抗体复合物中的抗体结合，形成抗原-抗体-

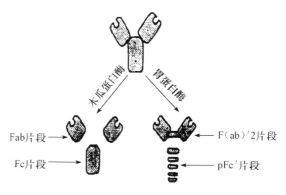

图 6-9 Ig 水解片段

抗抗体复合物。免疫标记技术中的间接法就是利用标记抗抗体来进行的。

4. 免疫球蛋白的主要特性与功能

5 类免疫球蛋白（IgG、IgA、IgM、IgE、IgD）的结构、主要特性和功能均不相同。分泌型 IgA 为二聚体，IgM 为五聚体。

（1）IgG　IgG 是人和动物血清中含量最高的球蛋白，约占血清免疫球蛋白总量的 75%。IgG 是唯一能通过胎盘的抗体，是介导体液免疫的主要抗体，以单体形式存在。在血液中产生稍迟，但含量高，维持时间长，对构成机体的免疫力有重要的作用，可发挥抗菌、抗病毒和抗毒素以及抗肿瘤等免疫学活性，能调理、凝集和沉淀抗原，同时也是血清学诊断和疫苗免疫后检测的主要抗体。IgG 是引起 Ⅱ 型、Ⅲ 型变态反应及自身免疫病的抗体。

（2）IgA　在正常人血清中的含量仅次于 IgG，占血清免疫球蛋白含量的 10%～20%。按其免疫功能又分为血清型及分泌型 2 种。血清型 IgA 存在于血清中，其含量占总 IgA 的 85% 左右。血清型 IgA 虽有 IgG 和 IgM 的某些功能，但在血清中并不显示重要的免疫功能。分泌型 IgA 存在于分泌液中，如唾液、泪液、初乳、鼻和支气管分泌液、胃肠液、尿液、汗液等。分泌型 IgA 是机体黏膜局部抗感染免疫的主要抗体，故又称黏膜局部抗体。IgA 不能通过胎盘。新生儿血清中无 IgA 抗体，但可从母乳中获得分泌型 IgA。新生儿出生 4～6 个月后，血中可出现 IgA，以后逐渐升高，到青少年期达到高峰。

（3）IgM　IgM 以五聚体的形式存在，其分子质量是免疫球蛋白中最大的，又称为巨球蛋白，其含量仅占血清免疫球蛋白的 10% 左右，是机体初次体液免疫反应最早出现的抗体，但持续时间短，因此，不是抗感染免疫的主要力量。机体被感染后，体内最早出现的是 IgM，后出现的是 IgG，因此可通过检查 IgM 进行早期诊断。

IgM 是高效能抗体，具有抗菌、抗病毒、中和毒素等免疫活性，由于其抗原结合位点多，因此杀菌、溶菌、促进吞噬等作用比 IgG 要强。IgM 有免疫损伤作用，它参与 Ⅱ、Ⅲ 型变态反应。同时也具有抗肿瘤作用。

（4）IgE　IgE 又称为皮肤致敏性抗体或亲细胞抗体，在血清中含量极微，参与 Ⅰ 型变态反应，在抗寄生虫感染中起重要作用。IgE 是由呼吸道、消化道黏膜固有层中的浆细胞产生。当发生过敏疾病或寄生虫特别是蠕虫感染时，IgE 抗体活性最强，而且能介导

ADCC作用，杀死蠕虫。

（5）IgD IgD以单体分子形式存在，分子质量小，在血清中含量极低，不稳定，易被降解。有报道认为，IgD与某些过敏反应有关。

5. 抗体产生的一般规律

动物机体初次和再次接触抗原后，引起机体抗体产生的种类以及抗体的水平等都有差异（图6-10）。

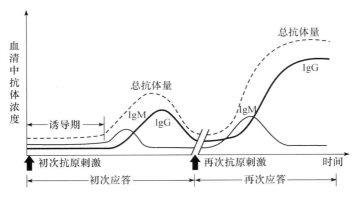

图 6-10 初次应答与再次应答抗体产生规律

（1）初次应答 某种抗原首次进入机体内引起的抗体产生过程，称为初次应答。初次应答的主要特点为：

① 抗体产生的潜伏期比较长，细菌抗原一般经过 5～7 d 血液中出现抗体，病毒抗原为 3～4 d，而毒素则需经 2～3 周才出现抗体。潜伏期之后为抗体的对数上升期，抗体含量直线上升。此后为高峰持续期，抗体产生和排出相对平衡。最后为下降期。

② 初次应答最早出现的抗体是 IgM，几天内达到高峰，然后下降；接着产生 IgG，IgA 产生最迟，常在 IgG 产生后 2 周至 1～2 个月才能在血液中检出；产生的抗体中以 IgM 为主。

③ 初次应答产生的抗体总量较低，维持时间也较短，与抗原的亲和力较弱。其中 IgM 的维持时间最短，IgG 可在较长时间内维持较高水平，其含量也比 IgM 高。

（2）再次应答 动物机体第二次接触相同的抗原时，体内产生的抗体过程，称为再次应答。再次应答的特点为：

① 抗体产生的潜伏期显著缩短，约为初次应答的一半。

② 再次应答可产生高水平的抗体。机体再次接触与第一次相同的抗原时，起初原有抗体水平略有降低，接着抗体水平很快上升，比初次应答多几倍到几十倍，且维持时间较长，对抗原的亲和力更强。

③ 再次应答中产生抗体的顺序与初次应答相同，但以 IgG 为主，再次应答间隔时间越长，机体越倾向于只产生 IgG，经消化道等黏膜途径进入机体的抗原可诱导产生分泌型 IgA。

再次应答在抗体产生的速度、数量、质量以及维持时间等方面均优于初次应答，因此在预防接种时，间隔一定时间进行疫苗的再次接种，可起到强化免疫的作用。

（3）回忆应答　抗原刺激机体产生的抗体经一定时间后，在体内逐渐消失，此时若机体再次接触相同的抗原物质，可使已消失的抗体快速回升，这称为抗体的回忆应答。

再次应答和回忆应答取决于体内记忆性 T 细胞和 B 细胞的存在，记忆性 T 细胞可很快增殖分化成 T_H 细胞，对 B 细胞的增殖和产生抗体起辅助作用；记忆性 B 细胞与抗原再次接触时，可被活化，增殖分化成浆细胞产生抗体。

6．影响抗体产生的因素

抗体是机体免疫系统受到抗原的刺激后产生的，因此抗体产生的水平取决于抗原和机体 2 个方面的因素。

（1）抗原方面

① 抗原的性质：由于抗原的物理性状、化学结构和毒力的不同，对机体刺激的强度也不一样，因此机体产生抗体的速度和持续的时间也不同。给机体注射颗粒性抗原（如细菌），经过 2～5 d，血液中就出现抗体。如果给机体注射可溶性抗原，如注射破伤风类毒素，需 3 周左右的时间血液中才出现抗毒素。

② 抗原的用量：在一定的限度内，抗体的产量随抗原用量的增加而相应的增加。但抗原量过多，超过了一定的限度，抗体的形成反而受到抑制，这种现象称为免疫麻痹。呈现免疫麻痹的动物，经过一定时间，待大量抗原被分解清除后，麻痹现象可以解除。反之，如果抗原量太少，则不能刺激机体产生抗体。因此，在进行免疫接种时，必须严格按照规定使用，严禁随意加大或减少疫苗的量。

③ 免疫途径：由于抗原免疫途径的不同，抗原在体内停留的时间和接触的组织也不同，因而产生的结果也不同。在实践中，免疫途径的选择应以能刺激机体产生良好的免疫反应为原则，一般按疫苗说明书推荐的免疫途径进行免疫接种。

④ 免疫的次数和间隔时间：一般菌苗需间隔 7～10 d，注射 2～3 次，类毒素 2 次注射间隔 6 周。

⑤ 佐剂：与抗原配合使用，有利于增强抗体的产生，以及延长抗体的持续期。

（2）机体方面

① 遗传因素：除先天性免疫功能低下的个体外，大多数机体只要营养良好，都能产生足够的抗体。

② 年龄因素：初生或出生不久的动物，免疫应答能力较差，主要因为其免疫系统还未发育健全；其次也与母源抗体的影响有关。老龄动物免疫功能逐渐下降，也可影响抗体的产生。

③ 其他因素：营养不良的机体免疫系统发育不良、处于感染状态的动物免疫系统受到损害等，都可影响抗体的产生。

7．抗体的人工制备

（1）多克隆抗体　通常抗原如细菌、病毒、异种血清等具有多个抗原决定簇，可刺激机体多个具有相应抗原受体的 B 细胞发生免疫应答，产生多种针对不同抗原决定簇的抗体。这些混合的由多种不同克隆 B 细胞产生的抗体称为多克隆抗体。用抗原免疫动物后获得的免疫血清均为多克隆抗体。

（2）单克隆抗体　单克隆抗体指由 1 株 B 淋巴细胞杂交瘤增生而成的单一克隆细胞产

生的高度均一(其血清型完全一致)、只针对一种抗原决定簇的抗体。与多克隆抗体相比，单克隆抗体有下列优点：与抗原分子上特定抗原决定簇反应，具有单一特异性，可以测定抗原分子上用常规抗体无法测定的微细差异；用不纯的抗原可以制备出针对特定靶抗原甚至微量存在的靶抗原的抗体，无需通过吸收来提高其特异性；分泌特异单克隆抗体的杂交瘤细胞系一旦建立，即可根据需要生产，长期无限量供应完全同质的抗体。

三、免疫应答

免疫应答是指动物机体的免疫系统受到抗原刺激后，免疫细胞对抗原分子识别并产生一系列的反应以清除异物的过程。

(一)免疫应答的场所与特点

免疫应答的主要场所是外周免疫器官及淋巴组织，其中淋巴结和脾脏是免疫应答的主要场所。参与机体免疫应答的主要细胞是 T 细胞和 B 细胞，表现为细胞免疫和体液免疫。巨噬细胞、树突状细胞、朗罕氏细胞等是免疫应答的辅佐细胞。

免疫应答具有 3 大特点：一是特异性，即免疫应答是针对某种特异性抗原物质而发生的；二是具有免疫记忆性，当机体再次接触到同样抗原时，能迅速大量增殖、分化成致敏淋巴细胞和浆细胞；三是具有一定的免疫期，免疫期的长短与抗原性质、免疫次数、机体的反应性有关，短则数月，长则数年，甚至终身。

(二)免疫应答的基本过程

免疫应答的主要过程包括抗原递呈细胞(APC)对抗原的处理、加工和递呈；T、B 淋巴细胞对抗原的识别、活化、增殖、分化；最后产生免疫效应分子——抗体、细胞因子，以及免疫效应细胞——细胞毒性 T 细胞(CTL)和迟发型变态反应 T 细胞，并最终将进入机体内的抗原物质清除。免疫应答的过程可人为地分为以下 3 个阶段(图 6-11)。

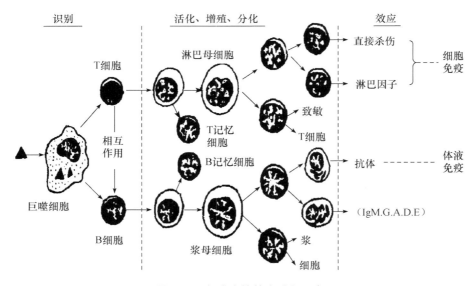

图 6-11　免疫应答基本过程示意

1. 致敏阶段

致敏阶段是抗原通过某一途径进入机体，并被免疫细胞识别、递呈和诱导细胞活化的开始时期，又称感应阶段。一般，抗原进入机体后，首先被局部的单核－巨噬细胞或其他辅佐细胞吞噬和处理，然后以有效的方式（与 MHC Ⅱ 类分子结合）递呈给 T_H 细胞；B 细胞可以利用其表面的免疫球蛋白分子直接与抗原结合，并且可将抗原递呈给 T_H 细胞。T 细胞与 B 细胞可以识别不同种类的抗原，所以不同的抗原可以选择性地诱导细胞免疫应答或抗体免疫应答，或者同时诱导两种类型的免疫应答。另一方面，一种抗原颗粒或分子片段可能含有多种抗原表位，因此可被不同克隆的细胞所识别，诱导多特异性的免疫应答。

2. 反应阶段

反应阶段即增殖与分化阶段。反应阶段是 T 细胞或 B 细胞受抗原刺激后活化、增殖、分化，并产生效应性淋巴细胞和效应分子的过程。T 淋巴细胞增殖分化为淋巴母细胞，最终成为效应性淋巴细胞，并产生多种细胞因子；B 细胞增殖分化为能够合成与分泌抗体的浆细胞。少数 T、B 淋巴细胞分化为长寿的记忆细胞（Tm 和 Bm）。记忆细胞贮存着抗原的信息，可在体内存活数月、数年或更长的时间，以后再次接触同样抗原时，便能迅速大量增殖、分化成致敏淋巴细胞或浆细胞。

3. 效应阶段

效应阶段是免疫效应细胞和抗体发挥作用将抗原灭活并从体内清除的时期。这时如果诱导免疫应答的抗原还没有消失，或者再次进入致敏的机体，效应细胞和抗体就会与抗原发生一系列反应。

抗体与抗原结合形成抗原复合物，将抗原灭活及清除；T 效应细胞与抗原接触释放多种细胞因子，诱发免疫炎症；CTL 直接杀伤靶细胞。通过以上机制，达到清除抗原的目的。

（三）免疫应答的类型

1. 体液免疫

体液免疫是指由 B 细胞介导的免疫应答。抗原进入机体后，经过加工处理，刺激 B 细胞转化为浆母细胞，浆母细胞再增殖发育成浆细胞，浆细胞针对抗原的特性，合成及分泌抗体。抗体不断排出细胞外，分布于体液中，发挥特异性的体液免疫作用。因此，抗体是介导体液免疫效应的效应分子。

2. 细胞免疫

细胞免疫是指由 T 细胞介导的特异性免疫应答。T 细胞在抗原的刺激下，增殖分化为效应性 T 淋巴细胞并产生细胞因子，直接杀伤或激活其他细胞杀伤、破坏抗原或靶细胞，从而发挥免疫效应过程。

在细胞免疫应答中最终发挥免疫效应的是效应性 T 淋巴细胞和细胞因子。效应性 T 淋巴细胞主要包括细胞毒性 T 细胞和迟发型变态反应性 T 细胞；细胞因子是细胞免疫的效应因子，对细胞性抗原的清除作用较抗体明显。

广义的细胞免疫包括巨噬细胞的吞噬作用，K 细胞、NK 细胞等介导的细胞毒作用和 T 细胞介导的特异性免疫。

四、特异性免疫的抗感染作用

一般情况下，机体内的体液免疫和细胞免疫是同时存在的，它们在抗微生物感染中相互配合和调节，以清除入侵的病原微生物，保持机体内环境的平衡。

(一)体液免疫的抗感染作用

(1)中和作用　抗毒素与外毒素结合后，可阻碍外毒素与动物细胞的结合，使之不能发挥毒性作用。抗体与病毒结合后，可阻止病毒侵入易感细胞，保护细胞免受感染。如在破伤风、肉毒中毒等疾病治疗中使用抗毒素效果显著。

(2)免疫溶解作用　一些革兰阴性菌(如沙门菌、巴氏杆菌等)和某些原虫与体内的抗体结合后，可激活补体，从而导致菌体或虫体溶解或死亡。

(3)调理作用　抗原抗体复合物与补体结合后，可以增强吞噬细胞的吞噬作用，称为调理作用。近年发现，红细胞除具有携氧功能外，也能结合补体，从而增强嗜中性粒细胞的吞噬作用。

(4)局部黏膜免疫作用　黏膜固有层中浆细胞产生的分泌型 IgA，是机体抵抗呼吸道、消化道及泌尿生殖道感染病原体的主要力量。

(5)抗体依赖性细胞介导的细胞毒作用(ADCC)　IgG 与靶细胞结合后，可通过 Fc 段与效应细胞(NK 细胞、巨噬细胞、中性粒细胞)表面 Fc 受体结合，增强效应细胞对靶细胞的杀伤作用。

(6)对病原微生物生长的抑制作用　一般来说，细菌的抗体与细菌结合后，不会影响细菌的生长和代谢，仅表现为凝集和制动现象。而支原体和钩端螺旋体的抗体与之结合后，表现出生长抑制作用。

(二)细胞免疫的抗感染作用

(1)抗胞内菌感染　胞内菌有结核杆菌、布氏杆菌、李氏杆菌、鼻疽杆菌等。抗胞内菌感染主要是细胞免疫。致敏淋巴细胞释放出一系列细胞因子，与细胞一起参与细胞免疫，以清除抗原和携带抗原的靶细胞，使机体得到抗感染的能力。

(2)抗真菌感染　深部感染的真菌，如白色念珠菌、球孢子菌等，可刺激机体产生特异性抗体和细胞免疫，其中以细胞免疫更为重要。

(3)抗病毒感染　某些病毒病的免疫主要以细胞免疫为主。致敏淋巴细胞可直接破坏被病毒感染的靶细胞；另外，淋巴因子可激活吞噬细胞，增强其吞噬功能，以及合成干扰素抑制病毒的增殖。

任务三　变态反应

一、变态反应的类型

变态反应是指免疫系统对再次进入机体的抗原物质做出的过于强烈或不适当的，并导致组织器官损伤的免疫反应。除了伴有炎症反应和组织损伤外，它们与任务二所描述的维持机体正常功能的免疫反应并无实质性区别。引起变态反应的物质，称变应原。变应原可通过呼吸道、消化道、皮肤、黏膜等途径进入动物机体引发变态反应。

根据变态反应中所参与的细胞、活性物质、损伤组织器官的机制以及产生反应所需的时间等，将变态反应分为Ⅰ、Ⅱ、Ⅲ、Ⅳ 4 个类型，即过敏反应型(Ⅰ型)、细胞毒型(Ⅱ型)、免疫复合物型(Ⅲ型)及迟发型(Ⅳ型)。其中，前三型均由抗体介导，共同特点是反应发生快，故称为速发型变态反应；Ⅳ型则是由 T 细胞介导，反应较慢，至少12 h 以后发生，故称迟发型变态反应。变态反应的类型及特点见表6-1。

表 6-1 四型超敏反应比较

| 型别 | 参加成分 | | 反应速度 | 特点 | 临床常见病 |
	效应分子	效应细胞			
Ⅰ 型	IgE	肥大细胞 嗜碱性粒细胞 嗜酸性粒细胞 血小板	数分钟内迅速开始，15 ～ 30 min 达到高峰	1. 很快出现反映高峰 2. IgE 为亲细胞性抗体，无补体及淋巴因子参与 3. 有功能性障碍，无组织损伤 4. 有个体差异及遗传倾向	1. 过敏性休克 2. 支气管哮喘 3. 过敏性鼻炎 4. 过敏性胃肠炎 5. 荨麻疹
Ⅱ 型	IgG IgM 补体	单核巨噬细胞 氏中性粒细胞 K 细胞 NK 细胞	开始反应后数小时内达到高峰	1. 达到反应高峰较快 2. 发生过程中有细胞性抗原 3. 有抗体及补体参与，无细胞因子参与 4. 既有功能障碍又有组织损伤	1. 异型输血反应 2. 新生畜溶血性症 3. 免疫性血细胞减少症
Ⅲ 型	IgG IgM 补体	嗜中性粒细胞 嗜碱性粒细胞 单核巨噬细胞 血小板	接触抗原数小时后开始反应，18 h 后达到高峰	1. 达到反应高峰较慢 2. 由可溶性抗原和抗体复合物引起 3. 有抗体及补体参与，无细胞因子参与 4. 既有功能障碍又有组织损伤	1. 血清病 2. 感染后肾小球肾炎 3. 系统性红斑狼疮 4. 类风湿性关节炎
Ⅳ 型	细胞因子	单核巨噬细胞 致敏 T 细胞 粒细胞 NK 细胞	接触抗原12～24 h 内开始反应，48～72 h 达到高峰	1. 由反应开始到反应高峰极慢 2. 与抗体和补体无关，属细胞免疫 3. 无明显个体差异 4. 既有功能障碍又有组织损伤	1. 传染性超敏反应 2. 接触性皮炎 3. 移植排斥反应

(一)Ⅰ型变态反应(速发型)

Ⅰ型变态反应是指致敏机体当再次接触变应原时，在数分钟至数小时内出现反应，也称速发型变态反应。变应原有异种血清、生物提取物(花粉、胰岛素、肝素、脑垂体后叶提取物)、疫苗、半抗原性药物(抗生素)、有机碘、尘埃、油漆等。

变应原首次进入机体，刺激机体产生亲细胞性的过敏性抗体 IgE，IgE 吸附于皮肤、消化道和呼吸道黏膜毛细血管周围组织中的肥大细胞和血液中嗜碱性粒细胞表面，使之致敏。当致敏细胞再次接受同一变应原刺激，变应原即与细胞表面的 IgE 结合，形成抗原抗体复合物，导致细胞内的嗜碱性颗粒释出，脱出的颗粒迅速释放具有药理作用的活性介质，如组织胺、缓激肽、5-羟色胺和过敏毒素等。这些介质可使支气管平滑肌收缩，毛细血管扩张，通透性增强，腺体分泌增加等。若反应发生在呼吸道，引起呼吸困难、哮喘、肺水肿等；发生在胃肠道引起腹痛、腹泻；发生在皮肤，引起皮肤红肿、荨麻疹；发生于全身可引起过敏性休克，甚至死亡。

Ⅰ型变态反应的特点是反应局限在某一系统，有时也呈全身反应，无补体参加，有明显的个体差别。

临床上常见的过敏反应有注射青霉素引起的急性全身性反应，吸入花粉，霉菌孢子，动物皮屑，食入某种总蛋白质含量高的饲料，蠕虫感染以及某种磺胺类药物，疫苗等引起的局部过敏反应。

过敏反应的确诊比较困难，易行的控制措施是使用非特异性脱敏药，避免动物再次接触可能的变应原，如更换垫草或饲料等。

(二) Ⅱ型变态反应(细胞毒型)

引起Ⅱ型变态反应的变应原可以是体内细胞本身的表面抗原，也可以是外来药物半抗原，药物半抗原可与血细胞牢固地结合形成完全抗原。这两种抗原均可刺激机体产生细胞溶解性抗体(IgG 和 IgM)，这些抗体与血型抗原结合，或与吸附在血细胞上的药物半抗原发生结合，形成抗原-抗体-血细胞复合物。通过以下 3 种途径将复合物中的血细胞杀死：①激活补体，使细胞溶解；②通过吞噬细胞吞噬而被溶解；③通过 K 细胞而将其杀死。

Ⅱ型反应的特点是不释放介质，需补体参加，可造成组织损伤和靶细胞的破坏。

临床上常见的Ⅱ型细胞有输血反应，新生动物溶血病，药物和传染性病原体引起的溶血性贫血等。

(三) Ⅲ型变态反应(免疫复合物型)

引起Ⅲ型变态反应的变应原可以是异性动物血清、微生物、寄生虫和药物等。参与反应的抗体主要为 IgG，也有 IgM 和 IgA。

免疫复合物是指抗原抗体形成的复合物。因抗原抗体比例不同，造成的复合物大小也不同，形成的复合物大小也不同。当抗原抗体比例合适或抗体略多于抗原时，则形成颗粒较大的不溶性免疫复合物，易被吞噬细胞吞噬清除；当抗原量过多于抗体量时，可形成细小的可溶性复合物，易通过肾小球过滤而排出。上述两种复合物对机体均不造成损害作用。只有当抗原量稍超过抗体量时，可形成中等大小的免疫复合物，它不易被机体排出，也不易被吞噬细胞吞噬清除，则随血流在肾小球、关节、皮肤等处形成沉积，引起炎症、水肿、出血、局部坏死等一系列反应。

临床上常见的Ⅲ型变态反应疾病有系统性红癍狼疮，链球菌感染后引起的肾小球肾炎，类风湿性关节炎，局部免疫复合物病(阿萨斯反应)等。阿萨斯反应(Arthus)是由于多次皮下注射同种抗原，形成中等大小的免疫复合物沉积在注射抗原的局部毛细血管壁上，引起的局部炎症反应。

(四) Ⅳ型变态反应(迟发型)

引起Ⅳ型变态反应的抗原可以是异种蛋白或蛋白质为载体结合的半抗原复合物。反应特点是无抗体或补体参加，反应发生缓慢，多数于再次接触变应原后 12 h 或更长时间达到高峰，故又称迟发型变态反应。

当机体受到某种迟发型变应原刺激时，使 T 淋巴细胞母细胞化，进一步分化成效应性淋巴细胞，使机体致敏，当机体再次接触同一变应原时，效应淋巴细胞释放多种细胞因子引起变态反应。如淋巴毒素、杀伤性 T 淋巴细胞均能杀伤靶细胞。此型反应表现较突出的是局部炎症。

临床常见的Ⅳ型变态反应有传染性变态反应、组织移植排斥反应及接触性皮炎等。

结核分支杆菌、布氏杆菌、鼻疽杆菌等细胞内寄生菌，在传染的过程中，能引起以细胞免疫为主的Ⅳ型变态反应。这种变态反应是以病原微生物或其代谢产物作为变应原，是在传染过程中发生的，因此可用传染性变态反应来诊断。例如，利用结核杆菌素给牛点眼的同时颈部皮内注射，然后根据局部炎症情况判定是否感染结核病，易进行结核病的检疫。结核菌素试验阳性者，表明该动物感染过结核分枝杆菌，发生了传染性变态反应。利用鼻疽菌素进行鼻疽病的检疫原理与此相同。

接触性皮炎也是一种经皮肤致敏的迟发型变态反应。致敏原通常是药物、油漆染料、某些农药和塑料小分子半抗原，可与表皮细胞内的胶原蛋白和角质蛋白等结合形成完全抗原，导致 T 细胞致敏。当机体再次接触同一变应原，24 h 后发生皮肤炎症，48～96 h 达高峰，表现局部红肿、硬节、水疱，严重者可发生剥脱性皮炎。

二、变态反应的防治

防治变态反应要从变应原及机体的免疫反应两方面考虑。临床上采取的措施是：①要尽可能找出变应原，避免动物的再次接触。②用脱敏疗法改善机体的异常免疫反应。如避免动物血清过敏症的发生，在给动物大剂量注射血清之前，可将血清加温至 30 ℃后使用，并且先少量多次皮下注射血清(0.2～2 mL/次)，间隔 15 min 后再注射中等剂量血清(中动物 10 mL/次，大动物 100 mL/次)，若无严重反应，15 min 后可全量注射。③如果动物在注射后短时间内出现不安、颤抖、出汗或呼吸急促等过敏反应症状，首先用 0.1%的肾上腺素皮下注射(大动物 5～10 mL，中小动物 2～5 mL)，并采取其他对症治疗措施。常用的药物有肾上腺皮质激素、抗组胺药物和钙制剂等。

模块二　体液免疫检测技术(血清学试验)

任务一　血清学试验概述

一、血清学试验的概念

抗原抗体反应是指抗原与相应的抗体之间发生的特异性结合反应。它既可以发生在体内，也可以发生在体外。在体内发生的抗原抗体反应是体液免疫应答的效应作用。体外的抗原抗体结合反应主要用于检测抗原或抗体，用于免疫学诊断。因抗体主要存在于血清中，所以将体外发生的抗原抗体结合反应称为血清学反应或血清学试验。血清学试验具有高度的特异性，广泛应用于微生物的鉴定、传染病及寄生虫的诊断和检测。

二、血清学试验的特点

(1)特异性和交叉性　抗原抗体的特异性结合是指抗原分子上的抗原决定簇和抗体分子可变区结合的特异性，是由两者之间空间结构互补决定的。只有抗原决定簇的立体构型和抗体分子的立体构型完全吻合，才能发生结合反应。如抗新城疫病毒的抗体只能与新城疫病毒结合，而不能与其他病毒结合。然而大分子的蛋白质常含有多种抗原决定簇，如果两种不同的抗原之间含有部分共同的抗原决定簇，则发生交叉反应。如肠炎沙门菌的抗血清能凝集鼠伤寒沙门菌。一般来说，亲缘关系越近，交叉反应程度越高。根据抗原抗体反应高度特异性的特点，在疾病诊断中可用抗原、抗体任何一方作为已知条件来检测另一未知方。单因子血清、单克隆抗体可避免交叉性的干扰。

（2）敏感性　抗原抗体的结合还具有高度敏感性的特点，不仅可定性检测，而且可定量检测微量、极微量的抗原或抗体，其敏感性大大超过化学分析法。血清学试验的敏感性视其种类不同而异。

（3）可逆性　抗原与抗体的结合是分子表面的结合，这种结合是可逆的，结合条件为0～40 ℃、pH 4～9。如温度超过60 ℃或pH值降到3以下，或加入解离剂（如硫氰化钾、尿素等）时，则抗原抗体复合物重新解离，并且分离后抗原或抗体的性质仍不改变。免疫技术中的亲和层析法，常用改变pH和离子强度法促使抗原抗体复合物解离，从而纯化抗原或抗体。

（4）反应的二阶段性　第一阶段为抗原与抗体的特异性结合阶段，此阶段反应快，仅数秒至数分钟，但不出现可见反应。第二阶段为可见反应，这一阶段抗原抗体复合物在环境因素（如电解质、pH值、温度、补体）的影响下出现各种可见反应，如表现为凝集、沉淀、补体结合等。此阶段反应慢，需数分钟、数十分钟或更久。第二阶段受电解质、pH值、温度的影响。

（5）最适比例与带现象　大多数抗体为二价，抗原为多价，因此只有两者比例合适时，才能形成彼此连接的复合物，血清学试验才会出现凝集、沉淀等可见反应现象。如果抗原多或抗体过多，则抗原与抗体的结合不能形成大复合物，抑制可见反应的出现，称为带现象。当抗体过量时，称为前带；抗原过多时，称为后带。为克服带现象，在进行血清学反应时，需将抗原或抗体做适当稀释，通常固定一种成分，稀释另一种成分。

（6）用已知测未知　所有的血清学试验都是用已知抗原测定未知抗体，或用已知抗体测定未知抗原。在反应中只能有一种材料是未知的，但可以用两种或两种以上的已知材料检测一种未知抗原或抗体。

三、影响血清学试验的因素

（1）电解质　抗原与抗体发生结合后，在由亲水胶体变为疏水胶体的过程中，需有电解质参与才能进一步使抗原抗体复合物表面失去电荷，水化层破坏，复合物相互靠拢聚集形成大块的凝集或沉淀。若无电解质参加，则不出现可见反应。为了促使沉淀物或凝集物的形成，常用0.85%～0.9%（人，畜）或8%～9%（禽）的氯化钠溶液或各种缓冲液作为抗原和抗体的稀释液或反应液。但电解质溶液的浓度不宜过高，否则会出现盐析现象。

（2）温度　在一定温度范围内，温度越高，抗原抗体分子速度越快，这可增加其碰撞的机会，增加抗原抗体结合和反应现象的出现。如凝集和沉淀反应通常在37 ℃水浴感作一定时间，以促进反应现象的出现，若用56 ℃水浴则反应更快。但有的抗原抗体结合则需长时间在低温下，才能使反应完成得比较充分、彻底，如有的补体结合试验在0～4 ℃

冰箱反应效果更好。

（3）酸碱度　血清学试验要求在一定的 pH 值下进行，常用的 pH 为 6～8，过高或过低的 pH 值都可使已结合的抗原抗体复合物重新解离。若 pH 值降至抗原或抗体的等电点时，会发生非特异的凝集，造成假阳性。

（4）振荡　适当的机械振荡能增加分子或颗粒间的相互碰撞，加速抗原抗体的结合反应，但强烈的振荡可使抗原抗体复合物解离。

（5）杂质和异物　试验介质中如有与反应无关的杂质、异物（如蛋白质、类脂质、多糖等物质）存在时，会抑制反应的进行或引起非特异反应，故每批血清学试验都应设阳性对照和阴性对照。

四、血清学试验的应用及发展趋向

近年来，血清学试验因与现代科技相结合，发展很快。加之半抗原耦联技术的发展，几乎所有小分子活性物质均能制成人工复合抗原，以制备相应抗体，从而建立血清学检测技术，使血清学技术的应用范围越来越广，几乎涉及到生命科学的所有领域，成为生命科学进入分子水平不可缺少的检测手段。

1. 血清学试验的应用

血清学试验在医学和兽医学领域已广泛被应用，可直接或间接从传染病、寄生虫病、肿瘤、自身免疫病和变态反应性疾病的感染组织，血清、体液中检出相应的抗原或抗体，从而做出确诊。对传染病而言，几乎没有不能用血清学试验确诊的疾病。试验室只要备有各种诊断试剂盒和相应的设备，即可对多种疾病做出确切诊断。在动物的群体检疫、疫苗免疫效果监测和流行病学调查中，血清学试验也已被广泛应用于检测抗原或抗体。血清学试验还广泛应用于生物活性物质的超微定量，物种及微生物鉴定和分型等方面。此外，该技术也被用于基因分离、克隆筛选、表达产物的定性、定量分析和纯化等，已成为现代分子生物学研究的重要手段。

2. 血清学试验的发展趋向

随着免疫学技术的飞速发展，在原有经典免疫学试验方法的基础上，新的免疫学测定方法不断出现，在抗原-抗体反应基础上发展起来的固体载体、免疫比浊、放射免疫、酶联免疫、荧光免疫、化学发光免疫及免疫学的生物传感技术和流式免疫微球分析都极大地推动了免疫学和生物化学的融合，促进了各种自动化免疫分析仪的推出和应用。如散射比浊、化学发光、电化学发光、酶免疫分析、荧光偏正、微粒子酶免疫分析、荧光标记免疫分析等，使血清学试验具有更高的特异性、敏感性、精密的分辨能力和简便快速的特点。

血清学试验的发展趋向应该是反应的微量化和自动化，方法的标准化和试剂的商品化，技术的敏感、特异和精密化，检测技术的系列化以及方法简便快速。

任务二　凝集试验

一、凝集试验的概念

细菌、红细胞等颗粒性抗原，或吸附在红细胞、乳胶等颗粒性载体表面的可溶性抗原，与相应的抗体结合后，在适量电解质的存在下，经过一定时间，复合物相互凝聚形成肉眼可见的凝集团块，称为凝集试验；参与凝集试验的抗原称凝集原，抗体称凝集素。参与凝集试验的抗体主要为IgG和IgM。凝集试验可用于检测抗体或抗原，最突出的优点是操作简便，便于基层的诊断工作。

二、凝集试验的类型

凝集试验根据抗原的性质，反应方式的不同，可分为直接凝集试验和间接凝集试验。

(一)直接凝集试验

颗粒性抗原与相应的抗体直接结合并出现凝集现象的试验称直接凝集试验。按操作方法可分为玻片法和试管法两种。

(1)玻片法　为一种定性试验，在玻璃板或瓷片上进行。将含有已知抗体的诊断血清与待检悬液各一滴在玻板上混合，数分钟后，如出现颗粒状或絮状凝集，即为阳性反应。此法简便快速，适用于新分离菌的鉴定或定性，如沙门菌、链球菌的鉴定，血型的鉴定等多采用此法。也可用已知的诊断抗原悬液检测待检血清中是否存在相应的抗体，如布氏杆菌的玻片凝集试验和鸡白痢全血平板凝集试验等。

(2)试管法　是一种定量试验，在试管中进行，用以检测待检血清中是否存在相应抗体和检测该抗体的效价(滴度)，应用于临床诊断或流行病学调查。操作时，将待检血清用生理盐水作倍比稀释，然后加入等量一定浓度的抗原，混匀，37 ℃水浴或温箱数小时后观察。视不同凝集程度记录为＋＋＋＋(100％凝集)、＋＋＋(75％凝集)、＋＋(50％凝集)、＋(25％凝集)和－(不凝集)。根据每管内细菌的凝集程度判定血清中抗体的含量，以出现50％凝集(＋＋)以上的血清最高稀释倍数作为血清的凝集价(或称效价、滴度)。生产中此法常用于布氏杆菌病的诊断和检疫。

(二)间接凝集试验

将可溶性抗原(或抗体)先吸附于一种与免疫无关、一定大小的不溶性颗粒的表面，然后与相应的抗体(或抗原)作用，在有电解质存在的适宜条件下，所发生的特异性凝集反应，称为间接凝集试验。用于吸附抗原(或抗体)的颗粒称为载体颗粒。常用的载体有红细胞、聚苯乙烯乳胶，其次是活性炭、白陶土、离子交换树脂等。将可溶性抗原吸附到载体颗粒表面的过程称为致敏。

将抗原吸附于载体颗粒，然后与相应的抗体反应产生的凝集现象，称为正向间接凝集反应，又称正向被动间接凝集反应。将特异性抗体吸附于载体颗粒表面，再与相应的可溶性抗原结合产生的凝集现象，称为反向间接凝集反应。

(1)间接血凝试验　间接血凝试验是以红细胞为载体的间接凝集试验。将可溶性抗原致敏于红细胞表面，用以检测未知抗体，再与相应抗体反应出现肉眼可见的凝集现象，称此为正向间接血凝试验。如将已知抗体吸附于红细胞表面，用以检测样本中相应抗原，称为反向间接血凝反应。致敏红细胞几乎能吸附任何抗原，而红细胞是否凝集又容易观察。因此，利用红细胞作载体进行的间接血凝试验广泛应用于多种疫病的诊断和检疫，如病毒性传染病、支原体病、寄生虫病的诊断与检疫等。

（2）乳胶凝集试验　乳胶又称胶乳，是聚苯乙烯聚合的高分子乳状液，乳球微球直径约 0.8 μm，对蛋白质、核酸等大分子物质具有良好的吸附性能，用它作载体吸附抗原（或抗体），可用以检测相应的抗体（或抗原）。本法具有快速简便、保存方便、比较准确等优点。

（3）协同凝集试验　该试验中的载体是一种金黄色葡萄球菌，此菌的细胞壁上含有葡萄球菌 A 蛋白（SPA），SPA 能与人和大多数哺乳动物血清中 IgG 分子的 Fc 片段发生结合，并将 IgG 分子的 Fab 段暴露于葡萄球菌的表面，保持其活性。当结合于葡萄球菌表面的抗体与相应抗原结合时，形成肉眼可见的小凝集块，该法称为协同凝集试验。此法已广泛应用于多种细菌病和某些病毒病的快速诊断。

任务三　沉淀试验

一、沉淀试验的概念

可溶性抗原（如细菌的外毒素、内毒素、菌体裂解液，病毒的可溶性抗原、血清、组织浸出液等）与相应的抗体结合，在适量电解质存在下，经过一定时间，形成肉眼可见的白色沉淀，称为沉淀试验。参与沉淀试验的抗原称沉淀原，抗体称沉淀素。

二、沉淀试验的类型

沉淀试验可分为液相沉淀试验和固相沉淀试验。液相沉淀试验有环状沉淀试验和絮状沉淀试验，以前者应用较多；固相沉淀试验包括琼脂凝胶扩散试验和免疫电泳技术。

（一）环状沉淀试验

环状沉淀试验是一种在两种液体界面上进行的试验，是最简单、最古老的一种沉淀试验，目前仍广泛应用。方法是在小口径试管中加入已知沉淀素血清，然后小心沿试管壁加入等量待检抗原于血清表面，使之成为分界清晰的两层。数分钟后，两层液面交界处出现白色环状沉淀，即为阳性反应。试验中要设阴性、阳性对照。本法主要用于抗原的定性试验，如诊断炭疽的 Ascoli 试验、链球菌的血清鉴定等。

（二）琼脂凝胶扩散试验

琼脂凝胶扩散试验简称琼扩，反应在琼脂凝胶中进行。琼脂是一种含有硫酸基的酸性多糖体，高温 98 ℃时能溶于水，冷却凝固（45 ℃时）后形成凝胶。琼脂凝胶是一种多孔的网状结构。1%琼脂凝胶的孔径约为 85 nm，因为凝胶网孔中充满水分，小于孔径的抗原或抗体分子可在琼脂凝胶中自由扩散，由近及远形成浓度梯度，当二者在比例适当处相遇时，即可发生沉淀反应，因形成的抗原抗体复合物为大于凝胶孔径的颗粒，不能在凝胶中再扩散，就在凝胶中形成肉眼可见的沉淀带，称此试验为琼脂凝胶扩散试验。

琼脂扩散可分单扩散和双扩散。单扩散是抗原抗体中一种成分扩散，另一种成分均匀分布于凝固的琼脂凝胶中。双扩散则是两种成分在凝胶内彼此都扩散。根据扩散的方向不同又分为单向扩散和双向扩散。向一个方向直线扩散者称为单向扩散，向四周辐射扩散者称为双向扩散。故琼脂扩散可分为单向单扩散、单向双扩散、双向单扩散和双向双扩散 4 种类型。其中以双向双扩散应用最广泛。

1. 双向单扩散

双向单扩散又称辐射扩散，试验在玻璃板或平皿上进行，1.6%～2.0%琼脂加一定浓度的等量抗血清浇成琼脂凝胶板，厚度为 2～3 mm，在其上打直径为 2 mm 的小孔，孔内滴加相应抗原液，放入密闭湿盒中扩散 24～48 h。抗原在孔内向四周辐射扩散，在比例适当处与凝胶中的抗体结合形成白色沉淀环。此白色沉淀环的大小随扩散时间的延长而增大，直至平衡为止。沉淀环面积与抗原浓度成正比，故可用已知浓度抗原制成标准曲线，就可以测定抗原的量。

该法在兽医临床已广泛用于传染病的诊断，如马立克氏病的诊断。方法是：将马立克氏病高免血清浇成血清琼脂平板，拔取病鸡新换的羽毛数根，自毛根尖端 1 cm 处剪下插入琼脂凝胶板上，阳性者毛囊中病毒抗原向周围扩散，形成白色沉淀环。

2. 双向双扩散

此法以 1%琼脂浇成厚 2～3 mm 的凝胶板，在其上按设计图形打圆孔或长方形槽，封底后在相邻孔(槽)内滴加抗原和抗体，饱和湿度下扩散 24～96 h，观察沉淀带。抗原抗体在琼脂凝胶中相向扩散，在两孔间比例最适的位置上形成沉淀带，如抗原抗体的浓度基本平衡时，沉淀带的位置主要取决于两者的扩散系数。若抗原过多，沉淀带向抗体孔增厚或偏移；若抗体过多，则沉淀带向抗原孔偏移。

双扩散主要用于抗原的比较和鉴定，两个相邻的抗原孔(槽)与其相对的抗体孔之间，各自形成自己的沉淀带。此沉淀带一旦形成，就像一道特异性屏障一样，继续扩散而来的相同抗原抗体，只能使沉淀带加浓加厚，而不能再向外扩散，但对其他抗原抗体系统则无屏障作用，它们可以继续扩散。沉淀带的基本形式有以下 3 种：①两相邻孔为同一抗原时，两条沉淀带完全融合，如二者在分子结构上有部分相同抗原决定簇，则两条沉淀带不完全融合并出现一个叉角。②两种完全不同的抗原，则形成两条交叉的沉淀带。③不同分子的抗原抗体系统可各自形成两条或更多的沉淀带。

双扩散也可用于抗体的检测。测抗体时，加待检血清的相邻孔应加入标准阳性血清作对照，进行比较。测定抗体效价时可倍比稀释血清，以出现沉淀带的血清最大稀释度作为抗体的效价。

目前此法在兽医临床上广泛用于细菌、病毒的鉴定和传染病的诊断。如检测马传染性贫血、口蹄疫、鸡白血病、马立克氏病、禽流传染性法氏囊病的琼脂扩散方法，已列入国家的检疫规程，成为上述几种疾病的重要检疫方法之一。

(三)免疫电泳

免疫电泳技术是把凝胶扩散试验与电泳技术相结合的免疫检测技术。即将琼脂扩散置于直流电场中进行，让电流来加速抗原与抗体的扩散并规定其扩散方向，在比例合适处形成可见的沉淀带。此技术在琼脂扩散的基础上，提高了反应速度、反应灵敏度和分辨率。在临床上应用比较广泛的有对流免疫电泳和火箭免疫电泳等。

1. 对流免疫电泳

对流免疫电泳是将双向双扩散与电泳技术相结合的免疫检测技术。大部分抗原在碱性溶液（pH＞8.2）中带负电荷，在电场中向正极移动；而抗体球蛋白带电荷弱，在琼脂电泳时，由于电渗作用，向相反的负极移动。如果将抗体置于正极端，抗原置于负极端，则电泳时抗原抗体相向泳动，在两孔之间形成沉淀带。

试验时，首先制备琼脂凝胶板（免疫电泳需选用优质琼脂或琼脂糖），以 pH 8.2～8.6 的巴比妥缓冲液制备 1％～2％琼脂，浇注凝胶板，厚约 4 mm，待其凝固后，在琼脂凝胶板上打孔，挑去孔内琼脂后，将抗原置于负极一侧孔内，抗血清置于正极一侧孔。加样后电泳 30～90 min，观察结果。沉淀带出现的位置与抗原抗体含量和泳动速度相关。如果抗原抗体含量相当，沉淀带在两孔间呈一条直线；若二者含量和泳动速度差异较大，沉淀带出现在对应孔附近，呈月牙形；如果抗原或抗体含量过高，可使沉淀带溶解。有时抗原量极微，沉淀带不明显，在这种情况下，可把它在 37 ℃中保温数小时，以增加清晰度。

对流免疫电泳比双向双扩散敏感 10～16 倍，并大大缩短了沉淀带出现的时间，简易快速，现已用于多种传染病的快速诊断。如口蹄疫、猪传染性水疱病等病毒病的诊断。

2. 火箭免疫电泳

火箭免疫电泳是将辐射扩散与电泳技术相结合的一项检测技术。将 pH 8.2～8.6 的巴比妥缓冲液琼脂融化后，冷至 56 ℃左右，加入一定量的已知抗血清，浇成含有抗体的琼脂凝胶板。在负极端打一列孔，孔径 3 mm，孔距 8 mm，滴加待检抗原和已知抗原，电泳 2～10 h。电泳时，抗原在含抗血清的凝胶板中向正极迁移，其前锋与抗体接触，形成火箭状沉淀弧，随抗原继续向前移动，此火箭状峰也不断向前推移，原来的沉淀弧由于抗原过量而重新溶解。最后抗原抗体达到平衡时，即形成稳定的火箭状沉淀弧。在试验中由于抗体浓度保持不变，因而火箭沉淀弧的高度与抗原浓度成正比。本法多用于检测抗原的量（用已知抗原作对照）。

任务四　补体结合试验

补体结合试验是用可溶性抗原，如蛋白质、多糖、类脂、病毒等，与相应抗体结合后，其抗原-抗体复合物可以结合补体。但这一反应肉眼不能察觉，如再加入致敏红细胞（溶血系统或称指示系统），即可根据是否出现溶血反应，判定反应系统中是否存在相应的抗原和抗体。参与补体结合反应的抗体称为补体结合抗体。补体结合抗体主要为 IgG 和 IgM，IgE 和 IgA 通常不能结合补体。通常是利用已知抗原检测未知抗体。

一、基本原理

本试验包括 2 个系统共 5 种成分：一个为检测系统，即已知的抗原（或抗体）、被检的抗体（或抗原）和补体；另一个为指示系统（溶血系统），包括绵羊红细胞、溶血素和补体。抗原与血清混合后，如果两者是对应的，则发生特异性结合，成为抗原-抗体复合物，这时如果加入补体，由于补体能与各种抗原-抗体复合物结合（但不能单独和抗原或抗体结合）而被固定，不再游离存在。如果抗原-抗体不对应或没有抗体存在，则不能形成抗原-抗体复合物，加入补体后，补体不被固定，依然游离存在。

由于许多抗原是非细胞性的，而且抗原、抗体和补体都是用缓冲液稀释的比较透明的液体，补体是否与抗原-抗体复合物结合，肉眼看不到，所以还要加入溶血系统。如果不发生溶血现象，就说明补体不游离存在，表示检测系统中的抗原和抗体是对应的，它们所组成的复合物把补体结合了。如果发生了溶血现象，则表明补体依然游离存在，也就表示检测系统中的抗原和抗体不对应，或两者缺一，不能结合补体。

二、补体结合试验的基本过程及应用

试验分两步进行。第一步为检测系统作用阶段，由倍比稀释的待检血清加最适浓度的抗原和抗体。混合后 37 ℃水浴作用 30～90 min 或 4 ℃冰箱过夜。第二步是溶血系统作用阶段，在上述管中加入致敏红细胞，置 37 ℃水浴作用 30～60 min，观察是否有溶血现象。若最终表现是不溶血，说明待检的抗体与相应的抗原结合了，反应结果是阳性；若最终表现是溶血，则说明待检的抗体不存在或与抗原不相对应，反应结果是阴性。

补体结合反应操作繁杂，且需十分细致，参与反应的各个因子的量必须有恰当的比例。特别是补体和溶血素的用量。补体的用量必须恰如其分，例如，抗原抗体呈特异性结合，吸附补体，不应溶血，但因补体过多，多余部分转向溶血系统，发生溶血现象。又如，抗原抗体为非特异性，抗原抗体不结合，不吸附补体，补体转向溶血系统，应完全溶血，但由于补体过少，不能全溶，影响结果判定。此外，溶血素的量也有一定影响，例如，阴性血清应完全溶血，但溶血素量少，溶血不全，可被误以为弱阳性。而且这些因子的量又与其活性有关：活性强，用量少；活性弱，用量多。故在正式试验前，必须准确测定溶血素效价、溶血系统补体价、检测系统补体价等，测定活性以确定其用量。

补体结合试验具有高度的特异性和一定的敏感性，是诊断人畜传染病常用的血清学诊断方法之一。不仅可用于诊断传染病，如结副结核、鼻疽、牛肺疫、马传染性贫血、乙型脑炎、布氏杆菌病、钩端螺旋体病、衣原体、锥虫病等，也可用于鉴定病原体，如对流行性乙型脑炎病毒的鉴定和口蹄疫病毒的定型等。

任务五　中和试验

根据抗体能否中和病毒的感染性而建立的免疫学试验，称为中和试验。中和试验极为特异和敏感，既能定性又能定量，主要用于病毒感染的血清学诊断、病毒分离株的鉴定、病毒抗原性的分析、疫苗免疫原性的评价、血清抗体效价的检测等。中和试验可在体内、体外进行。

体内中和试验也称保护试验，试验时先对试验动物接种疫苗或抗血清，间隔一定时间后，再用一定量病毒攻击，最后根据动物是否得到保护来判定结果。常用于疫苗免疫原性的评价和抗血清的质量评价。

体外中和试验是将抗血清与病毒混合，在适当条件下作用一定时间后，接种于敏感细胞、鸡胚或动物，以检测混合液中病毒的感染力。根据保护效果的差异，判断该病毒是否已被中和，并可计算中和指数，即中和抗体的效价。根据测定方法不同，中和试验有终点法中和试验和空斑减数法中和试验等方法。

毒素和抗毒素也可进行中和试验。其方法与病毒的中和试验基本相同。

一、终点法中和试验

终点法中和试验是通过滴定使病毒感染力减少至 50% 时血清的中和效价或中和指数。有固定病毒稀释血清和固定血清稀释病毒两种方法。

(一)固定病毒稀释血清法

将已知的病毒量固定，血清作倍比稀释，常用于测定抗血清的中和效价。

1.病毒毒价单位

病毒毒价(毒力)的单位过去多用最小致死量(MLD)，但由于剂量的递增与死亡率递增的关系不是一条直线，而是呈 S 形曲线，在越接近 100% 死亡时，对剂量的递增越不敏感。而死亡率越接近 50% 时，剂量与死亡率呈直线关系，所以现基本上采用半数致死量(LD$_{50}$)作为毒价单位，而且 LD$_{50}$ 的计算应用了统计学方法，减少了个体差异的影响，因此比较准确。以感染发病作为指标的，可用半数感染量(ID$_{50}$)。用鸡胚测定时，可用鸡胚半数致死量(ELD$_{50}$)或鸡胚半数感染量(EID$_{50}$)；用细胞培养测定时，可用组织细胞半数感染量(TCID$_{50}$)。在测定疫苗的免疫性能时，则用半数免疫量(IMD$_{50}$)或半数保护量(PD$_{50}$)。

2.病毒毒价测定

将病毒原液作 10 倍递进稀释即 10^{-1}，10^{-2}，10^{-3}，…，选择 4～6 个稀释倍数接种一定体重的试验动物(或鸡胚、细胞)，每组 3～6 只(个、孔)。接种后，观察一定时间内的死亡(或出现细胞病变)数和生存数。根据累计死亡数和生存数计算致死百分率。然后按 Reed-Muench 法、内插法或 Karber 法计算半数剂量。

以 TCID$_{50}$ 测定为例说明如下：

按 Karber 法计算，其公式为

$$\lg TCID_{50} = L + d(S - 0.5)$$

式中，L 为病毒最低稀释度的对数；d 为组距，即稀释系数，10 倍递进稀释时 d 为 -1；S 为死亡比值之和(计算固定病毒稀释血清法中和试验效价时，S 应为保护比值之和)，即各组死亡(感染)数/试验数相加。

若以测定某种病毒的 TCID$_{50}$ 为例，病毒作 $10^{-4} \sim 10^{-7}$ 稀释，记录其出现细胞病变(CPE)的情况。则 $L=-4$，$d=-1$，$S=6/6+5/6+2/6+0/6=2.16$

$$\lg TCID_{50} = (-4) + (-1) \times (2.16 - 0.5) = -5.66$$

$$TCID_{50} = 10^{-5.66}, 0.1mL.$$

TCID$_{50}$ 为毒价的单位，表示该病毒经稀释至 $10^{-5.66}$ 时，每孔细胞接种 0.1 mL，可使 50% 的细胞孔出现 CPE。而病毒的毒价通常以每 mL 或每 mg 含多少 TCID$_{50}$ 或 LD$_{50}$ 等表示。如上述病毒的毒价为 $10^{5.66}$ TCID$_{50}$/0.1mL，即 $10^{6.66}$ TCID$_{50}$/mL。

3.正式试验

将病毒原液稀释成每一单位剂量含 200 LD$_{50}$(或 EID$_{50}$、TCID$_{50}$)，与等量递进稀释的待检血清混合，置 37℃感作 1 h。每一稀释度接种 3～6 只(个、管)试验动物(或鸡胚、细胞)，记录每组动物的存活数和死亡数，同样按 Reed-Muench 法或 Karber 法计算其半数保护量（PD_{50}），即该血清的中和价。

（二）固定血清稀释病毒法

将病毒原液作 10 倍递进稀释，分装两列无菌试管，第一列加等量正常血清（对照组），第二列加等量待检血清（中和组）；混合后置 37 ℃感作 1 h，每一稀释度接种 3～6 只试验动物（或鸡胚、组织细胞），记录每组动物死亡数、累积死亡数和累积存活数，按 Karber 法计算 LD_{50}，然后计算中和指数：

$$中和指数 = 中和组 LD_{50} / 对照组 LD_{50}$$

按表 6-2 的结果：中和指数 = $10^{-2.2}/10^{-5.5} = 10^{3.3}$，查 3.3 的反对数为 1 995，即 $10^{3.3} = 1 995$，也就是说该待检血清中和病毒的能力比正常血清大 1 994 倍。通常待检血清的中和指数大于 50 者即可判为阳性，10～40 为可疑，小于 10 为阴性。

表 6-2　固定血清稀释病毒法中和指数测定举例

病毒稀释	10^{-1}	10^{-2}	10^{-3}	10^{-4}	10^{-5}	10^{-6}	10^{-7}	LD_{50}	中和指数
正常血清组				4/4	3/4	1/4	0/4	$10^{-5.5}$	$10^{3.3}=1 995$
待检血清组	4/4	2/4	1/4	0/4	0/4	0/4	0/4	$10^{-2.2}$	

二、空斑减数法中和试验

空斑或蚀斑是指把病毒接种于单层细胞，经过一段时间培养，进行染色，原先感染病毒的细胞及病毒扩散的周围细胞会形成一个近似圆形的斑点，类似固体培养基上的菌落形态。空斑减数试验是应用空斑技术，使空斑数减少 50% 的血清稀释度为该血清的中和效价。试验时，将已知空斑形成单位（PFU）的病毒稀释成每一接种剂量含 100 PFU，加等量递进稀释的血清，37 ℃感作 1 h。每一稀释度至少接种 3 个已形成单层细胞的培养瓶，每瓶 0.2～0.5 mL，37 ℃感作 1 h，使病毒与血清充分作用，然后加入在 44 ℃水浴预温的营养琼脂（在 0.5% 水解乳蛋白或 Eagles 液中，加 2% 犊牛血清、1.5% 琼脂及 0.1% 中性红 3.3 mL）10 mL，平放凝固后，将细胞面朝上放入无光照射的 37 ℃ CO_2 培养箱中。同时用稀释的病毒加等量 Hanks 液同样处理作为病毒对照。数天后分别计算空斑数，用 Reed-muench 法或 Karber 法计算血清的中和滴度。

任务六　免疫标记技术

免疫标记技术是利用抗原抗体反应的特异性和标记分子极易检测的高敏感性结合形成的试验技术。免疫标记技术主要有荧光标记技术、酶标抗体技术和同位素标记抗体技术。它们的敏感性和特异性大大超过常规血清学方法，现已广泛用于传染病的诊断、病原微生物的鉴定、分子生物学中基因表达产物分析等领域。其中酶标抗体技术最为简便，应用较广。

一、荧光标记技术

荧光标记技术（fluorescent labeled technique）是用荧光素标记在抗体或抗原上，与相应的抗原或抗体特异性结合，然后用荧光显微镜观察所标记的荧光，以分析示踪相应的抗原或抗体的方法。其中，最常用的是荧光素标记抗体或抗抗体，用于检测相应的抗原或抗体。

（一）基本原理

荧光素在 10^{-6} 的超低浓度时，仍可被专门的短波光源激发，在荧光显微镜下可观察到荧光。荧光抗体标记技术就是将抗原抗体反应的特异性，荧光检测的高敏性，以及显微镜技术的精确性三者结合起来的一种免疫检测技术。

（二）荧光素

荧光素是能产生明显荧光，能作为染料使用的有机化合物。主要是以苯环为基础的芳香族化合物和一些杂环化合物。它们受到激发光（如紫外光）照射后，可发射荧光。

可用于标记的荧光素有异硫氰酸荧光黄（FITC），四乙基罗丹明（RB200）和四甲基异硫氰酸罗丹明（TMRITC）。其中 FITC 应用最广，为黄色结晶，最大吸收光波波长为 $493\sim495\ nm$，最大发射光波波长 $520\sim530\ nm$，可呈现明亮的黄绿色荧光。FITC 分子中含有异硫氰基，在碱性（pH $9.0\sim9.5$）条件下能与 IgG 分子的自由氨基结合，形成 FITC-IgG 结合物，从而制成荧光抗体。

抗体经荧光素标记后，不影响与抗原的结合能力和特异性。当荧光抗体与相应的抗原结合时，就形成了带有荧光性的抗原抗体复合物，从而可在荧光显微镜下检出抗原存在。

（三）荧光抗体染色及荧光显微镜观察

1. 标本片的制备

标本制作的要求首先是保持抗原的完整性，并尽可能减少形态变化，抗原位置保持不变。同时还必须使抗原标记抗体复合物易于接受激发光源，以便很好地观察和记录。这就要求标本要相当薄，并要有适宜的固定处理方法。

根据被检样品的不同，采用不同的制备方法。细菌培养物、血液、脓汁、粪便、尿沉渣及感染的动物组织等，可制成涂片或压印片；感染组织最好制成冰冻切片或低温石蜡切片，也可用生长在盖玻片上的单层细胞培养作标本。

标本的固定有两个目的，一是防止被检材料从玻片上脱落，二是消除抑制抗原抗体反应的因素。最常用的固定剂是丙酮和 95% 乙醇。固定后用 PBS 反复冲洗，干后即可用于染色。

2. 染色方法

荧光抗体染色法有多种类型，常用的有直接法和间接法两种。

（1）直接法　取待检抗原的标本片，滴加荧光抗体染色液于其上，置于湿盒中，于 $37\ ℃$ 作用 $30\ min$，用 pH 7.2 的 PBS 液漂洗 $15\ min$，冲去游离的染色液，干燥后滴加缓冲甘油（分析纯甘油 9 份加 PBS 1 份）封片，在荧光显微镜下观察。标本片中若有相应抗原存在，即可与荧光抗体结合，在镜下可见受检的抗原发出黄绿色荧光。直接法应设阳性和阴性对照。该法优点是简便、特异性高、非特异性荧光染色少。缺点是敏感性偏低，而且每检一种抗原就需制备一种荧光抗体。

（2）间接法　取待检抗原的标本，首先滴加特异性抗体，置于湿盒中，于 $37\ ℃$ 作用

30 min，用 pH 7.2 的 PBS 液漂洗后，再滴加荧光素标记的第二抗体（抗抗体）染色，再置于湿盒中，于 37 ℃作用 30 min，用 PBS 液漂洗，干燥后封片镜检。阳性者形成抗原-抗体-荧光抗抗体复合物，发黄绿色荧光。间接法首次试验时应设无中间层对照（标本加标记抗抗体）和阴性血清对照（中间层用阴性血清代替特异性抗血清）。间接法的优点：比直接法敏感，对一种动物而言，只需要制备 1 种荧光抗抗体即可用于多种抗原或抗体的检测，镜检所见荧光也比直接法明亮。

（3）抗补体法　将抗血清与补体等量混合，滴加于待检抗原的标本片上，使其形成抗原-抗体-补体复合物，漂洗后再滴加荧光标记的抗补体抗体染色液，感作一定时间，漂洗，干燥后镜检。此法特异性和敏感性均高，但易产生非特异性荧光。

3. 荧光显微镜检查

标本滴加缓冲甘油后用盖玻片封载，即可在荧光显微镜下观察。荧光显微镜不同于光学显微镜之处，在于它的光源是高压汞灯或溴钨灯，并有一套位于集光器与光源之间的激发滤光片，它只让一定波长的紫外光及少量可见光（蓝紫光）通过。此外，还有一套位于目镜内的屏障滤光片，只让激发的荧光通过，而不让紫外光通过，以保护眼睛并能增加反差。为了直接观察微量滴定板中的抗原抗体反应，如感染细胞培养物上的荧光，可使用倒置荧光显微镜观察。

（四）荧光标记技术的应用

荧光标记技术具有快速、操作简单的特点，同时又有较高的敏感性、特异性和直观性，已广泛用于细菌、病毒、原虫的鉴定和传染病的快速诊断，还可用于淋巴细胞表面抗原的测定和自身免疫病的诊断等方面。

1. 细菌病诊断

能利用荧光抗体标记技术直接检出或鉴定的细菌约有 30 余种，均具有较高的敏感性和特异性，其中较常用的是链球菌、致病性大肠杆菌、沙门氏菌、马鼻疽杆菌、猪丹毒杆菌等。动物的粪便、黏膜拭子涂片、病变部渗出物、体液或血液涂片、病变组织的触片或切片以及尿沉渣均可作为检测样本，经直接法检出目的菌，这对于细菌病的诊断具有很高的价值。

2. 病毒病诊断

用荧光抗体标记技术直接检出患畜病变组织中的病毒，已成为病毒感染快速诊断的重要手段，如猪瘟、鸡新城疫等可取感染组织做成冰冻切片或触片，用直接或间接免疫荧光染色可检出病毒抗原，一般可在 2 h 内作出诊断报告；猪传染性胃肠炎在临床上与猪流行性腹泻十分相似，将患病小猪小肠组织做成冰冻切片，用猪传染性胃肠炎病毒的特异性荧光抗体做直接免疫荧光检查，即可对猪传染性胃肠炎进行确诊。

二、酶标抗体技术

酶标抗体技术是继免疫荧光技术之后发展起来的一大型的血清学技术，目前该技术已成为免疫诊断、检测和分子生物学研究应用最广泛的免疫学方法之一。

（一）基本原理

酶标抗体技术是根据抗原抗体反应的特异性和酶催化反应的高度敏感性而建立起来的免疫检测技术。酶是一种催化剂，催化反应过程中不被消耗，能反复作用，微量的酶即可导致大量的催化过程，如果产物为有色可见物，则极为敏感。

酶标抗体技术的基本程序是：①将酶分子与抗原或抗体分子共价结合，这种结合既不改变抗体免疫反应活性，也不影响酶的催化活性。②将此种酶标记的抗体（抗抗体）与存在于组织细胞或吸附在固相载体上的抗原（抗体）发生特异性结合，并洗下未结合的物质。③滴加底物溶液后，底物在酶作用下水解呈色；或者底物不呈色，但在底物水解过程中由另外的供氢体提供氢离子，使供氢体由无色的还原型变为有色的氧化型，呈现颜色变化。因而可通过底物的颜色反应来判定有无相应的免疫反应发生。颜色反应的深浅与标本中相应抗原（抗体）的量成正比。此种有色产物可用肉眼或光学显微镜或电子显微镜看到，或用分光光度计加以测定。这样，就将酶化学反应的敏感性和抗原抗体反应的特异性结合起来，用以在细胞或亚细胞水平上示踪抗原或抗体的所在部位，或在微克、纳克水平上测定它们的量。所以，本法既特异又敏感，是目前应用最为广泛的免疫检测技术之一。

（二）用于标记的酶

用于标记的酶有辣根过氧化物酶（HRP）、碱性磷酸酶、葡萄糖氧化酶等，其中以HRP应用最广泛，其次是碱性磷酸酶。HRP广泛分布于植物界，辣根中含量最高。HRP是由无色的酶蛋白和深棕色的铁卟啉构成的一种糖蛋白，相对分子质量为 40 000。HRP的作用底物是过氧化氢，常用的供氧体有邻苯二胺（OPD）和 3,3-二氨基联苯胺（DAB），二者作为显色剂。因为它们能在 HRP 催化 H_2O_2 生成 H_2O 过程中提供氢，而自己生成有色产物。

OPD 氧化后形成可溶性产物，呈橙色，最大吸收波长为 492 nm，可用肉眼判定。OPD 不稳定，须现用现配，常作为酶联免疫吸附试验中的显色剂。OPD 有致癌性，操作时应予注意。DAB 反应后形成不溶性的棕色物质，可用光学显微镜和肉眼观察，适用于各种免疫酶组织化学染色法。

HRP 可用戊二醛交联法或过碘酸盐氧化法将其标记于抗体分子上制成酶标抗体。生产中常用的酶标抗体技术有免疫酶组织化学染色法和酶联免疫吸附试验（ELISA）两种。

（三）免疫酶组织化学染色技术

免疫酶组织化学染色技术又称免疫酶染色法，是将酶标记的抗体应用于组织化学染色，以检测组织和细胞中或固相载体上抗原或抗体的存在及其分布位置的技术。

1. 标本制备和处理

用于免疫酶染色的标本有组织切片（冷冻切片或低温石蜡切片），组织压印片，涂片以及细胞培养的单层细胞盖片等。这些标本的制备和固定与荧光抗体技术相同，但需进行特殊处理。

用酶结合物作细胞内抗原定位时，由于组织和细胞内含有内源性过氧化酶，可与标记在抗体上的过氧化物酶在显色反应上发生混淆。因此，在加酶结合物前通常将制片浸于

0.3% H_2O_2 中室温处理 15～30 min，以消除内源酶。应用 1‰～3‰ H_2O_2 甲醇溶液处理单纯细胞培养标本或组织涂片，低温条件下作用 15～30 min，可同时起到固定和消除内源酶的作用，效果较好。

组织成分对球蛋白的非特异性吸附所致的非特异性背景染色，可用 10% 卵蛋白作用 30 min 进行处理，用 0.05% 吐温-20 和含 1‰ 牛血清白蛋白(BSA)的 PBS 对细胞培养标本进行处理，可起到消除背景染色的效果。

2. 染色方法

可采用直接法、间接法、抗抗体搭桥法、杂交抗体法、酶抗酶复合物法、增效抗体法等各种染色方法，其中直接法和间接法最常用。反应中每加一种反应试剂，均需于 37 ℃ 作用 30 min，然后以 PBS 反复洗涤 3 次，以除去未结合物。

(1)直接法　以酶标抗体处理标本，然后浸入含有相应底物和显色剂的反应液中，通过显色反应检测抗原抗体复合物的存在。

(2)间接法　标本首先用相应的特异性抗体处理后，再加酶标记的抗抗体，然后经显色揭示抗原-抗体-抗抗体复合物的存在。

3. 显色反应

免疫酶组化染色的最后一步是使相应底物反应显色。不同的酶所用底物和供氢体不同。同一种酶和底物如用不同的供氢体，则其反应物的颜色也不同。如辣根过氧化物酶，在组化染色中最常用 DAB，用前应以 0.05 mol/L pH 7.4～7.6 的 Tris-HCL 缓冲液配成 0.5～0.75 mg/mL 溶液，并加少量(0.01%～0.03%) H_2O_2 混匀后加于反应物中置室温 10～30 min，反应产物呈深棕色；如用甲萘酚，则反应物呈红色；用 4-氯-萘酚，则呈浅蓝色或蓝色。

4. 标本观察

显色后的样本可在普通显微镜下观察，抗原所在部位 DAB 显色呈棕黄色。也可用常规染料作反衬染色，使细胞结构更为清晰，有利于抗原定位。本法优于免疫荧光抗体技术之处，在于无须应用荧光显微镜，且标本可长期保存。

(四)酶联免疫吸附试验(ELISA)

ELISA 是应用最广，发展最快的一项新技术。其基本过程是将抗原(或抗体)吸附于固相载体，在载体上进行免疫酶反应，底物显色后用肉眼或分光光度计判定结果。

1. 固相载体

有聚苯乙烯微量滴定板、聚苯乙烯珠等。聚苯乙烯微量滴定板(40 孔或 96 孔板)是目前最常用的载体，小孔呈凹形，操作简便有利于大批样品的检测。新板用前一般无需特殊处理，直接使用或用蒸馏水冲洗干净，自然干燥后备用。一般均一次性使用，如用已用过的滴定板，需特殊处理。

用于 ELISA 的另一种载体是聚苯乙烯珠，由此建立的 ELISA 又称微球 ELISA。球的直径 0.5～0.6 cm，表面经过处理以增强其吸附性能，并可做成不同颜色。此小球可事先吸附或交联上抗原或抗体，制成商品。检测时将小球放入特制的凹孔板或小管中，加入待检标本将小球浸没进行反应，最后在底物显色后比色测定。本法现已有半自动化装置，用以检验抗原或抗体，效果良好。

2. 包被

将抗原或抗体吸附于固相表面的过程，称载体的致敏或包被。用于包被的抗原或抗体，必须能牢固的吸附在固相载体的表面，并保持其免疫活性。大多数蛋白质可以吸附于载体表面，但吸附能力不同。可溶性物质或蛋白质抗原，例如病毒蛋白、细菌脂多糖、脂蛋白、变性的 DNA 等，均较易包被上去。较大的病毒、细菌或寄生虫等难以吸附，需要将它们用超声波打碎或用化学方法提取抗原成分，才能供试验用。

用于包被的抗原抗体需纯化，纯化抗原和抗体是提高 ELISA 敏感性与特异性的关键。抗体最好用亲和层析和 DEAE 纤维素离子交换层析方法提纯，也可用化学法提纯。有些抗原含有多种杂蛋白，需用密度梯度离心等方法除去，否则易出现非特异性反应。蛋白质（抗原或抗体）很易吸附于未使用过的载体表面，适宜的条件更有利于包被过程。包被的蛋白量通常为 $1\sim10\ \mu g/mL$。高 pH 和底离子强度缓冲液一般有利于蛋白质包被，通常用 $0.1\ mol/L\ pH\ 9.6$ 碳酸盐缓冲液作包被液。一般包被均在 4 ℃过夜，也有在 37 ℃ $2\sim3\ h$ 达到最大反应强度。包被后的滴定板置于 4 ℃冰箱，可贮存 3 周。如真空塑料封口，于 -20 ℃冰箱可贮存更长时间。用前充分洗涤。

3. 洗涤

在 ELISA 的整个过程中，需进行多次洗涤，目的是防止重叠反复反应，避免非特异吸附现象。因此，洗涤必须充分。通常采用含助溶剂吐温-20（终浓度为 0.05％）的 PBS 作洗涤液。洗涤时，先将前次加入的溶液倒空，吸干，然后加入洗涤液洗涤 3 次，每次 3 min，倒空，并用滤纸吸干。

4. 试验方法

ELISA 的核心是利用抗原抗体的特异性吸附，在固相载体上一层层地叠加，可以是 2 层、3 层甚至多层。整个反应都必须在抗原抗体结合的最适条件下进行。每层试剂均稀释于最适合抗原抗体反应的稀释液（$0.01\sim0.05\ mol/L\ pH\ 7.4\ PBS$ 中加吐温-20 至 0.05％，10％犊牛血清或 1％ BSA）中，加入后置 4 ℃过夜或 37 ℃ $1\sim2\ h$。每加一层反应后均需充分洗涤。阳性、阴性应有明显区别。阳性血清颜色深，阴性血清颜色浅，二者吸收值的比值最大时的浓度为最适浓度。试验方法主要有以下几种：

（1）间接法　用于测定抗体。用抗原包被固相载体，然后加入待检血清样品，经孵育一定时间后，若待检血清中含有特异的抗体，即与固相载体表面的抗原结合形成抗原-抗体复合物。洗涤除去其他成分，加上酶标记的抗抗体，反应后洗涤，加入底物，在酶的催化作用下底物发生反应，产生有色物质。样品中含抗体越多，出现颜色越快越深。

（2）夹心法　又称双抗体法，用于测定大分子抗原。将纯化的特异性抗体包被于固相载体，加入待检抗原样品，孵育后，洗涤，再加入酶标记的特异性抗体，洗涤除去未结合的酶标抗体结合物，最后加入酶的底物，显色，颜色的深浅与样品中的抗原含量成正比。

（3）双夹心法　用于测定大分子抗原。此法是采用酶标抗抗体检测多种大分子抗原，它不仅不必标记每种抗体，还可提高试验的敏感性。将抗体（如豚鼠免疫血清 Ab1）吸附在固相抗体上，洗涤除去未吸附的抗体，加入待检抗原（Ag）样品，使之与固相抗体结合，洗涤除去未结合的抗原，加入不同种动物制备的特异性相同的抗体（如兔免疫血清 Ab2），使之与固相载体上的抗原结合，洗涤后加入酶标记的抗 Ab2 抗体（如羊抗兔球蛋白 Ab3），使之结合在 Ab2 上。结果形成 Ab1-Ag-Ab2-Ab3-HRP 复合物。洗涤后加底物显色，呈色反应的深浅与样品中的抗原量呈正比。

（4）酶标抗原竞争法　用于测定小分子抗原及半抗原。用特异性抗体包被固相载体，加入含待测抗原的溶液和一定量的酶标记抗原共同孵育，对照仅加酶标抗原，洗涤后加入酶底物。被结合的酶标记抗原的量由酶催化底物反应产生有色产物的量来确定。如待检溶液中抗原越多，被结合的酶标记抗原的量越少，显色就越浅。可用不同浓度的标准抗原进行反应绘制出标准曲线，根据样品的 OD 值求出检测样品中抗原的含量。

（5）PPA-ELISA　以 HPR 标记 SPA 代替间接法中的酶标抗抗体进行的 ELISA。因 SPA（葡萄球菌蛋白 A）能与多种动物 IgG Fc 片段结合，可用 HRP 标记制成酶标记 SPA，而代替多种动物的酶标抗抗体，该制剂有商品供应。

此外，还有酶-抗酶抗体法、酶标抗体直接竞争法、酶标抗体间接竞争法等。

5. 底物显色

与免疫酶组织化学染色法不同，本法必须选用反应后的产物为水溶性色素的供氢体，最常用的为邻苯二胺（OPD），产物呈棕色，可溶，敏感性高，但对光敏感，因此要避光进行显色反应。底物溶液应现用现配。底物显色以室温 10～20 min 为宜。反应结束，每孔加浓硫酸 50 μL 终止反应，其产物为黄色。也常用四甲基联苯胺（TMB）为供氢体，加氢氟酸终止，其产物为蓝色。

6. 结果判定

ELISA 试验结果可用肉眼观察，也可用 ELISA 测定仪测样本的光密度（OD）值。每次试验都需设阳性和阴性对照，肉眼观察时，如样本颜色反应超过阴性对照，即判定为阳性。用 ELISA 测定仪来测定 OD 值，所用波长随底物供氢体不同而异，如以 OPD 为供氢体，测定波长为 492 nm；TMB 为 450 nm（硫酸终止）或 650 nm（氢氟酸终止）。

定性结果通常有两种表示方法：①以 P/N 表示，求出该样本的 OD 值与一组阴性样本平均吸收值的比值，即为 P/N 比值。比值若大于 2 或 3 倍，即判为阳性。若样本的吸收值≥规定吸收值（阴性样本的平均吸收值+2 标准差），为阳性。②定量结果以终点滴度表示，可将样本稀释，出现阳性（如 P/N＞2 或 3，或吸收值仍大于规定吸收值）的最高稀释度为该样本的 ELISA 滴度。

（五）斑点-酶联免疫吸附试验（Dot-ELISA）

该试验是近些年创建的一项新技术，不仅保留了常规 ELISA 的优点，而且还弥补了抗原或抗体对载体包被不牢的缺点。此法的原理及其步骤与 ELISA 基本相同，不同之处在于：一是将固相载体以硝酸纤维素膜、硝酸醋酸混合纤维素膜、重氮苄氧甲基化纸等固相化基质膜代替，用以吸附抗原或抗体；二是显色底物的供氢体为不溶性的。结果以在基质膜上出现有色斑点来判定。可采用直接法、间接法、双抗体法、双夹心法等。

（六）酶标抗体技术的应用

此技术具有敏感、特异、简便、快速、易于标准化和商品化等优点，是当前应用最广，发展最快的一项新技术。目前已广泛应用于多种细菌病和病毒病的诊断和检测，大多利用商品化的 ELISA 试剂盒进行操作，如猪传染性胃肠炎、牛副结核病、牛结核病、鸡新城疫、牛传染性鼻气管炎、猪伪狂犬病、蓝舌病、猪瘟、口蹄疫、沙门氏菌病等传染病的诊断和抗体监测常用此技术。

模块三　细胞免疫检测技术

任务一　E 玫瑰花环试验

一、目的要求

掌握细胞计数的方法；掌握 T 淋巴细胞鉴定和计数的原理（本试验可作为示教内容或选做）。

二、基本原理

玫瑰花环试验是体外检测人和动物细胞免疫功能的一种方法。E 玫瑰花环试验是 T 淋巴细胞鉴定和计数的一种重要方法。由于人和动物的 T 淋巴细胞表面有红细胞受体，因此红细胞可以黏附到 T 淋巴细胞的周围而形成玫瑰花样的细胞团。在红细胞中，以绵羊红细胞最为常用。B 淋巴细胞则没有红细胞受体，所以不能形成 E 玫瑰花环，以资鉴别。

三、仪器及材料

实验动物、载玻片、显微镜、离心机、冰箱，肝素抗凝剂，淋巴细胞分层液，无 Ca^{2+}、Mg^{2+} Hank's 液，0.8% 戊二醛固定液溶液，Giemsa-Weight 染色液、10% 小牛血清。

四、操作方法

① 取肝素抗凝血 2 mL，置 37 ℃水浴自然沉淀 30～40 min，吸取全部血浆（约 1 mL）。

② 于血浆中加 Hank's 液数毫升，洗涤，1 500 r/min 离心 5～10 min，弃上清。重复洗涤 4 次，沉淀均匀即为淋巴细胞悬液。

③ 采绵羊肝素抗凝血，加数倍 Hank's 液，洗涤 3 次，最后以 Hank's 配成 10%悬液红细胞悬液，4 ℃保存。

④ 取 0.1 mL 淋巴细胞悬液，加 10%红细胞悬液 0.1 mL，加小牛血清 0.1 mL。

⑤ 37 ℃水浴 10 min，低速离心（600 r/min）5 min。

⑥ 吸弃多余的上清液后，放入 4 ℃冰箱 2～4 h。

⑦ 取出后，将沉淀轻轻摇起，加 0.8%戊二醛 0.1 mL，混匀后 4 ℃固定 15 min。

⑧ 将干净的玻片用 Hank's 液沾湿，滴一小滴混悬液，让其自然散开即可。

⑨ 自然干燥后，用姬姆萨-瑞氏液（Giomsa-Weight）或苏木精-伊红染色，水洗，干燥镜检。

结果判定：凡 1 个淋巴细胞结合 3 个或 3 个以上的红细胞者为一个 E 玫瑰环。检查 200 个淋巴细胞，计算其玫瑰花环形成率：

$$E\ 玫瑰花环\ \% = \frac{E\ 玫瑰花环数}{记数的淋巴细胞总数} \times 100\%$$

附：某些动物的 E 玫瑰花环率

马：29%～51%；骡：14%～38%；驴：29%～46%；牛：35%～47%；绵羊：28%～34%；山羊：12%～14%；猪：31%～52%；犬：32%；猫：38%；豚鼠：30%；人：28%～40%。

五、注意事项

① 影响 E 玫瑰花环试验最主要的因素是淋巴细胞和红细胞的新鲜程度，被检血样必须新鲜、无菌，采血后要求在 3～4 h 内进行检验，否则由于淋巴细胞的死亡，受体脱落，影响检查结果。红细胞用阿氏液保存最多不要超过 3 周，且不应溶血。

② 控制好反应温度、时间等条件对玫瑰花环形成率有较大影响。选 37 ℃作用 10 min，低速离心 5 min，置 4 ℃ 2～4 h，其结果稳定性较好，结合率较高。如在 37 ℃作用时间较长，可见玫瑰花环发生变形，结合部位松弛、拉开，甚至解离。

③ 指示红血球的动物种类也与玫瑰花环的形成率有关。如马淋巴细胞与豚鼠红细胞结合较好，而驴则与绵羊红血球结合较好。Melinda 氏报道，人、马、牛、猪、狗、猫、鼠与豚鼠红细胞的结合率都高于绵羊红细胞的结合率。

④ 加犊牛血清能增加玫瑰花环形成细胞的稳定性，增强与指示红细胞结合的牢固性。

⑤ Hank's 液的 pH 以 7.2～7.4 为宜。

附：所需试剂的配制

1. 肝素钠抗凝剂：肝素钠 3～4 mg，去离子水 100 mL，灭菌备用。

2. 无 Ca^{2+}、Mg^{2+} Hank's 液：NaCl 4.00 g、$NaHCO_3$ 0.175 g、KCl 0.20 g、$Na_2HPO_4 \cdot 12H_2O$ 0.076 g、KH_2PO_4 0.030 g、葡萄糖 0.50 g，水加至 500 mL，用 5.6% $NaHCO_3$ 调 pH 至 7.2，115 ℃ 15 min 灭菌。4 ℃贮藏备用。

3. 5.6% $NaHCO_3$ 液：$NaHCO_3$ 5.60 g、水 100 mL，115 ℃ 20 min 灭菌，4 ℃贮藏备用。

4. 0.8%戊二醛固定液溶液：25%戊二醛溶液 0.32 mL、Hank's 液 9.68 mL，用前配制。

5. Giemsa-Weight 染色液：Giemsa 粉 0.03 g、Weight 粉 0.30 g、甲醇 100 mL，先将染料一起放入研钵内，加入少量甲醇，研磨细，然后倒入瓶内，并用甲醇冲洗研钵内染料，一起倒入玻瓶内，补足甲醇量，备用。

六、思考题

为什么可以通过凝集绵羊红细胞将 T 淋巴细胞计数?

任务二　T 淋巴细胞转化试验

一、目的要求

掌握 T 淋巴细胞转化试验的原理和操作方法,提高学生的动手能力和综合分析问题的能力(本试验可作为示教内容或选做)。

二、基本原理

T 淋巴细胞表面具有植物血凝素(PHA)和刀豆蛋白(ConA)等非特异性有丝分裂原受体,在体内或体外遇到有丝分裂原刺激后,可转化为淋巴母细胞,依其细胞转化程度可测定 T 细胞的应答功能,称为淋巴细胞转化试验。淋巴母细胞的主要特点为:①形态学改变:细胞体积明显增大,为成熟淋巴细胞 3~4 倍。核膜清晰,核染色质疏松呈网状。核内见明显核仁 1~4 个。胞浆丰富,嗜碱性,有伪足样突出。胞浆内有时可见小空泡。②细胞内核酸和蛋白质合成增加。③细胞代谢功能旺盛。利用淋巴母细胞的不同特点,目前有多种实验方法可用于淋巴细胞转化程度的检测。根据其形态学改变,可通过体内法和体外法检测;根据细胞内核酸和蛋白质合成增加的特点,可通过 ^{3}H-TdR 掺入法检测;根据细胞代谢功能旺盛的特点,可通过 MTT 法进行检测。

三、方法与步骤

(一)淋转试验形态学检查法(体内法)

1. 实验材料

① ConA 溶液:根据 ConA 的纯度配制成最适浓度,一般为 0.3~0.5 mg/mL。

② 姬姆萨染液或瑞氏染液。

③ 玻片、离心机、显微镜、计数器等。

2. 操作步骤

① 实验前 3 d,每只小鼠腹腔注射 ConA 0.3~0.5 mg。

② 3 d 后,通过摘除小鼠眼球采集外周血,加入预先加有肝素的试管中。

③ 涂片:取 1 小滴抗凝血滴在玻片中央,用推片将血液涂开。自然干燥。

④ 固定:取甲醇 1~2 滴滴在涂片上,自然干燥。

⑤ 染色:加姬姆萨或瑞氏染液 2 滴于涂片上,同时加 2 滴水,用吸管水平涂开,使染液均匀覆盖涂抹面,染色时间为 5~10 min。

⑥ 自来水细水冲洗染液,然后用吸水纸轻轻吸干玻片上的液体。

⑦ 显微镜观察结果,计数淋巴转化细胞,计算转化率。

转化过程中,常见的细胞类型有淋巴母细胞、过渡型淋巴母细胞、核分裂相细胞和成熟淋巴细胞等。计数时，过渡型淋巴母细胞和核分裂相细胞也作为转化细胞。

转化率 = 转化的淋巴细胞数 /（转化的淋巴细胞数 + 未转化的淋巴细胞数）× 100%

（二）淋转试验 ^{3}H-TdR 掺入法（了解，不作操作要求）

1. 实验材料

① RPMI1640 培养液。

② ConA：根据 ConA 的纯度配制成最适浓度，一般为 5～10 μg/mL。

③ 脂溶形闪烁液：POPOP[1,4-双(5-苯基恶唑基-2)苯]0.4 g、PPO(2,5 二苯基恶唑)4 g、无水乙醇 200 mL、二甲苯 800 mL，POPOP 先用少量二甲苯置 37 ℃ 水浴溶解后，再补足其他成分即可。

④ ^{3}H-TdR（市售商品）：临用前用培养液稀释成 10 μCi/mL。

⑤ 多头细胞收集仪、玻璃纤维滤纸、样品杯，液体闪烁计数器等。

2. 操作步骤

① 无菌分离淋巴细胞（同 E 花环），用 1640 培养液调制成 1×10^6/mL，加入 96 孔培养板，每孔 100 μL。

② 每孔加 ConA 100 μL，每个样品加 3 孔，另 3 孔不加 ConA 作对照。37 ℃ 培养约 56 h。

③ 结束培养前加入 ^{3}H-TdR 0.5～1.0 μCi/孔。

④ 继续培养 6～12 h 后，用多头细胞收集仪将细胞收集于玻璃纤维滤纸上。

⑤ 烤干后，将滤纸放入闪烁杯中，每杯加闪烁液 5 mL，液闪仪测定各管 cpm（每分钟居里数）。将 ConA 刺激组和对照组各自的平均 cpm 值，代入下列公式计算 ConA 刺激指数（SI）：

$$SI = \text{ConA 刺激管的 cpm 均值 / 对照管的 cpm 均值}$$

（三）淋转试验 MTT 法（了解，不作操作要求）

1. 实验材料

ICR 小鼠；RPMI1640 培养液、Hank's 液；刀豆蛋白 A（ConA），用 RPMI1640 液配成 1 mg/mL，分装小瓶，冷冻保存；MTT 1 mg/mL，2.5% 碘酒、75% 酒精；无菌尖吸管和刻度吸量管；无菌解剖器械；96 孔平底培养板；5% CO_2 培养箱；酶标测定仪。

2. 操作步骤

① 小鼠脾细胞悬液的制备：取一个灭菌的平皿，加入 5 mL Hank's 液。颈椎脱臼法处死小鼠，取脾脏，放入平皿中，在钢网上研磨并过筛，制成细胞悬液。取出 100 μL 用于计数。将其余细胞悬液移入一离心管中，离心 1 500 r/min，7 min，（或 1 000 r/min，10 min）弃去上清，用 RPMI1640 培养液稀释，制成 2.5×10^6/mL 的脾细胞悬液，然后加入 ConA 使每孔最终浓度为 2 μg/mL，同时做不加 ConA 的阴性对照孔。

② 将上述细胞悬液加入 96 孔平底培养板中，每孔 0.1 mL。

③ 将培养板放入含有 5% CO_2 的 37 ℃ 培养箱中培养 48～72 h，在培养结束前 4～6 h，于培养板各孔内加入 1 mg/mL MTT 液，10 μL/孔。37 ℃ 培养 6 h。

④ 各孔内加入 0.01M 盐酸-异丙醇 110 μL，30 min 内（或加 2% SDS 100 μL/孔，过夜）用酶标测定仪测 OD 值，测定波长 570 nm。将实验组和对照组 3 个复孔的 OD 值平均。$SI=$ConA 刺激管 OD 均值/对照管 OD 均值。

3. 注意事项

① 淋巴细胞要新鲜制备，否则会影响实验结果。

② ConA 刺激时间要根据淋巴细胞转化情况决定，一般为 55～66 h。

四、思考题

1. 淋巴细胞转化试验的原理是什么？

2. 淋巴细胞转化试验有几种检测方法？

3. 淋巴细胞转化试验中有哪些需要注意的问题？

模块四 抗感染免疫

动物机体的感染与抗感染过程是相伴而生的。抗感染免疫是动物机体抵抗病原体感染的能力，根据不同的病原体将其分为抗细菌免疫、抗寄生虫、抗病毒免疫、抗真菌免疫等。动物机体抗感染免疫的构成因素包括非特异性免疫和特异性免疫两个方面（参见项目六模块一）。

任务一 抗细菌及真菌感染免疫

病原体侵入机体后，首先遇到机体非特异性免疫的抵抗，其中以细胞吞噬和炎症为主，随后特异性免疫产生，两者协同，并把病原菌消灭。

细菌为单细胞生物，主要结构抗原存在于细胞浆和细胞壁，有些细菌还有荚膜、鞭毛、菌毛等抗原。有些细菌还能分泌多种有害物质如蛋白质、毒素、毒性酶等，造成机体感染。致病性真菌主要是多细胞真菌，通过大量繁殖和产生多种毒素而致病。在细菌和真菌感染机体的同时，机体会通过多种方式产生抗细菌和抗真菌感染免疫。目前，动物抗细菌感染的机制研究已取得了相当的成果。

细菌感染的部位和致病力的不同，引起机体发生疾病的性质也不同。第一类为细胞外寄生菌，如葡萄球菌、链球菌、大肠杆菌、沙门氏菌、巴氏杆菌和炭疽杆菌等，主要在吞噬细胞外繁殖，引起急性感染。它们大多具有能抵抗吞噬细胞吞噬的表面抗原结构和酶，如荚膜、溶血性链球菌的黏膜蛋白、伤寒杆菌Ⅵ抗原、金黄色葡萄球菌凝血浆酶等。有的细胞外寄生菌侵蚀力很弱，但能产生毒性很强的外毒素而使动物发病，如破伤风梭菌、魏氏梭菌等。第二类为细胞内寄生菌，如结核分枝杆菌、布氏杆菌、李氏杆菌、鼻疽杆菌等，被吞噬后能抵抗吞噬细胞的杀菌作用，并能在吞噬细胞内长期保存，甚至繁殖，不仅能随吞噬细胞的移行扩散到其他部位，还可逃避体液因子的药物作用，此类细菌多引起慢性感染。

细菌种类不同，感染部位不同，机体抗感染免疫的成分与作用方式也不同（表6-3）。

表6-3　抗细菌感染免疫

细菌抗原来源	免疫作用的成分	作用方式
细胞外寄生菌细胞壁、荚膜等	抗体、补体、溶菌酶共同作用	溶菌或杀菌作用
	抗体、补体、吞噬细胞共同作用	调理作用、吞噬作用
细菌蛋白质、毒素、酶或菌体成分	抗体	中和作用
细胞内寄生菌宿主细胞的结构成分	巨噬细胞、巨噬细胞武装因子	细胞内杀菌作用
	IgG、K细胞等	ADCC作用破坏靶细胞及细菌

一、抗细胞外寄生菌感染

机体对细胞外寄生菌的抗感染作用主要依靠体液免疫，表现为杀菌及溶菌作用，调理吞噬作用，外毒素则通过中和作用使细菌丧失致病作用。

1. 杀菌及溶菌作用

细胞外寄生菌通常被体液中的杀菌物质所杀灭。血清中杀菌的免疫活性物质有抗体、补体、溶菌酶。抗体与细菌表面抗原结合后，可激活补体，引起细胞膜的损伤。对于大多数革兰阴性菌而言，补体被激活后，还要有溶菌酶参与，才能破坏细菌表层的黏多糖，破坏细胞膜，最后致细胞溶解。

2. 吞噬细胞作用

对已形成荚膜的细菌，抗体直接作用于荚膜抗原使其失去抗吞噬能力，被吞噬细胞吞噬和消化。对无荚膜的细胞，抗体作用于O抗原，通过IgG的Fc段与吞噬细胞上的Fc受体结合，以促进吞噬活性。与细菌结合的抗体（IgG、IgM）又可激活补体，并通过活化的补体成分，与巨噬细胞表面补体结合，增强其吞噬细胞的作用。

在调理吞噬作用中，IgM的作用强于IgG 500～1 000倍，在补体参与的溶菌作用中，IgM的作用比IgG大100倍。因此，在初次免疫反应期间，体液中IgM含量虽然较少，但其免疫效率极高，是感染初期机体免疫保护的主要因素。

3. 中和作用

抗毒素能与细菌的外毒素特异性结合，使其失去活性。外毒素有2个亚单位A和B，均有各自的抗原决定簇，而A亚单位抗原决定簇位于深层，不易刺激机体产生抗体，只有B亚单位刺激机体产生抗体。B亚单位的功能是与宿主细胞上相应受体结合，介导毒素A亚单位的抗原决定簇发挥毒性作用。因此，抗毒素的主要作用是与宿主细胞B亚单位的受体竞争与B亚单位结合，中和毒素达到治病作用。但是如果B亚单位已与细胞受体结合，则抗毒素的作用无法使其逆转。抗毒素的应用时机和剂量对中和毒素作用极其重要。在破伤风、肉毒梭菌毒素中毒等疾病治疗时，及时使用足量抗毒素是十分有效的。

4. 局部黏膜免疫作用

黏膜表面的分泌型IgA能阻止细菌黏附上皮细胞，在局部黏膜抗感染中发挥重要作用。如大肠杆菌K88、K99、987P抗体阻止大肠杆菌菌毛与肠上皮微绒毛的黏附，从而保护籽猪免受感染。

二、抗细胞内寄生细菌感染

动物体抗细胞内寄生菌主要依靠细胞免疫，体液免疫作用不大。常见的胞内寄生菌有布氏杆菌、结核杆菌、李氏杆菌和鼻疽杆菌。某些棒状杆菌和沙门氏菌也为细胞内感染杆菌。依此类推，病原体制备的死菌菌毛常不能引发机体产生足够的保护性免疫，被动输入抗血清也不能获得良好的保护力。这是因为只有当胞内寄生菌释放到细胞外时，抗体和其他体液因子才能发挥作用，当细胞内寄生菌初次感染未免疫动物时，其巨噬细胞不具有杀死此类病原的能力，在感染后 10 d 左右动物的巨噬细胞才能获得此种能力，表现为巨噬细胞体积增大、代谢增强等一系列变化，这也标志着机体获得细胞免疫功能。因为 T 细胞在接触细菌抗原刺激后被致敏，致敏 T 细胞分泌多种淋巴因子，其中淋巴细胞武装因子使巨噬细胞活化为武装巨噬细胞，从而有效杀灭细胞内寄生菌。武装巨噬细胞的杀灭作用是强大的，有时是非特异性的。例如，李氏杆菌感染时，武装巨噬细胞能杀灭多种通常对巨噬细胞有抵抗力的细菌。因此，单核细胞增多性李氏杆菌病康复的动物往往对结核分支杆菌的抵抗力也显著增强。

对结核分枝杆菌的免疫是抗细胞内寄生菌免疫的典型例子。结核分枝杆菌不产生毒素，但能在单核巨噬细胞中存活和增殖而致病。例如，结核分枝杆菌侵入人体或牛体后，首先在局部繁殖和扩散，并在巨噬细胞内迅速繁殖，同时传播给其他巨噬细胞，还经淋巴管或血流达到全身，这一时期机体尚未建立有效的免疫，称为无免疫期；感染后数周，机体 T 细胞被致敏活化，释放出大量淋巴因子，使正常巨噬细胞变为武装巨噬细胞，大量结核分枝杆菌被武装巨噬细胞所杀死，感染被控制，这一时期被称为免疫溶解期；最后是稳定期，恒定数量的活菌存于巨噬细胞内。巨噬细胞具有抑菌能力，可阻止细菌的生长，但不能彻底杀灭细菌，从而导致机体处于长期甚至终身感染状态，全身多处可能保留局部结核病灶。此期往往没有临床表现。但是，在机体免疫功能下降时，如妊娠期、激素治疗、虚弱性疾病等，结核病灶中的结核分枝杆菌可重新活动起来。这种活动性结核可以抑制宿主的免疫系统，使结核病恶化。不过，卡介苗（BCG）能激发动物体内细胞免疫机能，使淋巴因子和武装巨噬细胞数量增多，增强动物对结核病的特异性免疫力。如果对儿童应用卡介苗适时进行免疫接种，能获得对结核分枝杆菌的终身免疫力，这一技术在人类的广泛推广应用，成为预防细胞内寄生菌感染的成功范例。

三、抗真菌感染免疫

真菌侵入皮肤黏膜后可导致局部或全身感染，常造成皮肤、毛发的损伤或全身性疾病。真菌的生活和增殖能力比其他微生物强，并且能产生破坏性酶及毒素。机体感染后往往造成皮肤真菌病，或引起深部组织疾病，或发生真菌毒素中毒。机体对真菌的防御也依赖于非特异性免疫和特异性免疫。

（1）非特异性免疫　结构和功能完整的皮肤及黏膜能防止真菌孢子或菌丝的侵入。但是，真菌孢子一旦从皮肤及黏膜侵入，就可在皮肤真皮层或组织细胞间繁殖，形成菌丝等结构，并能吸引嗜中性粒细胞到达感染部位，发生吞噬作用。小的孢子及菌丝片段能被巨噬细胞或 NK 细胞直接吞噬杀灭，但是，大孢子和菌丝不能被完全吞噬和破坏。有时，真菌能在细胞内增殖，刺激局部组织增生，引起嗜中性粒细胞和淋巴细胞的聚集和浸润，形成肉芽肿。

（2）特异性免疫　真菌侵入机体深部组织器官后，其抗原可以刺激机体产生抗体。但是，细胞免疫对真菌感染更为重要。被真菌致敏的 T 淋巴细胞释放细胞因子，对吞噬细胞发挥趋化作用，通过吞噬功能破坏真菌细胞，并引发迟发型变态反应。

任务二　抗病毒感染免疫

一、病毒感染的方式和免疫应答

（一）病毒感染的方式

病毒为细胞内寄生的微生物，通过在细胞中的复制完成增殖过程。病毒在组织细胞中扩散感染的方式有细胞外扩散、细胞内扩散和核内扩散 3 种。

（1）细胞外扩散　病毒在细胞内复制、成熟后，有的病毒能使寄主细胞溶解而从细胞内释放出来，如口蹄疫病毒、猪水疱病病毒、脊髓灰质炎病毒等。此类病毒感染并不改变寄主细胞膜的成分，而是直接以病毒抗原的形式作用于机体。但是，有的病毒以出芽的方式从宿主细胞中释放出来，如流感病毒、新城疫病毒、猪瘟病毒等。它们在出芽时，虽然不破坏宿主细胞，但能使宿主细胞表面带上病毒抗原，从而使机体细胞具有抗原性。

（2）细胞内扩散　病毒通过细胞间的融合、接触或细胞间桥来进行细胞间的扩散，如疱疹病毒、痘病毒等，此类病毒常常能使宿主细胞表面带上病毒抗原。

（3）核内扩散　病毒的核酸潜伏在寄主细胞核内或整合到寄主细胞的染色体上，在寄主细胞分裂时，病毒从亲代细胞传递给子代细胞，表现为垂直传播，如肿瘤病毒。在感染细胞癌变后，细胞膜表面除病毒抗原外，还可出现新的肿瘤相关抗原。

病毒的 3 种扩散途径并不能截然分开，胞内扩散的病毒有时也可经胞外扩散，核内扩散的病毒有时也通过细胞内途径扩散。

（二）机体的抗病毒免疫应答

病毒在宿主体内复制、扩散和感染的方式直接影响着机体抗病毒感染免疫的过程。一般来说，细胞外扩散的病毒通常引发体液免疫，而细胞内或核内病毒感染时则以细胞免疫为主。同时，机体的免疫应答还与传染的类型有关。有些病毒引起局部感染，如鼻病毒感染，机体产生的免疫应答主要是体液免疫反应，特别是产生分泌型抗体。这种免疫持续时间短，免疫力较弱。多数病毒，如猪瘟病毒、马传染性贫血病毒、新城疫病毒等，主要引起全身感染，它们侵入机体后首先引起轻度病毒血症，然后侵害与病毒亲和力最强的组织器官，引起局部病变。有的还可引起第二次病毒血症。引起全身感染的病毒可激发体液免疫和细胞免疫，所产生的免疫力坚强而持久。

二、抗病毒感染机理

机体对病毒感染的抵抗力十分复杂，包括非特异性的天然抵抗力和特异性的免疫力。

（一）非特异性天然抵抗力

（1）遗传性抵抗力　各种动物对病毒感染的易感性不同，先天性免疫是特定种动物的特性，如牛不感染马传染性贫血。一般认为先天性抵抗力与巨噬细胞活性有关。

（2）天然屏障作用　完整的皮肤表面有多层无代谢功能的角化上皮细胞覆盖，病毒不易侵入。黏膜和黏膜表面的液体具有阻挡、排除、中和或杀灭病毒的功能，黏液中的黏蛋白所含唾液酸可抑制某些病毒对细胞受体的吸附。发育完全的血脑、胎盘屏障能阻止多种病毒侵犯中枢神经和胎儿。

（3）吞噬细胞　包括嗜中性粒细胞、嗜酸性粒细胞等小吞噬细胞和单核巨噬细胞系统在内的大吞噬细胞，其中巨噬细胞（存在于淋巴结、脾、肝和浆膜腔）的抗病毒功能最明显，具有吞饮及灭活病毒、阻止病毒增殖的作用，并产生干扰素和补体成分参与抗病毒免疫。

（4）宿主状态　机体的营养状态、年龄、体温改变等都能影响对病毒的易感性和抵抗力。新生动物对病毒感染比成年动物易感，如轮状病毒、冠状病毒性腹泻主要发生在幼龄动物。通常动物处于低体温时能增加病毒感染的程度，而高体温则能抑制病毒的增殖。

（5）非特异性体液因子　许多动物血清中具有非特异性、不耐热的病毒抑制因子。如补体系统中的 $C1\sim C4$，有促进抗体中和病毒的功能。

（二）干扰素的作用

在病毒感染初期，机体主要通过细胞因子（如 TNF-α、IL-12、IFN）和 NK 细胞行使抗病毒作用，其中干扰素是机体抗病毒的主要因子。干扰素是由培养的细胞或机体细胞因病毒感染或在其他诱生剂的作用下产生的一类非特异性抗病毒物质和非特异性防御因素，具有广谱抗病毒作用，入侵部位的细胞产生的干扰素，可渗透到邻近细胞而限制病毒向四周扩散。病毒血症时，干扰素也可以通过血流到达靶器官，抑制病毒增殖，控制病毒向全身扩散。机体感染病毒后在数小时内即可产生干扰素，几天内达到高峰，以行使早期抗感染作用。例如，给牛静脉注射牛疱疹病毒，血清中干扰素水平在 2 d 后即达到高峰，7 d 之后仍能检出，而抗体在病毒感染后 5~6 d 才能在血清中检出。

干扰素具有种属特异性，即某一种属细胞产生的干扰素，只能作用于相同种属的其他细胞，使其获得免疫力。如猪干扰素只对猪具有保护作用，对其他动物则无作用。

（三）特异性抗病毒免疫

抗病毒的特异性免疫包括以中和抗体为主的体液免疫和以巨噬细胞、T 细胞为中心的细胞免疫。对于预防再传染来说，主要靠体液免疫作用，而疾病的恢复主要依靠细胞免疫作用。

1. 体液免疫

抗体是病毒体液免疫的主要因素，在机体抗病毒感染免疫中起重要作用的是 IgG、IgM 和 IgA。分泌型 IgA 可防止病毒的局部入侵，IgG 和 IgM 可阻断已入侵的病毒通过血循环扩散。其抗病毒机制主要是中和病毒和调理作用。

病毒感染之后，首先出现的是 IgM，经过数天或十几天之后，才为 IgG 所代替，IgM 的增高往往是短暂的（2 周以内），当再感染时则通常只出现 IgG 而不出现 IgM，因此，测定特异性 IgM 可作为病毒早期诊断。但 IgM 对病毒的中和能力不强，有补体参与时可增强其中和作用。

IgG 是病毒感染后的主要免疫球蛋白，在病毒感染后 2～3 周达到高峰，之后可持续一个相当长的时期，具有免疫记忆特性。IgG 是抗病毒的主要抗体，在病毒的中和作用和 K 细胞参与的 ADCC(抗体依赖性细胞毒作用)反应中占主要地位，它发生中和反应不需补体的参与。当然有补体参与时，可增强其作用，而且 IgG 可通过调理作用使巨噬细胞发挥最大的作用。

分泌型 IgA 在病毒的体液免疫中占有相当重要的地位，它的合成主要在局部组织细胞而不是在脾脏。消化道、呼吸道黏膜的免疫作用与分泌型 IgA 有重要关系。IgA 与抗原的复合物不结合补体。

(1)中和作用　循环抗体(IgG、IgM)能有效中和进入血液的病毒，但其作用受抗体所能到达部位的限制。对进入细胞内的病毒，抗体的中和作用则很难发挥。如鸡新城疫的母源抗体能保护雏鸡抵抗病毒的全身感染，但不能阻止呼吸道的局部感染，因为这种抗体达不到上呼吸道黏膜。中和抗体在初次感染的恢复作用中起的作用不大，但在防止病毒的再感染中起重要作用。分泌型 IgA 在抗黏膜感染免疫中起主要作用。

(2)促进病毒被吞噬　抗体可与病毒结合而导致游离的病毒颗粒丛集、凝聚，从而易被巨噬细胞所吞噬，补体的参与可增强这种作用。

(3)抗体依赖性细胞介导的细胞毒作用和免疫溶解作用　抗体不仅能直接与游离病毒抗原结合，还能与表达于受感染细胞表面的病毒抗原结合，进而介导 K 细胞的杀伤作用，或通过激活补体导致细胞裂解。

2. 细胞免疫

因中和抗体不能进入受感染的细胞，细胞内病毒的消灭依靠细胞免疫。细胞免疫在病毒性疾病的康复中起着极为重要的作用，参与抗病毒感染的细胞免疫主要有：①被抗原致敏的细胞毒性 T 细胞能特异性识别病毒和感染细胞表面的病毒抗原，杀死病毒或裂解感染细胞，细胞毒 T 细胞(CTL)一般出现于病毒感染早期，其效应迟于 NK 细胞，早于 K 细胞；②致敏 T 细胞释放细胞因子，或直接破坏病毒，或增强巨噬细胞的吞噬、破坏病毒的活力，或分泌干扰素抑制病毒复制；③K 细胞的抗体依赖性细胞毒(ADCC)作用；④在干扰素激活下，NK 细胞识别和破坏异常细胞。

尽管机体表现有效的体液免疫和细胞免疫，但有些病毒能逃避宿主的免疫反应，呈持续感染状态。如牛白血病病毒能持续存在于循环中的淋巴细胞内，这类病毒感染细胞后，在感染细胞的膜表面并不表达病毒抗原，病毒可存在于细胞膜的内侧面，因而能逃避识别。某些病毒可直接在淋巴细胞(如白血病病毒)或巨噬细胞(如马传染性贫血病毒、猪繁殖与呼吸综合征病毒)中生长繁殖，这样就直接破坏了机体的免疫功能。

此外，与典型病毒不同的新型病原的发现，也给机体的抗感染免疫提出了挑战。如引起牛海绵状脑病和绵羊痒病的朊病毒，感染机体后既不引起明显的免疫应答，又不诱发干扰素的产生。动物机体怎样才能有效抵抗这些病原的感染，还有待于进一步研究。

在大多数情况下，机体抗病毒感染免疫反应需要干扰素、体液免疫和细胞免疫的共同参与，以阻止病毒复制，消除病毒感染。

任务三 抗寄生虫感染免疫

寄生虫的结构、组成和生活史比微生物复杂得多，因此宿主对寄生虫感染的免疫反应也是多种多样的，有多种表现形式。早期的研究者认为，寄生虫的免疫原性不良，抗原性很弱。其实不然，多数寄生虫是有充分抗原性的，但在对寄生生活的适应过程中，它们发展了许多使其在免疫应答下得以生存的机制，如某些寄生虫产生免疫抑制作用，或者改变自身抗原，或者自身吸附宿主的血清蛋白或红细胞，抗原呈抗原隐蔽状态等。所以，对寄生虫感染的免疫和其他病原体一样，也表现为体液免疫和细胞免疫。

一、对原虫的免疫

原虫是单细胞生物，其免疫原性的强弱取决于入侵宿主组织的程度。例如，肠道的痢疾阿米巴原虫，只有当它们侵入肠壁组织后，才激发抗体的产生；引起弓形虫病的龚地弓形虫，在滋养体阶段，其寄生性几乎完全没有种的特异性，能感染所有哺乳动物和多种鸟类。

1. 非特异性免疫防御机制

抵抗原虫的非特异性免疫机制尚不十分清楚，但通常认为这种机制在性质上与细菌性和病毒性疾病中的机制相似。种的影响可能是最重要的因素，例如路氏锥虫仅见于大鼠，而伊氏锥虫仅见于小鼠，两者都不引起疾病；布氏锥虫、刚果锥虫和活泼锥虫对东非野生偶蹄兽不致病，但对家养牛毒力很大。这种种属的差异可能与长期选择有关，由动物的遗传性能决定对原虫病的抵抗力。在这方面，研究得最透彻的就是镰刀状细胞贫血病。

2. 特异性免疫防御机制

大多数寄生虫具有完全的抗原性，但当它适应寄生生活时，逐渐能形成抵抗免疫反应的机制，故能赖以生存。原虫既能刺激机体产生体液免疫，又能刺激细胞免疫应答。抗体通常作用于血液和组织液中游离生活的原虫，而细胞免疫则主要针对细胞内寄生的原虫。

抗体对原虫作用的机制与其他颗粒性抗原相类似，针对原虫表面抗原的抗体能调理、凝聚或使原虫不能活动；抗体和补体以及细胞毒性细胞一起杀死这些原虫。有的抗体（称抑殖素）能抑制原虫的酶，从而使其不能繁殖。

龚地弓形虫和小泰勒焦虫的免疫应答主要为细胞介导免疫。因为这些原虫为专性细胞内寄生。抗体与补体联合作用能消灭体液中的游离原虫，但对细胞内的寄生虫则很少或没有影响，对细胞内的原虫是由细胞介导的免疫应答加以破坏的，其机理与结核分枝杆菌的免疫应答相似。

某些原虫病如球虫病，其保护性免疫机制尚不十分清楚。鸡感染肠道寄生的巨型艾美耳球虫产生对感染有保护作用的免疫力，这种免疫力能抑制侵袭期的滋养体在肠上皮细胞内的生长。免疫鸡血清中能检出巨型艾美耳球虫的抗体，免疫鸡的吞噬细胞对球虫孢子囊的吞噬能力增强。

二、对蠕虫的免疫

蠕虫是多细胞生物，同一蠕虫在不同的发育阶段，既可有共同的抗原，也可有某一阶段的特异性抗原。高度适应的寄生蠕虫很少引起寄主强烈的免疫应答，它们很容易逃避寄主的免疫应答，所以这种寄生虫引起的疾病，一般很轻微或不显临床症状。只有当它们侵入不能充分适应的宿主体内，或者有大量的蠕虫寄生时，才会引起急性病的发生。

1. 非特异性免疫防御机制

影响蠕虫感染的因素多而复杂，不仅包括宿主方面的因素，而且也包括宿主体内其他蠕虫产生的因素。已知存在种类和种间的竞争作用。这种竞争作用使蠕虫之间对寄生场所和营养的竞争，对动物体内蠕虫群体的数量和组成起着调节作用。

宿主方面影响蠕虫寄生的因素包括宿主的年龄、品种和性别。性别和年龄对蠕虫寄生的影响与激素有很大关系。动物的性周期是有季节性的，寄生虫的繁殖周期往往与宿主的繁殖周期相一致。例如，母羊粪便中的线虫在春季明显增多，这与母羊产羔和开始泌乳相一致。另外，遗传因素对蠕虫的抵抗力也有较大影响。

2. 特异性免疫防御机制

蠕虫在宿主体内以两种形式存在：一是以幼虫形式存在于组织中；二是以成虫形式寄生于胃肠道或呼吸道中。虽然针对蠕虫抗原的免疫应答能产生常规的 IgM、IgG 和 IgA 类抗体，但参与抗蠕虫感染的免疫球蛋白主要是 IgE。分叶核白细胞、巨噬细胞和 NK 细胞可能参与对蠕虫的免疫，但主要的防护机制似乎是由嗜碱性粒细胞和肥大细胞介导的（这两种细胞表面都有与 IgE 结合的 Fc 受体）。在许多蠕虫感染中，血内 IgE 抗体显著增高，可以出现 I 型变态反应，出现嗜酸性粒细胞增多、水肿、哮喘和荨麻疹性皮炎等症状。由 IgE 引起的局部过敏反应，可能有利于驱虫。蠕虫感染动物时，嗜碱性粒细胞和肥大细胞向感染部位集聚，当该虫抗原与吸附于这些细胞表面的 IgE 抗体相遇时，脱颗粒而释放出的血管活性胺，可导致肠管的强烈收缩，从而驱出虫体。除 IgE 外，其他免疫球蛋白也起着重要的作用。如嗜酸性粒细胞也有 IgA 受体，并曾显示当这些受体交联时可释放它们的颗粒内容物。在脱颗粒时，嗜酸性粒细胞释放出效力强大的抗性化学物质和蛋白质，包括阳离子蛋白、神经毒素和过氧化氢，这些可能也有助于造成蠕虫栖息的有害环境。蠕虫感染通常使免疫系统朝向 Th$_2$ 应答，产生 IgE、IgA 以及 Th$_2$ 细胞因子和趋化因子。Th$_2$ 细胞因子 IL-3、IL-4 和 IL-5 以及趋化因子对嗜酸性粒细胞和肥大细胞有趋化性。

细胞免疫通常对高度适应的寄生蠕虫不引起强烈的排斥反应，但其作用也是不可忽视的，致敏 T 淋巴细胞以两种机制抑制蠕虫的活性：第一，通过迟发型变态反应将单核细胞吸引到幼虫侵袭的部位，诱发局部炎症反应；第二，通过细胞毒性淋巴细胞的作用杀伤幼虫，在组织切片中可以看到许多大淋巴细胞吸附在正在移动的线虫幼虫上。

总之，各种病原体进入动物机体后，机体将发动一切抗感染免疫机制，以抵抗病原的感染，最大限度地保护自身组织器官不受外来病原的破坏。

复习思考题

1. 动物体内的非特异性免疫因素主要有哪些？
2. 动物体内的吞噬细胞分哪两大类？各包括哪些细胞？
3. 体液免疫和细胞免疫分别能发挥哪些抗传染免疫功能？
4. 机体依靠哪些免疫功能完成对细胞外寄生细菌的清除？
5. 病毒进入机体后可能遭受哪些方面的抗感染免疫作用？
6. 机体对蠕虫的抗感染免疫中，体液免疫和细胞免疫如何发挥作用？
7. 补体被激活后可具有哪些生物学活性？
8. 直接凝集试验与间接凝集试验有何异同？
9. 琼脂双向扩散试验有何用途？
10. 试述 ELISA 试验的原理、主要方法及应用。
11. 补体结合试验的原理是什么？
12. 试述荧光抗体标记技术的原理、主要方法及其应用。
13. 试述血清学试验的概念、类型、特点及其影响因素。
14. 免疫血清学技术有哪些用途？
15. 细胞免疫检测技术有哪些？有何用途？
16. 动物机体可通过哪些方式获得特异性的免疫力？
17. 画图表示免疫球蛋白单体的分子结构。
18. 动物机体有哪几种免疫球蛋白？各有何功能？
19. 简述体液免疫和细胞免疫的应答过程及免疫效应。
20. 生产中进行预防接种，为什么常进行 2 次或 2 次以上的接种？
21. 谈谈影响抗体产生的因素有哪些？
22. 简述免疫应答的基本过程。
23. 什么是抗原？构成抗原的条件有哪些？
24. 什么是免疫？免疫有哪些基本功能？
25. 简述免疫的类型及其与传染的关系。
26. 什么是非特异性免疫？什么是特异性免疫？
27. 简述免疫系统的免疫器官及其主要免疫功能。
28. 简述免疫系统的免疫细胞及其主要免疫功能。
29. T 淋巴细胞有哪些亚群？各亚群有何作用？

项目七

微生物和免疫学应用

能力目标

　　具有正确指导和合理利用免疫制品进行传染病诊断、预防与治疗的能力。能将所学的微生物知识应用于畜牧生产实践，提高产品品质。

知识目标

　　掌握机体获得特异性免疫的途径及其实际应用，疫苗、免疫血清使用时的注意事项。了解疫苗的种类，疫苗、免疫血清及卵黄抗体制作的基本程序，活疫苗和灭活疫苗的优缺点。掌握青贮饲料、单细胞蛋白、微生态制剂的概念；熟悉饲料和畜产品中微生物的来源；理解饲料和畜产品中微生物对产品品质的影响及公共卫生意义；了解微生态制剂在畜牧兽医工作中的应用。

模块一　兽用生物制品的制备及检验

任务一　兽用生物制品的概念、分类、命名和使用注意事项

一、兽用生物制品概念

(一)生物制品

生物制品是指采用现代生物技术手段人为地创造一些条件，借助某些微生物、植物或动物体生产某些初级代谢产物或次级代谢产物，或利用生物体的某一组成成分，制成作为诊断、治疗、预防疾病或达到某种特殊医学目的的医药用品。

广义的生物制品还包括一些保健用品，如微生态制剂(双歧杆菌、乳酸杆菌、丽珠肠乐、贝飞达、三株口服液、整肠生、爽舒宝、昂利一号、促菌生、畜禽益生素、饲料添加剂等)。

现代生物技术包括基因工程、酶工程、细胞工程、发酵工程、生化工程以及后来衍生出来的第二代、第三代蛋白质工程、抗体工程、糖链工程、海洋生物技术等。

(二)兽用生物制品

兽用生物制品即应用于动物的生物制品，是根据动物免疫学原理，结合现代生物技术手段，利用微生物、寄生虫及其代谢产物或免疫应答产物制备的一类生物制品，用于动物传染病、寄生虫病和其他相关疾病的预防、诊断和治疗。

狭义上讲，兽用生物制品主要指兽用疫苗、抗血清及诊断制剂；广义上讲，兽用生物制品还包括多种血液制剂(如血浆、白蛋白、球蛋白等)、抗生素、脏器制剂(如胰蛋白酶、胰岛素、胸腺肽、肝素等)及非特异性免疫制剂(如干扰素、微生态制剂、白细胞介素等)。由此可见，兽用生物制品的含义和内容随着科学技术的发展而变化。

二、兽用生物制品类型

兽用生物制品按其性质可分为疫苗、类毒素、诊断制品、免疫血清、微生态制剂、血液生物制品和副免疫制品七大类。

(一)疫苗

1. 疫苗的概念和特点

疫苗的传统定义是指用人工变异或从自然界筛选获得的减毒或无毒的活病原体制成的制剂，或用理化方法将病原体杀死制备的生物制剂，接种动物后能产生自动免疫力，这些制剂统称为疫苗；即疫苗是由活的或死的完整病原体制成的生物制品。随着现代生物技术的进步，相继出现了亚单位疫苗、病毒载体重组疫苗、基因缺失疫苗以及核酸疫苗等，许多疫苗已不再是完整的病原体。疫苗的现代定义是病原的蛋白、多肽(肽)、多糖或核酸，以单一成分或含有有效成分的复杂颗粒形式，或通过活的减毒致病原或载体，进入动物机

体后能产生灭活、破坏或抑制病原的特异性免疫应答。

疫苗接种动物后能产生特异性免疫应答，达到预防疾病的目的，包括细菌性疫苗、病毒性疫苗和寄生虫性疫苗。随着科学技术的发展，现代疫苗的用途有了新的发展，除用于预防传染病和寄生虫病外，已扩展到预防非传染性疾病（如自身免疫性疾病和肿瘤等），并出现了治疗性疫苗（如肿瘤、过敏和一些传染性疾病等）及生理调控性疫苗（如促进生长和控制生殖等）。

疫苗与一般药物具有明显的不同点，主要区别在于：一般药物主要用于患病动物，而疫苗主要用于健康动物；一般药物主要用于治疗疾病和减轻发病症状，而疫苗主要通过免疫机制使健康动物预防疾病；一般药物包括天然药物、化学合成药物、生化药品等，而疫苗均为生物制品。

2. 疫苗的种类

（1）根据疫苗抗原性质和制造工艺分类 疫苗分为活疫苗、死疫苗、基因疫苗和寄生虫疫苗4类。

① 活疫苗：简称活苗，包括弱毒疫苗、基因缺失苗和基因工程活载体苗。

活苗的优点是能在免疫动物体内短时间内繁殖；能刺激机体产生全身免疫反应和局部免疫反应，免疫力持久，有利于清除局部野毒；多为一次免疫，使用剂量小；生产产量高，成本低；有多种免疫途径且不需佐剂等。活苗的缺点是在自然界动物群体内持续传递后有毒力增强和返祖现象；有排毒危险或组织反应；有不同抗原的干扰现象；难以制成联苗，运输保存较困难，现多制成冻干苗。

a. 弱毒疫苗：利用具有良好免疫原性的病原微生物弱毒株经增殖培养后所制备的疫苗称弱毒疫苗，如猪瘟兔化弱毒苗、牛肺疫兔化弱毒苗、鸡痘鹌鹑化弱毒苗等。

b. 基因缺失苗：利用重组DNA技术去掉病毒致病基因组中某一片段，使缺损病毒株难以自发地恢复成强毒株，但并不影响其增殖和复制，且保持其良好的免疫原性，从而制备成免疫原性好且十分安全的基因缺失苗。如猪伪狂犬病基因缺失疫苗。

c. 基因工程活载体苗：利用基因工程技术将致病性微生物的免疫保护基因插入到载体病毒或细菌的非必需区，构建成重组病毒或细菌，经培养后制的疫苗。常用的载体病毒或细菌有痘病毒、腺病毒、疱疹病毒、大肠杆菌和沙门氏菌等。

② 死疫苗：简称死苗，包括完整病原体灭活后制备的灭活疫苗、亚单位疫苗、基因工程亚单位苗及抗独特型抗体疫苗。

死疫苗的优点是不能在免疫动物体内繁殖，比较安全，无全身性副作用，无毒力增强和返祖现象；有利于制造多价苗和多联苗；受外界环境影响小，容易保存和运输等。死疫苗的缺点是免疫剂量大，免疫期短，生产成本高，需多次免疫；免疫接种只能用注射方法，可能有毒性等副作用；一般只能诱导机体产生体液免疫和免疫记忆，故常需要佐剂来增强其免疫效果。

a. 灭活疫苗：选用免疫原性强的细菌、病毒等经人工培养后用理化方法将其杀死（灭活）后制成的疫苗称为灭活疫苗。其关键是病原体充分死亡，丧失感染性或毒性，又要保持其免疫原性。如猪口蹄疫、鸡减蛋综合征和兔出血症等灭活疫苗。

b. 亚单位疫苗：利用微生物的1种或几种亚单位或亚结构制成的疫苗称为亚单位苗

或亚结构苗。致病性细菌、病毒经理化方法处理后，除去毒性物质，提取有效抗原成分或根据这些有效免疫成分分子组成，通过化学合成，制成亚单位疫苗。如大肠杆菌菌毛疫苗、流感病毒血凝素疫苗等。

c. 基因工程亚单位疫苗：将病原体免疫保护基因克隆于原核或真核细胞表达系统，实现体外高效表达，获得重组免疫保护蛋白所制造的一类疫苗。目前，该类疫苗在人医或兽医临床应用尚不多，人乙肝重组蛋白疫苗是成功的典范。

d. 抗独特型疫苗：根据免疫网络学说原理，利用第一抗体中的独特抗原决定簇（抗原表位）所制备的具有抗原的"内影像"结构的第二抗体，该抗体具有模拟抗原的特性，故称为抗独特型疫苗。它可诱导机体产生体液免疫和细胞免疫，主要适用于目前尚不能培养或很难培养的病毒，以及直接用病原体制备疫苗有潜在危险的疫病。

③ 基因疫苗：又称 DNA 疫苗或核酸疫苗，是将编码某种抗原蛋白的基因置于真核表达系统的控制下，构成重组表达质粒 DNA，将其直接导入动物体内，通过宿主细胞的转录翻译系统合成抗原蛋白，从而诱导宿主产生对抗原蛋白的免疫应答，以达到预防和治疗疾病的目的。该类疫苗具有所有类型疫苗的优点，有很大应用前景。

④ 寄生虫疫苗：由于寄生虫大多有复杂的生活史，具有功能抗原和非功能抗原，其虫体抗原极其复杂并具有高度多变性，因此，较为理想的寄生虫疫苗不多。多数研究者认为，只有活的虫体才能诱发机体产生保护性免疫。国际上有些国家使用犬钩虫疫苗及抗球虫活苗等收到了良好的免疫效果，有些国家还相继生产了旋毛虫虫体组织佐剂苗、猪全囊虫匀浆苗、弓形体佐剂苗和伊氏锥虫致弱苗等。

（2）根据疫苗抗原种类和数量分类　疫苗分为单（价）疫苗、多（价）疫苗和多联（混合）疫苗。

① 单（价）疫苗：利用同一种微生物菌（毒）株或同一种微生物中的单一血清型菌（毒）株的增殖培养物制备的疫苗为单（价）疫苗。单（价）疫苗对单一血清型微生物所致的疫病有免疫保护力，如鸡新城疫疫苗能使接种鸡获得完全的免疫保护。但单（价）疫苗仅能对多血清型微生物所致疾病中的对应血清型有保护作用，而不能使免疫动物获得完全的保护力，如猪肺疫氢氧化铝灭活疫苗，系由 6:B 血清型猪源多杀性巴氏杆菌强毒株灭活后制造而成，对 A 型多杀性巴氏杆菌引起的猪肺疫则无免疫保护作用。

② 多（价）疫苗：利用同一种微生物中多种血清型菌（毒）株的增殖培养物制备的疫苗称多（价）疫苗。多（价）疫苗能使免疫动物获得完全的保护力，且可在不同的地区使用，如钩端螺旋体二价及五价活疫苗、口蹄疫 A、O 型鼠化弱毒疫苗等。

③ 多联（混合）疫苗：利用不同的微生物增殖培养物，按免疫学原理和方法组合后制备的疫苗称混合疫苗，又称多联疫苗。根据制备疫苗时组合的微生物多少，分别称二联苗、三联苗、四联苗、五联苗等，如猪瘟-猪丹毒二联活疫苗、猪瘟-猪丹毒-猪肺疫三联活疫苗等。混合疫苗接种动物后，能产生对相应疾病的免疫保护，具有减少动物接种次数和使用方便等优点，是一针防多种疾病的生物制品。

（3）根据疫苗菌（毒）株的来源分类　疫苗分为同源疫苗和异源疫苗。

① 同源疫苗：利用同种、同型或同源微生物株制备，又应用于同种类动物免疫预防的疫苗。如猪瘟兔化弱毒苗，可用于各种品种的猪预防猪瘟；牛肺疫兔化弱毒疫苗，能使

各种品种的牛获得抵抗牛肺疫的免疫力。

② 异源疫苗：异源疫苗包含 2 种含义：一是用不同种微生物的菌(毒)株制备的疫苗，接种动物后使其获得对疫苗中并未含有的病原体产生抵抗力，如犬在接种麻疹疫苗后，能产生对犬瘟热的抵抗力；兔接种兔纤维瘤疫苗后能使其抵抗兔黏液瘤病。二是同一种微生物中的某一种型(生物型或动物源型)的菌(毒)株制备的疫苗，接种动物后使其获得对异型病原体的抵抗力，如接种猪型布氏杆菌弱毒菌苗后，能使牛获得对牛型布氏杆菌的抵抗力，能使羊获得对羊型布氏杆菌的抵抗力，能使绵羊获得对绵羊型布氏杆菌的抵抗力。

3. 疫苗使用注意事项

(1)疫苗的质量 疫苗应购自国家批准的生物制品厂家。购买及使用前检查是否过期，并剔除破损、封口不严及物理性状(色泽、外观、透明度、有无异物等)与说明不符者。

(2)疫苗的保存和运输 疫苗必须按规定的条件保存和运输，否则会使疫苗的质量明显下降而影响免疫效果，甚至会造成免疫失败。一般来说，灭活苗要保存于 2～15 ℃的阴暗环境中，非经冻干的活菌苗(湿苗)要保存于 4～8 ℃的冰箱中，这两种疫苗都不应冻结保存。冻干的弱毒苗，一般都要求低温冷冻−15 ℃以下保存，并且保存温度越低，疫苗病毒(或细菌)死亡越少。如猪瘟兔化弱毒冻干苗在−15 ℃可保存 1 年，0～8 ℃保存 6 个月，25 ℃约 10 d。

(3)疫苗的稀释与及时使用

① 器械的消毒：一切用于疫苗稀释的器具，包括注射器、针头及容器等，使用前必须洗涤干净，并经高压灭菌或煮沸消毒。注射器和针头尽量做到一头(只)换一个。绝不能一个针头从头打到尾。

② 稀释剂的选择：必须选择符合要求的稀释剂来稀释疫苗，除马立克氏病疫苗等个别疫苗要用专用的稀释剂以外，一般用于滴鼻、滴眼、刺种、擦肛及注射的疫苗，可用灭菌的生理盐水或灭菌的蒸馏水作为稀释剂；饮水免疫时，稀释剂最好用蒸馏水或去离子水，也可用洁净的深井水，但不能用含消毒剂的自来水；气雾免疫时，稀释剂可用蒸馏水或去离子水，如果稀释水中含有盐类，雾滴喷出后，由于水分蒸发，盐类的浓度增高，也会使疫苗病毒死亡。为了保护疫苗病毒，可在饮水或气雾的稀释剂中加入 0.1%的脱脂奶粉或山梨糖醇。

③ 稀释方法：稀释疫苗时，首先将疫苗瓶盖消毒，然后用注射器把少量的稀释剂注入疫苗瓶中，充分摇振，使疫苗完全溶解后，再加入其余量的稀释剂。如果疫苗瓶太小，不能装入全部的稀释剂，应把疫苗吸出来放于一容器中，再用稀释剂把原疫苗瓶冲洗若干次，以便将全部疫苗病毒(或细菌)都洗下来。

疫苗应于临用前才由冰箱内取出，稀释后应尽快使用。尤其是活毒疫苗稀释后，于高温条件下或被太阳光照射易死亡，时间越长，死亡越多。一般来说，马立克氏病疫苗应于稀释后 1～2 h 内用完，其他疫苗也应于 2～4 h 内用完，超过此时间的要灭菌后废弃，更不能隔天使用。

(4)选择适当的免疫途径 疫苗接种的方法有滴鼻、点眼、刺种、皮下或肌肉注射、饮水、气雾、滴肛或擦肛等，应根据疫苗的类型、疫病特点及免疫程序来选择每次的接种途径，一般应以疫苗使用说明为准。例如灭活疫苗、类毒素和亚单位疫苗不能经消化道接种，一般用于肌肉或皮下注射。注射时应选择活动少的易于注射的部位，如颈部皮下、禽胸部肌肉等。

(5)制定合理的免疫程序　目前没有适用于各地区及各饲养场的固定的免疫程序，应根据当地的实际情况制定。由于影响免疫的因素很多，免疫程序应根据疫病在本地区的流行情况及规律、畜禽的用途(种用、肉用或蛋用)、年龄、母源抗体水平和饲养条件，以及使用疫苗的种类、性质、免疫途径等方面的因素制定，不宜作统一要求。免疫程序应随情况的变化而作适当调整，不存在普遍适用的最佳免疫程序。血清学抗体检测是重要的参考依据。

(6)免疫剂量、接种次数及时间间隔　在一定限度内，疫苗用量与免疫效果呈正相关。过低的剂量刺激强度不够，不能产生足够强烈的免疫反应；而疫苗用量超过了一定限度后，免疫效果不但不增加，还可能导致免疫受到抑制，称为免疫麻痹。因此，疫苗的剂量应按照规定使用，不得任意增减。

疫苗使用时，在初次应答之后，间隔一定时间重复免疫，可刺激机体产生再次应答和回忆应答，产生较高水平的抗体和持久免疫力。所以生产中常进行 2～3 次的连续接种，时间间隔视疫苗种类而定。细菌或病毒疫苗免疫产生快，间隔 7～10 d 或更长一些。类毒素是可溶性抗原，免疫反应产生较慢，时间间隔至少 4～6 周。

(7)疫苗的型别与疫病型别的一致性　有些传染病的病原有多种血清型，并且各血清型之间无交互免疫性，因此，对于这些传染病的预防就需要对型免疫或用多价苗。如口蹄疫、禽流感、鸡传染性支气管炎的免疫就应注意对型免疫或使用多价苗。

(8)药物的干扰　使用活菌苗前后 10 d 不得使用抗生素及其他抗菌药，活菌苗和活病毒苗不能随意混合使用。

(9)防止不良反应的发生　免疫接种时，应注意被免疫动物的年龄、体质和特殊的生理时期(如怀孕和产蛋期)。幼龄动物应选用毒力弱的疫苗免疫，如鸡新城疫的首次免疫用 Ⅳ 系而不用 Ⅰ 系，鸡传染性支气管炎首次免疫用 H_{120}，而不用 H_{52}；对体质弱或正患病的动物应暂缓接种；对怀孕母畜和产蛋期的家禽使用弱毒疫苗，可导致胎儿的发育障碍和产蛋下降，因此，生产中应在母畜怀孕前、家禽产蛋前做好各种疫病的免疫工作，必要时，可选择灭活疫苗，以防引起流产和产蛋下降等不良后果。

免疫接种完毕，要将用过的用具及剩余的疫苗高压灭菌。同时注意观察动物的状态和反应，有些疫苗使用后会出现短时间的轻微反应，如发热、局部淋巴结肿大等，属正常反应。如出现剧烈或长时间的不良反应，应及时治疗。

(二)类毒素

类毒素是指细菌生长繁殖过程中产生的外毒素，经化学药品(如 0.3%～0.5% 甲醛)处理后，成为无毒性而保留免疫原性的生物制品。类毒素失去了外毒素的毒性，保留其抗原性，接种动物后能产生自动免疫，也可用于注射动物制备抗毒素。类毒素经过盐析并加入适量磷酸铝或氢氧化铝等吸附剂吸附后的类毒素即为精制类毒素。精制类毒素注入动物体后，能延缓吸收，长久地刺激机体产生高滴度抗毒素，增强免疫效果，如破伤风类毒素和明矾沉降破伤风类毒素等。

（三）免疫血清

动物经反复多次注射同一种抗原物质（菌苗、疫苗、类毒素等）后，机体体液中尤其血清中产生大量抗体，由此分离所得的血清称为免疫血清，又称高免血清或抗血清。免疫血清注入机体后免疫产生快，但免疫持续期短，常用于传染病的紧急预防和治疗，属人工被动免疫。临床上常用的有抗炭疽血清、抗猪瘟血清、抗小鹅瘟血清、抗鸭病毒性肝炎血清、破伤风抗毒素等。

1. 免疫血清的分类

根据制备免疫血清所用抗原物质的不同，免疫血清可分为抗菌血清、抗病毒血清和抗毒素（抗毒素血清）。根据制备免疫血清所用动物的不同，免疫血清还有同种血清和异种血清之分，用同种动物制备的血清称同种血清，用异种动物制备的血清称异种血清。抗细菌血清和抗毒素通常用大动物（马、牛等）制备，如用马制备破伤风抗毒素，用牛制备猪丹毒血清，均为异种血清。抗病毒血清常用同种动物制备，如用猪制备猪瘟血清、用鸡制备鸡新城疫血清等。同种动物血清的产量有限，但免疫后不引起应答反应，因而比异种血清免疫期长。

除了用免疫血清进行人工被动免疫外，在家禽常用卵黄抗体制剂进行人工接种，例如，鸡群暴发鸡传染性法氏囊病（IBD）时，用高效价 IBD 卵黄抗体进行紧急接种，可起到良好的防治效果。

2. 免疫血清使用注意事项

免疫血清一般保存于 2~8 ℃的冷暗处，冻干制品在 -15 ℃以下保存。使用时应注意以下几点：

（1）早期使用　抗毒素具有中和外毒素的作用，抗病毒血清具有中和病毒的作用，这种作用仅限于未和组织细胞结合的外毒素和病毒，而对已和组织细胞结合的外毒素、病毒及产生的组织损害无作用。因此，用免疫血清治疗时，越早越好，以便使毒素和病毒在未达到侵害部位之前就被中和而失去毒性。

（2）多次足量　应用免疫血清治疗虽然有收效快、疗效高的特点，但维持时间短，因此必须多次足量注射才能收到好的效果。

（3）血清用量　要根据动物的体重、年龄和使用目的来确定血清用量，一般大动物预防用量为 10~20 mL，中等动物 5~10 mL，家禽预防用量为 0.5~1 mL，治疗用量为 2~3 mL。

（4）途径适当　使用免疫血清适当的途径是注射，而不能经口途径。注射时以选择吸收较快者为宜。静脉吸收最快，但易引起过敏反应，应用时要注意预防。另外，也可选择皮下或肌肉注射。静脉注射时应预先加热到 30 ℃左右，皮下注射和肌肉注射量较大时应多点注射。

（5）防止过敏　用异种动物制备的免疫血清使用时可能会引起过敏反应，要注意预防，最好用提纯制品。给大动物注射异种血清时，可采取脱敏疗法注射，必要时应准备好抢救措施。

（四）诊断液

利用微生物、寄生虫或其代谢产物及含有其特异性抗体的血清制成的，专供传染病、寄生虫病或其他疾病诊断以及机体免疫状态检测用的生物制品,称为诊断液。诊断液包括诊断抗原和诊断抗体(血清)。

(1)诊断抗原 包括变态反应性抗原和血清学反应抗原。如结核菌素、布氏杆菌素等均是变态反应性抗原,对于已感染的机体,此类诊断抗原能刺激机体发生迟发型变态反应,从而来判断机体的感染情况。血清学反应抗原包括:①各种凝集反应抗原,如鸡白痢全血平板凝集抗原、鸡支原体病全血平板凝集抗原、布氏杆菌病试管凝集及平板凝集抗原等;②沉淀反应抗原,如炭疽环状沉淀反应抗原、马传染性贫血琼脂扩散抗原等;③补体结合反应抗原,如鼻疽补体结合反应抗原、马传染性贫血补体结合反应抗原等。应该指出的是,在各种类型的血清学试验中,用同一种微生物制备的诊断抗原,会因试验类型的不同而有差异,因此,在临床使用时,应根据试验类型选择适当的诊断抗原使用。

(2)诊断抗体 包括诊断血清和诊断用特殊抗体。诊断血清是用抗原免疫动物制成的,如鸡白痢血清、炭疽沉淀素血清、魏氏梭菌定型血清、大肠杆菌和沙门氏菌的因子血清等。此外,单克隆抗体、荧光抗体、酶标抗体等也已作为诊断制剂而得到广泛应用。研制出的诊断试剂盒也日益增多。

(五)微生态制剂

微生态制剂又称益生素、活菌制剂或生菌剂,是利用非病原微生物(如乳酸杆菌、蜡样芽孢杆菌、地衣芽孢杆菌、双歧杆菌等)制成的活菌制剂,口服治疗动物正常菌群失调引起的下痢。目前微生态制剂已在兽医临床上应用并用作饲料添加剂。

(六)血液制品

由动物血液可分离提取各种组分,包括血浆、白蛋白、球蛋白、纤维蛋白原以及胎盘球蛋白等。此外,还包括非特异性免疫活性因子,如白细胞介素、干扰素、转移因子、胸腺因子及其他免疫增强剂等。

(七)副免疫制品

现代免疫学研究表明,许多非特异性免疫成分参与了特异性免疫应答,而特异性免疫通常是靠非特异性免疫作用来实现,特异性免疫可通过提高非特异性免疫而增强。为此,免疫学研究人员一直在寻找各种免疫增强剂来提高动物整体免疫力。人们把由免疫增强剂刺激动物体产生特异性和非特异性免疫后提高的免疫力称为副免疫,而把这类增强剂统称为副免疫制品。副免疫制品包括脂多糖、多糖和佐剂产品(如油乳剂、脂质体、无机化合物、免疫刺激复合物、缓释微球等)。

任务二 生物制品制备及检验的一般程序

一、疫苗的制备及检验

(一)菌种、毒种的一般要求

菌种、毒种是国家的重要生物资源,世界各国都为此设置了专业性保藏机构。用于疫苗生产的菌种和毒种应该符合要求。

(1)背景资料完整 我国《兽医生物制品制造及检验规程》规定,经研究单位大量研究选出并用于生产的现有菌种、毒种，均由中国兽药监察所或其委托单位负责供应，而且菌（毒）种分离地、分离纯化时间等背景资料必须记录完整。

（2）生物学特性典型　指形态、生化、培养、免疫学及血清学特性以及对动物的致病性和引起细胞病变等特征均符合标准。同时，菌种和毒种的血清型必须清楚。

（3）血清型相符　在菌种、毒种的选择时，需特别注意其血清型是否与疫苗使用地区流行的病原相符，血清型相符者才能保证免疫效果。

（4）遗传性稳定　菌种、毒种在保存、传代和使用过程中，因受各种因素影响容易变异，因此，菌种和毒种遗传性状必须稳定。

（二）菌种、毒种的鉴定与保存

1. 菌种、毒种的鉴定

菌种在投入大量生产之前，需进行毒力与免疫原性的鉴定及稳定性试验，从而确定强毒菌种对本动物及实验动物的致死剂量、弱毒株的致死和不致死动物范围及接种的安全程度，通过制成菌苗免疫试验动物后攻强毒确定免疫原性；对制造弱毒活苗菌种，需反复传代和接种易感动物来确定其毒力是否返强。

毒种纯化、检查比较困难，通常是采用某些动物或鸡胚来鉴定。依据各自的致病力、特定组织含毒量及对动物的免疫力作为选择和鉴定的标准。

2. 菌种、毒种的保存

为了保持稳定性，最好采用冷冻真空干燥法保存菌种和毒种。冻干的细菌、病毒分别保存于 4 ℃和 −20 ℃以下，液氮是长期保存菌种的理想介质。

（三）灭活、灭活剂与佐剂

1. 灭活与灭活剂

疫苗生产中的灭活是指破坏微生物的生物学特性、繁殖能力和致病性，但尽可能保持其原有免疫性的过程。灭活的方法有物理法和化学法 2 种。加热法是一种常见的物理灭活法，但疫苗生产上主要采用化学灭活法。

用来进行灭活的试剂称灭活剂，如甲醛、苯酚、结晶紫及烷化剂等，其中甲醛应用最为广泛。甲醛的灭活作用是其醛基能够破坏微生物蛋白质和核酸的基本结构，导致微生物死亡而失去感染力。一般需氧菌和厌氧菌所用甲醛的浓度分别为 0.1%～0.2%和 0.4%～0.5%，37～39 ℃处理 24 h 以上，如气肿疽灭活苗常用 0.5%甲醛 37～38 ℃灭活 72～96 h；灭活病毒所用甲醛浓度为 0.05%～0.4%（多数为 0.1%～0.3%），而灭活类毒素多用 0.3%～0.5%甲醛。

2. 佐剂

单独使用一般无免疫原性，而与抗原物质合用能增强后者的免疫原性和机体的免疫应答，或改变机体免疫应答类型的物质，称为佐剂。

佐剂必须是无毒、无致癌性及其他明显的副作用和易于吸收、吸附力强的化学纯物质；佐剂疫苗经 1～2 年保存应不致引起不良反应，效力无明显改变。佐剂分为贮存型和非贮存型。

(1)贮存型

① 不溶性胶体液：如 Al(OH)$_3$、AlPO$_4$、KAl(SO$_4$)$_2$·12H$_2$O、Ca$_3$(PO$_4$)$_2$、炭末及其他。氢氧化铝胶(铝胶)是常用佐剂之一，它既有良好的吸附性，又能浓缩抗原，减少注苗剂量。铝胶成本低，使用方便，且基本无毒，因而也是人用疫苗的主要佐剂。用铝胶稀释比用生理盐水稀释的免疫效果好。但铝胶也有易引起轻度局部反应、冻后易变性、无明显的细胞免疫以及可能对人和动物的神经系统有影响等缺点。

② 油乳佐剂：如弗氏完全佐剂、弗氏不完全佐剂、Span 白油佐剂等。常与抗原混合成悬浊状态，使抗原在注射局部存留时间延长，通过抗原的缓慢释放，持续刺激机体的免疫系统。

白油 Span-85 佐剂是当前的主要油乳佐剂，该佐剂用轻质矿物油(白油)作油相，Span-80 或 Span-85 及吐温-80 作为乳化剂。配制时可将白油与 Span-80 按 94:6 比例混合，再加总重量 2% 的硬脂酸铝溶化混匀后，116 ℃高压灭菌 30min 即为油相，将抗原溶液和吐温-80 以 96:4 比例混合作为水相，两相之比为 1:1。有研究证明，同时含油相和水相乳化剂的疫苗比仅含油相的疫苗免疫效果好，在 37 ℃条件下更稳定，黏度也低。

(2)非贮存型

① 生物佐剂(微生物及其产物)：如结核菌、卡介苗、乳酸菌类、短小棒状杆菌、葡萄球菌、链球菌、百日咳杆菌、布氏杆菌、细菌脂多糖、酵母多糖等。

② 非生物佐剂：如表面活性剂、胺及其类似物、核酸及其类似物、药物等。

(四)疫苗的制备

1. 细菌性灭活苗的制备

以下过程都必须在无菌条件下按照无菌操作进行：

(1)种子培养　选取 1～3 个品系毒力强、免疫原性好的菌株，按规定定期复壮和鉴定。将合格菌种增殖培养并经无菌检验、活菌计数达到标准后作为种子液。种子液保存于 2～8 ℃冷暗处，在有效期内用完。

(2)菌液培养　选用固体表面培养、液体静置培养、液体深层通气培养或连续培养法，对种子液进行培养。一般固体培养易获得高浓度细菌悬液，含培养基成分少，但生产量较小，因此大量生产疫苗时常用液体培养法。

(3)灭活与浓缩　灭活时要根据细菌的特性选用有效的灭活剂和最适灭活条件。如猪丹毒氢氧化铝苗可加入 0.2%～0.5% 甲醛，37 ℃灭活 18～24 h。此外，为提高某些灭活苗的免疫力，常采用离心沉降或氢氧化铝吸附沉淀等方法使菌液浓缩一倍以上。

(4)配苗与分装　配疫苗即按比例加入佐剂，可根据具体情况在灭活同时或之后进行。配苗须达到充分混匀，分装后立即加塞、贴签或印字。

2. 细菌性活疫苗的制备

(1)种子液及菌液培养　选择合格的弱毒菌种增殖培养形成种子液，种子液在 0～4 ℃可保存 2 个月。按 1%～3% 比例将种子液接种于培养基，依不同菌苗的要求制备菌液。如猪丹毒弱毒苗在深层通气培养中要加入适当植物油作消泡剂，并通入过滤除菌的热空气。菌液于 0～4 ℃暗处保存，经抽样无菌检验、活菌计数合格后使用。

(2)浓缩、配苗与冻干　利用吸附剂吸附沉降和离心沉降等方法浓缩菌液可以提高单位活菌数，增强疫苗的免疫效果。浓缩菌液应抽样做无菌检验及活菌计数。

将检验合格的菌液按比例加入冻干保护剂(如5%蔗糖脱脂乳)配苗，充分摇匀后立即分装。随后将菌苗迅速放入冻干柜预冻和真空干燥，并立即加塞、抽空、封口，移入冷库保存后由质检部门抽样检验。

3. 病毒性组织苗的制备

(1)种毒与接种　可选用抗原性优良、致病力强的自然毒株的脏器组织毒作为种毒，也可选用强毒株的增殖培养物，还可选用弱毒株组织毒种作为种毒，但都必须经纯度检验及免疫原性检验合格后才能使用。被接种的动物应该是清洁级(二级)以上，且对种毒易感性高的动物；接种途径可依生产目的和病毒性质分别选用脑内、静脉、肌肉、皮下或腹腔注射等，如狂犬病疫苗是用兔脑毒种通过绵羊脑内接种途径获得。此外，接种后应每天观察和检查动物的各项指标，如精神、食欲和体温等。

(2)收获与制苗　根据观察和检查的结果选出符合要求的发病动物，按规定方式剖杀，收集含毒量高的组织器官，如兔出血症组织灭活苗常收获病兔肝脏。

制备弱毒苗需按无菌操作剔除脏器上的脂肪与结缔组织，称重后剪碎并加适量保护剂制成匀浆，过滤和适当稀释后加余量保护剂及青霉素和链霉素各500～1 000 IU/mL，充分摇匀并置0～4 ℃处理，再检验纯度并测定毒价，合格者分装并冻干。

4. 病毒性禽胚苗的制备

(1)种毒与接毒　目前，痘病毒、鸡新城疫、禽流感等疫苗仍利用禽胚特别是鸡胚制备。适应于鸡胚的种毒多系弱毒且为冻干毒种，使用前需在鸡胚上继代复壮3代以上和检验合格后方可用于生产。用于接毒的鸡胚必须来自SPF(无特定病原动物)鸡群，以免除母源抗体及残留抗生素的影响。常用的接种途径有：卵黄囊接种(5～8日龄鸡胚)、尿囊腔接种(9～11日龄鸡胚)、羊膜腔接种(10～12日龄鸡胚)、绒毛尿囊膜接种(11～13日龄鸡胚)，接种后观察胚的活力，记录鸡胚死亡时间。

(2)收获与配苗　通常选择接毒后48～120 h内死亡的鸡胚，收获的组织依接种途径、病毒种类而定，主要有绒毛尿囊膜、尿囊液、羊水及胎儿，冷却后经纯度检验，按比例加入抗生素后方可用于制造湿苗或冻干苗。

5. 病毒性细胞苗的制备

(1)培养液与细胞　培养液包括细胞培养液与病毒增殖维持液，前者含5%～10%血清，而后者仅含血清2%～5%。常用的细胞培养液有MEM、DMEM等。制造疫苗用细胞通常有原代细胞、二倍体细胞和传代细胞系。常选用来源广、生命力强及病毒适应性强的细胞，如鸡胚成纤维细胞(生产鸡新城疫Ⅰ系苗)、地鼠肾细胞(BHK21)以及非洲绿猴肾细胞(Vero细胞)等培养病毒。

(2)接毒、收获和配苗　将种毒继代培养在适宜细胞的单层培养物上，适应后用作毒种。通常先培养出完整的细胞单层，倾去培养液，然后接种病毒，如猪水疱病弱毒病毒，待病毒吸附后加入维持液继续培养，待出现70%以上细胞病变时即可收获病毒，这称为异步接种。有的病毒采取同步接种，即在接种细胞同时或不久接种病毒，使细胞和病毒同时增殖，如细小病毒，培养一定时间后收获。

收毒的时间和方法依疫苗性质而定，有的将培养瓶冻融数次后收集，或者加入 EDTA-胰蛋白酶液将细胞消化分散后收取。收获的细胞毒经纯度检验和毒价测定合格后，按常规方法配制灭活苗或冻干苗。

(五)成品检验

成品检验是保证疫苗品质的重要环节，一般由专门机构在接到检验通知书后执行。按规定需对产品随机抽样，分别用于成品检验和留样保存。我国规定灭活苗在 500 L 以下、500～1 000 L 以及 1 000 L 以上者分别每批抽样 5 瓶、10 瓶和 15 瓶；冻干苗每批 5 瓶。抽样后必须在规定期限内进行检验和出示结论。

1. 纯度检验及活菌计数

(1)纯度检验　即无菌检验。活菌苗及灭活苗灭活之前不得混有杂菌，为此，必须进行纯度检验。凡含有防腐剂、灭活剂或抗生素的疫苗需培养及稀释后再移植培养。不同疫苗无菌检验所用培养基种类不同，通常选择最适合各种容易污染的需氧或厌氧杂菌生长而不适宜活菌苗细菌的培养基，如马丁肉汤琼脂斜面、普通琼脂斜面、血琼脂斜面及厌气肉肝汤和改良沙氏培养基等，分别将被检物 0.2～1 mL 接种到 50～100 mL 培养基中。除改良沙氏培养基置 20～30 ℃外，其余均置 37 ℃培养 3～10 d，观察有无杂菌生长，或按要求再作移植培养后判定结果。灭活苗培养应无细菌生长，弱毒活苗应无杂菌生长。某些组织苗(如鸡新城疫鸡胚组织苗)按规程允许存在一定数量的非病原性杂菌，如经纯度检验证明含污染菌，必须进行污染菌病原性鉴定及杂菌计数再作结论。

(2)活菌计数　弱毒活菌苗需通过活菌计数来计算头份数和保证免疫效果。通常用适量稀释的疫苗均匀接种最适平板培养基，置 37 ℃培养 24～48 h 后计数，以 3 瓶样品中最低菌数者确定每批菌苗的使用头剂。

2. 安全与效力检验

(1)安全检验　安全性是疫苗的首要条件，它主要包括外源性细菌污染、灭活或脱毒状况以及残余毒力检验等内容。用于疫苗安全检验的动物多属普通级或清洁级且敏感性高，符合一定的品种或品系、年龄、体重等规定，如猪丹毒菌以鸽和 10 日龄小鼠最敏感。除禽类疫苗可用本动物外，其他多可用小实验动物进行安全检验。

安全检验疫苗剂量常用免疫剂量的 5～10 倍以上，以确保疫苗使用的安全性。

凡规定要用多种动物作安全检验的产品，应以全部动物符合安全指标为合格；用小动物检验不合格的产品，若按规定可用同源动物重检时，如同源动物仍不合格，则不能再用小动物重检。在安全检验期内如出现非本疫苗所致症状及病变或难以得出结论时，可作重检或用加倍动物重检。只有安全检验合格的疫苗方可出具证明，允许出厂。

(2)效力检验　主要包括免疫原性、免疫产生期与持续期的检验。菌(毒)种的免疫原性决定疫苗的免疫力，但在生产过程中如处理不当，会使其免疫原性受到影响，从而影响疫苗的免疫效果。此外，通常抗原性强的疫苗株对同源动物的免疫力产生较早，而且免疫保护期长。

任何疫苗免疫动物时均需一定的抗原量，即最小免疫量，通常以半数保护量(PD_{50})或半数免疫量(IMD_{50})表示。测定时，细菌或病毒的量应以菌落单位(cfu)或空斑单位(PFU)

作为疫苗分装的剂量单位，而不是以稀释度为标准，如马立克氏病火鸡疱疹病毒苗以1 500 PFU作为一个最小免疫量。

疫苗的效力检验可采用活菌计数、病毒量滴定或血清学试验等多种方法，但最常用的仍是动物保护试验，即体内中和试验。设立对照动物，用疫苗对敏感实验动物或同源动物实行定量或变量免疫一定时间后用强毒攻击，如对照组动物死亡而免疫组动物受保护，且符合规定要求，表明疫苗效力合格；也可检测免疫动物血清中特异性抗体效价来检验疫苗的效力。

3．其他检验

(1)物理性状检验　各种液体疫苗均有其规定的外在和内在的物理性状标准。凡含有异物、凝块、霉团或变色、变质者均应剔除；装量不准、封口不严、外观不洁及标签不符者均应废弃。灭活的铝胶苗静置时上部为黄棕色、黄褐色、粉红色或褐色透明液体，下部为铝胶沉淀，振摇后为均匀的混悬液。

冻干苗应为海绵状疏松物，呈微白、微黄或微红色，无异物和干缩现象，安瓿口无裂缝及碳化物，常温下加水后应在5 min内完全溶解成均匀一致的混悬液。

(2)真空度检查　冻干苗在入库保存时或出库前2个月均应作真空度检查，剔除无真空制品，不符合真空标准的不得重抽真空后出厂。目前多用高频火花真空测定器检查，凡瓶内出现蓝紫色、紫色或白色亮光者为合格。

(3)残余水分测定　冻干苗残余水分含量不得超过4%，否则会严重影响疫苗的保存期和质量。每批疫苗随机抽取4瓶(每瓶冻干物不少于0.3 g)，用真空烘箱测定法或卡氏测定法测定其含水量。

二、免疫血清的制备及检验

(一)动物的选择与管理

1．动物的选择

由于动物存在个体免疫应答能力的差异，所以用于制备血清的动物应为一个群体，达到一定数量。此外，还必须是选自非疫区，经过隔离观察和严格检疫后确认为健康的动物方可投入使用。通常制备抗毒素用异种动物，一般选择体型较大、体质强健的青壮年动物为宜。如破伤风抗毒素多用青年马制备；抗病毒血清常用同种动物制备，如抗猪瘟血清用猪制备。总体来看，马和驴血清含量高且外观颜色较好，所以常用于免疫血清的制备。

2．动物的管理

制血清用动物应制定严格的管理制度，由专人负责饲养。经常喂以营养丰富及多汁的饲料，经常刷拭体表及每日给予4 h以上的运动。应定期检查免疫及采血期间的动物体温和健康状况。

(二)免疫原与免疫程序

1．免疫原

制备抗菌血清可用弱毒活苗、灭活苗及强毒菌株。在最适条件下生长的固体或液体培养物，在对数生长期收获后作为免疫原；活菌抗原常用16~18 h的新鲜培养液，经纯度检验无杂菌后作为免疫原。抗病毒血清制备可用弱毒疫苗、血毒或脏器强毒。制备抗毒素的免疫原多用类毒素，也可根据需要使用毒素或细菌全培养物等。

制备免疫血清用的免疫原均须经过无菌检验。

2. 免疫程序

一般分为基础免疫和高度免疫两个阶段。基础免疫多用弱毒疫苗或灭活疫苗，而高度免疫则选用毒力较强毒株或自然强毒株。基础免疫先按常规预防剂量首免，约 7 d 或 2～3 周再用较大剂量免疫 1～3 次，从而为高度免疫中回忆应答打下基础，但免疫强度无须过大。基础免疫后间隔 2 周到 1 个月左右开始高度免疫。高度免疫所注射的免疫原为强毒株，而且免疫剂量逐渐增加。两次注射间隔时间多为 5～7 d，注射次数则视血清抗体效价 1～10 次不等。

注射途径常为皮下或肌肉多部位分点注射，每一注射点的抗原，特别是油佐剂抗原不宜过多。

(三)采血与抗血清的提取

1. 采血

按程序完成免疫的动物，经检验血清效价符合标准时即可采血。效价低者须加强免疫，若多次免疫血清效价仍不合格者应将动物淘汰。一般血清抗体效价高峰在最后一次免疫后 7～11 d，可采用全放血或循环注射后多次采血的方法。动物放血前应禁食 24 h，以防血脂过高，但需照常饮水。

2. 抗血清的提取

一般不加抗凝剂。采血量较大时可直接采血于事先用灭菌生理盐水或 PBS 液湿润过的玻璃筒内，置室温自然凝固 2～4 h，当有血清析出时在筒中加入灭菌不锈钢压铊，24 h 后用虹吸法将血清吸入灭菌瓶中。也可将血液采入 50 mL 离心瓶内，在血液自然凝固后离心分离血清。血清加 0.5% 石炭酸或 0.01% 硫柳汞防腐，放置数日后再作纯度检验和分装。

(四)免疫血清的检验

免疫血清检验的抽检比例同灭活苗，抽样后除了要作无菌检验外，还要按规定进行安全检验和效力检验。所有血清制品都应为微带乳光橙黄色或茶色清朗液体，不应有摇不散的絮状沉淀和异物。若有沉淀时，稍加摇动，即呈轻度均匀混浊。装量、封口、瓶签同时检查。

三、卵黄抗体的制备及检验

产蛋鸡(鸭、鹅)感染某些病原后，其血清和卵黄内均可产生相应的抗体。因此，通过免疫注射产蛋鸡，即可由其生产的卵黄中提取相应的抗体，并可用于相应疾病的预防和治疗，该类制剂称为卵黄抗体。近年来，卵黄抗体已成为免疫血清的重要替代品，而且越来越受人们的重视。卵黄抗体可以在一定程度上克服血清抗体成本高、生产周期较长的弱点，并且具有同批动物连续生产的优点，但有潜伏野毒的危险。对生产用鸡(鸭、鹅)应做认真检疫。

我国已批准生产精制高免卵黄抗体。尽管抗不同病原卵黄抗体的制备过程有所不同，但制备原理和程序基本相同。鸡传染性法氏囊病抗体是用鸡传染性法氏囊强毒灭活后制备油乳剂灭活苗免疫接种 SPF 或健康产蛋鸡，从高免鸡蛋黄中提取抗体制成，用于鸡传染性法氏囊病早、中期感染的治疗和紧急预防。这里，以鸡传染性法氏囊病（IBD）卵黄抗体制备为例进行叙述。

用鸡 IBDV 囊毒组织灭活油乳剂抗原接种健康产蛋鸡，一般免疫 2～3 次，每次间隔 10～14 d，待卵黄琼扩反应效价达 1：128 以上即可收蛋。无菌操作取出卵黄，加入适量灭菌生理盐水或 PBS，充分捣匀后用纱布过滤，再用辛酸提取抗体，加入终浓度 0.01％硫柳汞及青、链霉素使终浓度为 100 IU（μg）/mL 而制成。本品为略带棕色或淡黄色透明液体，久置后瓶底有少许白色沉淀，琼扩抗体效价应大于等于 1：32。成品除按《成品检验的有关规定》检验外，还必须进安全检验和效力检验，合格者才能临床应用。

本品于 2～8 ℃保存，有效期 18 个月。用于鸡 IBD 早期和中期感染的治疗和紧急预防，皮下、肌肉或腹腔注射均可。每次注射的被动免疫保护期为 5～7 d。

任务三 猪水肿病灭活苗的制备

一、目的要求

掌握猪水肿病灭活苗的制备与检验方法。

二、仪器及材料

猪水肿病菌种：O138：K81、O139：K82、O141：K85，可购自中国兽药监察所。
实验动物：健康成年小鼠，体重 18～22 g，可购自实验动物饲养室。

三、方法与步骤

（1）种子液的制备　将所分离的菌株分别接种于肉汤内，37 ℃培养 18 h，将所有的菌株按一定比例混合，作为种子液。

（2）菌液培养　将混合好的种子液，按培养基量的 20％接种于培养瓶肉汤内，37 ℃培养 24 h，按 0.3％加入甲醛溶液，37 ℃灭活 48 h。同上，将混合好的种子液，按一定量接种于普通琼脂搪瓷盘，37 ℃培养 24 h，灭菌生理盐水洗菌苔，0.2％甲醛 37 ℃灭活 24 h。以上两种方法灭活前均做纯检，如发现杂菌应废弃。比浊计数，相当于麦氏比浊管第 8～9 管。

（3）菌苗制造　经杂检合格的菌悬液，灭活后按一定比例制成油乳剂苗及铝胶苗，4 ℃保存备用。

（4）菌苗检验

① 无菌检验：随机抽样。分别接种于普通肉汤、普通琼脂斜面、鲜血琼脂培养基上，在需氧和厌氧条件下，37 ℃培养 48 h，应无任何细菌生长。

② 安全性试验：健康成年小鼠 10 只，皮下或肌肉注射 0.4 mL/只灭活苗，观察 7～

10 d。

③ 保护性试验：以不同剂量的灭活苗皮下免疫小鼠，14～27 d 后腹腔攻毒，观察保护情况。

④ 血清效价测定：按常规进行玻片凝集试验、琼扩试验。

四、思考题

为什么要选择多个血清型菌种做菌苗？

任务四　鸭病毒性肝炎卵黄抗体的制备

一、目的要求

掌握鸭病毒性肝炎病的预防与治疗方法；掌握卵黄抗体制备和收集方法；掌握卵黄抗体效价测定方法。

二、仪器与材料

一次性注射器、匀浆器、离心机、量筒等。

9 日龄鸡胚、DVH 弱毒疫苗、生理盐水、双抗（青霉素、链霉素混合物）、0.5%甲醛（分析纯）、4%吐温-80、10 号白油、司本-80、2%硬脂酸铝、0.05%百毒杀、75%乙醇、组织捣碎机、普通营养琼脂培养基、厌氧肉汤培养基、5 日龄 SPF 雏鸭、健康高产蛋鸡等。

三、方法与步骤

① 选择健康高产蛋鸡，隔离饲养，加强饲料营养，同时加喂抗生素预防细菌感染，观察 1 周，表现正常时接种 DVH 弱毒疫苗。

② 水相制备：无菌手术法，取新鲜且具有 DVH 典型病变的肝脏，除去胆囊、称重、剪碎，按 1∶3 比例，用生理盐水稀释捣碎装入瓶中，加双抗，置冰箱反复冻融 3 次，离心，取上清，再加入肝组织，按上述方法处理，取其上清液（保留 200 mL 冻存备用），加 0.5%甲醛（分析纯）混匀，于 37℃条件下灭活 24 h，即可达到灭活目的，再加入 4%吐温-80，高速搅匀 5 min，装瓶，即为水相。

③ 油相制备：取 10 号白油和司本以 96∶4 混合加入 2%硬脂酸铝，高压灭菌后即为油相。

④ 油苗制备：以油相与水相 3∶1 的比例，先高速搅匀油相 3 min，然后逐渐加入水相，边加边混，至加完水相后再高速（10 000 r/min）搅拌 3 min，然后静置 72 h 或 3 000 r/min 离心不分层，判为合格。

⑤ 高免卵黄抗体制备：将 DVH 弱毒苗，用生理盐水稀释，每只 SPF 健康高产蛋鸡以 2 倍量饮水接种疫苗，然后于第 10 天和第 20 天分别接种 SPF 健康高产蛋鸡，上述 DVH 油剂灭活苗 2 mL 和 4 mL。经上述免疫后 10 d，采鸡血清测定抗 DHV 中和抗体效

价，中和效价在 2^{11} 以上者，收集该鸡产的蛋，用自来水清洗污物后用 0.05％百毒杀浸泡 3～5 min，然后用纱布擦干，再用 75％乙醇擦一遍，晾干。在无菌条件下，将高免蛋打破，倒入蛋清分离器中分离蛋清，把留下的蛋黄倒入消毒好的烧杯中，置组织捣碎机中用 3 000 r/min 匀浆 1 min，加等量灭菌生理盐水搅匀后，加青链霉素各 2 000 IU/mL，分装于灭菌玻璃瓶中，加塞密封，贴标签。进行常规安全性和无菌检验后，置 4～8 ℃冷藏备用。

⑥ 卵黄抗体效价测定：采用鸡胚中和试验法测定卵黄抗体 DHV 中和效价，将收获的卵黄抗体做 2 倍系列稀释，取 2^6～2^{12} 7 个稀释度的卵黄抗体与等量 DHV 混合，经 37 ℃中和 1 h 后，接种 9 日龄健康鸡胚，每个稀释度接种 5 个，同时设阴性、阳性对照，观察鸡胚病变及死亡情况，按 Read-Muench 法计算卵黄抗体中和效价。

⑦ 卵黄抗体的检验：

a. 物理性状：精制卵黄抗体为略带棕色或淡黄色透明液体，于 4 ℃长时间保存后，瓶底可有少许白色沉淀；粗制卵黄抗体为黄色，冰冻溶解后有少量卵黄沉淀。

b. 安全检查：随机抓取 5 日龄 SPF 雏鸭 10 只，颈背部皮下注射蛋黄抗体 1～2 mL，隔离饲养观察 10 d，其精神、食欲和粪便均应无异常。

c. 无菌检查：取卵黄抗体接种于普通营养琼脂和厌气肉汤培养基，37 ℃培养箱内培养 48 h，均应无细菌生长。

d. 效力检查：对鸭病毒性肝炎病鸭，肌肉或皮下注射 1 mL，3 d 内应有 80％以上明显好转或痊愈。

四、思考题

1. 为什么要连续接种灭活疫苗？
2. 为何选择 SPF 健康高产蛋鸡群制备卵黄抗体，并采用 SPF 雏鸭进行安全检查？

任务五　抗猪瘟血清的制备

一、目的要求

掌握高免血清的制备与保存方法、血清效价测定方法；掌握高免血清预防、治疗猪瘟的原理与方法。

二、仪器与材料

猪瘟弱毒疫苗（脾淋苗或细胞苗）、猪瘟病毒 ELISA 检测试剂盒、2 月龄健康仔猪、健康育肥猪、健康妊娠母猪、清洁级小鼠、柠檬酸钠、青霉素钠、硫酸链霉素、注射器、胶管、盛血器皿、细管、冰箱、玻璃瓶、微量移液器、高速离心机等。

三、方法与步骤

① 选取体况和健康状况一致的猪为实验猪，首次免疫前采集猪血样作为阴性对照。

② 首次免疫，将供试猪颈部肌肉多点注射猪瘟弱毒苗 10 头份/头猪，观察免疫后猪只的精神、食欲等变化。10 d 后耳静脉采血，ELISA 诊断试剂盒测效价应达 1∶80 以上。

③ 首免后 10 d，每头猪多点肌肉注射进行二免（猪瘟弱毒苗 20 头份/头猪），14 d 后采血测效价应达 1∶320 以上。

④ 二免后 10 d 以相同方式进行三免（猪瘟弱毒苗 50 头份/头猪），20 d 后采血测效价应达 1∶1 280 以上。

⑤ 若效价达不到要求可继续进行四免（同三免）。4、5 步也可用猪瘟野毒强毒颈部肌注 1∶10 脾组织悬液 10 mL/头，20 d 后采血，效果更好，但需特别注意生物安全和消毒措施。

⑥ 效价达到后，进行颈总动脉采血。首先对器械消毒，常规保定待宰猪，颈部局部剪毛、冲洗、消毒，然后切开皮肤与脂肪，分离组织充分暴露颈总动脉并切开，用胶管结扎导流，放血致无菌容器。

⑦ 将采集的血液，4 ℃离心机 3 000r/min 离心 15 min。取上清，加入双抗（每毫升加入青霉素、链霉素各 1 000 U）和 0.01% 的硫柳汞，少量分装，于 2～15 ℃ 阴冷干燥处保存，有效期为 3 年。

⑧ 抗血清质量检查：

a. 无菌试验：将制备的血清分别接种普通琼脂平板和血斜面培养基，48 h 后应均无细菌生长。

b. 安全试验：用制备的血清接种 10 头育肥猪，每头一次性肌肉注射 30 mL，连续观察 15 d；或用制备的血清接种怀孕 10～30 d 的头胎母猪 5 头，每头一次性肌肉注射 30 mL，观察到分娩；或用猪瘟高免血清接种 10 只小鼠，每只腹腔注射 0.8 mL，观察 2 周。接种高免血清后，精神状态应良好，食欲正常，表明该血清对猪是安全的。

c. 治疗试验：试验组用高免血清 5 mL/ 头肌注，治疗猪瘟临床症状明显的病猪 15 头，对照组 5 头采用猪瘟细胞苗紧急预防接种，并配合其他辅助治疗措施，观察治疗效果，治疗率须达 90% 以上。

四、思考题

1. 为什么要进行连续的免疫？连续免疫对动物有什么影响？
2. 高免血清有什么作用？

模块二　免疫诊断及免疫防治

一、免疫诊断与检测

(一)血清学技术诊断与检测

1. 疾病诊断

疾病诊断主要是寻找致病因素，或者确定发病后特异性产物。微生物及寄生虫分别是传染病和寄生虫病的病原，它们能刺激机体产生特异性抗体。取患病动物的组织或血清作为检测材料，利用适当的血清学实验，能够定性和定量地检测微生物或寄生虫抗原，确定它们的血清型及亚型，或者检测相应的抗体，从而对疾病进行确诊。目前，诊断用抗原已经从微生物和寄生虫抗原扩展到肿瘤抗原等多种。通过免疫学诊断，不仅能考察动物个体某一时间点所处的病理发展阶段和免疫应答能力，而且能通过对群体材料的定期检测，揭示动物群体抗体水平的动态变化规律，从而判断群体对某一特定疾病的易感性，对该病在群体中流行的可能性作出评估，即所谓流行病学分析。凝聚试验、沉淀试验、中和试验、标记抗体技术等，正在越来越广泛地应用于此类诊断。

2. 妊娠诊断

动物妊娠期间能产生新的激素，并从尿液排出。以该激素作为抗原，将激素抗原或抗激素抗体吸附到乳胶颗粒上，利用间接凝集试验或间接凝集抑制试验，检测孕妇或妊娠动物尿液样品中是否有相应激素存在，进行早期妊娠诊断。根据反应类型和条件不同，这些反应在室温下经过 3～20 min 就能观察到结果。另外，间接血凝抑制试验、琼脂扩散试验等也可用于妊娠诊断。

3. 生物活性物质的超微定量

利用血清学技术，尤其是酶免疫标记技术和放射免疫标记技术，可以检测出纳克(ng)级水平的物质，实现对动物、植物和昆虫体内其他方法难以测出的微量激素、白细胞介素等生物活性物质的超微量测定。

4. 物种鉴定

免疫学技术还可用于揭示不同物种之间抗原性差异的程度，作为分析物种鉴定和生物分类的依据。另外，血清学试验能用于任何动物血型的分类与鉴定。

5. 免疫增强药物和疫苗研究

血清学试验可用于研究疫苗免疫效力和评价免疫增强药物的功效，例如抗肿瘤药物筛选中，需要鉴定药物对细胞免疫功能的影响作用。

6. 免疫诊断与高新技术结合

免疫学诊断方法与其他先进技术相结合，可以在细胞水平、亚细胞水平对抗原分子进行分析。与分子生物学技术相结合，产生了用于定量分析基因表达产物的免疫转印技术等。

(二)变态反应诊断

利用变态反应原理，通过已知微生物或寄生虫抗原在动物机体局部引发变态反应，能确定动物机体是否已被感染相应的微生物或寄生虫，并能分析动物的整体免疫功能。迟发型变态反应常用于诊断结核分枝杆菌、鼻疽杆菌、布氏杆菌等细胞内寄生菌的感染。例如，将结核菌素进行皮内注射同时点眼，可以诊断动物是否已经感染结核分枝杆菌。目前，用结核菌素进行皮内注射、点眼是诊断动物结核病的规范化检疫方法。

(三)细胞免疫测定技术

细胞免疫检测技术是血清学试验无法代替的免疫测定技术，不仅可以揭示动物体内细胞免疫的水平和状态，分析特定抗原刺激 T 细胞后的细胞免疫机制，而且可以通过测定抗原进入机体后细胞免疫应答的变化，衡量抗原的免疫原性和免疫效力，还可以用正常 T 淋巴细胞检测干扰素、白细胞介素等免疫因子的生物活性及效价。常用的细胞免疫测定试验有 E 玫瑰花环试验、T 淋巴细胞转化试验和细胞毒性 T 细胞试验。

(1)E 玫瑰花环试验　T 细胞表面具有 CD₂ 红细胞受体，可以将动物红细胞结合在 T 细胞周围，在光学显微镜下呈现为玫瑰花环。通常用动物外周血淋巴细胞与绵羊红细胞在一定条件下孵育、涂片、染色、镜检计数，可以确定血液中 T 淋巴细胞的比例和总数。

(2)T 淋巴细胞转化试验　能在体外检测 T 淋巴细胞功能。T 淋巴细胞与特异性抗原在体外共同培养时，细胞代谢旺盛，蛋白质和核酸合成加强，细胞体积增大，转化为能分裂的淋巴母细胞。转化率的高低反映了机体针对这一抗原的特异性细胞免疫功能。如果用有丝分裂原(如 PHA 和 ConA)与 T 淋巴细胞培养，则转化率体现了机体细胞免疫功能的强弱。

(3)细胞毒性 T 细胞试验　Tc 细胞是抗原刺激产生的 T 细胞亚群，无需补体参与就能特异性溶解、破坏靶细胞，在肿瘤免疫和病毒免疫中起重要作用。如果将肿瘤细胞、病毒感染的细胞等靶细胞与被同种抗原致敏的患者淋巴细胞共培养，然后检查靶细胞的死亡情况，就可以反映肿瘤病患者或病毒感染者特异性细胞免疫功能的强弱，判断疾病预后。也可以借以分析抗肿瘤药物和抗病毒药物的疗效。

二、免疫防治

机体对病原微生物的免疫力分为先天性免疫和获得性免疫两种，前者是动物体在种族进化过程中形成的天然防御能力，后者是动物体在个体发育过程中获得的。获得性免疫力的建立有主动免疫和被动免疫两种途径，主动免疫是机体受抗原刺激后，本身主动产生的免疫。而被动免疫是动物通过接受其他个体产生的抗体而形成的免疫。不论主动免疫或被动免疫都可通过天然和人工两种方式获得。

(一)主动免疫

动物自身在抗原刺激下主动产生特异性免疫保护力的过程称为主动免疫。

1. 天然主动免疫

动物在感染某种病原微生物耐过后产生的对该病原体再次侵入的抵抗力称为天然主动免疫。某些天然主动免疫一旦建立，往往持续数年或终生存在。

自然环境中的病原微生物可通过呼吸道、消化道、皮肤或黏膜侵入动物机体在体内不断增殖，与此同时刺激机体的免疫系统产生免疫应答，如果机体的免疫系统不能将其识别和清除，就会给机体造成严重损害，甚至导致死亡。如果机体的免疫系统能将其彻底清除，动物即可耐过发病过程而康复，耐过的动物对该病原体的再次入侵具有坚强的特异性抵抗力，但对另一种病原体，甚至同种但不同型的病原体，却没有抵抗力或仅有部分抵抗力。机体的这种特异性免疫力是自身免疫系统对异物刺激产生免疫应答的结果。

2. 人工主动免疫

给动物接种疫苗，刺激机体免疫系统发生应答反应，产生的特异性免疫力称为人工主动免疫。人工主动免疫所接种的物质不是现成的免疫血清或卵黄抗体，而是刺激产生免疫应答的各种疫苗制品，包括各种疫苗、类毒素等，因而有一定的诱导期，出现免疫力的时间与抗原种类有关，如病毒抗原需 3～4 d，细菌抗原需 5～7 d，毒素抗原需 2～3 周。然而人工主动免疫产生的免疫力持续时间长，免疫期可达数月甚至数年，而且有回忆反应，某些疫苗免疫后，可产生终生免疫，如天花。生产中人工主动免疫是预防和控制传染病的行之有效的措施之一。由于人工主动免疫不能立即产生免疫力，需要一定的诱导期，所以在免疫防治中应着重考虑到这一特点。

（二）被动免疫

并非动物自身产生，而是被动接受其他动物形成的抗体或免疫活性物质而获得特异性免疫力的过程称为被动免疫。

1. 天然被动免疫

新生动物通过母体胎盘、初乳或卵黄从母体获得母源抗体从而获得对某种病原体的免疫力称为天然被动免疫。天然被动免疫是免疫防治中非常重要的内容之一，在临床上应用广泛。由于动物在生长发育的早期（如胎儿和幼龄动物），免疫系统还不够健全，对病原体的抵抗力较弱，此时可通过获得母源抗体增强免疫力，以保证早期的生长发育。如用小鹅瘟疫苗免疫母鹅以预防雏鹅患小鹅瘟。天然被动免疫持续时间较短，只有数周至几个月，但对保护胎儿和幼龄动物免于感染，特别是预防某些幼龄动物特有的传染病具有重要的意义。在初乳中的 IgG、IgM 可抵抗败血性感染，IgA 可抵抗肠道病原体的感染。然而母源抗体可干扰弱毒疫苗对幼龄动物的免疫效果，导致免疫失败是其不利的一面。

2. 人工被动免疫

给机体注射免疫血清、康复动物血清或高免卵黄抗体而获得的对某种病原体的免疫力称为人工被动免疫。如抗犬瘟热病毒血清可防止犬瘟热，精致的破伤风抗毒素可防止破伤风，尤其是患病毒性传染病的珍贵动物，用抗血清防治更有意义。注射免疫血清可使抗体立即发挥作用，无诱导期，免疫力出现快。然而抗体在体内逐渐减少，免疫储蓄时间短，根据半衰期的长短，一般维持 1～4 周。

模块三　微生物与饲料、畜产品及微生物制剂

本模块主要介绍畜牧业相关的饲料和畜产品（乳、蛋、肉、毛皮）中微生物种类和来源、在这些产品中所起的作用；微生物制剂，利用这些微生物的生物学特性以提高饲料和畜产品的品质，增加或保持饲料和畜产品的价值，并通过相应国家标准予以检测。

任务一　微生物与饲料

饲料中各种微生物的活动影响着饲料的营养价值，有些微生物本身具有很好的营养价值，经过培养后可制成微生物蛋白饲料；有的微生物能参与饲料的调制过程，改善饲料的适口性和营养价值；有的可使饲料败坏，从而降低饲料的营养价值，甚至产生毒素，引起畜禽中毒。学习微生物在饲料中的应用，目的在于充分发挥有益微生物的作用，以提高饲料营养价值，防止或抑制有害微生物的活动，确保饲料在调制和储存过程中不变质，以保护饲料营养成分和促进畜禽的健康。

一、饲料中的微生物及其来源

植物性饲料中的微生物主要来源于植物根系和茎叶表面的微生物。植物的根系表面微生物细菌多为不形成芽孢的细菌，包括草生假单胞菌、荧光假单胞菌、异型乳酸发酵菌等；真菌主要有青霉菌、木霉菌、镰刀菌等。植物茎叶表面的微生物主要来源于土壤、根际和空气尘埃等，其中包括氮化细菌、乳酸菌、丁酸菌、大肠杆菌、硝化细菌、反硝化细菌、霉菌、酵母菌和芽孢杆菌等。

正常健康动物的组织一般是无菌的，动物性饲料中微生物来源于屠宰和加工过程中。动物性饲料富含蛋白质，且加工过程常需一定时间，因此，其中的微生物能有时间大量生长和繁殖，常见的包括葡萄球菌、链球菌、绿脓杆菌、大肠杆菌、变形杆菌、需氧性芽孢杆菌和厌氧性梭菌等，另外还有多种霉菌。普通的动物性饲料每克含菌数可达 $10^6 \sim 10^7$ 个。

二、饲料原料的处理与微生物

植物原料被采收后，大量的腐败菌、真菌、丁酸菌和其他的细菌就会以植物组织为营养开始迅速生长繁殖，导致饲料作物的养分被消耗，并使饲料发生腐败变质，降低饲料的饲用价值。因此，为了减少植物性饲料养分的损失和防止饲料变质，通常采用干制等措施有效地控制有害微生物的生长和繁殖。除此之外，秸秆饲料可通过微生物发酵或添加微生物发酵生产的酶制剂的处理来提高营养价值。

动物性饲料一般都作干制或盐渍以利于贮存，这样微生物因缺乏可利用的水分而不能活动。但一旦遇湿或水，其中的微生物即可迅速生长和繁殖，引起饲料发霉变质，因此，在贮藏和使用时应该注意。

三、青贮饲料与微生物

青贮饲料是指青玉米秆、牧草等青绿饲料经切碎、填入、压实在青贮塔或窖中，密封，在密封条件下，经过微生物发酵作用而调制成的一种多汁、耐贮存、质量基本不变的饲料。

青贮的基本原理是在密封条件下，青料中的碳水化合物(主要是糖类)通过微生物厌氧发酵，产生有机酸(主要是乳酸)，使青料的 pH 降到足以抑制腐败菌、霉菌及所有微生物活动的水平，从而达到能长期完好地保存青贮饲料的目的。现在青贮饲料已成为养牛生产中青料贮存的常规技术。

1. 青贮饲料中的微生物

刚收割的新鲜青料上存在需氧真菌、细菌，厌氧或兼性厌氧菌，在青贮饲料中的微生物主要包括乳酸菌、肠杆菌、丁酸菌、酵母菌、霉菌等。这些微生物中有的能大量产生乳酸，有益于青贮；有的则消耗乳酸或进行蛋白质腐败等，影响着青贮饲料的品质。

(1)乳酸菌(LAB)　乳酸菌是一类兼性厌氧细菌，是制作优良青贮饲料的主要微生物。它们主要利用饲料原料中的水溶性碳水化合物(WSC)产生乳酸，使饲料中的 pH 急剧下降，从而抑制腐败菌或其他有害菌的繁殖，起到防腐保鲜作用。乳酸菌自身不分泌蛋白酶，不能分解蛋白质，但会利用青贮饲料中的多种氨基酸作为其生长繁殖的氮源，其菌体蛋白又可为家畜提供氮源。

乳酸菌的种类繁多，可分为同型发酵乳酸菌和异型发酵乳酸菌 2 大类。在青贮过程中同时存在同型和异型乳酸发酵。同型发酵后的产物只有乳酸，发酵消耗养分少、效率高；异型发酵后的产物除乳酸外，还有二氧化碳、乙醇、乙酸等。因此，同型发酵是理想的发酵类型。

（2）肠杆菌　是一类兼性厌氧菌，主要有大肠杆菌和产气杆菌。这类细菌在生长过程中消耗了青贮饲料中的碳水化合物，还对青贮饲料中的蛋白质进行腐败性分解，破坏青贮饲料的营养成分，从而降低饲料的适口性和营养价值。

（3）丁酸菌　是一类严格厌氧的梭状芽孢杆菌。它们在厌氧条件下可将青贮饲料中的乳酸或葡萄糖进行丁酸发酵，可将蛋白质分解成大量的胺或氨，使青贮饲料发臭，既影响饲料的适口性，又影响饲料的营养价值。丁酸发酵的程度是青贮饲料质量好坏的重要标志，丁酸含量越多，青贮饲料的品质越差。丁酸菌不耐酸，因此在青贮制作过程中乳酸产生的低 pH 环境可控制丁酸菌的活动。

（4）腐生菌　腐生菌的种类很多，数量最大，有需氧的枯草杆菌、马铃薯杆菌，厌氧的腐败梭菌，兼件厌氧的变形杆菌等。这些菌在低 pH 环境下不会产生腐败作用。只有当青贮调制不当时腐败菌才破坏青贮饲料中的蛋白质和氨基酸，生成戊二胺、乙酸、丁酸、氨气、二氧化碳和氢气等，降低饲料的营养价值，同时产生臭味和苦味降低青贮饲料的适口性。

（5）酵母菌　在青贮饲料中常有许多酵母菌只能在青贮过程的最初几天内繁殖，进行乙酸发酵，使饲料具有良好的香味，随着氧气的耗尽和乳酸的积累等而很快停止活动。

（6）霉菌　青贮饲料中的霉菌为需氧喜酸性环境的微生物，常见的有毛霉、青霉、曲霉、枝孢霉等。这些霉菌多来自饲料原料，在青贮窖内严格的厌氧环境下不易生长繁殖。当青贮装填不紧或密封不严而有较多空气时，霉菌便可在其中生长，分解乳酸、乙酸和其他有机酸，而酸度不足又为腐生菌活动创造了条件，青贮饲料的质量就会进一步受到影响。

（7）其他微生物　在青贮原料中还可存在放线菌、担子菌等，但受厌氧和酸性环境的限制，通常不能增殖。

2. 青贮饲料的发酵过程

青贮实质上是微生物发酵的过程，可分为耗氧期、微生物发酵竞争期、稳定期和青贮启窖期 4 个阶段。

（1）耗氧期　耗氧期也称发酵预备期，指青贮饲料的环境从有氧变为厌氧的过程。氧气的耗尽主要是通过青绿植物的呼吸和微生物作用。植物呼吸作用可消耗青贮原料中的糖而产热，适当的产热有利于乳酸发酵，浪费原料中的养分；青贮原料表面附着的各种需氧和兼性厌氧微生物都在青贮窖内生长繁殖，其中腐败细菌、霉菌在此时活动最强烈，其能破坏青贮料中的蛋白质，形成大量吲哚、气体以及少量乙酸等。但随着青贮窖内很快形成缺氧环境，需氧性细菌和霉菌开始停止活动，而厌氧性细菌迅速增殖。

（2）微生物发酵竞争期　在厌氧条件下很多厌氧微生物或兼性厌氧菌都可在青贮饲料中进行发酵。随着乳酸球菌和肠膜明串珠菌在发酵开始阶段占优势，有机酸开始积累，

pH 下降，戊糖片球菌和乳酸杆菌占主导地位，抑制了不利于青贮的微生物的生长。

（3）稳定期 随着青贮进行，乳酸杆菌进一步积累乳酸，pH 不断下降，其他微生物停止活动或死亡。当乳酸积累到含量为 1.5%～2%，pH4.0～4.2 时，青贮饲料在厌氧和酸性的环境中成熟，进入稳定期。

（4）青贮开窖期 制好的青贮饲料开窖后，由于空气进入，好氧微生物霉菌和酵母菌利用青贮饲料的有机酸和残留糖分进行发酵、产热，从而引起饲料品质败坏的现象称为二次发酵或好气性败坏。所以开窖后的青贮料应连续、尽快用完，每次取用青贮料后用薄膜盖紧，尽量减少空气接触青贮料。

从青贮饲料制作过程可以看出，所选青贮原料中含有乳酸菌繁殖、发酵必需的水溶性碳水化合物，尽快创造厌氧条件，减少原料杂菌污染，是优质青贮饲料制作的关键。

3. 调控青贮发酵的饲料添加剂

在青贮过程中，为了促进乳酸菌的发酵，抑制腐败菌、丁酸菌等不利于青贮发酵微生物的生长繁殖，可采用青贮饲料添加剂来控制发酵。当饲料原料表面乳酸菌较少时，青贮饲料中可接种胚芽乳酸杆菌、粪肠球菌、肠膜明串珠菌和嗜酸性乳酸杆菌等乳酸菌和一些富含碳水化合物的材料，如糖蜜，来有效促进青贮饲料中的乳酸产生，从而提高青贮饲料的质量。此外还可添加甲酸、丙酸等发酵抑制剂来抑制不利于青贮发酵的微生物，促进乳酸发酵。

四、单细胞蛋白质饲料

单细胞蛋白（SCP）又称生物菌体蛋白或微生物蛋白，是指酵母菌、真菌、霉菌、非致病性细菌等单细胞微生物体内所产生的菌体蛋白质。蛋白质含量一般占菌体干物质的40%～80%。SCP 蛋白质含量比豆粉高 10%～20%，可利用氮比大豆高 20%。

1. 生产 SCP 的微生物种类

目前，生产 SCP 的微生物有 4 大类，即非致病和非产毒的细菌、酵母、真菌和藻类。因细菌蛋白饲料中菌体难分离，核酸含量高，所以目前微生物蛋白的开发重点集中在酵母、真菌和藻类 3 大类群。酵母菌主要有啤酒酵母、热带假丝酵母、产朊假丝酵母、解脂假丝酵母等。酵母菌核酸含量低，容易收获，且在偏酸环境下容易生长，可减少污染。霉菌主要有根霉、曲霉、青霉和木霉。真菌菌丝生产慢且易受污染，因此必须在无菌条件下培养。藻类主要有螺旋蓝藻和小球藻等。螺旋藻蛋白质含量（50%～70%）是已知动植物中最高的一种，同时还含有 18 种氨基酸（包括 8 种必须氨基酸），是人类理想的蛋白质宝库。

2. SCP 的特点

（1）SCP 营养丰富 SCP 蛋白质含量很高，细菌蛋白质含量为 69%～80%，酵母为45%～55%，霉菌为 30%～50%，藻类为 60%～70%，并且氨基酸含量齐全，特别是植物饲料中缺乏的赖氨酸、蛋氨酸和色氨酸含量较多，生物学价值大大优于植物蛋白质，单细胞蛋白的消化率高达 85%～90%。

（2）生产速率高 微生物的倍增时间比猪、牛、羊等快千万倍。细菌的重量倍增时间为 20～120 min，酵母的重量倍增时间为 40～120 min，而猪却需要 4～6 周，牛则需要 1～2 个月。据估计，一头 500 kg 的公牛每天生产蛋白质 0.4 kg，而 500 kg 酵母至少生产蛋白质 500 kg。酵母合成蛋白的时间比植物快 500 倍，比动物快 2 500 倍。

（3）劳动生产率高，不受季节等因素影响　培养单细胞蛋白，在常温、常压、弱酸或弱碱条件下即可进行，不会污染环境，不受土地、气候的限制，一年四季均可生产。一座年产 10×10^4 t 的单细胞蛋白的微生物工厂，能生产相当于 180×10^4 hm^2 耕地生产的蛋白质。正因为如此，单细胞蛋白饲料的生产近年来已引起世界各国的重视，都在进行迅速的研究和开发，取得了丰硕的成果。

（4）原料来源广　生产 SCP 的原料来源一般分为 4 类：一是糖质原料。如淀粉或纤维素的水解液，亚硫酸纸浆废液制糖的废蜜等；二是油原料。如柴油、正己烷、天然气等；三是石油化工产品，如酸、甲醇、乙醇等；四是氢气和碳酸气。这些原料大都是工农生产活动的下脚料，因价格低廉、原料利用率低或污染环境而起人们的关注。通过微生物发酵、废弃物综合利用和环境保护三者有机结合起来，弥补了我国动物性蛋白饲料的不足。

3. SCP 在畜禽生产上的应用效果

随着畜牧业的发展，家畜必需蛋白饲料的缺乏已引起人们的高度重视。SCP 在畜禽生产中应用结果表明，在替代鱼粉等蛋白饲料后，畜禽的各项生长性能、营养物质代谢率和机体免疫机能都得到了不同程度的提高。可以预见，SCP 的生产有着广阔和诱人的发展前景。

五、饲料添加剂与微生物

微生物在饲料添加剂上的应用主要有 3 个方面：一是很多微生物的代谢产物是重要的饲料添加剂，如氨基酸、抗生素、维生素等；二是各种微生物来源的酶是重要的饲料添加剂；三是微生物活菌制剂即微生态制剂是重要的饲料添加剂。

1. 微生物代谢产物与饲料

微生物代谢产物作为添加剂，是通过人工控制微生物发酵过程，使微生物中间代谢产物大量积累，经过滤、吸附、提取等工艺加工制成，主要有氨基酸、抗生素、维生素等。

现在通过微生物发酵法或酶法生产的氨基酸已有 20 多种，微生物发酵法已经成为氨基酸生产的主要方法。在各种氨基酸的生产中，以谷氨酸的发酵规模、产量最大。

至今已发现微生物产生的抗生素约 6 000 个，有实用价值的有 100 多种。产生抗生素的微生物大部分是土壤微生物，种类有丝状真菌、酵母、细菌和放线菌等，分布广泛。在已发现的抗生素中，由真菌产生的约占 13%，由地衣产生的在 1% 以下，由细菌产生的约占 12%，由放线菌产生的约占 67%。在放线菌所产生的抗生素中，约 90% 是由链霉菌产生的。

现在通过微生物发酵法生产的维生素主要有维生素 C、维生素 B$_2$、维生素 B$_{12}$、β 胡萝卜素等，其中以维生素 C 产量最大。

2. 酶制剂与饲料

饲用酶制剂是一种以酶为主要功能因子的饲料添加剂，它是经基因工程技术选出的细菌或真菌菌株的发酵产物。世界上已发现酶的品种有 3 700 多种，生产用酶已达 300 多种，作为饲料添加剂用的酶制剂产品也有 20 多种。根据饲料中所含酶的种类，饲料用酶制剂

大致可分为 2 类:

① 消化性酶:畜禽消化道可以合成和分泌,但因某种原因需要补充和强化的酶种,称为消化性酶,如淀粉酶、蛋白酶、脂肪酶等。

② 非消化性酶(又称非淀粉多糖酶):动物自身不能分泌到消化道内的酶,这类酶能消化动物自身不能消化的物质或降解一些抗营养因子,如木聚糖酶、果胶酶、甘露聚糖酶、β-葡聚糖酶、纤维素酶、植酸酶等。

目前饲料中常用的酶种主要有下面几类:

(1)α-淀粉酶   正式名称为 α-1,4 葡聚糖-4-葡聚糖水解酶。主要作用于直链淀粉和支链淀粉中直链部分 α-1,4 键,生成由数个葡萄糖聚合成的低聚糖和极限糊精。产物的末端葡萄糖残基 C_1 碳原子为 α 构型,因此习惯称之为 α-淀粉酶。

(2)糖化酶   正式名称为葡聚糖葡萄糖水解酶,主要作用于淀粉的非还原性末端,依次水解 α-1,4 糖苷键生成葡萄糖。

(3)蛋白酶   是作用于蛋白质或多肽,催化肽键水解的酶类。按酶的来源,可分为植物蛋白酶、动物蛋白酶和微生物蛋白酶。蛋白酶对蛋白质中的肽键水解有 2 种模式,一种是从蛋白质的 N 端(带游离氨基)或 C 端(带游离羧酸)切下单个的氨基酸,这些酶被称为外切蛋白酶;二是分裂内肽键,通常水解产物为较小的多肽类和肽类,称为内切蛋白酶,大多数内切蛋白酶水解蛋白质生成的最终产物并不是大量的游离氨基酸。各种蛋白酶水解蛋白质的最适作用 pH 值不同,按酶表现出最高活力的 pH 值范围分为酸性、中性和碱性蛋白酶 3 种。饲料工业中使用的是酸性和中性蛋白酶。

(4)纤维素酶   是指能降解纤维素的一类酶的总称,是一个由多种水解酶组成的复杂酶系,主要来自于真菌和细菌。根据各酶功能的不同主要分为 3 类:

① 葡聚糖内切酶:来自于真菌的简称为 EG,来自于细菌的简称为 Len。这类酶一般作用于纤维素内部的非结晶区,随机水解 β-1,4 糖苷键,将长链纤维素分子截短,产生大量带非还原性末端的小分子纤维素。

② 葡聚糖外切酶:来自于真菌的简称 Cbh,来自于细菌的简称 Cex。这类酶作用于纤维素线状分子末端,水解 β-1,4 糖苷键,每次切下 1 个纤维二糖分子,故又称为纤维二糖水解酶。

③ β-葡聚糖苷酶:简称 BG,这类酶将纤维二糖水解成葡萄糖分子。

(5)木聚糖酶   是专一降解木聚糖的复合酶。广义的木聚糖酶是指能够降解半纤维素木聚糖的一组酶的总称。主要包括 3 类:

① 内切 β-1,4 木聚糖酶:优先在不同位点上作用于木聚糖和长链木寡糖,从 β-1,4 木聚糖主链的内部切割木糖苷键,从而使木聚糖降解为木寡糖。其水解产物主要为木二糖与木二糖以上的寡聚木糖,也有少量的木糖和阿拉伯糖。

② 外切 β-1,4-木聚糖酶:作用于木聚糖和木寡糖的非还原端,产物为木糖。

③ β-木糖苷酶:该酶通过切割木寡糖末端而释放木糖残基。

狭义的木聚糖酶仅限于第一类——内切 β-1,4-木聚糖酶。木聚糖酶破坏木聚糖分子中的共价交联(阿拉伯糖残基取代区)及通过氢键形成的连接区(主链上的非取代区),使木聚糖的水溶性及黏性大大下降,从而降低对肠道的负作用。

(6)β-葡聚糖酶　广义的 β-葡聚糖酶主要包括内切 β-1,3-1,4-葡聚糖酶、外切 β-1,3-1,4-葡聚糖酶、内切 β-1,3-葡聚糖酶、内切 β-1,4-葡聚糖酶和外切 β-1,3-葡聚糖酶、外切 β-1,4-葡聚糖酶等。狭义的 β-葡聚糖酶指的就是内切 β-1,3-1,4-葡聚糖酶。已经证明,内切酶主要以随机的方式将 β-葡聚糖的长链切割成几条短链,它可明显降低 β-葡聚糖的黏度;而外切酶则是从非还原性末端开始作用,将葡聚糖切割成单个葡萄糖,对 β-葡聚糖黏度的影响较小。在饲料业中广泛应用的是内切 β-葡聚糖酶。

(7)果胶酶　果胶的主要成分是半乳糖醛酸。没有任何一种酶可单独完全降解果胶,需多种酶的配合才能完成,这些酶包括果胶甲基酯酶、多聚半乳糖醛酸酶、果胶裂解酶。果胶酶可使果胶质水解,降低食糜的黏度。

(8)甘露聚糖酶　水解 β-甘露聚糖及其衍生物的酶,主要是 β-甘露聚糖酶。

(9)植酸酶　即肌醇六磷酸水解酶,属磷酸单酯水解酶,它可催化植酸及植酸盐水解为各级磷酸肌醇、肌醇和正磷酸盐。已知植酸酶有 3 种类型:肌醇六磷酸 3-磷酸水解酶,肌醇六磷酸 6-六磷酸水解酶,非特异性的正磷酸盐单酯磷酸水解酶。

通过添加饲料酶制剂,畜禽能快速有效地消化吸收营养物质,降低了成本,提高了效益。这主要是因为饲料酶制剂有以下几个功能:

(1)消除日粮中抗营养因子　酶制剂能消除麦类日粮中可溶性非淀粉多糖产生的黏性,增加养分的消化与吸收;能破坏植物细胞壁,使包裹在细胞中的养分得到消化利用;能消除 α-半乳糖苷的抗营养作用,防止 α-半乳糖苷降低日粮代谢能值,引起畜禽肠胃胀气等多种抗营养作用;能消除蛋白类抗营养因子,提高饲料蛋白质的消化率;能消除植酸的抗营养作用,提高畜禽对日粮中磷、蛋白、氨基酸及其他矿物质元素的利用。

(2)优化畜禽消化道微生物菌群,保护肠道功能　畜禽消化道中未被吸收利用的日粮养分常为消化道内微生物繁殖提供有利条件,导致消化道内微生物过度繁殖,影响畜禽的生长和健康。在日粮中添加饲用酶则有利于限制消化道内微生物过度繁殖,增加有益菌群的数量,调节肠道微生态平衡,防止肠道黏膜萎缩和支持肠黏膜屏障功能,维持维生素供应和促进矿物质的吸收,保护肝脏等。

(3)提高畜禽免疫机能　许多试验研究结果表明,日粮中添加酶制剂可降低畜禽死亡率,但酶对畜禽免疫机能产生影响的机理仍不十分清楚。

3. 微生物活菌制剂

详见任务三"微生态制剂"。

六、微生物与饲料中毒

微生物自身结构含有的有毒成分,或其生长代谢过程中产生的有毒产物称为毒素。当家畜采食了含有产毒微生物或毒素的饲料后,会引起不同程度的中毒。很多微生物可产生毒素,但在大多数情况下,饲料中毒多为真菌性毒素引起,常见的真菌有黄曲霉、寄生曲霉、青霉、镰刀菌、甘薯长喙壳菌等,这些真菌产生的毒素可以导致畜禽的各种急性、慢性中毒症,影响器官功能,导致癌变、畸形发生。

因此,要使用各种措施防止饲料发生霉变,如使用抑制剂或吸附剂等,同时加强对饲料的微生物学检验，提高饲料安全性。如在动物生产中发现动物中毒症状，应立即更换为易消化和富含维生素的饲料，对中毒的动物采取治疗措施。

任务二　微生物与畜产品

一、乳与乳制品的微生物

乳中常存在各种微生物，一些乳制品的生产过程中还需要添加各种有益微生物，提高乳制品的营养价值；但如果鲜乳及乳制品在生产过程中处理不当，污染大量微生物甚至病原微生物，不但乳品腐败变质，造成经济上的损失，而且可能使食用者发生疾病，危害健康。

鲜乳中的微生物主要来源于乳房内部和外界环境。随着挤乳过程，乳房内部的微生物带入鲜乳中；同时可能沾染来自外界（如乳畜的体表、挤乳工具、挤乳人员、挤乳环境中）的微生物。

乳及乳制品中最常见的微生物为细菌、酵母及霉菌，有时也有霉形体与病毒。其中最为常见的是乳酸菌，该类菌能利用葡萄糖产生乳酸，使鲜乳均匀凝固产生芳香物质，还能抑制一般腐败性微生物的生长。所以该类菌常用于乳制品加工。表 7-1 介绍乳制品常用乳酸菌的一些特性。

表 7-1　乳制品常用乳酸菌的一些特征

名　称	细菌形态	最适生长温度(℃)	乳变酸的时间(在最适温)	最高酸度(°T)	凝块性质	味	应用来制造的产品
乳酸乳球菌乳酸亚种	双球状，短链	30	12 h	120	均匀稠密	微酸	乳酸、酸乳油、牛乳酒、酸性乳油乳酪，干酪
乳酸乳球菌乳脂亚种	链状	30	12~14 h	110~115	均匀稠密	微酸	乳酸、酸乳油、酸凝乳、牛乳酒、酸性乳油乳酪，干酪
嗜热链球菌	链状	40~45	12~14 h	110~115	均匀稠密	微酸	酸牛乳、干酪
保加利亚乳杆菌	长杆状	40~43	12 h	—	均匀稠密	酸味	乳酸、马乳酒
干酪乳杆菌	短杆或长杆	30	12 h	—		酸味	干酪
嗜酸乳杆菌	长杆状	37~40	14 h	300~400	均匀稠密	酸味	乳酸、嗜酸菌乳
两歧双歧杆菌	分叉杆状	37~40	14 h		均匀	粗酸味	双歧杆菌乳
肠膜明串珠菌乳脂亚种	单球状	20~25	不凝乳	几乎不产酸		二乙酰香味	风味酸奶、酸酸性酪乳
肠膜明串珠菌葡聚糖亚种	双球状	20~25	2~3 d	—			酸性稀奶油、干酪
柠檬酸明串珠菌	球形、念珠状排列，有荚膜	20~25	—	—	产生CO₂中形成气孔	制品产生芳香、微酸	干酪二次低温处理时的发酵剂
乳酸乳球菌二乙酰乳酸亚种	球形，长短不一的细长链	30	—	—	均匀	微酸	

除此之外，鲜乳中还含有一些细菌可以利用乳糖或乳中的蛋白质和脂肪而产酸、产气、腐败、变黏、过早凝固。其中主要是一些厌氧性梭菌（如丁酸梭菌）和产气杆菌（如大肠杆菌）等。

鲜乳中也可能存在病原微生物，如伤寒沙门氏菌、化脓性链球菌、猩红热链球菌、痢疾杆菌、白喉杆菌、人结核杆菌和其他病原菌。

(一)鲜乳贮藏过程中的微生物学变化

正常乳汁刚从乳畜挤出后，如不立即灭菌而放置于 10 ℃ 以上的常温中，便会发生一系列的微生物学变化，大致可以分为下述 4 个阶段：

(1)细菌减数阶段　因乳汁中含有乳烃素、抗体、补体、酶和白细胞等杀菌成分，所以一段时间内乳中微生物的总数不但不增多，反而相应地减少。乳汁杀菌作用的持续时间，因其中所存在的微生物数量与保存温度而不同。为了延长鲜乳的杀菌期，应尽可能迅速使鲜乳挤出后立即冷却到 10 ℃ 以下。

(2)发酵产酸阶段　在杀菌作用减退的同时，各种微生物的生长变得活跃，其中乳酸菌产生大量乳酸，使 pH 迅速下降，抑制了腐败菌等其他微生物的继续生长发育。这种发酵作用可以持续几小时或几天，直至乳酸菌本身的生长也被抑制时才停止。

(3)中和阶段　该阶段霉菌和酵母菌利用乳酸产生的酸性环境生长繁殖，分解利用乳酸和其他有机酸、蛋白质，生成碱性的副产品，中和乳的酸性。中和阶段可以持续几天或几个星期。常可在乳汁的表面看到浓厚的霉菌集团。

(4)腐败分解阶段　随着酸性环境的消失，乳汁中大量腐败菌重新开始活动，使乳汁产生胨化现象。最后，当营养分解完毕，或有害物质积累到一定程度时，微生物的作用也就完全停止。此时的鲜乳已失去原来的特性，不仅营养几乎完全丧失，而且会有毒性，不可供食用。

(二)保证鲜乳安全和提高鲜乳品质的微生物学措施

为预防微生物对乳品的污染，保证鲜乳安全和提高鲜乳品质，乳品生产过程中要注意各方面的清洁卫生，防病、防尘、防蝇，防止外物落入乳汁中；保持畜体与环境的清洁卫生；鲜乳挤出之后，应立即过滤与冷却(10 ℃ 以下)，密闭贮藏于冷藏罐内；采用机械化、管道化、自动化生产，使挤乳、冷却、预热、消毒、冷却与装瓶等工序连续在密闭情况下进行，不与空气及外界接触，这样可大大减少外界微生物进入乳汁中的机会；已装瓶的鲜乳，要快速送给消费者或立即冷藏。

(三)鲜乳的微生物学检验

鲜乳的微生物学检验包括含菌数检验、大肠菌群最近似数测定、鲜乳中病原菌的检验。含菌数反映乳品受微生物污染的程度；大肠菌群含量说明乳品可能被肠道致病菌污染的程度。当认为有某种病原菌污染的可能时，也作该种病原菌的直接检验。

上述各项均不得有致病菌检出(表 7-2)。

乳酪、酸乳、干酪、奶粉、炼乳、冰淇淋和世界不同地区各民族尚生产出各种不同风味的民族乳制品中微生物的来源、类型、病原微生物污染的可能性和危害性，以及微生物学检验等方面，基本上与鲜乳相关或相似。

表 7-2 鲜乳及各种乳制品内所含细菌的国家标准

品　种	细菌总数 [cfu/mL(g)]	大肠菌群 [MPN/100 mL(g)]	霉菌总数(cfu/g)	酵母菌总数(cfu/g)
新鲜生牛乳	$\leqslant 5 \times 10^5$	—	—	—
巴氏杀菌乳	$\leqslant 3\ 000$	$\leqslant 90$	—	—
灭菌乳	商业无菌	—	—	—
酸牛乳	—	$\leqslant 90$	$\leqslant 50$	—
淡炼乳	不得检出任何细菌	—	—	—
甜炼乳	$\leqslant 30\ 000$	$\leqslant 40$	—	—
乳粉	$\leqslant 50\ 000$	$\leqslant 90$	$\leqslant 50$	—
优质干酪	—	$\leqslant 90$	$\leqslant 50$	$\leqslant 50$

二、肉及肉制品与微生物

(一)鲜肉中微生物的来源及类型

肉品上微生物的类型和数量直接关系到消费者的健康、肉品贮藏期限和肉品变质类型。影响微生物在肉品上生长的因素包括肉品的营养成分、浓度、pH、氧化还原电势、水活性、缓冲能力、组织结构及肉品加工和贮存的温度等条件。减少肉品微生物污染，控制微生物在肉品上生长繁殖，防止食物中毒和变质的发生，是肉品微生物学工作的重要任务。

1. 鲜肉中污染微生物的来源

鲜肉是指健康动物屠宰的新鲜肉。一般说来，健康动物的肌肉和内脏(舌和胃肠黏膜表面除外)部是无菌的，但实际上鲜肉都附有或多或少的微生物。其来源可分为内源性和外源性两方面。内源性来源是指微生物来自动物体内。动物宰杀之后，肠道、呼吸道或其他部位的微生物，即可进入肌肉和内脏，使之污染。外源性来源主要是动物在屠宰、冷藏、运输过程中，由于环境卫生条件、用具、用水、工人的个人卫生等不洁而造成鲜肉污染，这常是主要的污染来源。

2. 鲜肉中污染微生物的类型

鲜肉中污染微生物的程度，因具体情况而有差异，菌数或多或少。污染的主要是腐败菌和霉菌、酵母菌等。常见的有以下几类：引起鲜肉在保存时颜色及味道产生变化的细菌，如灵杆菌、蓝乳杆菌、磷光杆菌等；引起鲜肉发霉的真菌，如枝孢霉、毛霉、枝霉、青霉、曲霉等；引起鲜肉腐败的细菌，如变形杆菌、枯草杆菌、马铃薯杆菌、蕈状杆菌、腐败杆菌、产气荚膜梭菌、产芽孢杆菌等。

(二)微生物引起鲜肉的肉质变化

1. 肉的成熟和自溶

动物屠宰后，肉厂在非冷冻保存条件下，由于组织酶和污染微生物的作用，将发生僵硬、成熟、自溶及腐败等一系列的变化。在僵硬和成熟阶段，肉仍是新鲜的，自溶阶段之后接着进入腐败和霉败阶段。

2. 肉的腐败

肉在成熟和自溶过程的分解产物，为腐败微生物的生长繁殖提供了良好的营养物质，大量微生物繁殖的结果，引起肉的腐败。腐败从微生物一般较多肉的表层和内脏开始，在肉的自溶作用及细菌产生的酶的作用下，蛋白质、脂肪、糖等有机质被分解，其分解产物还可以彼此结合形成些化合物。腐败使鲜肉的组织结构溶解而潮湿，气味恶臭，色泽暗灰，加之分解产物常因化学作用而带有某些颜色（如硫化氢与血色素作用而呈蓝色），一些细菌也能产生色素，所以腐败肉上常呈某些不正常的颜色。除此之外，一些腐败菌还会产生毒素，能引起食用者中毒，故鲜肉腐败后是不能食用的。参与腐败过程的微生物是多种多样的。需氧性细菌有变形杆菌、枯草杆菌、马铃薯杆菌、蕈状杆菌；厌氧性细菌有腐败杆菌、产气荚膜梭菌、产芽孢杆菌；球菌有白色葡萄球菌、化脓性葡萄球菌及八叠球菌等。在比较低的温度下，球菌起主要作用；而在较高的温度下，杆菌的作用占优势。

3. 肉的霉坏

鲜肉在保存时由于环境阴暗、潮湿、温度过高、空气不流通，容易引起肉的表面长霉，常见的霉菌有青霉、毛霉、曲霉等。当肉的表面有霉菌生长，但未伴有明显的分解时，充分洗去表面的霉菌后仍可供食用。如霉菌已侵到肉的深层，肉已分解发黏，并出现有明显败坏气味和异常颜色，则不能食用。

（三）肉类中的病原微生物

肉类中存在的病原微生物主要有如下类型：

1. 细菌性食物中毒病原菌

因肉品中含有病原菌或其毒素而引起人体中毒的现象，称为细菌性食物中毒。肉品引起细菌性食物中毒的病原菌主要有沙门氏菌属、病原性大肠杆菌及肉毒梭菌毒素等。

沙门氏菌通过病畜或健康带菌动物污染肉类食品后，随着食物进入人体肠道内，一方面大量繁殖，侵入机体引起全身感染；一方面死亡裂解，释放出大量内毒素，使机体呈现中毒症状。这种由活菌和内毒素的协同作用引起的食物中毒又称为传染性食物中毒，常由鼠伤寒沙门氏菌、猪霍乱沙门氏菌和肠炎沙门氏菌引起。

病原性大肠杆菌 $O_{157}:H_7$ 曾多次污染汉堡包的牛肉馅，导致食物中毒，1997 年在日本导致了近万人食物中毒。肉毒梭菌是严格厌氧菌，它可污染肉类，尤其罐装肉制品，产生毒性很强的肉毒毒素，引起以神经麻痹为主要病状且病死率很高的食物中毒。

产气荚膜梭菌、蜡样芽孢杆菌、变形杆菌等是一些条件性病原菌，只有当大量活菌污染肉品被人体食入后，才能引起食物中毒。

副溶血弧菌（又称嗜盐菌）广泛分布于海水中。近年来，从引起食物中毒的海产品，以及海产品污染肉类引起中毒的患者粪便和尸体肠内容物中，常分离出副溶血弧菌。经试验，某些副溶血弧菌对人有致病性，也是引起食物中毒的病原菌。副溶血弧菌食物中毒，多发生在我国沿海地区，中毒病例在细菌性食物中毒中占较大比例，因此，防止副溶血弧菌引起的食物中毒，已成为一项重要工作。

葡萄球菌肠毒素中毒：金黄色葡萄球菌和白葡萄球菌的一些菌株，污染肉品，在生长过程中能产生与食物中毒有关的肠毒素。肠毒素的耐热性很强，可引起急性肠炎症状。

除此之外，还有一些其他病原细菌、真菌和一些腐生性微生物，当其污染肉类之后，也能引起食物中毒。

2．可通过肉品传播的人兽共患病病原微生物

此类病原微生物常见的有炭疽杆菌、结核杆菌、布氏杆菌、沙门氏菌、病原性链球菌、致病性葡萄球菌、钩端螺旋体、口蹄疫病毒等。

(四)各类肉制品与微生物

1．冷藏肉和冰冻肉的微生物

肉类的低温冷藏和冰冻，在肉品工业中占有重要地位。低温可以抑制微生物的活动，防止微生物对肉的腐败分解，从而可使鲜肉长期保存，基本上保留其原来的特性、自然外观、滋味及营养价值。

低温虽能杀死一部分细菌，但能耐低温的微生物还是相当多的。例如，沙门氏菌在$-165\ ℃$可存活 3 d，结核杆菌在$-10\ ℃$可存活 2 d，口蹄疫病毒在冻肉骨髓中可存活 144 d，猪瘟病毒在冻肉中可存活 366 d，炭疽杆菌在低温也可存活。霉菌的耐低温性也很强，它们在$-2\ ℃$、$-6\ ℃$仍可生长。这说明有不少致病微生物的抗低温性是很强的，决不能用冷冻作用作为带菌病肉无害处理的手段。

肉类在冰冻前必须经过预冻，一般先将肉类预冷至$4\ ℃$以下，然后采用$-30\sim-23\ ℃$冰冻。这样才能使整块鲜肉较快地均匀冻结，否则表层迅速冻结，而其内部却保持温暖，仍可进行细菌和酶的分解过程，招致一定程度的败坏或引起鲜肉变黑。

2．香肠和灌肠的微生物

与生肠类变质有关的微生物有酵母、微杆菌及一些革兰阴性杆菌。酵母可在肠衣外面产生肉眼可见的黏液层；微杆菌导致肉质变酸和变色；革兰阴性杆菌可引起肉肠腐败。

熟肠类如果加热适当可杀死其中细菌的繁殖体，但芽孢可能存活，加热后及时进行冷藏，一般不会危害产品质量。如加热时间和温度不够，冷藏温度大于$5\ ℃$，D 群链球菌、芽孢杆菌可能存活并繁殖，造成肉肠变质或食物中毒。

国家食品卫生标准允许销售灌肠类食品细菌总数(cfu/g)小于 50 000，大肠菌群(MPN/100 g)小于 150，致病菌不得检出。

3．熟肉的微生物

熟肉制品包括酱卤肉、烧烤肉、涮肉、肉松、肉干等，通常情况下熟肉制品上的微生物是加热后污染的，常见的有微球菌、棒状杆菌、库特氏菌等；而常引起熟肉变质的微生物主要是真菌，如根霉、青霉及酵母，它们的孢子广泛分布在加工厂的环境中，很容易污染熟肉表面并导致变质。

国家卫生标准允许熟肉制品细菌总数(cfu/g)小于 50 000；大肠菌群(MPN/100 g)小于$40\sim70$。

4．腌腊肉制品的微生物

腌腊肉制品包括火腿和腊肉等，它们是将鲜猪肉(或禽)经腌制、烘焙或晾晒加工而成的肉制品。

肉类的腌制是肉类的一种加工方法，也是一种防腐的方法。腌制的防腐作用，主要是依靠一定浓度的盐水形成高渗环境，使微生物处于生理干燥而不能繁殖；此外，还依靠食盐离解时氯离子的作用，以及高浓度的盐分对蛋白质分解酶具有破坏作用来实现防腐的。

制止微生物繁殖所需要的含盐浓度，随微生物种类及所处介质的状态和条件而异。例如，酵母的繁殖只有在介质的 pH 为 2.5，食盐的浓度为 14.5％时才可被抑制；而对霉菌，食盐浓度为 18％～22％时才被抑制。食盐溶液虽能抑制细菌的活动，但不能杀死细菌。有些嗜盐菌如副溶血弧菌，在高浓度盐溶液中仍能繁殖。

硝酸盐在腌制肉品中除作为制色剂外，也是肉类的防腐剂，在 pH 6 时对细菌有显著的抑制作用，但须按国家食品添加剂使用标准添加，硝酸盐（钠）最大用量不得超过 0.5 g/kg，亚硝酸钠不得超过 0.15 g/kg。

5. 肉制品罐头中的微生物

肉制品罐头均是经过高压灭菌处理的，应不含有致病性微生物，也不含有在通常温度下能在其中繁殖的非病原微生物。罐头的杀菌温度是根据肉毒梭菌的耐热能力制定的。目前，采用中心温度 120 ℃ 5～6 min 的高温高压杀菌，这样杀菌后的罐头中，残存的微生物一般只能是嗜热的芽孢菌。嗜热需氧芽孢杆菌主要有嗜热脂肪芽孢杆菌和凝结芽孢杆菌，它们不产气，只产酸。嗜热厌氧芽孢杆菌主要是嗜热解糖梭菌和致黑梭菌，它们均可导致罐头的腐败。

（五）肉类的微生物学检验

肉类的微生物学检验，可以判断肉类新鲜或腐败程度以及有无病原微生物的存在。检测项目有细菌菌落总数、大肠菌群最近似数，对可疑的肉类，必要时还可做病原微生物分离和鉴定检验（一般检验程序如图 7-1）。但在生产实践中，生产单位常采用显微镜镜检，对肉样的表层和深层触片的着色程度、细菌的数目、种类和肉组织的分解情况进行观察、判断。

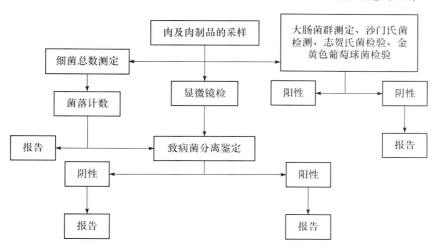

图 7-1　肉类微生物检验的程序

三、蛋和蛋制品与微生物

（一）蛋内微生物的来源

蛋在母禽卵巢、输卵管中形成，经泄殖腔产出。健康母禽的卵巢和输卵管是无菌的，但是，健康母禽产出的鲜蛋内通常有微生物存在。鲜蛋内的微生物污染一般来自卵巢和输卵管内污染、产蛋时污染。

当母禽感染了病原微生物，并通过血液循环侵入卵巢和输卵管，在蛋的形成过程中进入蛋黄或蛋白。通过这一途径污染的主要是雏鸡白痢沙门氏菌、鸡败血霉形体、禽白血病病毒、减蛋综合征病毒和禽关节炎病毒等。在蛋壳形成之前，泄殖腔内细菌向上污染至输卵管，也可导致蛋的污染。当蛋从泄殖腔($40\sim42$ ℃)排出体外时，由于外界空气的冷却作用，引起蛋内收缩，使附在蛋壳上或空气中的微生物，随着空气穿过蛋壳而进入蛋内。

健康母禽产下的蛋与外界环境接触，蛋壳表面可污染大量的微生物。通常一个外表清洁的鲜蛋，其蛋壳表面有 $400\times10^4\sim500\times10^4$ 个细菌；一个肮脏的鲜蛋，其壳上的细菌可高达 $1.4\times10^8\sim9\times10^8$ 个。蛋壳上有许多直径 $4\sim40$ μm 的气孔与外界相通，微生物可经这些气孔而进入蛋内，特别是贮存期长或经过洗涤的蛋，蛋壳外熟膜层的天然屏障作用遭到破坏，在高温、潮湿的条件下，环境中的微生物更容易借水的渗透作用侵入蛋内。温度低、湿度高时，污染到蛋壳上的霉菌很快生长，菌丝可穿过蛋壳而长入蛋内。

(二)蛋内污染微生物的种类

蛋内污染的微生物常见有如下种类：

(1)细菌　荧光假单胞菌、绿脓杆菌、变形杆菌、产碱类杆菌、亚利桑那菌、产气杆菌、大肠杆菌、沙门氏菌、枯草芽孢杆菌、微球菌、链球菌和葡萄球菌等。

(2)病毒　禽白血病病毒、禽传染性脑脊髓炎病毒、减蛋综合征病毒、包涵体性肝炎病毒、禽关节炎病毒、鸡传染性贫血病毒、小鹅瘟病毒和鸭瘟病毒等。

(3)霉菌　毛霉、青霉、曲霉、白地霉、交链孢霉、芽枝霉和分枝霉等。

以上微生物有些与鲜蛋的变质和引起人的食物中毒有关，有的可使种蛋孵化率和雏鸡存活率下降，有的可使后代发生蛋传性的传染病。

(三)影响蛋内污染微生物繁殖的因素

1. 鲜蛋的放置方法及贮存时间

鲜蛋应钝端向上放置贮存，因为蛋黄的比重比蛋白轻；若锐端向上，蛋黄向上漂移，易与壳内膜接触，蛋壳上污染的微生物易避开蛋白中的抗微生物因素(表 7-3)，便可从该处直接进入蛋黄内，并迅速繁殖。鲜蛋在室温条件下贮存 $1\sim3$ 周后，蛋白内的溶菌酶便失去活性，此后侵入的细菌易进入蛋黄。久贮的蛋，蛋白的水分大部分转入蛋黄，使蛋白收缩，蛋黄臌胀，蛋黄膜易与壳内膜接触，穿过壳内膜的微生物也可直接进入卵黄。蛋黄内除含有某些微生物的特异抗体外，不含其他抗微生物因素，且蛋黄内营养丰富，pH 约6.8，很适合微生物生长，所以微生物一旦进入卵黄便可迅速繁殖。

表 7-3　蛋白中的抗微生物因素

成　分	占蛋白固体物(%)	作　用
溶菌酶	3.5	溶解革兰阳性菌的细胞壁，凝集细菌，水解 β-1,4 糖苷键
伴清蛋白 pH 9.1~9.6	13	整合铁、铜、锌离子，在高 pH 时螯合作用增强伴清蛋白的螯合力
核黄素	—	螯合阳离子
亲和素	0.05	结合生物素，使需要生物素的细菌不能生长

（续）

成　分	占蛋白固体物（%）	作　用
卵黏蛋白	11	抑制胰蛋白酶，但不影响革兰阴性菌的生长
卵抑制物	0.1	抑制霉菌蛋白酶
脱辅基蛋白	0.8	与核黄素结合
低非蛋白氮	—	使需要复杂营养的微生物不能生长
葡萄糖	0.6	抑制兼性厌氧微生物
其他未明了的蛋白质	8	抑制胰蛋白酶；与维生素 B_6 结合；螯合钙离子；抑制无花果蛋白酶和木瓜蛋白酶

2. 微生物的特性

革兰阴性菌进入蛋内后很容易在蛋内繁殖。这是因为它们对蛋白中的抑菌因素有抵抗作用，例如，来源于土壤和水的荧光假单胞菌，进入蛋内产生绿脓酮素，能与抑菌的伴清蛋白竞争结合金属离子，使伴清蛋白失去抑菌作用；该色素也抑制蛋白中的其他抗菌因子，因此，这类细菌进入蛋内后生长繁殖很快。无色杆菌属、产碱杆菌属、变形杆菌属等细菌进入蛋内，可利用绿脓酮素与伴清蛋白竞争结合后释放的金属离子，成为后来侵入蛋内生长繁殖的细菌。进入蛋内的沙门氏菌也能产生与绿脓酮素同样作用的酚类化合物，也易在蛋内繁殖。

（四）微生物引起鲜蛋变质的现象

侵入鲜蛋内的微生物如得到大量繁殖，将引起鲜蛋腐败、霉坏等现象。

1. 腐败

鲜蛋的腐败主要由侵入蛋内的腐败性细菌所引起。细菌种类不同，引起鲜蛋腐败的性质及表现也有所不同。能分解蛋白质的普通变形杆菌、产气杆菌、大肠杆菌、葡萄球菌等，产生蛋白酶，分解蛋白质，先使蛋的系带断裂，蛋黄漂移，蛋黄与内壳膜粘连，随后蛋黄膜破裂，蛋黄散出于蛋白之中，呈"散黄蛋"；随着蛋白的进一步分解，H_2S、氨、粪臭素等大量产生，蛋内容物变为灰色稀薄以至黑色液状、呈"泻黄蛋"，甚至蛋壳爆裂、流出恶臭液汁。不分解蛋白质的假单胞菌，在蛋白中产生绿色荧光物质，呈"绿腐败蛋"。分泌卵磷脂酶的荧光假单胞菌、玫瑰色微球菌等，则可破坏卵黄膜的屏障作用，可能由于铁蛋白转移素发色基团的作用，使蛋白变为红色或蔷薇色，呈"红色腐败蛋"。有些假单胞菌，能分解糖类产酸，使蛋黄形成絮片状，呈"酸败蛋"。常见细菌引起的蛋变质情况见表7-4。

表7-4　细菌、霉菌引起的蛋变质情况

变质类型	原因菌	变质的表现
绿色变质	荧光假单胞菌	初期蛋白明显变绿，补救蛋黄膜破裂与蛋黄相混，形成黄绿色混浊蛋液，无臭味，可产生荧光，在 0 ℃时也可发生
无色变质	假单胞菌属、无色杆菌属、大肠菌群	蛋黄常破裂或呈白色花纹状，通过光线易观察识别
黑色变质	变形杆菌属、假单胞菌属	蛋发暗不透明，蛋黄黑化，破裂时全蛋呈暗褐色，有臭味和 H_2S 产生，在高温下易发生

（续）

变质类型	原因菌	变质的表现
红色变质	假单胞菌属、沙门氏菌属	较少发生，有时在绿色变质后期出现，蛋黄上有红色或粉红色沉淀，蛋白也呈红色，无臭味
点状霉斑	芽枝霉菌(黑色)、枝孢霉属(粉红色)	蛋壳表面或内侧有小而密的霉菌菌落，在高温时易发生
表面霉变质	毛霉属、枝霉属、交链孢霉属、葡萄孢霉属	霉菌在蛋壳表面呈羽毛状
内部霉变质	分支霉属、芽枝霉属	霉菌通过蛋壳上的微孔或裂纹侵入蛋内生长，使蛋白凝结、变色、有霉臭，菌丝可使卵黄膜破裂

2. 霉坏

污染在蛋壳表面的霉菌孢子，在相对湿度高于85%的条件下容易发芽，菌丝侵入蛋孔到达蛋壳膜；接近气室的部位氧气多，霉菌生长最好。不同的霉菌在蛋壳下长成颜色各异的菌落，光照时可见到大小不等的暗斑，这时蛋白和蛋黄仍然正常。霉菌继续生长，菌斑扩大，菌丝长入蛋白、蛋黄，分泌大量的酶，分解蛋白成水样，卵黄膜破裂，卵黄与蛋白混合，颜色逐渐变黑，散发霉味。

（五）鲜蛋中微生物控制和鲜蛋的贮存方法

1. 鲜蛋内微生物污染的控制

为防止母禽内源性感染并经蛋传播病原微生物，必须搞好饲养管理、环境卫生、免疫接种、定期检疫和疾病的及时诊断治疗，以保证母禽的健康。

为了减少鲜蛋的外来微生物污染，母禽产蛋地方应清洁和干燥，最少每天收集一次鲜蛋，剔除破壳蛋和不合格蛋，将鲜蛋迅速置于温度1～5 ℃、相对湿度70%～85%环境中贮藏，大头向上放置。一切与鲜蛋接触的用具均应清洁干燥。运输过程中避免蛋壳破损。

蛋壳表面污染粪便的鲜蛋在冷藏前要清洁，可用硬刷、砂纸或钢丝绒干擦，或者用水洗。用水洗要在鲜蛋收集后尽快进行，否则细菌进入蛋内便难于洗去和消毒。洗蛋的水宜用含金属离子浓度低的可饮用水，水温应至少比蛋的温度高11 ℃，防止水中的细菌可能被吸入蛋内。洗好的鲜蛋可喷以新鲜配制的100～200 mL/m³有效氯、季胺盐或氯-溴化合物等消毒剂，杀灭蛋壳上残余的细菌。最后蛋壳表面要干燥，防止蛋壳上残存的水和微生物吸入蛋白，然后将清洁好的鲜蛋迅速冷藏，从冷藏室中取出后则应迅速加工或食用。

2. 鲜蛋的贮存方法

鲜蛋具有天然的卵壳、壳膜等屏障结构和卵白中各种抗菌因素，但若贮存不当，仍易被微生物侵入，并引起变质。鲜蛋贮存的原则应该是：防止微生物侵入蛋内，抑制蛋内已有微生物的繁殖，避免蛋的变质，保持蛋的新鲜。常用的鲜蛋贮存方法有冷藏法、石灰水贮存法、水玻璃贮存法、萘酚盐贮存法、涂布法、巴氏消毒贮存法、CO_2贮存法、充氮贮存法、射线辐射贮存法等。

（六）种蛋的保存与消毒

微生物进入种蛋内，将影响种蛋的孵化率、雏鸡存活率及后代的健康。防止种蛋的微生物污染，除必须保证母禽的健康外，还应做好种蛋的保存与消毒工作。

1. 种蛋的保存

种禽产蛋的地方及种蛋接触的用具应注意清洁和干燥，以减少微生物的污染。应及时收集种蛋，每天最少应收集 4 次。种蛋存放室要求卫生清洁，隔热良好，空气流通，具有防日光直射、防尘、防鼠、防蝇等条件。种蛋贮存的适宜温度为 12～16 ℃，相对湿度为 70%～80%。种蛋越新鲜越好，入孵前种蛋的存放时间不得超过 7 d。

2. 种蛋的消毒

为杀灭种蛋蛋壳上的微生物，通常在种蛋入孵前要彻底消毒一次，最常采用的有甲醛气体熏蒸法、过氧乙酸熏蒸法和药液消毒法。对于种蛋内部的病原微生物，可采用加温处理、变温药液浸蛋、真空药液浸蛋等方法处理种蛋，但对种蛋的孵化率及雏鸡活力有一定影响。

(七)蛋和蛋制品的微生物学检验

目前，蛋和蛋制品的微生物学检验项目主要是：细菌总数测定、大肠菌群最近似数的检验和肠道致病菌的检验(指沙门氏菌)。检验方法可按照中华人民共和国国家标准《食品微生物学检验　菌落总数测定》(GB 4789.2—2010)、《食品微生物学检验　大肠菌群计数》(GB 4789.3—2010)、《食品微生物学检验　沙门氏菌检验》(GB 4789.4—2010)进行。各种蛋制品的卫生标准必须符合国家标准《蛋与蛋制品》(GB 2749—2015)，如表 7-5 所列。

表 7-5　蛋制品的卫生标准(微生物指标)(GB 2749—2015)

种　类	菌落总数(cfu/g)	大肠菌群(MPN/100 g)	沙门氏菌
皮蛋	≤500	≤30	不得检出
咸蛋	—	—	不得检出
糟蛋	≤100	≤30	不得检出
巴氏杀菌冰全蛋	≤5 000	≤1 000	不得检出
冰鸡蛋黄	≤10^6	≤$1.0×10^6$	不得检出
冰鸡蛋白	≤10^6	≤$1.0×10^6$	不得检出
巴氏杀菌全蛋粉	≤10 000	≤90	不得检出
鸡蛋黄粉	≤50 000	≤40	不得检出
鸡蛋白片	—	—	不得检出

四、皮毛与微生物

动物的皮肤和毛(羽毛)不但是动物保护机体、维护自身完整性的一道天然屏障，而且家畜、家禽和野生动物被屠宰后，它们的皮、毛、羽、绒、鬃等产品，在工业、国防以及人民的日常生活中应用比较广泛，更是出口创汇的重要产品。但是，对这类产品，特别是新鲜生皮，如加工处理不当或消毒不彻底时，不仅会使产品质量下降，还可能导致病原微生物的散播，对人类和畜禽造成严重的危害。

(一)皮毛中微生物的来源及类群

动物皮毛中的微生物主要来源与动物生前活动、所处环境和其屠宰加工过程的污染。

一般而言，存在于健康动物皮毛中的微生物，大都属于腐生性的微生物类群，即以腐生性的细菌和真菌为优势菌群，如表皮葡萄球菌、普通大肠杆菌、绿脓假单胞菌、变形杆菌、需氧或厌氧芽孢杆菌、酵母菌及霉菌孢子等。因此，将这些非致病的腐生性微生物统称为动物皮毛正常菌群。而患病或带菌(带病毒)动物的皮毛可能出现的病原微生物有念珠菌、毛癣菌、隐球菌、绵羊痘病毒、口蹄疫病毒、马立克病病毒、气肿疽梭菌、布氏杆菌、炭疽杆菌、猪丹毒杆菌、致病性大肠杆菌、沙门氏菌以及化脓性球菌等，其中对工作人员危害最大的有炭疽杆菌和布氏杆菌等。病畜禽的皮毛应进行彻底的消毒，炭疽病畜的皮毛应销毁。工作人员和牧民，在剥皮、剪毛和处理皮毛时，必须认真遵守兽医卫生规程，以免发生自身感染和造成传染病的散播。

(二)新鲜生皮、被毛的变质与微生物

(1)新鲜生皮的变质　动物屠宰时被剥下的皮张称为新鲜生皮(简称生皮)。存在于生皮表面的腐生性细菌有氨化细菌、普通变形杆菌、大肠杆菌、肠膜芽孢杆菌、巨大芽孢杆菌等，它们能引起生皮发生腐败变质。除此之外，生皮上还有真菌可导致皮张的霉变，降低皮张的强度和品质。为了防止微生物的生长，使生皮保持原有的结构和固有的品质，生皮常可采用盐腌、干燥、冷冻等方法进行处理。

(2)被毛的变质　毛、鬃、绒、羽绒原料以及裘皮的被毛等表面常有一些微生物，多数为芽孢杆菌。但也有一些微生物，如氨化细菌，能够分解角质蛋白，而使绒、毛等的纤维失去使用价值；嗜热微生物可在毛捆包内生长产生热量，使毛失去光泽和变色；发霉可使毛纤维的强度降低，等级下降。

(三)皮毛的贮藏、消毒

1. 贮藏

收购来的各种毛皮，加工之前需要贮藏一段时间。贮藏好坏，直接影响到毛皮的使用价值。在贮藏皮毛的过程中应注意以下几点：原料皮入库前要进行严格的检查，严禁湿皮和生虫皮进入库内。发现湿皮，要及时进行晾晒，生虫皮应经药品处理后方能入库。不同品种、等级的皮应分别堆码，贮存中注意通风、散热、防潮和检查，并做好防虫、防鼠工作。

2. 消毒

皮毛的消毒是控制和消灭炭疽杆菌芽孢及其他有害微生物的重要措施，是加工前的重要程序，是减少或杜绝通过皮毛散播传染病的非常有效的手段。常用的皮毛消毒法有以下3种：

(1)盐酸食盐溶液消毒法　本法用于肉联厂和皮毛厂剔出的患病动物的湿皮消毒。用2%盐酸和15%食盐溶液，以浸泡的方式进行48 h的消毒，然后再用2%碱液中和90～120 min，最后用清水冲洗。该消毒液能渗入生皮组织、可杀死炭疽芽孢。此法操作简单，费用低廉，效果良好。但配药时要掌握好盐酸和碱液的浓度，并注意混匀，否则会损坏皮张。

(2)福尔马林熏蒸法　福尔马林用量为每立方米空间25～250 mL，消毒时将原料放入密闭的房间内，计算好用量，开始熏蒸。本法对皮毛原料的消毒效果好；缺点是用药量

大、需时长，在一定程度上对生皮有损坏作用。

（3）环氧乙烷气体熏蒸法 环氧乙烷能杀灭多种微生物，其中包括细菌及其芽孢、真菌及其孢子以及病毒等。用环氧乙烷消毒时应选择密闭良好、无火源的场所，在相对湿度30%～50%、温度38～54 ℃（不能低于18 ℃）的条件下进行，消毒时间一般为6～24 h，用药量为300～700 g/m³。消毒污染有炭疽芽孢的皮毛产品时，用药量可提高到0.8～1.7 kg/m³；对污染有口蹄疫病毒的皮毛原料，用0.6 kg/m³作用24 h（30 ℃），或用0.4 kg/m³作用48 h。

（四）皮毛的微生物学检验

对已剥下的新鲜生皮和剪下的被毛可进行细菌总数和霉菌总数的检验，但最主要的是对特定病原菌的检验。在法定传染病中，炭疽的检疫处在非常重要的地位，在生产实践中，由于检验往往是大批量的，故炭疽的检验多采用简便而易操作的炭疽环状沉淀反应试验。

任务三　微生态制剂

微生态制剂是指以微生物活菌的形式饲喂家畜，调控家畜消化道微生物区系，使在微生物之间及与宿主动物之间形成动态平衡为主要作用的制剂，因此，也被称为微生态活菌制剂或益生素。

根据其物质组成的不同，微生态制剂可分为益生菌、益生元和合生元等3类。益生菌是指改善宿主微生态平衡而发挥有益作用，达到提高宿主健康水平和健康状态的活菌制剂及其代谢产物。2008年我国农业部公布了可直接用于生产动物饲料添加剂的微生物菌种15个：地衣芽孢杆菌、枯草芽孢杆菌、两孢双歧杆菌、粪肠球菌、屎肠球菌、乳酸肠球菌、嗜酸乳杆菌、干酪乳杆菌、乳酸乳杆菌、植物乳杆菌、乳酸片球菌、戊糖片球菌、产朊假丝酵母、酿酒酵母、沼泽红假单胞菌。益生元是指一种非消化性食物成分，有选择性地刺激宿主动物消化道内有益菌的生长，从而对动物产生有利作用。合生元又称为合生素，是指益生菌和益生元的混合制品，或再加入维生素、微量元素等，可以同时具有以上2种制剂的作用。

根据菌种组成的不同，微生态制剂可分为乳酸杆菌类、芽孢杆菌类、酵母菌类及复合微生物制剂等几大类。目前应用较多的是嗜酸乳杆菌、双歧杆菌和粪链球菌等。复合微生物制剂能适应多种条件和宿主，比单一菌制剂更能促进畜禽的生长和提高饲料转化率。

微生态制剂作用主要有如下几个方面：

（1）调整微生态失调 宿主体内的正常微生物群，其种类组成、定位、年龄、生理状态及其与外环境的适应性等具有特定的定性、定量与定位的结构关系，这个结构就是微生态平衡。如果这个平衡遭到扰乱（如抗生素及其他药物同位素、激素作用等），就可产生微生态失调。微生态制剂具有调整微生态失调的作用，进而达到抗病、防病的效果。

（2）提供营养物质，促进生长 微生态制剂中的许多菌体本身就含有大量的营养物质，并在其生长代谢过程中产生各种有机酸、合成多种维生素等营养物质。如酵母含有大量的生物蛋白、丰富的B族维生素、纤维素、氨基酸、核酸甲壳素、多聚糖、葡聚糖、小肽等；双歧杆菌能合成多种维生素，如硫胺素、核黄素、尼克酸、吡哆醇、泛酸、叶酸、维生素 B_{12} 等，还有利于畜禽对铁、钙等离子和维生素 D 的吸收；芽孢杆菌可产生各种 B 族维生素，加强营养代谢。

(3)提高饲料利用率　一些益生菌能产生淀粉酶、脂肪酶和蛋白酶等多种酶类，有利于降解饲料中蛋白质、脂肪和复杂的碳水化合物，从而提高饲料利用率。如枯草芽孢杆菌和地衣芽孢杆菌可分泌蛋白酶、淀粉酶、脂肪酶、果胶酶、葡聚糖酶和纤维素酶等，它们增强了畜禽对植物性饲料的消化吸收；乳酸菌等微生态制剂能产生乳酸，进入动物肠道后，可使空肠内容物 pH 下降，乳酸、丙酸、乙酸的含量上升，由于肠道酸化，有利于畜禽对饲料中铁、钙、维生素 D 等的吸收。

(4)提高机体免疫力和抗应激能力　益生菌本身或细胞壁成分可以刺激宿主免疫细胞，使其激活，有效提高干扰素和巨噬细胞的活性，促进吞噬细胞的活力；可以活化肠黏膜内的相关淋巴组织，提高免疫识别能力；可以诱导 T、B 淋巴细胞和巨噬细胞产生细胞因子，通过淋巴细胞再循环活化全身免疫系统，提高非特异性免疫反应，增强机体免疫力。

(5)抗病防病功能　一些益生菌可产生如乳酸菌素、杆菌肽、细菌素等药理活性物质和有机酸，抑制病原菌，控制病害发生，达到预防和治疗作用。

(6)改善畜禽产品的商品性能　利用微生态制剂代替饲料中的抗生素，避免了畜禽产品中的药物残留，同时由于体内大量有益微生物的活化作用，改善了畜禽产品的品质。

复习思考题

1. 免疫诊断包括哪些方面？血清学诊断有哪些方面的用途？
2. 以细菌灭活苗为例，说明疫苗生产的基本过程与检验程序。
3. 试述疫苗和免疫血清的使用注意事项。
4. 获得性免疫可通过哪 4 种方式获得？请各举一例说明。
5. 试述使用活疫苗和灭活疫苗的优缺点。
6. 什么是青贮饲料，其发酵过程是怎样的？
7. 发酵饲料的种类有哪些？
8. 饲料安全标准中常对哪些微生物指标进行检测？
9. 乳制品的微生物种类有哪些？
10. 提高乳制品品质的微生物学措施有哪些？
11. 乳制品中常对哪些微生物指标进行检测？
12. 肉类食品中常对哪些微生物指标进行检测？
13. 简述微生物污染鲜蛋的途径及应对措施。
14. 蛋制品中常对哪些微生物指标进行检测？
15. 简述皮毛的消毒方法及微生物检测指标。

项目八

寄生虫的基本知识及检验

能力目标

能熟练操作粪便中蠕虫虫卵与虫体检查时使用的仪器、设备；会对粪便中蠕虫虫卵、虫体进行检查，能准确辨认生物显微镜下肠道寄生虫虫卵种类；会对囊尾蚴、旋毛虫检验采集、处理，掌握其检疫方法；会采集、处理住肉孢子虫、弓形虫和球虫等原虫的样品，掌握其检测方法；会采集、处理螨虫病料，掌握螨虫实验室检查方法；会采集、处理蜱及其保存方法。

知识目标

了解吸虫形态结构和发育史；掌握华支睾吸虫、肝片吸虫与布氏姜片吸虫等常见吸虫宿主、发育史、寄生部位、感染方式、致病性及检验方法；熟悉华支睾吸虫、肝片吸虫与布氏姜片吸虫等吸虫的虫卵与虫体的观察要点。了解绦虫形态结构和发育史；掌握猪带绦虫和牛带绦虫宿主、发育史、寄生部位、感染方式、致病性及检验方法；熟悉猪带绦虫和牛带绦虫的虫卵、虫体和囊尾蚴的观察要点；了解线虫形态结构和发育史；掌握蛔虫与旋毛虫宿主、发育史、寄生部位、感染方式、致病性及检验方法。熟悉猪巨吻棘头虫形态结构和发育史。掌握粪便中蠕虫虫卵和虫体检查方法；掌握囊尾蚴、旋毛虫和住肉孢子虫的检测方法；了解弓形虫、球虫的检测方法；掌握螨、蜱虫的实验室检测方法；了解禽羽虱、猪血虱和牛皮蝇蛆病的病原、生活史和流行病学，掌握禽羽虱、猪血虱和牛皮蝇蛆病诊断与防制方法。

模块一　蠕　虫

寄生虫(parasite)指一种生物将其一生的大多数时间居住在另外一种动物(称为宿主或寄主，host)上，同时对被寄生动物造成损害。生物分类如下。

原生生物：此类寄生生物很广泛，常见的有疟疾原虫(*Plasmodium sp.*)等。

无脊椎动物：此类寄生虫从数量和种类上都是最多的，甚至许多门的无脊椎动物是专性营寄生的。常见的如营内寄生的扁形动物猪肉绦虫(*Taenia solium*)等。蠕虫为多细胞无脊椎动物，蠕虫藉由身体的肌肉收缩而做蠕形运动，故通称为蠕虫。全球现有超过100万种的蠕虫，它们存在于自然界的各个角落，主要是扁形动物、环节动物、纽形动物、棘头动物和袋形动物的俗称。蠕虫体长呈管状，圆柱形、扁平或叶片状，体长从0.1 cm(如某些袋形动物)到30 m(如某些纽虫)，分布于世界各地的海洋、淡水和陆地，部分寄生性，部分自由生活。它们作为土壤调节者(如环节动物、袋形动物)、人和家畜的寄生虫(如扁虫、线虫)，以及生态系统中食物链的一环，对人类有重要的意义。

脊椎动物：此类寄生生物很罕见。盲鳗(Myxine)是脊椎动物中唯一的内寄生动物。

任务一　吸　虫

一、吸虫形态结构和发育史

1. 吸虫形态结构

(1)外部形态　虫体多呈背腹扁平的叶状、舌状，有的似圆形或圆柱状。一般为乳白色、淡红色或棕色；大小不一，长度范围在0.3~75 mm。体表光滑或有小刺、小棘等。通常有两个杯状吸盘，围绕口孔的为口吸盘，腹面的腹吸盘位置不定，在后端则称为后吸盘，个别虫体无腹吸盘。

(2)体壁　吸虫无表皮，体壁由皮层和肌层构成皮肌囊。无体腔，囊内由网状组织(实质)包囊着各器官。皮层从外向内由外质膜、基质和基质膜构成。外质膜的成分为酸性黏多糖或糖蛋白，具有抗宿主消化酶和保护虫体的作用。皮层具有分泌与排泄功能，可进行氧气和二氧化碳交换，还具有吸收营养的功能，其营养物质以葡萄糖为主，也可吸收氨基酸。肌层由外环肌、内纵肌和中斜肌组成，是虫体伸缩活动的组织。

(3)消化系统　包括口、前咽、咽、食道和肠管。口通常位于虫体前端，由口吸盘围绕。前咽短小或缺，无前咽时，口下即为咽，呈球形。咽后接食管，下分两条位于虫体两侧的肠管，向后延伸至虫体后部，其末端为盲管，称为盲肠。无肛门，肠内废物经口排出体外。吸虫的营养物质为宿主的上皮细胞、黏液、肝分泌物、血液，以及宿主已消化的消化道内容物等。

(4)排泄系统　由分布虫体各处的焰细胞收集排泄物，经毛细管、集合管、排泄总管集中到排泄囊，由末端的排泄孔排出体外。排泄物含有氨、尿素和尿酸。焰细胞的数目与排列在分类上具有重要意义。

（5）神经系统 在咽的两侧各有 1 个由横索相连的神经节，相当于神经中枢，由此向前后各发出 3 对神经干，分布于虫体背、腹和两侧，由神经干发出的神经末梢分布到口、咽、腹吸盘等器官。

（6）生殖系统 除分体吸虫外，吸虫均为雌雄同体。生殖系统发达。雄性生殖器官包括睾丸、输出管、输精管、贮精囊、射精管、前列腺、雄茎、雄茎囊和生殖孔等。一般有 2 个睾丸，圆形、椭圆形或分叶，左右或前后排列在腹吸盘后或虫体后半部，各有 1 条输出管，汇合为 1 条输精管，远端膨大为贮精囊，通入射精管，其末端为雄茎，开口于生殖孔。贮精囊和雄茎之间有前列腺。贮精囊、射精管、前列腺和雄茎包围在雄茎囊内。贮精囊在雄茎囊内时称为内贮精囊，在其外时称为外贮精囊。雄茎可伸出生殖孔外，与雌性生殖器官交配。雌性生殖器官包括卵巢、输卵管、卵模、受精囊、梅氏腺、卵黄腺、子宫及生殖孔等。卵巢 1 个，其形态、大小和位置因种类而异，常偏于虫体一侧，所发出的输精管与受精囊及卵黄总管相接。劳氏管一端连接受精囊或输卵管，另一端开口于虫体背面或成为盲管，有时起阴道的作用。卵黄腺多在虫体两侧，由许多卵黄滤泡组成，左右两条卵黄管汇总为卵黄总管。卵黄总管与输卵管汇合处的囊腔为卵模。其周围的单细胞腺为梅氏腺。卵为卵巢排出后，与受精囊中的精子受精后向前进入卵模，卵黄腺分泌的卵黄颗粒进入卵模，与梅氏腺的分泌物共同形成卵壳。虫卵由卵模进入与此相连的子宫，成熟后通过子宫末端的阴道经生殖孔排出。阴道与雄茎多开口于共同的生殖腔，再经生殖孔通向体外。

另外，有的吸虫还有淋巴系统，具有输送营养物质的功能。

2. 吸虫发育史

吸虫在发育过程中均需要中间宿主，有的还需要补充宿主。中间宿主为淡水螺或陆地螺；补充宿主多为鱼、蛙、螺或昆虫等。发育过程有虫卵、毛蚴、胞蚴、雷蚴、尾蚴和囊蚴各期。

（1）虫卵 多呈椭圆形或卵圆形，为灰白、淡黄至棕色，具有卵盖（分体吸虫除外）。有些虫卵在排出时只含有胚细胞和卵黄细胞，有的已发育有毛蚴。

（2）毛蚴 外形似等边三角形，外被有纤毛，运动活泼。前部宽，有头腺。消化道、神经和排泄系统开始分化。当卵在水中发育时，毛蚴从卵盖破壳而出，遇到适宜的中间宿主，即利用其头腺钻入螺体，脱去纤毛，发育为胞蚴。

（3）胞蚴 呈包囊状，内含胚细胞、胚团及简单的排泄器。营无性繁殖，在体内生成雷蚴。

（4）雷蚴 呈包囊状，有咽和盲肠，还有胚细胞和排泄器。营无性繁殖。有的吸虫只有一代雷蚴，有的则有母雷蚴和子雷蚴两期。雷蚴发育有为尾蚴，成熟后逸出螺体，游于水中。

（5）尾蚴 在水中运动活跃。由体部和尾部构成，体表有棘，有 1~2 个吸盘。除原始的生殖器官外，其他器官均开始分化。尾蚴从螺体逸出，黏附在某些物体上形成囊蚴而感染终末宿主；或直接经皮肤钻入终末宿主体内，脱去尾部，移行到寄生部位发育为成虫。有些吸虫尾蚴需进入补充宿主体内发育为囊蚴再感染终末宿主。

（6）囊蚴 由尾蚴脱去尾部，形成包囊发育而成，呈圆形或卵圆形。有的生殖系统只有简单的生殖原基细胞，有的则有完整的生殖器官。囊蚴都通过其附着物或补充宿主进入终末宿主的消化道内，囊壁被消化液溶解，幼虫破囊而出，移行至寄生部位发育为成虫。

二、常见吸虫宿主、发育史、寄生部位、感染方式、致病性及检验方法（表 8-1）

表 8-1　常见吸虫宿主、发育史、寄生部位、感染方式、致病性及检验方法

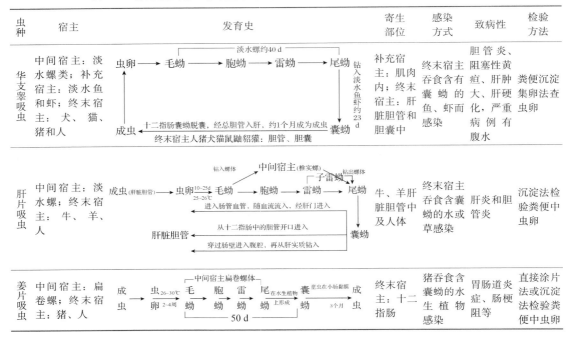

虫种	宿主	发育史	寄生部位	感染方式	致病性	检验方法
华支睾吸虫	中间宿主：淡水螺类；补充宿主：淡水鱼和虾；终末宿主：犬、猫、猪和人	虫卵→毛蚴→胞蚴→雷蚴→尾蚴（淡水螺约40 d）钻入淡水鱼虾约23 d；成虫←十二指肠囊蚴脱囊，经总胆管入肝，约1个月成为成虫；终末宿主人猪犬猫鼠鼬貂獾：胆管、胆囊←囊蚴	补充宿主：肌肉内；终末宿主：肝脏胆管和胆囊中	终末宿主吞食含有囊蚴的鱼、虾而感染	胆管炎、阻塞性黄疸、肝肿大、肝硬化，严重病例有腹水	粪便沉淀集卵法查虫卵
肝片吸虫	中间宿主：淡水螺；终末宿主：牛、羊、人	成虫（肝脏胆管）→虫卵 10~25 d 25~26℃→毛蚴→钻入螺体 中间宿主（椎实螺）→胞蚴→雷蚴→子雷蚴→钻出螺体→尾蚴；进入肠管血管，随血流入，经肝门进入；从十二指肠中的胆管开口进入→肝脏胆管；穿过肠壁进入腹腔，再从肝实质钻入←囊蚴	牛、羊肝脏胆管中及人体	终末宿主吞食含囊蚴的水或草感染	肝炎和胆管炎	沉淀法检验粪便中虫卵
姜片吸虫	中间宿主：扁卷螺；终末宿主：猪、人	成虫→虫卵 26~30℃ 2~4周→毛蚴→胞蚴→雷蚴→尾蚴（中间宿主扁卷螺体；在水生植物上形成）50 d→囊蚴（童虫在小肠黏膜）3个月→成虫	终末宿主：十二指肠	猪吞食含囊蚴的水生植物感染	胃肠道炎症、肠梗阻等	直接涂片法或沉淀法检验粪便中虫卵

三、主要吸虫的虫卵与虫体的观察要点

(一)华支睾吸虫（图 8-1）

1. 虫卵观察要点

虫卵很小，大小为 $(27\sim35)\mu m \times (12\sim20)\mu m$，黄褐色，形似灯泡，内含成熟的毛蚴，上端有卵盖，下端有一小突起。

2. 虫体观察要点

虫体背腹扁平，呈叶状，前端稍尖，后端较钝，体表无棘，薄而透明，大小为 $(10\sim25)mm \times (3\sim5)mm$。口吸盘略大于腹吸盘，腹吸盘位于体前端 1/5 处。食道短，肠支伸达虫体后端。睾丸分枝，前后排列与虫体后 1/3，缺雄茎和雄茎囊。卵巢分叶，位于睾丸前。受精囊发达，呈椭圆形，位于睾丸与卵巢之间。卵黄腺呈细小颗粒状，分布于虫体两侧中间。子宫从卵模处开始盘绕而上，开口于腹吸盘前缘的生殖孔，内充满虫卵。

(二) 肝片吸虫

1. 虫卵观察要点

虫卵较大，$(133\sim157)\mu m \times (74\sim91)\mu m$。呈长卵圆形，黄色或黄褐色，前端较窄，后

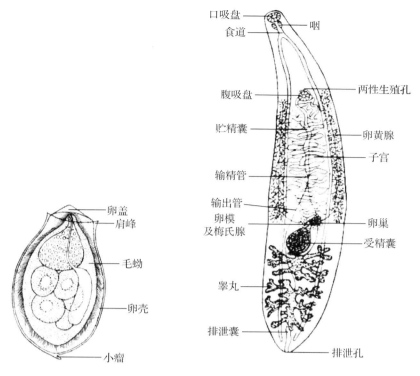

图 8-1　华支睾吸虫虫卵及成虫

端较钝，卵盖不明显，卵壳薄而光滑，半透明，分两层。卵内充满卵黄细胞和一个胚细胞。

2. 虫体观察要点

虫体扁平，呈叶片状，头椎和肩部明显；活时为棕红色。固定后灰白色。大小为（21~41）mm×（9~14）mm；口腹吸盘相距较近。口吸盘位于突起前端，腹吸盘位于肩水平线中央；肠管分支；2 个高度分枝的睾丸，纵列于中部，卵巢呈鹿角状，位于腹吸盘后右侧。卵模明显，位于体中央；子宫位于卵模和腹吸盘之间。卵黄腺发达，呈颗粒状分布于虫体两侧，与肠管重叠。

（三）布氏姜片吸虫（图 8-2）

1. 虫卵观察要点

虫卵呈长椭圆形或卵圆形，淡黄色，卵壳很薄有卵盖，卵内含有 1 个胚细胞和许多卵黄细胞。虫卵大小为（130~150）μm×（85~97）μm。

2. 虫体观察要点

虫体肥厚，叶片状，形似斜切的生姜片，故称姜片吸虫。活体呈肉红色，固定后为灰白色，大小为（20~75）mm×（8~20）mm。体表被有小棘，尤以腹吸盘周围为多。口吸盘位于虫体前端。腹吸盘肌质发达，呈倒钟状，与口吸盘靠近，大小为口吸盘的 3~4 倍。咽小，食道短。两条肠管呈波浪状弯曲，伸达虫体后端。2 个分枝的睾丸前后排列在虫体后部中央。雄茎囊发达。生殖孔开口于腹吸盘前方。卵巢分枝，位于虫体中部稍偏后方。卵黄腺呈颗粒状，分布在虫体两侧。

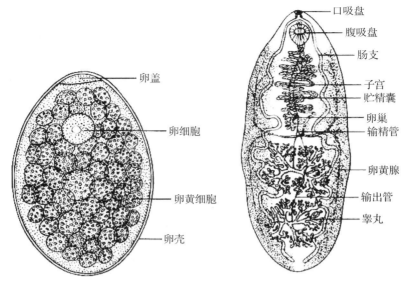

图 8-2　布氏姜片吸虫虫卵和成虫

任务二　绦　虫

一、绦虫形态结构和发育史

1. 绦虫形态结构

(1)外部形态　绦虫呈扁平的带状，多为乳白色，大小从数毫米至 10 m 以上。从前至后分为头节，颈节和体节 3 个部分。

头节位于虫体的最前端，为吸附和固着器官，种类不同，形态构造差别很大。圆叶目绦虫的头节膨大呈球形，其上有 4 个圆形或椭圆形的吸盘，位于头节前端的侧面，呈均匀排列；有的种类在头节顶端的中央有 1 个顶突，其上有 1 圈或数圈角质化的小钩。顶突的有无、顶突上钩的形态、排列和数目在分类定种上有重要的意义。假叶目绦虫的头节一般为指形，在其背腹面各具一沟样的吸槽。

颈节是头节后的纤细部位，和头节、体节的分界不甚明显，其功能是不断生长出体节。

体节由节片组成。节片数目因种类差别很大，少者仅有几个，多者可达数千个。绦虫的节片之间大多有明显的界线。节片按其前后位置和生殖器官发育程度的不同，可分为未成熟节片、成熟节片和孕卵节片。

未成熟节片又称"幼节"，紧接在颈节之后，生殖器官尚未发育成熟。成熟节片简称"成节"，在幼节之后，节片内的生殖器官逐渐发育成具有生殖能力的雄性和雌性两性生殖器官。孕卵节片简称"孕节"，随着成节的继续发育，节片的子宫内充满虫卵，而其他的生殖器官逐渐退化、消失。

(2)体壁　绦虫体表为皮层，其下为肌层，没有体腔，内为实质，各器官包埋于实质内。没有消化系统，通过体表吸收营养物质。

（3）神经系统　神经中枢在头节中，自中枢发出两条大的和几条小的纵神经干，贯穿于各个链节，直达虫体后端。

（4）排泄系统　起始于焰细胞，由焰细胞发出来的细管汇集成为排泄管，与虫体两侧的纵排泄管相连，纵排泄管与每一体节后缘的横管相通，在最后体节后缘中部有1个总排泄孔通向体外。

（5）生殖系统　绦虫多为雌雄同体，即每个成熟节片中都具有1组或2组雄性和雌性生殖系统，故绦虫生殖器官十分发达。雄性生殖系统包括睾丸、输出管、输精管、贮精囊、射精管、前列腺、雄茎、雄茎囊和雄性生殖孔等；雌性生殖系统包括卵巢、输卵管、卵模、受精囊、梅氏腺、卵黄腺、子宫及雌性生殖孔等。虫卵内含具有3对小钩的胚胎，称为六钩蚴。有些绦虫包围六钩蚴的内胚膜形成突起，似梨子形状而称为梨形器。有些绦虫的子宫退化消失，若干个虫卵被包围在称为副子宫或子宫周器官的袋状腔内。

2. 绦虫发育史

绦虫的发育史比较复杂，绝大多数在发育过程中都需1个或2个中间宿主。绦虫的受精方式主要为同体节受精，也有异体节受精和异体受精。

圆叶目绦虫寄生于终末宿主的小肠内，孕卵节片（或卵节片先以破裂释放出虫卵）随粪便排出体外，被中间宿主吞食后，卵内六钩蚴逸出，在寄生部位发育为绦虫蚴期，此期称为中绦期。如果以哺乳动物作为中间宿主，在其体内发育为囊尾蚴、多头蚴或棘球蚴等类型的幼虫；如果以节肢动物和软体动物等无脊髓动物则为中间宿主，则发育为似囊尾蚴。以上各种类型的幼虫被各自固有的终末宿主吞食，在其消化道内发育为成虫。

假叶目绦虫的虫卵随宿主粪便排出体外，在水中适宜条件下孵化为钩毛蚴（钩球蚴），被中间宿主（甲壳纲昆虫）吞食后发育为原尾蚴，含有原尾蚴的中间宿主被补充宿主（鱼、蛙类或其他脊椎动物）吞食后发育为实尾蚴（裂头蚴）终末宿主吞食带有实尾蚴的补充宿主而感染，在其消化道内经消化液作用，幼体吸附在肠壁上发育为成虫。

二、常见绦虫宿主、发育史、寄生部位、感染方式、致病性及检验方法（表 8-2）

表 8-2　常见绦虫宿主、发育史、寄生部位、感染方式、致病性及检验方法

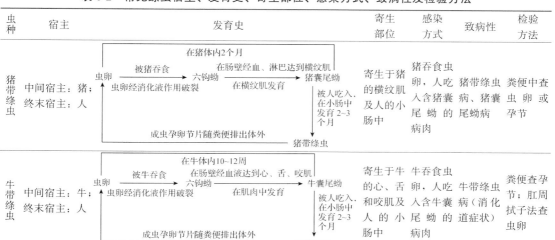

虫种	宿主	发育史	寄生部位	感染方式	致病性	检验方法
猪带绦虫	中间宿主：猪；终末宿主：人	虫卵——被猪吞食、虫卵经消化液作用破裂——六钩蚴——在猪体内2个月、在肠壁经血、淋巴达到横纹肌——猪囊尾蚴（在横纹肌发育）——被人吃入，在小肠中发育2~3个月——猪带绦虫（成虫孕卵节片随粪便排出体外）	寄生于猪及人的小肠中的横纹肌	猪吞食虫卵，人吃入含猪囊尾蚴的病肉	猪带绦虫病、猪囊尾蚴病	粪便中查虫卵或孕节
牛带绦虫	中间宿主：牛；终末宿主：人	虫卵——被牛吞食、虫卵经消化液作用破裂——六钩蚴——在牛体内10~12周、在肠壁经血液达到心、舌、咬肌（在肌肉中发育）——牛囊尾蚴——被人吃入，在小肠中发育2~3个月——牛带绦虫（成虫孕卵节片随粪便排出体外）	寄生于牛的心、舌和咬肌及人的小肠中	牛吞食虫卵，人吃入含牛囊尾蚴的病肉	牛带绦虫病（消化道症状）	粪便查孕节；肛周拭子法查虫卵

三、猪带绦虫和牛带绦虫的虫卵、虫体和囊尾蚴的观察要点

(一)猪带绦虫(图 8-3、图 8-4)

1. 虫卵观察要点

虫卵呈圆形，直径为 31～43 μm，卵壳有两层，内层较厚，浅褐色，有辐射的纹理，称胚膜；外壳薄，易脱落，也叫真壳。卵内含有具 3 对小钩的胚胎，称为六钩蚴。

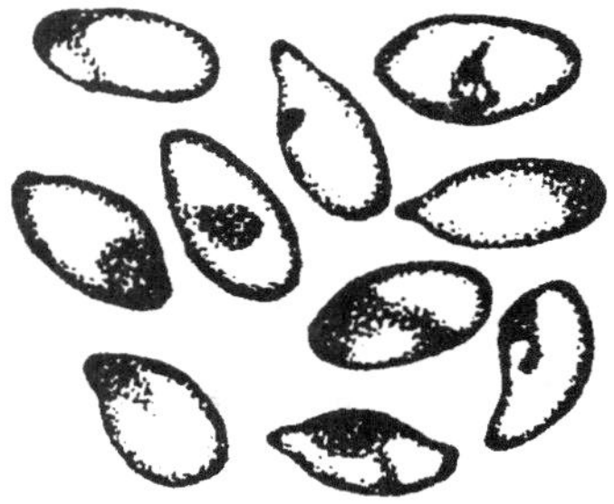

2. 虫体观察要点

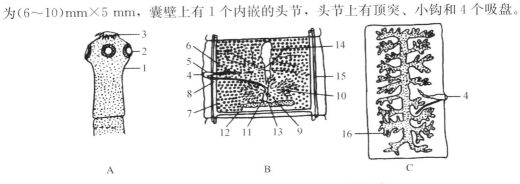

图 8-3　猪囊尾蚴(孔繁瑶，2010)

猪带绦虫呈乳白色，扁平带状，2～5 m。头节小呈球形，其上有 4 个吸盘，顶突上有 2 排小钩。全虫由 700～1 000 个节片组成。未成熟节片宽而短，成熟节片长宽几乎相等呈四方形，孕卵节片则长度大于宽度。每个节片内有 1 组生殖系统，睾丸为泡状，生殖孔略突出，在体节两侧不规则地交互开口。孕卵节片内子宫由主干分出 7～13 对侧枝。每一个孕节含虫卵 3 万～5 万个。节片单个或成段脱落。猪带绦虫的幼虫为猪囊尾蚴，又称猪囊虫，呈椭圆形，白色半透明的囊泡，囊内充满液体。大小为(6～10)mm×5 mm，囊壁上有 1 个内嵌的头节，头节上有顶突、小钩和 4 个吸盘。

图 8-4　猪带绦虫成虫的头节、成节和孕节的构造(Olsen)

A 头节　B 成节　C 孕节

1. 头节；2. 吸盘；3. 顶突(上有小钩)；4. 生殖孔；5. 雄阴茎囊；6. 输精管；7. 睾丸；8. 阴道；
9. 受精囊；10. 卵巢；11. 输卵管；12. 卵黄腺；13. 卵模与梅氏腺；14. 子宫；15. 纵排泄管；
16. 孕节子宫分枝

(二)牛带绦虫(图 8-5)

1. 虫卵观察要点

虫卵呈椭圆形，胚膜厚，具辐射状，内含六钩蚴。虫卵大小为(30～40)μm×(20～30)μm。

2. 虫体观察要点

牛带绦虫，又称为肥胖带绦虫，为乳白色，扁平带状，节片长而肥厚。全长 5～10 m，最长可达 25 m。由 1 000～2 000 个节片组成。头节上有 4 个吸盘，无顶突和小钩。成熟节片近似方形，睾丸 300～400 个。孕卵节片窄而长，其内子宫侧枝 15～30 对。每个节片内

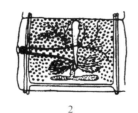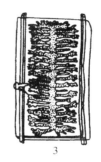

图 8-5　牛带绦虫(孔繁瑶，2010)

1. 头节；2. 成节；3. 孕节

约含虫卵 10 万个。肥胖带绦虫的幼虫为牛囊尾蚴，呈椭圆形半透明的囊泡，大小为(5～9)mm×(3～6) mm，呈灰白色，囊内充满液体，囊内有 1 个乳白色的头节，头节上无顶突和小钩。

猪带绦虫和牛带绦虫的鉴别要点见表 8-3。

表 8-3　两种绦虫鉴别要点

	猪带绦虫	牛带绦虫
体长	2～5 m	5～10 m
节片	700～1 000 节，节片较薄，略透明	1 000～2 000 节，节片较肥厚，不透明
头节	球形，4 个吸盘，具顶突及两圈小钩	近似方形，4 个吸盘，无顶突及小钩

任务三　线　虫

一、线虫形态结构和发育史

1. 线虫形态结构

(1)一般形态　线虫通常为细长的圆柱形或纺锤形，有的呈线状或毛发状。通常前端钝圆、后端较细。整个虫体可分为头端、尾端、腹面、背面和侧面。虫体的大小差别很大，有的仅 1 mm 左右(如旋毛虫的雄虫)，有的则长达 1 m 以上(如麦地那龙线虫的雌虫)。活体通常为乳白色或淡黄色，吸血的虫体常呈淡红色；天然孔有口、排泄孔、肛门和生殖孔，雄虫的肛门和生殖孔合为泄殖腔。

(2)体壁　由角质层(也称角皮)、皮下层(也称角皮下组织)和肌层组成。体壁包围着一个充满液体的腔，此腔没有源于内胚层的浆膜做衬里，所以称为假体腔。内有液体和各种组织、器官、系统。角皮覆盖体表，由皮下组织分泌形成，光滑或有横纹、纵线等。角皮还可延续为口囊、食道、直肠、排泄孔和生殖管末端的衬里。某些线虫虫体外表还常有一些由角皮参与形成的特殊构造，如头泡、唇片、叶冠、颈翼、侧翼、尾翼、乳突、交合伞等，有附着、感觉和辅助交配等功能。这些构造的位置、形状和排列是分类的依据。皮下组织紧贴在角皮基底膜之下，由一层合胞体细胞组成。在虫体背面、腹面和两侧中央部的皮下组织增厚，形成 4 条纵索，分别称为背索、腹索和侧索。这些排泄管和侧神经干穿

291

行于侧索中，主神经干穿行于背、腹索中。肌层在皮下组织下面，由单层肌细胞组成；肌层被 4 条纵索分割成 4 个区。

（3）消化系统　大多数线虫的消化系统是完整的，即有口孔、口腔、食道、肠、直肠、肛门。雌虫：口孔—食道—中肠—直肠—肛门；雄虫：口孔—食道—中肠—直肠—泄殖腔。口孔通常位于头部顶端常有唇片围绕，唇片上有感觉乳突。无唇片的寄生虫，有的在该部分发育为叶冠、角质环（口领），或有齿、板等构造。有些线虫口腔的角质衬里非常厚，成为一个硬质构造，称为口囊。有些种口腔中长有齿或切板等构造。食道常为肌质构造，有些线虫在食道末端处生有小胃或盲管。食道后为肠，一般呈管状。肠的后部为直肠，很短。直肠末端开口为肛门，雌虫肛门单独开口于尾部腹面；雄虫的直肠与射精管汇合成泄殖腔，开口尾部腹面，为泄殖孔。开口处附近常有乳突，其数目、形状和排列有分类意义。

（4）排泄系统　一般有一对长排泄管，位于皮下层侧索中，由一短的横管相连，横管腹面中央连一小管。其末端开口即排泄孔。有些线虫有一对具分泌功能的排泄腺与横管相连。线虫排泄系统中无纤毛。

（5）神经系统　位于食道部的神经环相当于中枢，是由许多神经纤维连接的神经节组成，自该处向前后各发出若干神经干，各神经干间有横联合。在虫体的其他部位还有单个的神经节。在肛门处还有一个后神经环。线虫体表有许多乳突，如头乳突、唇乳突、尾乳突或生殖乳突等，都是神经感觉器官。

（6）生殖系统　家畜寄生线虫均为雌雄异体，且眼观有别于尾部。雌虫尾部较直；雄虫尾部弯曲或卷曲；一般雌虫较大，因其体内载有大量虫卵，有些种可载 200 万个虫卵。雌雄内部生殖器官都是简单弯曲的连续管状构造，形态上区别不大。雄虫生殖器官，通常为单管型，由睾丸、输精管、贮精囊和通到泄殖腔的射精管组成。睾丸产生的精子经输精管进入贮精囊，交配时，精液从射精管入泄殖腔，经泄殖孔射入雌虫阴门。雄性器官的末端部分常有交合刺、引器、副引器和交合伞等辅助交配器官，其形态具分类意义。雌性生殖器官，通常为双管型（双子宫型），少数单管型（单子宫型）。雌性生殖系统由卵囊、输卵管、子宫、受精囊（贮存精液，无此构造的线虫其子宫末端行此功能）、阴道（有些线虫无阴道）和阴门（有些虫种尚有阴门盖）组成。双管型是指有两组生殖器，最后由两条子宫汇合成一条阴道。有些线虫在阴道与子宫之间还有肌质的排卵器，控制虫卵的排出。阴门是阴道的开口，可能位于虫体腹面的前部、中部或后部，但均在肛门之前。有些线虫的阴门口被有由表皮形成的阴门盖。阴门的位置及其形态（包括阴门盖）常具分类意义。

2. 线虫发育史

（1）线虫生殖方式　线虫生殖方式有 3 种。大部分为卵生，有的为卵胎生或胎生。雌虫产出的卵尚未卵裂，处于单细胞期或雌虫产出的卵处于桑葚期，如圆线虫类线虫和蛔虫，此二种情况称为卵生；雌虫产出的卵内已处于蝌蚪期阶段，即已形成胚胎，称为卵胎生，如后圆线虫类、类圆线虫类和多数旋尾线虫类；雌虫产出的是早期幼虫，称为胎生，如旋毛虫类和恶丝虫类。

（2）线虫发育一般模式　线虫的发育一般都要经过 5 期幼虫，中间有 4 次蜕皮，只有发育到第五期幼虫，才能进一步发育为成虫。幼虫经一或两次蜕皮后才对宿主有感染性

（或称侵袭性），如果有感染性的幼虫仍在卵壳内不孵出，称为感染性（或侵袭性）虫卵；如果蜕皮的幼虫已从卵壳内孵出，则称为感染性（或侵袭性）幼虫。蜕皮是幼虫脱去旧角皮，新生一层新角皮的过程。有的幼虫蜕皮后旧角皮不脱落，称为披鞘幼虫。披鞘幼虫很活跃，对环境的抵抗力特强。

　　根据线虫在发育过程中需不需要中间宿主，可分为无中间宿主的线虫和有中间宿主的线虫。前者系幼虫在外界环境中如粪便和土壤中直接发育到感染阶段，故又称直接发育型或土源性线虫，代表类型有蛲虫型、毛尾线虫型、蛔虫型、圆线虫型、钩虫型等。后者的幼虫需在中间宿主如昆虫和软体动物等的体内方能发育到感染阶段，故又称间接发育型或生物源性线虫，代表类型有旋尾线虫型、原圆线虫型、丝虫型、旋毛虫型等。

二、蛔虫与旋毛虫宿主、发育史、寄生部位、感染方式、致病性及检验方法（表8-4）

表8-4　蛔虫与旋毛虫宿主、发育史、寄生部位、感染方式、致病性及检验方法

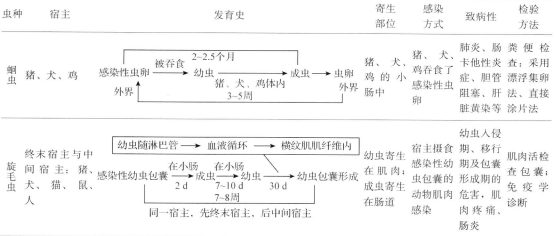

虫种	宿主	发育史	寄生部位	感染方式	致病性	检验方法
蛔虫	猪、犬、鸡	（发育史示意图）	猪、犬、鸡的小肠中	猪、犬、鸡吞食了感染性虫卵	肺炎、肠卡他性炎症、胆管阻塞、肝脏黄染等	粪便检查；采用漂浮集卵法、直接涂片法
旋毛虫	终末宿主与中间宿主：猪、犬、猫、鼠、人	（发育史示意图）	幼虫寄生在肌肉；成虫寄生在肠道	宿主摄食感染性幼虫包囊的动物肌肉感染	幼虫入侵期、移行期及包囊形成期的危害，肌肉疼痛、肠炎	肌肉活检查包囊；免疫学诊断

三、蛔虫与旋毛虫虫卵、虫体和囊尾蚴的观察要点

（一）蛔虫

1. 虫卵观察要点

　　猪蛔虫虫卵（图8-6）为短椭圆形，大小$(50\sim75)\mu m\times(40\sim80)\mu m$，黄褐色。卵壳厚，由4层组成，最外一层为凸凹不平的蛋白膜，内为一个圆形卵细胞，感染性虫卵内含第二期幼虫。未受精卵较狭长，多数没有蛋白质膜，或有而甚薄，且不规则。整个卵壳较薄，内容物为很多油滴状的卵黄颗粒和空泡；牛新蛔虫虫卵近于球形，大小为$(70\sim80)\mu m\times(60\sim66)\mu m$，壳厚，外层呈蜂窝状，胚细胞为单细胞期；犬弓首蛔虫虫卵呈亚球形，卵壳厚，表面有许多点状凹陷，大小为$(68\sim85)\mu m\times(64\sim72)\mu m$；鸡蛔虫虫卵呈椭圆形，大小为$(70\sim90)\mu m\times(47\sim51)\mu m$，壳厚而光滑，深灰色，新排出时内含单个胚细胞。

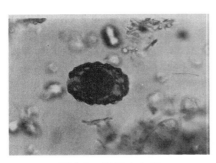

图 8-6　猪蛔虫虫卵

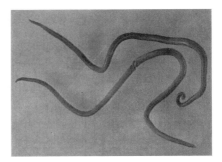

图 8-7　猪蛔虫(雌雄虫体)

2. 虫体观察要点

猪蛔虫(图 8-7)是一种大型线虫,虫体呈中间稍粗、两端较细的圆柱形。头端为 3 个唇片:一片背唇较大,两片腹唇较小,排列呈品字形。雄虫比雌虫小,长 15~25 cm,尾端向腹面弯曲,形似鱼钩;泄殖腔开口在尾端附近,有一对交合刺。雌虫比雄虫粗大,长 20~40 cm,虫体较直,尾端较钝,无钩。牛新蛔虫虫体粗大,淡黄色,头端具有 3 片唇,食道呈圆柱形,后端由一个小胃与肠管相接。雄虫长 11~26 cm,尾部有一小锥突,弯向腹面,交合刺 1 对,形状相似。雌虫长 14~30 cm,尾直。犬弓首蛔虫头端有 3 片唇,虫体前端两侧有向后延展的颈翼膜。雄虫长 5~11 cm,尾端弯曲,有一小锥突,有尾翼。雌虫长 9~18 cm,尾端直,阴门开口于虫体前半部。鸡蛔虫呈黄白色,头端有 3 片唇。雄虫长 2.6~7 cm,尾端有明显的尾翼和尾乳突,有一个具有厚的角质边缘的圆形或椭圆形的肛前吸盘;交合刺近于等长。雌虫长 6.5~11 cm,阴门开口于虫体中部。

(二)旋毛虫

1. 幼虫观察要点

幼虫长 1.15 mm,寄生于猪横纹肌内,称为肌旋毛虫,卷曲在由机体炎性反应所形成的包囊内。包囊呈圆形、椭圆形,连同囊角而成梭形,长 0.5~0.8 mm。

2. 虫体观察要点

成虫细小,前部较细,较粗的后部含着肠管和生殖器官。雄虫长 1.4~1.6 mm,尾端有泄殖孔,有两个呈耳状悬垂的交配叶。雌虫长 3~4 mm,阴门位于身体前部(食道部)的中央。胎生。

模块二　棘头虫

任务一　猪巨吻棘头虫形态结构和发育史

一、棘头虫形态结构

蛭形大棘吻棘头虫虫体外形似猪蛔虫(图 8-8),呈乳白色或淡红色,长圆柱形,前部

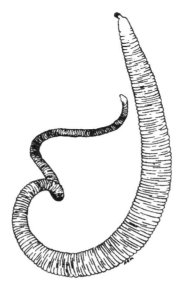

图 8-8 蛭形巨吻棘头虫雌虫全形(孔繁瑶，2010)

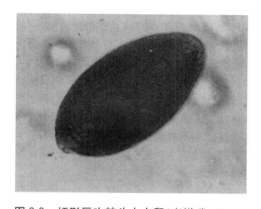

图 8-9 蛭形巨吻棘头虫虫卵(李祥瑞，2004)

图 8-10 蛭形巨吻棘头虫中间宿主金龟子成虫及幼虫(李祥瑞，2004)

较粗，后部较细。体表有横纹。头端有 1 个可伸缩的吻突，上有 5～6 行小棘，每列 6 个。雄虫长 70～15 cm，呈长逗点状。雌虫长 30～68 cm。虫体无消化器官，主要依靠体表的微孔吸收营养。其幼虫棘头蚴的头端有 4 列小棘，第 1、2 列较大，3、4 列较小；棘头囊长 3.6～4.4 mm，体扁，白色，吻突常缩入吻囊，肉眼可见。

虫卵(图 8-9)呈长椭圆形，深褐色，两端稍尖，卵内含有棘头蚴。卵壳壁厚，由 4 层组成，外层薄而无色，易破裂；第 2 层厚，褐色，有皱纹，两端有小塞状结构；第 3 层为受精膜；第 4 层不明显。虫卵大小为 $(89～100) \mu m \times (42～56) \mu m$，平均为 $91 \mu m \times 47 \mu m$。

二、棘头虫发育史(图 8-11)

雌虫所产虫卵随终末宿主(猪、野猪、犬、猫及人)粪便排出体外，被中间宿主(金龟子及其他甲虫)的幼虫吞食后，虫卵在其体内孵化出棘头蚴，棘头蚴穿过肠壁，进入体腔内发育为棘头体，进一步发育为具有感染性的棘头囊。猪吞食了含有棘头囊的中间宿主的幼虫或成虫而感染。棘头囊在猪的消化液中脱囊，以吻突固着于肠壁上发育为成虫。

幼虫在中间宿主体内的发育期限因季节而异，如果甲虫幼虫在 6 月以前感染，则棘头蚴可在其体内经 3 个月发育到感染期；如果在 7 月以后感染，则需经过 12～13 个月才能到感染期。棘头囊发育为成虫需 2.5～4 个月。

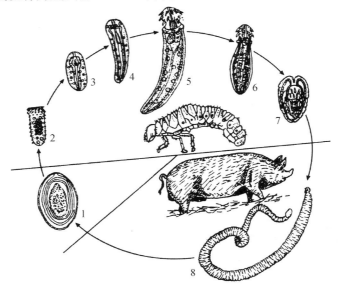

图 8-11 蛭形巨吻棘头虫发育史示意(孔繁瑶，2010)
1. 卵；2～7. 棘头蚴→棘头体→棘头囊；8. 成虫

模块三 蠕虫实验室检测

任务一 粪便中蠕虫虫卵和虫体检查

一、粪样采集及保存方法

被检粪样应该是新鲜且未被污染，最好从直肠采取。大动物按直肠检查的方法采集；小动物可将食指套上塑料指套，伸入直肠直接钩取粪便。自然排出的粪便，要采取粪堆上部未被污染的部分。采取的粪便应装入清洁的容器内。采集用品最好一次性使用，如多次使用则每次都要清洗，相互不能污染。采取的粪便应尽快检查，否则，应放在冷暗处或冰箱冷藏中保存。当地不能检查需送出或保存时间较长时，可将粪样浸入 5％～10％、加温至 50～60 ℃的福尔马林中，使其中的虫卵失去活力，但仍保持固有形态，还可以防止微生物的繁殖。

二、粪便中蠕虫虫卵检查

(一)检查方法

1. 直接涂片法(图 8-12)

取一片洁净的载玻片,在玻片中央滴加 1～2 滴 50％甘油生理盐水,然后用镊子或牙签挑取少量粪便,与甘油生理盐水混匀,并将粗粪渣推向一边,涂布均匀,做成涂片,涂片的厚薄以放到书上隐约可见下面的字迹为宜,加上盖玻片,置显微镜下检查,检查时先在低倍镜下顺序查找,如发现虫卵,再换高倍镜仔细观察。如无甘油生理盐水时可以用常水代替,加甘油可使标本清晰,易于观察,并可防止涂膜很快变干燥。但是检查原虫的滋养体,必须以生理盐水进行稀释,不应加甘油,否则会影响其运动而妨碍观察。

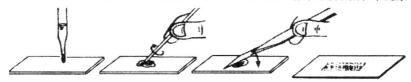

图 8-12　直接涂片法操作流程

本法操作简单,能检查各种蠕虫卵,但检出率不高,特别是轻度感染时,往往得不到可靠结果,因此,本法只能为辅助的诊断方法,并且每次检查要重复观察 8～10 片,才能收到确实的效果。

2. 沉淀法(图 8-13)

本法的原理是虫卵可自然沉于水底,便于集中检查。多用于体积较大虫卵的检查,如吸虫卵和棘头虫卵。

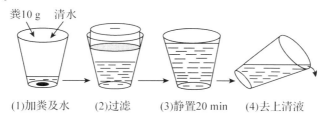

粪10 g　清水

(1)加粪及水　(2)过滤　(3)静置20 min　(4)去上清液

图 8-13　直接水洗沉淀法操作流程

(1)彻底洗净法　取粪便 5～10 g 置于烧杯或塑料杯中,先加入少量的水将粪便充分搅开,然后加 10～20 倍量的水搅匀,用金属筛或纱布将粪液滤过于另一杯中,静置 20 min后倾去上层液,沉渣反复水洗沉淀,直至上层液透明为止。最后倾去上层液,用吸管吸取沉淀物滴于载玻片上,加盖玻片镜检。

(2)离心沉淀法　取粪便 3 g 置于小杯中,先加入少量的水将粪便充分搅开,然后加10～15 倍水搅匀,用金属筛或纱布将粪液过滤于另一杯中,然后倒入离心管,用天平配平后放入离心机内,以 2 000～2 500 r/min 离心沉淀 1～2 min,取出后倾去上层液,沉渣反复水洗离心沉淀,直至上层液透明为止。最后倾去上层液,用吸管吸取沉淀物滴于载玻片上,加盖玻片镜检。本法可以缩短检查时间。

3. 漂浮法

本法基本原理是采用密度比虫卵大的溶液，使虫卵、球虫卵囊浮集于液体的表面，形成一层虫卵液膜，然后蘸取此液膜，进行镜检。漂浮法对大多数较小的虫卵，如某些线虫卵、绦虫乱和球虫卵囊等，有很高的检出率，但对吸虫卵和棘头虫卵检出效果较差。

方法：先配制饱和盐水溶液，配制时先将水煮开，然后加入食盐搅拌，使之溶解，边搅拌边加食盐，直加至食盐不再溶解而生成沉淀为止(1 000 mL 沸水中约加食盐 380 g)，再以双层纱布或棉花过滤至另一干净的容器内，待凉后即可使用(溶液凉后如出现食盐结晶，则说明该溶液是饱和的，合乎要求，其密度为 1.18，此溶液应保存于温度不低于 13℃的情况下，才能保持较高的密度)。具体操作方法有饱和盐水漂浮法与浮聚法两种。

(1)饱和盐水漂浮法(图 8-14)　取粪便 5~10 g，置于 100~200 mL 的烧杯中，先加入少量饱和盐水，把粪便调匀，然后加入约为粪便 12 倍量的饱和盐水，并搅拌均匀，用纱布或 40 目的铜丝筛过滤于另一干净的烧杯内，滤液静置 30~40 min，此时比饱和盐水密度轻的虫卵，大多浮于液体表面，再用铂耳或直径 0.5~1 cm 的铁丝圈蘸取此液膜，并抖落在载玻片上，进行镜检。

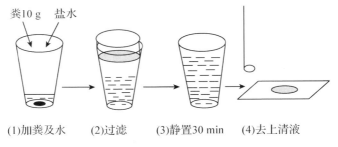

(1)加粪及水　(2)过滤　(3)静置30 min　(4)去上清液

图 8-14　饱和盐水漂浮法操作流程

(2)浮聚法(图 8-15)　取 2 g 粪便置于烧杯或塑料杯中，先加入少量漂浮液将粪便充分搅开，再加入 10~20 倍的漂浮液搅匀，用金属筛或纱布将粪便过滤于另一杯中，然后将粪液倒入青霉素瓶，用吸管加至凸出瓶口为止。静置 30 min 后，用盖玻片轻轻接触液面顶部，提起后放入载玻片上镜检。

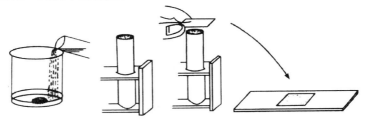

图 8-15　浮聚法操作流程

漂浮法检出率高，在实际工作中广泛应用，可以检查大多数的线虫卵和绦虫卵，为了提高漂浮效果，可用其他饱和溶液代替饱和盐水。如在检查密度较大的后圆线虫时，可先将猪粪便按沉淀法操作，取得沉渣后，在沉渣中加入饱和硫酸镁溶液，进行漂浮，收集虫卵。常见虫卵及漂浮密度如表 8-5 所列。

表 8-5　动物寄生虫虫卵及漂浮液密度

寄生虫卵密度		漂浮液密度		
种类	密度	种类	1 000 mL 水中加入的试剂量(g)	密度
猪蛔虫卵	1.145	饱和盐水	380	1.17~1.19
钩虫卵	1.085~1.090	硫酸锌溶液	330	1.18
毛圆线虫卵	1.115~1.130	氯化钙溶液	85	1.05
猪后圆线虫卵	1.20 以上	氯化钙溶液	440	1.25
肝片吸虫卵	1.20 以上	硫代硫酸钠溶液	1 750	1.37~1.39
姜片吸虫卵	1.20 以上	饱和硫酸镁	920	1.26
华支睾吸虫卵	1.20 以上	饱和硝酸钠	1 000	1.20~1.40
双腔吸虫卵	1.20 以上			

4. 锦纶筛兜集卵法

用孔经小于虫卵的化学纤维(尼龙、锦纶等)筛绢做成网兜。本法适用于体积较大虫卵(如肝片吸虫虫卵)的检查。本法操作迅速、简便。

取 5~10 g 粪便置于烧杯或塑料杯中,先加入少量的水,使粪便易于搅开。然后加入 10 倍量的水,用金属筛(6.2×10^4孔/m^2)过滤于另一杯中。将粪便全部倒入尼龙筛网,先后浸入 2 个盛水的盆内,用光滑的圆头玻璃棒轻轻搅拌淘洗。最后用少量清水淋洗筛壁四周与玻璃棒,使粪渣集中于网底,用吸管吸取后滴于载玻片上,加盖玻片镜检。

尼龙筛是将 4.03×10^5孔/m^2的尼龙筛绢剪成直径 30 cm 的圆片,沿圆周将其缝在粗铁丝弯成带柄的圆圈(直径 10 cm)上即可。

(二)操作、观察注意点

① 在操作中,粪便不能互相感染;已经使用过的工具,必须进行消毒,或另换工具,才能检查第二个粪样;粪样不能搞错,特别在大面积普查工作中,一定要做好登好编号,每次检查都要有详细记录。

② 粪便要求新鲜,防止暴晒、腐败而失效。

③ 镜检时一定要详细观察,严格区别虫卵与非虫卵。

虫卵:都有一定的卵壳结构,且都有一定的形状,如圆形、椭圆形、三角形等,多数都是两侧对称,内含有卵细胞或一个已发育的幼虫或毛蚴。

非虫卵:在粪便中容易与虫卵混淆的杂物有各种植物细胞、花粉颗粒、脂肪球、气泡、真菌孢子、螨类及其虫卵、纤毛虫等(图 8-16)。但这些物质,由于种类不同,其形状、大小、颜色也各不相同。如各种植物细胞,有的呈螺旋形,有的呈双层环状物的,也有呈铺石状的,但都有明显的细胞壁,与虫卵结构显然不同;各种花粉颗粒,往往都带有一定的颜色,易误认为蛔虫卵,但花粉颗粒没有卵壳的结构,表面呈蜂窝状或锯齿状,仔细观察,可以区分。还有脂肪和气泡之类,也很像虫卵,但脂肪球和气泡往往大小不一,无色,且折光性很强,周围壁较厚,而内部是空虚的,不具有虫卵的一般结构。总之,粪渣中与虫卵混淆的杂物较多,但只要掌握虫卵的结构和特征是可以辨认的,有时某物与虫

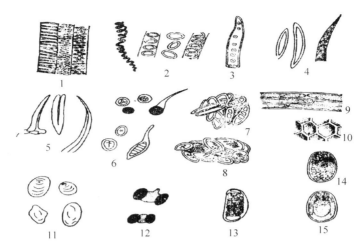

图 8-16　粪检中镜下常见杂质

1～10. 植物细胞和孢子（1. 植物导管；2. 螺纹和环纹；3. 管胞；4. 植物纤维；5. 小麦的颖毛；
6. 真菌孢子；7. 谷壳的一些部分；8. 稻米胚乳；9、10. 植物的薄皮细胞） 11. 淀粉粒；
12. 花粉粒；13. 植物线虫的一些虫卵；14. 螨的卵（未发育）；15. 螨的卵（已发育）

卵分辨不清，也可用解剖针轻轻推动盖玻片下的东西滚动，这样往往可以把虫卵和其他物体区别开来。

（三）各种蠕虫虫卵的特征

1. 吸虫卵

多呈卵圆形或椭圆形，大小不一，卵壳由数层卵模组成，较坚实；大多数吸虫卵其一端有一个卵盖（日本血吸虫卵、嗜眼吸虫卵除外），卵内含有许多卵黄细胞及一个胚细胞，还含有一个已成形的毛蚴；颜色多为黄色、黄褐色，有的呈灰白色。

2. 绦虫卵

因种类不同，形状差异很大，虫卵多数无色，少数为黄色或黄褐色，在高倍镜下可见到 3 对小钩状物。圆叶目绦虫卵壳脆弱，无卵盖，卵壳在虫卵排出时即破裂脱落，常见的所谓"卵壳"实际上是胚膜，在带科绦虫胚膜的两层间呈辐射纹，虫卵圆形或不正圆形，内含六钩蚴；裸头科绦虫卵呈圆形、方圆形或三角形，内有一个含六钩蚴的梨形器；假叶目绦虫卵椭圆形，卵壳颇厚，一端常有卵盖，胚膜被有许多纤毛，内含一个钩球蚴。

3. 线虫卵

一般呈椭圆形，大小不一，无色透明，有的呈灰白色，或褐色或黄褐色，多数虫卵两侧对称，卵壳多半由最外层的蛋白质膜、中间几丁质膜和内层的卵黄膜组成，有些线虫（如圆形科和毛圆科）的虫卵无蛋白质膜，有的卵壳平滑，有的凹凸不平或呈蜂窝状，虫卵内含单个或多个卵细胞或已发育的幼虫。

4. 棘头虫卵

多呈椭圆形或长椭圆形，卵壳很厚，外膜上常呈点窝状或蜂窝状的构造，卵内中央有一个长椭圆形的胚胎，胚胎的一端有 6 个小钩，颜色多呈棕黄色。

三、粪便中蠕虫虫体检查

1. 虫体肉眼检查法

虫体肉眼检查法适用于对绦虫的检查，也可用于某些胃肠道寄生虫的驱虫诊断。

对于较大的绦虫节片和大型虫体，在粪便表面或搅碎后即可观察。对于较小的绦虫节片和小型虫体，将粪样置于较大的容器中，加入5～10倍量的水（或生理盐水），彻底搅拌后静置10 min，然后倾去上层液，再重新加水、搅匀、静置，如此反复数次，直至上层液体透明为止，即反复水洗沉淀法。最后倾去上层液，每次取一定量的沉淀物放在黑色浅盘（或衬以黑色背景的培养皿）中观察，必要时可用放大镜或实体显微镜检查，发现虫体和节片则用分离针或毛笔取出，以便进一步鉴定。

2. 幼虫分离法

有些寄生虫（如网尾科线虫），其虫卵在新排出的粪便中已变为幼虫；类圆属线虫的卵随粪便排出后，在外界温度较高时，经5～12 min后即孵出幼虫。对粪便中幼虫的检查虽可用直接涂片或其他虫卵检查法，但若采用下述方法，则检出率可以高得多。

（1）漏斗幼虫分离法　也称贝尔曼法（Baermarn's technique）。取粪便15～20 g，放在漏斗内的金属筛上，漏斗下接一短橡皮管，管下再接一小试管。

将粪便放于漏斗内铜筛上，不必捣碎，加入40 ℃温水到淹没粪球为止，静置1～3 h。此时大部分幼虫游走于水中，并沉于试管底部。拔取底部小试管，取其沉渣制成涂片显微镜下检查。

（2）平皿法　特别适用于球状的粪便，取粪球3～10个，放于培养皿内表面玻璃上，加少量40 ℃温水。10～15 min后取出粪球，将留下的液体在低倍镜下检查。

用以上两种方法检查时，可见到运动活泼的幼虫，如欲致其死亡，做较详细的观察，可在有幼虫的载玻片上，滴加卢戈氏碘液，则幼虫很快死去，并染成棕黄色。

3. 粪便培养法

圆形线虫目虫卵的形态都很相似。有时为了区别这些线虫的种类，常将含有虫卵的粪便加以培养，待其发育为幼虫后，根据幼虫形态加以鉴别。具体方法是将新鲜粪便或水洗沉淀后所收集的粪渣放入培养器内加入适量木炭末及水，拌成糊状，堆成半球形，使顶部稍高于器的边缘，然后加盖，使盖的顶部与粪相接触。置25～30 ℃条件下，经常保持器内湿度（每天滴加清水），待5～7 d后，吸取器盖上的水或器内的水镜检，或用贝尔曼氏装置收集幼虫。

镜检新鲜的幼虫，可在载玻片上滴加卢戈氏碘液进行观察，应注意下列各点：幼虫的大小、长宽、虫体某部和整个体长的比例，如食道的长度，尾部的长度和它们的构造（如体细胞的排列、数目、形状等）。

附：测微法

各种虫卵和幼虫，常有恒定的大小，测量虫卵或幼虫的大小，可作为确定某一种虫卵或幼虫的依据。虫卵和幼虫的测量需要用测微器。

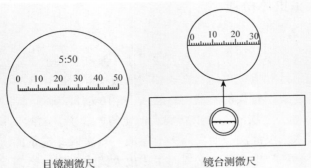

目镜测微尺　　　　　　　　镜台测微尺

图 8-17　目镜测微尺和镜台测微尺

测微器由目镜测微尺和镜台测微尺（图 8-17）组成。目镜测微尺是一个可放于目镜中隔环上的圆形玻片，其上有 50 或 100 个刻度的小尺。使用时，将目镜的上端旋开，将此测微尺放于镜头即可看到一清晰的刻度尺。此刻度并不具有绝对长度意义，而必须通过镜台测微尺换算。镜台测微尺是在一载玻片上，其中央封有一标准刻度尺，一般是将 1 mm 均分成 100 小格，即每小格的绝对长度为 10 μm。使用时，将其放于显微镜载物台上，调节显微镜使能清楚地看到镜台测微尺上的刻度，移动镜台测微尺，使与目镜测微尺重合，此时即可确定在固定目镜、物镜和镜筒长度的条件下，目镜测微尺每格所表示的长度。其测算方法是：将目镜测微目和镜台测微尺的零点对齐，再寻找目镜和镜台测微尺上较远端的另一重合线，算出目镜测微尺的若干格相当于镜台测微尺的若干格，从而计算出目镜测微尺上每格的长度。例如，在用 10 倍目镜、40 倍物镜，镜筒不抽出情况下，目镜测微尺的 44 格相当于镜台测微尺的 15 格（即 150 μm），即可算出目镜测微尺的每格长度。

$$150 \ \mu m \div 44 = 3.409 \ \mu m$$

在测量具体虫卵时，可将镜台测微尺移去，只用目镜测微尺量度。如量得某虫卵的长度为 24 格，则其具体长度为 3.409 μm×24＝81.816 μm。但应注意，以上算得的目镜测微尺的换算长度只适用于一定的显微镜、一定的目镜、一定的物镜等条件，更换其中任一因素，其换算长度必须重新测算。

模块四　囊尾蚴与旋毛虫的检验

任务一　囊尾蚴的检验

一、检样的采取与处理

1. 样品的采集

采集猪的咬肌、舌肌、腰肌、膈肌、肋间肌、肩胛肌等，也可采集脑、心、肝、肺等器官。

2. 样品的分离

成熟的猪囊尾蚴为长椭圆形，(6~10 mm)×5 mm，半透明的囊壁内充满液体，上有一个黍粒大小的白色小结节，即为头节和颈节。脑内寄生的则为圆球形(8~10 mm)。将上述任何部位的囊尾蚴，以手术刀和镊子剥离后，以生理盐水洗净，并用滤纸吸干。

二、检验方法

近年来发展起来的血清学免疫诊断法很多，如酶联免疫吸附试验(ELISA)、间接血细胞凝集试验(IHA)、皮内试验、免疫电泳、间接免疫荧光抗体法、对流免疫电泳以及斑点试验等。随着抗原的纯化和技术改进，ELISA 检出率可达 90% 以上，但仍难排除与细颈囊尾蚴和棘球蚴的交叉反应。斑点试验敏感性可达 98.3%，特异性强(99.62%)，操作简便，易于判定，试验操作时间短(20 min)，适于基层推广。

尸体剖检在多发部位发现猪囊尾蚴便可确诊。商检和食品卫生检验时，在易发现虫体的部位(如臀肌、腰肌等处)，尤以前臂外侧肌群的检出率最高。现行的肉眼肉检法检出率为 50%~60%，轻度感染的仍有漏检。

群众对此病的诊断经验是："看外形，翻眼皮，看眼底，看舌根，再摸大腿里"。舌检囊尾蚴是民间流传的一种检查方法，东北地区许多收购员沿用这种方法，检出率约为 30%。

三、检验程序

认真搞好产地检疫、屠宰检疫、运输监督和市场监督。

1. 产地检疫

产地检疫是指动物出售或调运离饲养地之前所实施的检疫，是把动物疫病控制在源头、防止染疫动物进入流通环节的关键。特别是有针对性地对猪龄短、貌似健康的猪应认真仔细检查，防治漏检。检查合格的出具产地检疫证明，不合格的按《中华人民共和国动物防疫法》等相关规定处理，严禁流通或屠宰。产地检验时主要从以下临床症状加以判断：呼吸有无粗粝、打呼噜；看其肩胛部是否增宽，显著外张；臀部肌肉是否隆起、突出；眼球是否突出；猪脸、颊部是否增大；查舌肌有无米粒至黄豆大小结节，眼外肌有无凸起物；摸肩胛、臀部、股内侧肌肉丰满是否有坚硬、滑动、颗粒结节等。

2. 屠宰检疫

屠宰检疫是指对被屠宰的生猪所进行的宰前检疫和在屠宰过程中所进行的屠宰同步检疫。它是检疫工作中一项重要的基础性检疫工作，其与产地检疫有着相辅相成的关系，起着加强和补充产地检疫的作用。

3. 宰前检疫

生猪运到屠宰场(点)，在卸车前须做宰前检疫验证。对来自本县的猪查验"动物产地检疫合格证明"；对来自县外的猪查验"出县境动物检疫合格证明"和"动物及动物产品运载工具消毒证明"。同时核对数量和种类是否与有关证明相符，途中有无患病和病死情况，证物相符无病者准予入场屠宰，同时收缴全部有关证明；证物不符者应重检，重检者仍应出具检疫证明，并回收保存备查；途中病死的头数较多或发现可疑病畜应立即转入隔离圈，并做详细的临床检查（视诊、听诊、触诊和体温检测）和实验室诊断，确诊为猪囊尾蚴的，按规定处理。

4. 宰后检疫

宰后检疫是整个检疫过程中至关重要的一个环节，这一环节把关不严，让病猪肉流通上市，将直接危害人民群众的身体健康，因而，检疫人员必须认真把关，不得有丝毫疏忽大意。该环节主要检查咬肌、腰肌、膈肌，看其上是否有椭圆形、米粒至豆粒大小半透明状包囊，囊内充满半透明状液体。需进一步确诊时可取虫体头节压成薄片镜检，可见其上有4个圆形吸盘和1个圆形顶突，顶突上有排列成圈的角质小钩。

任务二　旋毛虫的实验室检测

一、检样的采取与处理

旋毛虫所产生的幼虫不随粪便排出，宿主粪便中虽偶尔有旋毛虫包囊或幼虫，但极难查出，所以粪检不适用于本病。生前诊断可剪一小块舌肌进行压片检查，宰后采两侧膈肌脚30～50 g，先撕去肌膜用肉眼观察是否有细针尖大未钙化的包囊，呈露滴状，半透明，较肌肉的色泽淡，包囊为乳白色、灰白色或黄白色。可疑时从肉样不同部位，剪取24块麦粒大小肉粒压片镜检或用旋毛虫投影器检查。

二、检验方法

如有吃剩的肉，应取样压片镜检包囊，同时用该肉喂豚鼠等实验动物，如能发现包囊或幼虫，可以确诊。必要时可取腓肠肌等压片镜检或消化镜检。消化法须在感染17 d后进行。自然感染的病猪无明显症状，生前诊断较困难，猪旋毛虫大多在宰后肉检中发现。

对屠宰后的动物进行肌肉旋毛虫的检验是一种最确实的诊断方法。我国和德国等一些国家和地区规定对屠宰后的猪进行肌肉（主要是横膈膜肌脚）压片镜检。近年来还研究出了集样消化检查法、间接和可溶性荧光抗体法，但在肉品检验中还没有常规应用。压片镜检的检验方法为：采屠体两侧膈肌脚各一小块，肉样重30～50 g（与屠体编同一号码），先撕去肌膜进行肉眼观察，然后在肉样上顺肌纤维方向剪取24块小肉片（小于米粒大），均匀地放在载玻片上，再用另一载玻片覆盖在它上面并加压，使肉粒变成薄片，于低倍（5～40倍）镜下可见新鲜屠体中的虫体及包囊和尚未形成包囊的幼虫。新鲜屠体中的虫体及包囊较清晰，若放置时间较久，则因肌肉发生自溶，幼虫较模糊，包囊可能完全看不清。此时，用美蓝溶液（0.5 mL饱和美蓝酒精溶液）染色。染色后肌纤维呈淡蓝色，包囊呈蓝色或淡蓝色，虫体不着色。对钙化包囊的镜检，可加数滴5%～10%盐酸或5%冰乙酸使之溶解，1～2 h后肌纤维透明呈淡灰色，包囊膨胀，轮廓清晰。生前诊断可采用酶联免疫吸附试验和间接血凝试验，可在感染后17 d测得特异性抗体。

三、检验程序

1. 肉眼检查

取膈肌样撕去肌膜，将肌肉拉平，在良好的光线下仔细观察有无白色尘埃样小点（有小点的肉样，检出率更高）。若见可疑病灶时，做好记录且告知总检将可疑肉尸隔离，待镜检后做出判定处理。

2. 制片

取清洁载玻片一块放于检验台上。用镊子夹住肉样顺着肌纤维方向将可疑部分剪下。如果无可疑病灶，则顺着肌纤维在肉块的不同部位剪取 12 个麦粒大小的肉粒（2 块肉样共剪取 24 个小肉粒），依次均匀地贴附于载玻片上且排成两行，每行 6 块。然后，再取一清洁载玻片盖放在肉片的载玻片上，并捏住两端轻轻加压，把肉粒压成很薄的薄片，以能通过肉片标本看清下面报纸上的小字为标准。另一块膈肌按上法制作，两片压片标本为一组进行镜检。

3. 镜检

把压片标本放在 100 倍左右的显微镜下，从压片的一端第一块肉片外开始，顺着肌纤维依次检查。镜检时应注意光线的强弱及检查速度，切勿漏检。

旋毛虫形态构造模式图见图 8-18，肌组织中的旋毛虫包囊幼虫见图 8-19。

图 8-18 旋毛虫形态构造模式
A 成虫 B 雌虫 C 幼虫

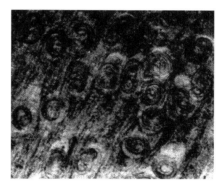

图 8-19 肌组织中的旋毛虫包囊幼虫
（朱兴全等，1993）

4. 结果判定

在旋毛虫检验时，往往会发现肉孢子虫和发育不完全的囊虫，虫体典型者容易辨认，如发生钙化、死亡或溶解现象时，则容易混淆，在检查时应该注意鉴别。若镜检时发现旋毛虫包囊发生机化，可通过透明处理，在肉粒上滴加数滴 50% 甘油水溶液，数分钟后，肉片变得透明，再覆盖上玻片压紧观察；若观察到包囊内有不同数量的黑色钙化点，可以通过脱钙处理，滴加 10% 的稀盐酸将钙盐溶解后，可见到虫体及其痕迹，与包囊毗邻的肌纤维变性，横纹消失。

5. 处理措施

如果发现旋毛虫，应根据号码查对肉尸、内脏和头等，统一进行处理。

模块五　原虫的检测

任务一　住肉孢子虫的检测

一、检样的采取与处理

1. 采样

(1)猪住肉孢子虫　猪的住肉孢子虫(图 8-20)虫体较小,多寄生于腹斜肌、膈肌、大腿肌、肋间肌和咽喉肌;法定检验部位为横膈膜肌脚,与旋毛虫一同检查。肉眼观察可见与肌纤维平行的白色毛根状小体,与旋毛虫相似,用显微镜检查虫体时可与之区别,虫体呈灰色纺锤形或雪茄状,内含无数半月形孢子,如虫体钙化则呈黑色小团块,甚至完全呈黑色直杆状,或在制片时被压成数段。有时在钙化的虫体周围有一卵圆形透光区,易与钙化的旋毛虫相混,应在钙化处理后加以鉴别。

图 8-20　水牛食道感染住肉孢子虫(李祥瑞,2004)

(2)牛住肉孢子虫　住肉孢子虫寄生于食道肌、膈肌、舌肌、心肌及骨骼肌上,虫体呈白色纺锤形,大小不一,长者可达 20 mm,短者仅 3 mm,可与囊虫鉴别。黄牛、水牛食道壁肌肉中的住肉孢子虫最粗大,牦牛体内的住肉孢子虫细长,可达 40 mm,其包囊呈线状、杆状、毛根状,也有呈圆形、椭圆形的。

(3)羊住肉孢子虫　羊住肉孢子虫寄生在食道肌、舌肌、膈肌及心肌等处,大小不一,小米粒至大米粒大,最大的如柔嫩住肉孢子虫长达 20 mm,宽近 10 mm,

白色卵圆形,常呈半球状突起于食道壁表面,如虫体被压迫则排出白色胶冻样物。

2. 处理

住肉孢子虫病是一种人兽共患病,也是我国法定检验的三大寄生虫病(囊虫、旋毛虫和住肉孢子虫)之一。但目前肉品卫生检验实践中只重视囊虫,而对旋毛虫和住肉孢子虫重视不够,有些地方根本不将住肉孢子虫列入检验项目,对此现象必须加以纠正,以保证肉品符合卫生标准。住肉孢子虫属二宿主寄生虫,寄生于肌细胞内,其终末宿主住肉孢子虫病畜肉的处理如下:虫体见于全身肌肉而肌肉无变性,在寄生部位 40 cm² 内虫体均超过 4 个者,酮体高温处理后出场;虫体未超过 4 个者,酮体不受限制出场。虫体见于全身肌肉且肌肉有变性者,酮体作工业用或销毁;局部肌肉 40 cm² 内发现 4 个以上虫体时,该部肌肉高温处理后出场;其余部分不受限制出场。若肌肉有变性,则局部肌肉做工业用或销毁。

二、检验方法

诊断肠型住肉孢子虫可以用饱和盐水和饱和蔗糖液通过粪便漂浮方法检查卵囊以诊断；而肌肉型住肉孢子虫病的诊断必须在临床学和流行病学的基础上通过免疫学诊断与病理学检查来确诊。目前，住肉孢子虫病诊断的血清学方法主要有间接血凝、酶联免疫吸附试验、间接荧光抗体试验、琼脂扩散等，以同种或异种住肉孢子虫包囊和缓殖子做抗原，诊断血清抗体 IgG 和 IgM。IgM 应答出现在感染早期，该应答可用于急性住肉孢子虫病诊断；IgG 法产生较迟，但持续时间长，其检测可用于急性与慢性住肉孢子虫病诊断。血清学方法检测血液中的抗原能提早诊断。Donoghue 等(1983)、肖兵南(1991)报道：用双抗夹心免疫酶标法能从感染后 4～49 d 鼠和感染后 1～6 周的水牛的血液中查到住肉孢子虫抗原。组织学检查是十分必要的，因为特异性抗体阳性往往并不能真实地反映病状。只有根据特异性的全身性点状出血等病理变化，并在血管内皮细胞中检查到裂殖体或肌肉组织中检查到多量的包囊，才可确诊为急性住肉孢子虫病。但还应注意与弓形虫相区别，前者裂殖体寄生于血管内皮细胞内的胞浆中，PAS 法染色反应阳性；而后者裂殖体寄生于所有有核细胞内，且有寄生泡与宿主细胞质分隔，PAS 反应阴性。

三、检验程序

1. 宰前检疫

宰前检疫的重要意义常被一些人所忽视，实际上它是掌握生猪群体疫病动态的主要方法。通过查验检疫证明和对活猪的动、静、食情况的观察，了解猪是否来自疫区、有否免疫等，以及临床表现是否正常。不少疫病根据临床就不难做出诊断。因此，不管是手工宰杀的定点场，还是机械化屠宰的定点场，都应十分重视宰前检疫。根据宰前检疫的结果，诊断为病畜的则依据其疾病的性质、病情的轻重，分别做禁宰、急宰或缓宰处理。

2. 宰后检疫

宰后检疫是屠宰检疫最重要的环节，是宰前检疫的继续和补充。在《中华人民共和国动物防疫法》相关配套法规未出台前，不管是手工宰杀，还是机械化流水线生产的定点场，其检疫都应设置头部、内脏、皮表、酮体、寄生虫五个部分检疫程序为妥。

(1)头部检查　主要是检查猪局限性咽炭疽、猪肺疫等病。剖检时要切准，并仔细观察双侧下颌淋巴结切面及周围组织有无病变。同时注意鼻盘、唇、齿龈等状态。手工宰杀剥皮的，这道检疫宜放在放血后猪头离体前进行。若头离体后检查，不注意做好与酮体统一的编号，一旦检出病猪则难以查对其肉尸。机械化流水线宰杀的，宜放在放血后入汤池前检查，以便及时发现病猪，减少污染面。

(2)皮表检查　此项检查在实际操作中往往被一些检疫人员忽视，然而皮肤病变颇有诊断意义，如患猪丹毒的皮肤就有特征性病变。若是剥皮加工的皮张，检查时要在充足的光线下观察其双面有无异常，并用于触摸其毛皮面，防止疹块型丹毒漏检，或用具备强光源的专用照皮装置检查。

(3)内脏检查　在开膛之后，依内脏取出的顺序，先检查心、肺、肝、脾、胃、肾(或与肉尸一起检查），后剖检肠系膜淋巴结。观察各组织器官的大小、形状、色泽，并用手触摸之，检查其弹性、硬度等组织状态。注意有无出血、水肿、坏死、溃疡及寄生虫性病变。这道检疫还要注意内脏与胴体相对应的观察。

（4）胴体检查　它是决定肉尸是否合格的一道关键项目，除了参考以上检查情况以外，还要认真地剖检胴体具有代表性的淋巴结，如乳房淋巴结、髂下淋巴结等。仔细观察它与肌肉、脂肪、胸膜、腹膜、骨骼等的色泽、状态，注意有无瘀血、出血、水肿、坏死等各种病变。同时剖开腰肌（或头部咬肌）检查有无猪囊虫病。并顺势剥离肾包膜检查肾脏。

（5）寄生虫检查　在胴体检查后，割取横膈膜肌脚肉样，经剪样处理后用低倍显微镜检查有无旋毛虫和住肉孢子虫。由于旋毛虫与囊尾蚴一样对人的健康威胁很大，为保障群众吃上无疫病肉，定点屠宰场必须开展此项检查。

任务二　弓形虫的检测

一、检样的采取与处理

取急性患者的体液、脑脊液、血液、骨髓、羊水、胸水，离心后取沉淀物，或采用活组织穿刺物涂片。

采用敏感的实验动物小鼠，样本接种于腹腔内，一周后剖杀取腹腔液镜检。

二、检验方法

主要采用涂片染色法、动物接种分离法或细胞培养法。

鉴于弓形虫病原学检查的不足和血清学技术的进展，血清诊断已成为当今广泛应用的诊断手段。方法种类较多，主要有：

（1）染色试验（dye test，DT）　为经典的特异血清学方法，采用活滋养体在致活因子的参与下与样本内特异性抗体作用，使虫体表膜破坏不为着色剂美蓝所染。镜检见虫体不被美蓝染色者为阳性，虫体多数被美蓝染色者为阴性。

（2）间接血凝试验（IHA）　此法特异、灵敏、简易，适用于流行病学调查及筛查性抗体检测，应用广泛。

（3）间接免疫荧光抗体试验（IFA）　以整虫为抗原，采用荧光标记的二抗检测特异性抗体。此法可测同型及亚型抗体，其中测 IgM 适用于临床早期诊断。

（4）酶联免疫吸附试验（ELISA）　用于检测宿主的特异循环抗体或抗原，已有多种改良法广泛用于早期急性感染和先天性弓形虫病的检查。

近年来将 PCR 及 DNA 探针技术应用于检测弓形虫感染，更具有灵敏、特异、早期诊断的意义。目前也开始试用于临床，限于实验室条件，国内尚不能推广应用。

三、检验程序

1. 采样

急性患者取体液、脑脊液、血液、骨髓、羊水、胸水，离心后取沉淀物，或采用活组织穿刺物涂片。或采用敏感的实验动物小鼠，样本接种于腹腔内，一周后剖杀取腹腔液镜检。

2. 检验

(1)涂片染色法　取急性期患者的体液、脑脊液、血液、骨髓、羊水、胸水经离心后，沉淀物做涂片，或采用活组织穿刺物涂片，经姬氏染色后，镜检弓形虫滋养体(图8-21)。此法简便，但阳性率不高，易漏检。此外，也可切片用免疫酶或荧光染色法，观察特异性反应，可提高虫体的检出率。

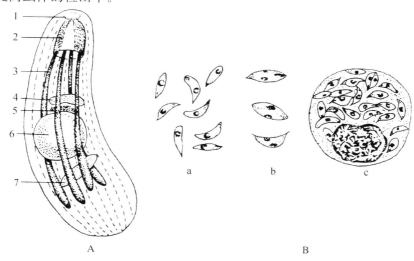

图 8-21　弓形虫的滋养体

A　电镜结构图　1. 极环；2. 锥体；3. 微线；4. 高尔基体；5. 高尔基附加体；6. 细胞核；7. 线粒体

B　光镜结构图　a. 游离于体液；b. 在分裂中；c. 寄生于细胞内

(2)动物接种分离法或细胞培养法　查找滋养体：采用敏感的实验动物小鼠，样本接种于腹腔内，一周后剖杀取腹腔液镜检，阴性需盲传至少3代；样本也可接种于离体培养的单层有核细胞。动物接种和细胞培养是目前常用的病原查诊方法。

任务三　球虫的检测

一、检样的采取与处理

一般情况下，采取动物新排出的粪便，或直接做成抹片检查，或经过浓集法处理后检查，以提高检出率。应注意，卵囊较小，利用锦纶筛兜浓集时，卵囊能通过筛孔，故应留取滤下的液体，待其沉淀后，吸取沉渣检查。

二、检验方法

1. 锦纶筛兜陶洗法

取5～10 g粪便置于烧杯或塑料杯中，先加入少量的水，使粪便易于搅开。然后加入

10 倍量的水，用金属筛(6.2×10⁴孔/m²)过滤于另一杯中。将粪便全部倒入锦纶筛兜中，先后浸入 2 个盛水的盆内，用光滑的圆头玻璃棒轻轻搅拌淘洗。最后用少量清水淋洗筛壁四周与玻璃棒，使粪便集中于锦纶筛网底，用吸管吸取后滴于载玻片上，加盖玻片镜检。

2. 漂浮法

本法的检测原理是用密度较虫卵大的溶液作为漂浮液，使球虫卵囊(图 8-22)浮于液体表面，进行集中检查。

(1)饱和盐水漂浮法 取 5～10 g 粪便置于 100～200 mL 烧杯或塑料杯中，先加入少量漂浮液将粪便充分搅开，再加入约 20 倍的漂浮液搅匀，静置 40 min 左右，用直径 0.5～1 cm 的金属圈平着接触液面，提起后将液膜抖落于载玻片上，如此多次蘸取不同部位的液面，加盖玻片镜检。

(2)浮聚法 取 2 g 粪便置于烧杯或塑料杯中，先加入少量漂浮液将粪便充分搅开，再加入 10～20 倍的漂浮液搅匀，用金属筛或纱布将粪液过滤于另一杯中，然后将粪便倒入青霉素瓶，用吸管加至凸出瓶口为止。静置 30 min 后，用盖玻片轻轻接触液面顶部，提起后放入载玻片上镜检。

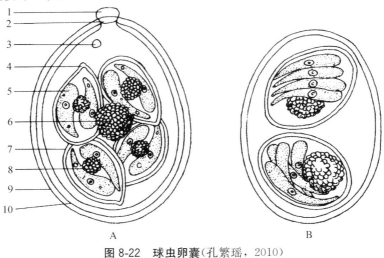

图 8-22 球虫卵囊(孔繁瑶，2010)

A 爱美耳属球虫卵囊 B 等孢属球虫卵囊

1. 极帽；2. 卵模孔；3. 极粒；4. 斯氏体；5. 子孢子；6. 卵囊残体；7. 孢子囊；
8. 孢子囊残体；9. 卵囊壁外层；10. 卵囊壁内层

模块六 蜱螨的检测

任务一 螨虫的实验室检测

一、病料的采集与处理

痒螨(图 8-23)、疥螨(图 8-24)等大多数寄生于家畜的体表或皮内，因此，应刮取皮屑，

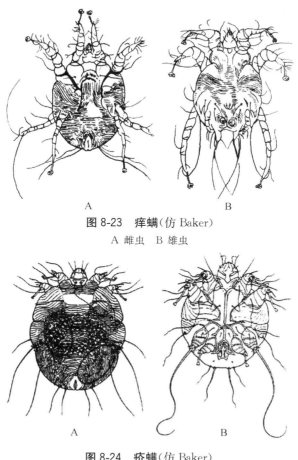

图 8-23　痒螨(仿 Baker)

A 雌虫　B 雄虫

图 8-24　疥螨(仿 Baker)

A 雌虫　B 雄虫

置于显微镜下，寻找虫体或虫卵。刮取皮屑的方法很重要，<u>应选择患病皮肤与健康皮肤交界处，这里的螨较多。刮取时先剪毛，取凸刃小刀，在酒精灯上消毒，用手握刀，使刀刃与皮肤表面垂直，刮取皮屑，直到皮肤轻微出血(此点对检查寄生于皮内的疥螨尤为重要)。</u>

　　在野外进行工作时，为了避免风将刮下的皮屑吹去，可根据所采用的检查方法的不同，在刀刃上先蘸一些水、煤油或 5% 的氢氧化钠溶液，这样可使皮屑黏附在刀上。将刮下的皮屑集中于培养皿或试管内<u>带回供检查。</u>

　　蠕形螨病，可用力挤压病变部，挤出脓液，将脓液摊于载玻片上<u>供检查。</u>

二、检查方法

1. 直接检查法

　　在没有显微镜的条件下，可将刮下的干燥皮屑，放于培养皿内或黑纸上，在日光下暴晒，或用热水或炉火等对皿底或黑纸底面给以 40~50℃ 的加温，经 30~40 min 后，移去皮屑，用肉眼观察(如在培养皿中，在观察时则应在皿下衬以黑色背景)，可见白色虫体在黑色背景上移动。此法仅用于体形较大的螨(如痒螨)。

2.显微镜直接检查法

将刮下的皮屑，放于载玻片上，滴加煤油，覆以另一张载玻片。搓压玻片使病料散开，分开载玻片，置显微镜下检查。煤油有透明皮屑的作用，使其中虫体易被发现，但虫体在煤油中容易死亡；如欲观察活螨，可用10％氢氧化钠溶液、液体石蜡或50％甘油水溶液滴于病料上，在这些溶液中，虫体短期内不会死亡，可观察到其活动。

3.虫体浓集法

为了在较多的病料中检出，可采用浓集法。此法先取较多的病料，置于试管中，加入10％氢氧化钠溶液，浸泡过夜(如要快速检查可在酒精灯上煮数分钟)，使皮屑溶解，虫体自皮屑中分离出来。而后待其自然沉淀(或以每分钟2 000 r/min的速度离心沉淀5 min)，虫体即沉于管底，弃去上层液，吸取沉渣检查，或向沉淀中加入60％硫代硫酸钠溶液，直立，待虫体上浮，再取表面溶液检查。

任务二　蜱的检测

一、病料的采集与处理

1.动物体表蜱的采集

在动物体表发现蜱后用手或小镊子捏取，或将附有虫体的羽或毛剪下，置于培养皿中，在仔细确认后，将其收集于小瓶内。

2.周围环境中蜱的采集

(1)畜舍地面上和墙缝中蜱的采集　在牛舍的墙边或墙缝中，可找到璃眼蜱。在鸡的窝巢内，可找到软蜱。

(2)牧地上蜱的采集　用白绒布旗(45～100) cm×(25～100) cm 一块，一边穿入木棍，在木棍两端系以长绳，将此旗在草地上或灌木间缓慢拖动，然后将附着旗面上的蜱收集于小瓶内。

(3)采集时的注意事项

① 采集蜱虫标本时，必须牢记蜱是雌雄异体的，雌雄虫体的大小差异极大，雌虫较雄虫要大得多，如不注意，则采集的结果，均为大型的雌虫，遗漏了雄虫，而雄虫却是虫体的主要依据，缺少雄虫将给鉴定带来困难。

② 寄生在动物体上的蜱虫，常将假头刺入皮肤，如不小心拔下，容易将其口器折断而留于皮肤中，致使标本既不完整，且留在皮下的假头还会引起局部炎症。拔取时应使虫体与皮肤垂直，慢慢地拔出假头，也可用煤油、乙醚或氯仿抹在蜱身上或被叮咬处，而后拔取。

3.蜱的保存

收集到的虫体，采用70％乙醇(其中最好加入5％甘油)或5％～10％的福尔马林浸渍保存，如采集的标本饱食有大量血液，则在采集后应先存放一定时间，待体内吸食的血液消化后再固定。浸渍标本加标签后，保存于标本瓶或标本管内，每瓶中标本占瓶容量的

1/3，不宜过多，保存液则应占瓶容量的 2/3，加塞密封。

二、蜱的鉴别

将采集到的蜱置于三目体视显微镜下详细观察，并进行种类鉴别。

1. 硬蜱（图 8-25）和软蜱（图 8-26）的鉴别要点

① 硬蜱雌虫虫体大盾板小，雄虫体小盾板大；软蜱雌虫和雄虫的形状相似。

② 硬蜱的假头在虫体前端，从背面可以看到；软蜱的假头在虫体腹面，从背面不能看到。

③ 硬蜱的须肢粗短，不能运动；软蜱须肢灵活，能运动。

④ 硬蜱有盾板；软蜱无盾板。

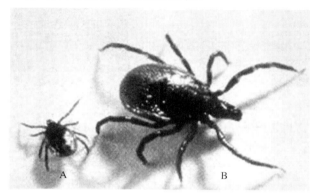

图 8-25　硬　蜱
A 雄蜱　B 雌蜱

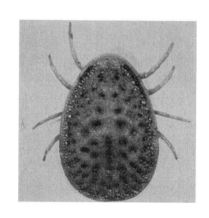

图 8-26　软　蜱

⑤ 硬蜱有缘垛；软蜱无缘垛。

⑥ 硬蜱的气孔位于第四对基节的后面；软蜱的气孔位于第三对与第四对基节之间。

⑦ 硬蜱的基节通常有分叉；软蜱的基节不分叉。

2. 硬蜱科主要属的鉴别要点

① 硬蜱属：肛沟围绕在肛门前方。无眼，须肢短，其第二节向后侧方突出。假头基呈矩形。雄虫无肛板。

② 血蜱属：肛沟围绕在肛门后方。无眼，须肢短，其第二节向后侧方突出。假头基呈矩形。雄虫无肛板。

③ 革蜱属：肛沟围绕在肛门后方。有眼。盾板上有珐琅质花纹。其须肢短而宽，假头基呈矩形。各肢基节顺序增大，第四对基节最大。雄虫无肛板。

④ 璃眼蜱属：肛沟围绕在肛门后方。有眼。盾板上无珐琅质花纹。须肢长，假头基呈矩形。雄虫腹面有一对肛侧板，有或没有副肛侧板，体的后端有一对肛下板。

⑤ 扇头蜱属：肛沟围绕在肛门后方。有眼，须肢短，假头基呈六角形。雄虫有肛侧板，通常还有一对副肛侧板。

⑥ 牛蜱属：无肛沟。须肢短，假头基部呈六角形。雄虫有一对肛侧板和副肛侧板。雌虫盾板小。

模块七 昆 虫

任务一 禽羽虱和猪血虱

一、禽羽虱

寄生于家禽体表的羽虱分别属于长角羽虱科和短角羽虱科的虫体。其主要特征为禽体瘙痒，羽毛脱落，食欲下降，生产力降低。

（一）病原体

羽虱体长 0.5～1 mm，体型扁而宽或细长形；头端钝圆，头部宽度大于胸部；咀嚼式口器；触角分节。雄性尾端钝圆；雌性尾端分两叉。

鸡羽虱主要有长羽虱属广幅长羽虱、鸡翅长羽虱，圆羽虱属鸡圆羽虱(图 8-27)，角羽虱属鸡角羽虱，鸡虱属鸡羽虱，体虱属鸡体虱。

鸭鹅羽虱主要有鹅鸭属细鹅虱、细鸭虱，鸭虱属鹅巨毛虱、鸭巨毛虱。

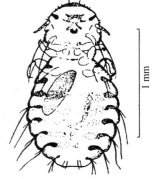

图 8-27　鸡圆羽虱

（二）生活史

禽羽虱的全部发育过程都在宿主体上完成，包括卵、若虫、成虫 3 个阶段，其中若虫有 3 期。虱卵成簇附着在羽毛上，需 4～7 d 孵化出若虫，每期若虫间隔约 3 d。完成整个发育过程约需 3 周。

（三）生活习性

大多数羽虱主要是啮食宿主的羽毛和皮屑。鸡体虱可刺破柔软羽毛根部吸血，并嚼咬表皮下层组织。每种羽虱均有其一定的宿主，但一种宿主常被数种羽虱寄生。各种羽虱在同一宿主体表常有一定的寄生部位。鸡圆羽虱多寄生于鸡的背部、臀部的绒毛上。广幅长羽虱多寄生于鸡的头、颈部等羽毛较少的部位。鸡翅长羽虱寄生在翅膀下面。秋冬季绒毛浓密，体表温度较高，适宜羽虱的发育和繁殖。虱的正常寿命为几个月，一旦离开宿主则只能活 5～6 d。

（四）主要危害

虱采食过程中造成禽体瘙痒，并伤及羽毛或皮肉，表现不安，食欲下降，消瘦，生产力降低。严重者可造成雏鸡生长发育停滞，体质日衰，导致死亡。

（五）治疗

可用拟除虫菊酯类药，如溴氰菊酯或杀灭菊酯(戊酸氰醚酯、速灭杀丁)，喷洒鸡体、垫料、鸡舍、槽架等，确保药物喷洒至皮肤。在鸡体患部涂擦 70%乙醇、碘酊或 5%硫黄软膏，效果良好。此外，内服或注射伊维菌素或氯氰柳胺等也有很好的效果。

(六)防制措施

在药物除虱的同时应加强饲养管理,保持畜舍清洁,通风,垫草要勤换,对管理用具要进行杀虫处理;不同鸡舍之间应禁止人员和器具的流动;防止鸟类进入鸡舍。

二、猪血虱

寄生于猪体表的血虱是由血虱科血虱属的猪血虱,主要特征为猪体瘙痒。

(一)病原体

猪血虱,扁平而宽,灰黄色。雌虱长 4～6 mm,雄虱长 3.5～4 mm。身体由头、胸、腹三部分组成。头部狭长,前端是刺吸式口器;有触角 1 对,分 5 节;胸部稍宽,分为 3 节,无明显界限,每一胸节的腹面有 1 对足,末端有坚强的爪;腹部卵圆形,比胸部宽,分为 9 节。虫体胸、腹每节两侧各有 1 个气孔。

(二)生活史

1. 发育过程

虱的发育为不完全变态,其发育过程包括卵、若虫和成虫。雌、雄虫交配后,雌虱吸饱血后产卵,用分泌的黏液附着在被毛上,虫卵孵化出若虫。若虫与成虫相似,只是体型较小,颜色较光亮,无生殖器官。若虫采食力强,生长迅速,经 3 次蜕化发育为成虫。

2. 发育时间

虫卵孵出若虫需 12～15 d;若虫蜕化 1 次需 4～6 d;若虫发育为成虫需 10～14 d。

3. 成虫寿命

雌虫产完虫卵后即死亡,雄虫生活期更短。血虱离开猪体仅能生存 5～7 d。

(三)流行病学

1. 感染来源

带虫猪。

2. 传播方式

直接接触或通过饲养人员和用具间接接触传播。

3. 繁殖力

雌虫每次产卵 3～4 个,产卵持续期 2～3 周,一生共产卵 50～80 个。

4. 季节动态

以寒冷季节感染严重,与冬季舍饲、拥挤、运动少、褥草长期不换、空气湿度增加等因素有关。在温暖季节,由于日晒、干燥或洗澡而数量减少。

(四)主要危害

血虱以吸食猪血液为生,耳根、颈下、体侧及后肢内侧最多见。猪经常擦痒,烦躁不安,导致饮食减少,营养不良和消瘦。仔猪尤为明显。当毛囊、汗腺、皮肤腺遭受破坏时,导致皮肤粗糙落屑,机能损害,甚至形成龟裂。

(五)诊断要点

在猪体表发现虫体即可诊断。

（六）治疗

可用敌百虫、双甲脒、螨净、伊维菌素等进行治疗。

（七）防制措施

平时对猪体应经常检查，发现猪血虱，应全群用药物杀灭虫体。

任务二　牛皮蝇蛆病

牛皮蝇蛆病是由皮蝇科皮蝇属的皮蝇幼虫寄生于牛背部皮下组织引起的疾病，又称为"牛皮蝇蚴病"。该虫偶尔也能寄生于马、驴和野生动物的背部皮下组织，而且可寄生于人，个别地区人的感染率可高达 7％，成为人兽共患病之一。

一、病原体

寄生于牛的皮蝇属有两种，其中以牛皮蝇最多见。

（1）牛皮蝇（图 8-28）　外形似蜂，全身被有绒毛，成蝇长约 15 mm，口器退化，不能采食，也不叮咬牛。虫卵为橙黄色，长圆形，大小为 0.8 mm×0.3 mm。第 1 期幼虫长约 0.5 mm。第 2 期幼虫长 3～13 mm。第 3 期幼虫体粗壮，颜色随虫体的成熟程度而呈现淡黄、黄褐及棕褐色，长可达 28 mm，最后两节背、腹均无刺，背面较平，腹面凸而且有很多结节，有两个后气孔，气门板呈漏斗状。

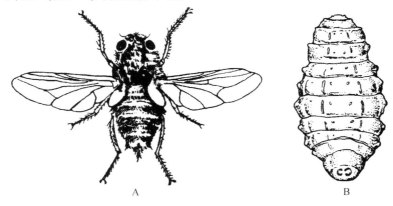

图 8-28　牛皮蝇（Smart）
A 成虫　B 第 3 期幼虫

（2）纹皮蝇　成蝇、虫卵及各个时期幼虫的形态与牛皮蝇基本相似。第 3 期幼虫体长约 26 mm，最后一节无刺。

二、生活史

两种皮蝇的发育基本相似，均属完全变态，经卵、幼虫、蛹和成蝇 4 个阶段。

1. 发育过程

牛皮蝇成蝇多在夏季出现，雌、雄蝇交配后，成蝇死亡。雌蝇在牛体产卵，产卵后死亡。虫卵很快孵出第 1 期幼虫，经毛囊钻入皮下，沿外周神经膜组织移行至椎管硬膜的脂肪组织中，蜕皮变成第 2 期幼虫，然后从椎间孔钻出移行至背部皮下发育为第 3 期幼虫，在背部皮下形成指头大瘤状突起，皮肤有小孔与外界相通，成熟后落地化蛹，最后羽化成蝇。

纹皮蝇主要产卵于牛的四肢被毛上。第 1 期幼虫经毛囊钻入皮下后，沿疏松结缔组织向胸腹腔移行，在食管壁停留，蜕皮变成第 2 期幼虫，再移行至背部皮下蜕皮发育为第 3 期幼虫。

2．发育时间

成蝇在外界只存活 5～6 d。虫卵孵出第 1 期幼虫需 4～7 d；第 1 期幼虫到达椎管或食道的移行期 2.5 个月，在此停留约 5 个月；在背部皮下寄生 2～3 个月，一般在第 2 年春天离开牛体；蛹期为 1～2 个月。幼虫在牛体内全部寄生时间为 10～12 个月。

三、流行病学

1．感染来源

牛皮蝇和纹皮蝇。

2．感染途径

经皮肤感染。

3．地理分布

本病主要流行于我国西北、东北及内蒙古地区。

4．季节动态

多在夏季发生感染，与成蝇的出现相关，牛皮蝇一般出现于 6～8 月，纹皮蝇出现于 4～6 月。

5．产卵特点

1 条雌蝇一生可产卵 400～800 枚。牛皮蝇产卵主要在牛的四肢上部、腹部及体侧被毛上，一般每根毛上黏附 1 枚。纹皮蝇产卵于后肢球节附近和前胸及前腿部，每根毛上可黏附数枚至十几枚。

四、主要症状

成蝇虽然不叮咬牛，但在夏季繁殖季节，成群围绕牛飞翔，尤其是雌蝇产卵时引起牛惊恐不安、奔跑，影响采食和休息，引起消瘦，易造成外伤和流产，生产能力下降等。幼虫钻进皮肤时，引起局部痛痒，牛表现不安。有时因幼虫移行伤及延脑或大脑可引起神经症状，严重者可引起死亡。

五、病理变化

幼虫在体内移行时，造成移行各处组织损伤，在背部皮下寄生时，引起局部结缔组织增生和发炎，背部两侧皮肤上有多个结节隆起。当继发细菌感染时，可形成化脓性瘘管，幼虫钻出后，瘘管逐渐愈合并形成瘢痕，严重影响皮革质量。幼虫分泌的毒素损害血液和血管，引起贫血。

六、诊断要点

根据流行病学、临诊症状及病理变化进行综合确诊。当幼虫寄生于背部皮下时容易确诊。初期用手触摸可触诊到皮下结节，后期眼观可见隆起，用手挤压可挤出幼虫，但注意勿将虫体挤破，以免发生变态反应。夏季在牛被毛上发现单个或成排的虫卵可为诊断提供参考。

七、治疗

伊维菌素或阿维菌素，每千克体重 0.2 mg 皮下注射。蝇毒灵，每千克体重 10 mg，肌肉注射。2‰敌百虫水溶液 300 mL，在牛背部皮肤上涂擦。还可以选用倍硫磷、皮蝇磷等。

当幼虫成熟而且皮肤隆起处出现小孔时，可用手挤压小孔周围，把幼虫挤出。注意不要挤破虫体，并要将挤出的虫体集中焚烧。

八、防制

消灭牛体内幼虫，既可治疗，又可防止幼虫化蛹，具有预防作用。在流行区感染季节可用敌百虫、蝇毒灵等喷洒牛体，每隔 10 d 用药 1 次，防止成蝇产卵或杀死第 1 期幼虫。其他药物治疗方法均可用于预防。

复习思考题

一、选择题

1. 猪蛔虫是寄生在猪_____内的一种线虫。　（　B　）
A. 胆管　　　　　B. 小肠　　　　　C. 肺　　　　　D. 肝

2. 猪是巨吻棘头虫的_____宿主。　（　B　）
A. 中间　　　　　B. 终末　　　　　C. 带虫者　　　　　D. 补充

3. 治疗后圆线虫(肺丝虫)病的药物是_____。　（　C　）
A. 贝尼尔　　　　B. 硫双二氯酚　　C. 左咪唑　　　　D. 吡喹酮

4. 寄生虫幼虫寄生的宿主叫_____。　（　A　）
A. 中间宿主　　　B. 终末宿主　　　C. 带虫者　　　　D. 补充宿主

5. 肝片吸虫能使牛、羊发生感染时的发育阶段是其_____。　（　C　）
A. 卵　　　　　　B. 尾蚴　　　　　C. 囊蚴　　　　　D. 胞蚴

6. 犬，4 月龄，生长缓慢、呕吐、腹泻、贫血，经粪便检查确诊为蛔虫和复孔绦虫混合感染，最佳的治疗药物是_____。　（　B　）
A. 吡喹酮　　　　B. 阿苯达唑　　　C. 伊维菌素　　　D. 地克珠利
E. 三氯苯达唑

7. 我国南方某放牧牛群出现食欲减退，精神不振，腹泻，便血，严重贫血，衰竭死亡。剖检见肝脏肿大、有大量虫卵结节。

(1)该病的病原最可能是_____。 （ D ）

A. 肝片形吸虫　　　B. 大片形吸虫　　　C. 腔阔盘吸虫　　　D. 日本分体吸虫

E. 矛形歧腔吸虫

(2)确诊该病常用的粪检方法是_____。 （ B ）

A. 虫卵漂浮法　　　B. 毛蚴孵化法　　　C. 直接涂片法　　　D. 幼虫分离法

E. 肉眼观察法

(3)死后剖检，最可能检出成虫的部位是_____。 （ E ）

A. 肺脏　　　　　B. 肾脏　　　　　C. 胰脏　　　　　D. 颈静脉

E. 肠系膜静脉

8. 夏季，某绵羊群放牧后出现食欲减退、体温升高、可视黏膜苍白等症状。剖检见肝脏肿大、出血，在腹腔和肝脏中发现扁平叶状幼虫，该病可能是_____。 （ C ）

A. 棘球蚴病　　　B. 绵羊球虫病　　　C. 片形吸虫病　　　D. 血矛线虫病

E. 莫尼茨绦虫病

9. 检疫人员进行生猪宰后检疫时，肉眼发现某屠宰猪肉膈肌中有针尖大小的白色小点，低倍镜检查见梭形包囊，囊内有卷曲的虫体。该虫体最可能是_____。 （ A ）

A. 旋毛虫　　　B. 弓形虫　　　C. 棘球蚴　　　D. 猪囊尾蚴

E. 肉孢子虫

10. 某猪群出现食欲废绝，高热稽留，呼吸困难，体表淋巴结肿大，皮肤发绀。孕猪出现流产、死胎。取病死猪肝、肺、淋巴结及腹水抹片染色镜检见香蕉形虫体，该寄生虫病可能是_____。 （ D ）

A. 球虫病　　　B. 鞭虫病　　　C. 蛔虫病　　　D. 弓形虫病

E. 旋毛虫病

11. 马副蛔虫幼虫移行期引起的主要症状是_____。 （ D ）

A. 流泪　　　B. 血尿　　　C. 尿频　　　D. 咳嗽　　　E. 便秘

12. 犬恶丝虫寄生于犬的_____。 （ B ）

A. 胃　　　B. 心脏　　　C. 肝脏　　　D. 肺脏　　　E. 小肠

13. 华支睾吸虫成虫寄生于犬、猫的_____。 （ C ）

A. 血管　　　B. 气管　　　C. 胆管　　　D. 肠管　　　E. 淋巴管

14. 寄生于羊的大型肺线虫是_____。 （ A ）

A. 丝状网尾线虫　　　B. 胎生网尾线虫　　　C. 安氏网尾线虫　　　D. 柯氏原圆线虫

E. 长刺后圆线虫

15. 猪是猪带绦虫的_____。 （ A ）

A. 中间宿主　　　B. 终末宿主　　　C. 贮藏宿主　　　D. 补充宿主

E. 保虫宿主

16. 确诊寄生虫病最可靠的方法是_____。 （ B ）

A. 病变观察　　　B. 病原检查　　　C. 血清学检验　　　D. 临床症状观察

E. 流行病学调查

17. 某猪群，部分 3～4 月龄育肥猪出现消瘦，顽固性腹泻，用抗生素治疗效果不佳，剖检死亡猪在结肠壁上见到大量结节，肠腔内检获长为 8～11 mm 的线状虫体。

(1)可能发生的寄生虫病是_____。　（　E　）

A. 蛔虫病　　　　　B. 肾虫病　　　　　C. 旋毛虫病　　　　D. 后圆线虫病

E. 食道口线虫病

(2)治疗该病可选用的药物是_____。　（　C　）

A. 三氮脒　　　　　B. 吡喹酮　　　　　C. 左旋咪唑　　　　D. 地克珠利

E. 拉沙里菌素

18. 绦虫成虫一般寄生在_____。　（　C　）

A. 肝　　　　　　　B. 胰　　　　　　　C. 小肠　　　　　　D. 大肠

19. 家畜感染日本血吸虫的途径是_____。　（　B　）。

A. 吃入水草或水中的囊蚴　　　　　　　B. 尾蚴钻入皮肤或粘膜

C. 吃入水中的尾蚴　　　　　　　　　　D. 吃入含有囊蚴的钉螺

20. 肝片吸虫感染家畜的发育阶段是_____。　（　B　）

A. 胞蚴　　　　　　B. 囊蚴　　　　　　C. 尾蚴　　　　　　D. 毛蚴

21. 肉孢子虫的终末宿主是_____。　（　B　）。

A. 牛羊等草食动物　B. 犬、猫　　　　　C. 蚯蚓　　　　　　D. 蝉

22. 人类感染有钩绦虫是因为摄入了_____。　（　A　）。

A. 含有囊尾蚴的生猪肉　　　　　　　　B. 含有六钩蚴的绦虫卵

C. 含有包囊的蚶水　　　　　　　　　　D. 含有虫卵的粪便

23. 俗称"水铃铛儿"的寄生虫是_____。　（　B　）。

A. 链尾蚴　　　　　B. 细颈囊尾蚴　　　C. 多头蚴　　　　　D. 棘球蚴

24. _____主要寄生于牛羊真胃。　（　A　）

A. 捻转血矛线虫　　B. 钩虫　　　　　　C. 华枝睾吸虫　　　D. 鞭虫

25. 旋毛虫的成虫寄生于_____，幼虫寄生于_____。（　C　）

A. 肝，肌肉　　　　B. 胰，肌肉　　　　C. 小肠，肌肉　　　D. 肺脏，小肠

二、判断题

1. 寄生虫病没有传染性。　　　　　　　　　　　　　　　　　　（　×　）

2. 诊断蠕虫病最常用的方法是检查虫卵。　　　　　　　　　　　（　×　）

3. 肝片吸虫形状如扁平叶状，寄生在牛、羊的肝脏胆管内。　　　（　√　）

4. 猪肉带绦虫的中间宿主是猪，终末宿主是人。　　　　　　　　（　√　）

5. 猪旋毛虫病是猪的一种常见寄生虫病。　　　　　　　　　　　（　×　）

6. 猪蛔虫病是一种常见寄生虫病。　　　　　　　　　　　　　　（　√　）

7. 猪姜片吸虫病是一种人畜共患的寄生虫病。　　　　　　　　　（　√　）

8. 胰阔盘吸虫在发育过程中需要 2 个中间宿主。　　　　　　　　（　√　）

9. 莫尼茨绦虫的中间宿主是蚂蚁。　　　　　　　　　　　　　　（　×　）

10. 用硫双二氯酚和硝氯酚均可治疗牛、羊肝片吸虫病。　　　　（　√　）

11. 猪囊尾蚴病可进行生前诊断。　　　　　　　　　　　　　　（　×　）

12. 旋毛虫病诊断可用低倍显微镜进行。　　　　　　　　　　　　(　✓　)
13. 鸡绦虫病不能用硫双二氯酚治疗。　　　　　　　　　　　　　(　✓　)
14. 犬、猫由于食入含有囊蚴的淡水螺而感染华枝睾吸虫。　　　　(　×　)
15. 姜片吸虫是一种人畜共患寄生虫病。　　　　　　　　　　　　(　✓　)
16. 钩虫是以感染性虫卵阶段感染宿主的。　　　　　　　　　　　(　×　)
17. 牛囊尾蚴的头节上有顶突和小钩。　　　　　　　　　　　　　(　×　)
18. 脑多头蚴的成虫是细粒棘球绦虫。　　　　　　　　　　　　　(　×　)
19. 旋毛虫的成虫寄生在宿主的肌肉组织。　　　　　　　　　　　(　×　)
20. 结节虫寄生在小肠部位，引起结节。　　　　　　　　　　　　(　×　)
21. 毛尾线虫又称鞭虫，主要寄生于大肠。　　　　　　　　　　　(　✓　)
22. 吸虫和绦虫都是雌雄同体，生殖器官发达。　　　　　　　　　(　×　)
23. 食道口线虫寄生于动物的食道和口腔。　　　　　　　　　　　(　×　)
24. 除了人以外，只有猪才能患猪囊虫病。　　　　　　　　　　　(　✓　)
25. 犬、猫由于食入含有囊蚴的淡水螺而感染华支睾吸虫。　　　　(　×　)
26. 姜片吸虫是一种人畜共患寄生虫病。　　　　　　　　　　　　(　✓　)
27. 牛囊尾蚴的头节上有顶突和小钩。　　　　　　　　　　　　　(　×　)
28. 脑多头蚴的成虫是细粒棘球绦虫。　　　　　　　　　　　　　(　×　)

三、填空题

1. 绦虫的体节(链体)由　幼节　、　成节　、　孕节　组成。
2. 脑包虫寄生于牛、羊等反刍兽的　脑　部，其终末宿主是　犬科动物　。
3. 线虫的繁殖方式包括　卵生　、　胎生　和　卵胎生　3种。
4. 猪蛔虫的发育史为　直接发育　型，有时　蚯蚓　可作为贮藏宿主；猪蛔虫幼虫从肠开始在体内移行又回到小肠，中间经过　肝脏　和　肺脏　两器官。
5. 常用的驱绦虫药有　丙硫咪唑　、　硫双二氯酚　和　吡喹酮　等。
6. 吸虫在中间宿主螺蛳体内的发育一般包括　胞蚴　、　雷蚴　和　尾蚴　3个阶段。

四、问答题

1. 某养猪户有猪100头，现在用粪便检卵法调查蛔虫的感染率，检查结果表明，有58头猪的粪检呈阳性，问这群猪的蛔虫感染率是多少？

答：感染率为：$58/100 \times 100\% = 58\%$

2. 比较猪带绦虫与牛带吻绦虫的形态特征，说明其主要鉴别点。

答：两种绦虫鉴别要点如下表。

	猪带绦虫	牛带绦虫
体长	2～5 m	5～10 m
节片	700～1 000节，节片较薄，略透明	1 000～2 000节，节片较肥厚，不透明
头节	球形，四个吸盘，具顶突及两圈小钩	近似方形，四个吸盘，无顶突及小钩

3. 简述日本血吸虫病的防制措施。

答：(1)消除感染源：在流行区每年对人、畜进行普查，如感染，则要进行治疗。

(2)粪便管理：疫区人、畜粪便应作发酵处理。

(3)灭螺：有生物、物理、化学等方法。

(4)家畜管理：避免家畜接触尾蚴，保证放牧安全。

(5)加强研制血吸虫苗等研制。

4. 试述猪囊虫的生活史。

答：

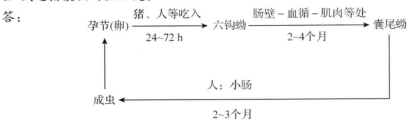

5. 简述旋毛虫的生活史。

答：

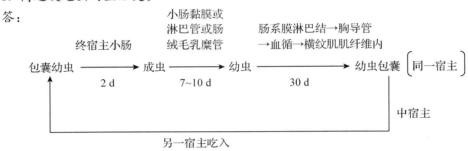

6. 简述囊尾蚴病防制措施。

答：(1)严格执行肉品卫生检验制度，定点屠宰，集中检疫，对感染猪囊虫的猪肉做无害化处理。

(2)注意个人卫生，不吃生的或未煮熟的猪肉，生、熟分开。

(3)大力宣传科普知识。

(4)彻底消灭连茅圈（人有厕所猪有圈），人粪无害化处理。

(5)查治病人：发现病人，及时治疗；流行区普查、驱虫；无害处理粪便，防止虫卵散播感染人、猪。

五、操作题

1. 简述漂浮法(烧杯法)检查虫卵的方法步骤。

答：操作要点：取 5～10 g 粪便置于 100～200 mL 烧杯(或塑料杯)中，加入少量漂浮液搅拌混合后，继续加入约 20 倍的漂浮液。然后将粪液用 60 目金属筛或纱布滤入另一杯中，舍去粪渣。静置滤液，经 40 min 左右，用直径 0.5～1 cm 的金属圈平着接触滤液面，提起后将粘着在金属圈上的液膜抖落于载玻片上，如此多次蘸取不同部位的液面后，加盖玻片镜检，盖玻片应与液面完全接触，不应留有气泡。(此法适用于线虫卵的检查)

2. 简述粪便中虫卵的检查的操作要点。

答：操作要点：粪便中虫卵的检查可根据具体情况采用直接涂片检查和集卵法检查。集卵法又可分为沉淀法、漂浮法和锦纶筛兜集卵法。

3. 试述虫体肉眼检查方法。

答：操作要点：将粪样置于较大的容器中，加入 5~10 倍量的水（或生理盐水），彻底搅拌后静置 10 min，然后倾去上层液，再重新加水、搅匀、静置，如此反复数次，直至上层液体透明为止，即反复水洗沉淀法。最后倾去上层液，每次取一定量的沉淀物放在黑色浅盘（或衬以黑色背景的培养皿）中观察，必要时可用放大镜或实体显微镜检查，发现虫体和节片则用分离针或毛笔取出，以便进一步鉴定。

4. 简述漏斗幼虫分离法。

答：漏斗幼虫分离法亦称贝尔曼法（Baermarn's technique）。

操作要点：取粪便 15~20 g，放在漏斗内的金属筛上，漏斗下接一短橡皮管，管下再接一小试管。将粪便放于漏斗内铜筛上，不必捣碎，加入 40 ℃温水到淹没粪球为止，静置 1~3 h。此时大部分幼虫游走于水中，并沉于试管底部。拔取底部小试管，取其沉渣制成涂片显微镜下检查。

5. 简述直接涂片法检查粪便中蠕虫虫卵。

答：操作要点：取一片洁净的载玻片，在玻片中央滴加 1~2 滴 50 % 甘油生理盐水，然后用镊子或牙签挑取少量粪便，与甘油生理盐水混匀，并将粗粪渣推向一边，涂布均匀，做成涂片，涂片的厚薄以放到书上隐约可见下面的字迹为宜，加上盖玻片，置显微镜下检查，检查时先在低倍镜下顺序查找，如发现虫卵，再换高倍镜仔细观察。

6. 简述彻底洗净法检查粪便中蠕虫虫卵。

答：操作要点：取粪便 5~10 g 置于烧杯或塑料杯中，先加入少量的水将粪便充分搅开，然后加 10~20 倍量的水搅匀，用金属筛或纱布将粪液滤过于另一杯中，静置 20 min 后倾去上层液，沉渣反复水洗沉淀，直至上层液透明为止。最后倾去上层液，用吸管吸取沉淀物滴于载玻片上，加盖玻片镜检。

7. 简述离心沉淀法检查粪便中蠕虫虫卵。

答：操作要点：取粪便 3 g 置于小杯中，先加入少量的水将粪便充分搅开，然后加 10~15 倍水搅匀，用金属筛或纱布将粪液过滤于另一杯中，然后倒入离心管，用天平配平后放入离心机内，以 2 000~2 500 r/min 离心沉淀 1~2 min，取出后倾去上层液，沉渣反复水洗离心沉淀，直至上层液透明为止。最后倾去上层液，用吸管吸取沉淀物滴于载玻片上，加盖玻片镜检。本法可以缩短检查时间。

参 考 文 献

白文彬，于康震. 动物传染病诊断学[M]. 北京：中国农业出版社，2002.

蔡宝祥. 家畜传染病学[M]. 4 版. 北京：中国农业出版社，2001.

曹军平，等. 仔猪水肿病灭活菌苗的制备及对小鼠的保护试验[J]. 中国预防兽医学报，1997，4：1-2.

曹军平，张君胜. 动物微生物[M]. 北京：中国林业出版社，2012.

曹军平. 联合应用荧光定量 RT-PCR 和病毒分离鉴定对华东地区活禽市场禽流感和新城疫病毒的监测
[D]. 扬州大学博士学位论文，2010.

陈杖榴. 兽医药理学[M]. 2 版. 北京：中国农业出版社，2002.

崔保安. 动物微生物学[M]. 3 版. 北京：中国农业出版社，2005.

杜念兴. 兽医免疫学[M]. 2 版. 北京：中国农业出版社，2000.

甘孟侯. 中国禽病学[M]. 北京：中国农业出版社，2000.

葛兆宏. 动物微生物[M]. 北京：中国农业出版社，2001.

胡野. 病原生物与免疫[M]. 上海：同济大学出版社，2007.

华南农学院. 畜牧微生物学[M]. 北京：农业出版社，1983.

黄青云. 畜牧微生物学[M]. 4 版. 北京：中国农业出版社，2003.

黄现青，等. 单细胞蛋白的开发及其在畜禽生产中的应用[J]. 广东农业科学，2008，5：70-72.

姜平. 兽医生物制品学[M]. 2 版. 北京：中国农业出版社，2003.

孔繁瑶. 家畜寄生虫学[M]. 2 版. 北京：中国农业大学出版社，2010.

李舫. 动物微生物[M]. 北京：中国农业出版社，2006.

李国清. 高级寄生虫学[M]. 北京：高等教育出版社，2007.

李决. 兽医微生物学及免疫学[M]. 成都：四川科学技术出版社，2003.

李祥瑞. 动物寄生虫病彩色图谱[M]. 北京：中国农业出版社，2004.

刘莉，王涛. 动物微生物及免疫[M]. 北京：化学工业出版社，2010.

刘荣臻. 病原生物与免疫学[M]. 北京：人民卫生出版社. 2006.

陆承平. 兽医微生物学[M]. 3 版. 北京：中国农业出版社，2001.

陆承平. 兽医微生物学[M]. 4 版. 北京：中国农业出版社，2007.

欧阳素贞，曹晶. 动物微生物与免疫[M]. 北京：化学工业出版社，2009.

钱爱东. 动物性食品卫生病原体检验[M]. 北京：中国农业大学出版社，2009.

任家琰，马海利. 动物病原微生物学[M]. 北京：中国农业科学技术出版社，2001.

沈萍，陈向东. 微生物学[M]. 2 版. 北京：高等教育出版社，2006.

汪明. 兽医寄生虫学[M]. 北京：中国农业大学出版社，2004.

王坤，乐涛. 动物微生物[M]. 北京：中国农业大学出版社，2007.

王兰兰. 临床免疫学和免疫检验[M]. 北京：科学技术文献出版社，2004.

王明俊. 兽医生物制品学[M]. 北京：中国农业出版社，1997.

王世若，王兴龙，韩文瑜. 现代动物免疫学[M]. 2 版. 长春：吉林科学技术出版社，2001.

王秀茹. 预防兽医学微生物学及检验技术[M]. 北京：人民卫生出版社，2002.

乌尼. 畜牧微生物[M]. 北京：中国农业出版社，1996.

郄文莉. 鸭病毒性肝炎高免卵黄抗体的研制[J]. 安徽农业科学，2007，35(17)：5171-5172.

邢钊，乐涛. 动物微生物学及免疫技术[M]. 郑州：河南科学技术出版社，2008.

邢钊，汪德刚，包文奇. 兽医生物制品实用技术[M]. 北京：中国农业大学出版社，2003.

羊建平，梁学勇．动物微生物[M]．北京：中国农业大学出版社，2011．

羊建平，张君胜．动物病原体检测技术[M]．北京：中国农业大学出版社，2013．

杨汉春．动物免疫学[M]．2版．北京：中国农业大学出版社，2003．

杨欣，等．动物微生态制剂的发展现状及应用前景[J]．安徽农业科学，2011，39（7）：4030-4031，4042．

姚火春．兽医微生物学实验指导[M]．2版．北京：中国农业出版社，2002．

姚占芳，吴云汉．微生物学实验技术[M]．北京：气象出版社，1998．

殷震，刘景华．动物病毒学[M]．北京：科学出版社，1985．

余伯良．发酵饲料生产与应用新技术[M]．北京：中国农业出版社，2000．

曾秀，郑小波，谷山林，等．抗猪瘟高免血清的制备及应用[J]．四川畜牧兽医，2000，27(6)：40．

张宏伟，杨廷桂．动物寄生虫病[M]．北京：中国农业出版社，2006．

张金玉，霍光明，张李阳．微生物发酵饲料发展现状及展望[J]．南京晓庄学院学报，2009，3：68-71．

张西臣，李建华．动物寄生虫病学[M]．3版．北京：科学出版社，2010．

张卓然，黄敏．医学微生物实验学[M]．北京：科学出版社，2008．

中国农业科学院哈尔滨兽医研究所．动物传染病[M]．北京：中国农业出版社，2008．

中国农业科学院哈尔滨兽医研究所．兽医微生物学[M]．北京：中国农业出版社，1998．

周德庆．微生物学教程[M]．2版．北京：高等教育出版社，2002．

周正任．医学微生物学[M]．6版．北京：人民卫生出版社，2003．

BROOKS G F，et al．Jawetz，Melnick，& Adelberg's Medical Microbiology[M]．McGraw-Hill Medical，2004．

WEE THENG ONG，ABDUL RAHMAN OMAR，AINI IDERIS，et al．Development of a multiplex real-time PCR assay using SYBR Green 1 chemistry for simultaneous detection and subtyping of H9N2 influenza virus type A[J]．Journal of Virological Methods，2007，144：57-64．

WISTREICH G A．Microbiology Perspectives[M]．Pearson Education Limited，1998．

附：部分试验操作或结果彩图

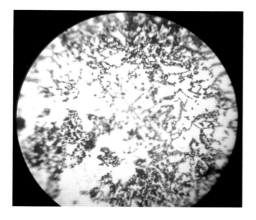

彩图 1 枯草芽孢杆菌 革兰染色
（曹军平，2011）

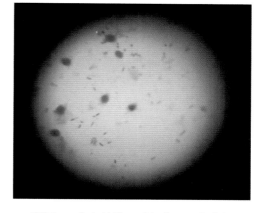

彩图 2 禽多杀性巴氏杆菌 美蓝染色
（曹军平，2011）

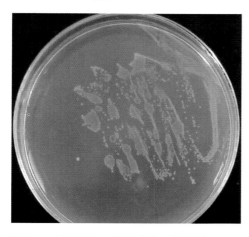

彩图 3 大肠杆菌 普通琼脂（曹军平，2011）

彩图 4 大肠杆菌 麦康盖琼脂（曹军平，2011）

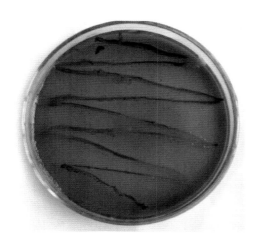

彩图 5 大肠杆菌 伊红美蓝培养基
（曹军平，2011）

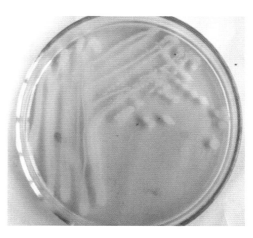

彩图 6 枯草芽孢杆菌 普通琼脂
（曹军平，2011）

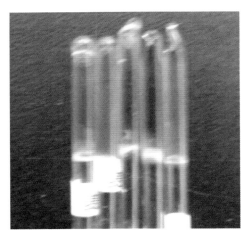

彩图 7　细菌生化试验（曹军平，2011）

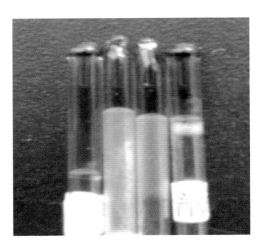

彩图 8　细菌生化试验（曹军平，2011）

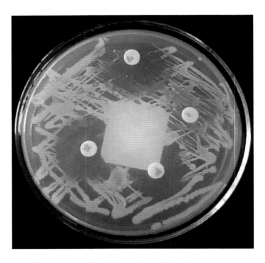

彩图 9　细菌药敏试验（曹军平，2011）

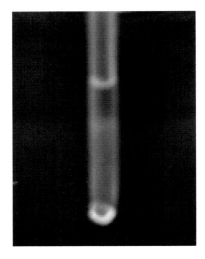

彩图 10　炭疽环状沉淀试验（Ascoli）
（曹军平，2011）

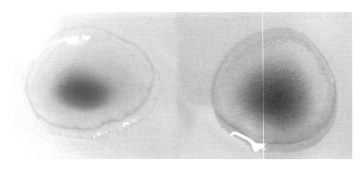

彩图 11　鸡白痢玻片凝集试验
（左：阴性；右：阳性）（曹军平，2011）

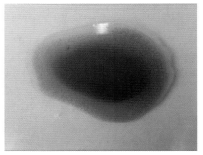

彩图 12　鸡白痢全血玻片凝集试验
（曹军平，2011）

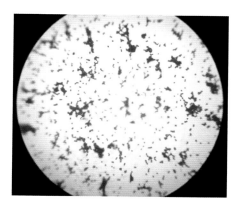

彩图 13 葡萄球菌 革兰染色
（曹军平，2011）

彩图 14 病毒鸡胚接种（演示）
（曹军平，2011）

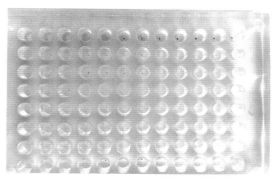

彩图 15 新城疫病毒血凝试验
（曹军平，2011）

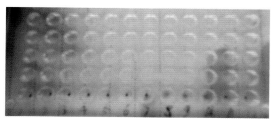

彩图 16 新城疫病毒血凝抑制试验
（曹军平，2011）

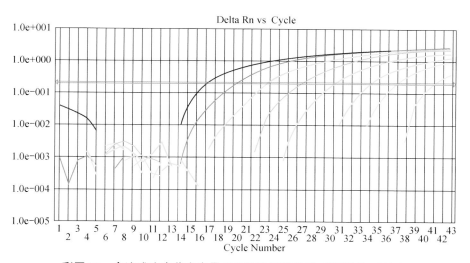

彩图 17 禽流感病毒荧光定量 RT-PCR 扩增曲线（曹军平，2010）

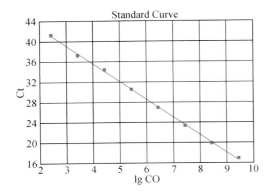

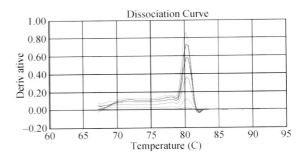

彩图 18　禽流感病毒荧光定量 RT-PCR 标准曲线
（曹军平，2010）

彩图 19　H5 亚型禽流感病毒荧光定量 RT-PCR 熔解曲线
（曹军平，2010）

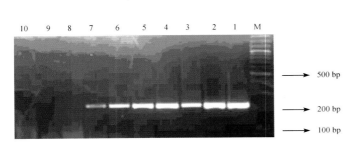

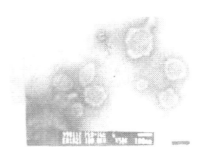

彩图 20　H9 亚型禽流感病毒 HA 基因 RT-PCR 反应后电泳检测结果（曹军平，2011）

彩图 21　猪传染性胃肠炎病毒电镜照片
（曹军平，2001）

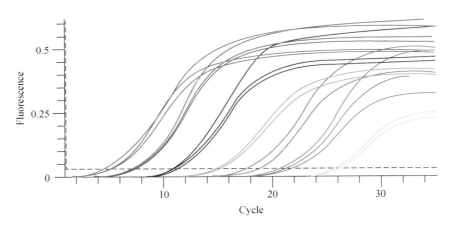

彩图 22　H9N2 亚型禽流感病毒荧光定量 RT-PCR 扩增曲线
（Wee Theng Ong 等，2007）

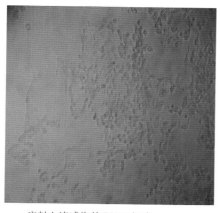
病料上清感染的 PK15 细胞

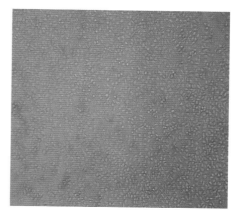
对照 PK15 细胞

彩图 23　猪伪狂犬病病毒病料组织匀浆上清液感染 PK15 细胞引起的细胞病变
（郭广富　曹军平　朱爱萍，2015）

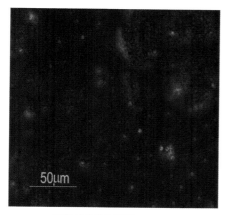
接毒的 PK15 细胞

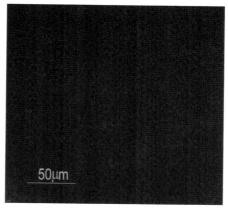
未接毒的 PK15 细胞

彩图 24　猪伪狂犬病病毒感染 PK15 细胞的间接免疫荧光检测结果
（郭广富　曹军平　朱爱萍，2015）

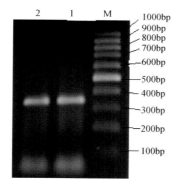

M. 100bp DNA Ladder；1. 病料中 PRV PCR 扩增产物；
2. 细胞中 PRV PCR 扩增产物

彩图 25　猪伪狂犬病病毒感染 PK15 细胞的
PCR 检测结果

（郭广富　曹军平　朱爱萍，2015）

注射部位被啃咬、脱毛及出血

彩图 26　接种猪伪狂犬病病毒致死的家兔
（郭广富　曹军平　朱爱萍，2015）